Integraltransformationen in der System- und Signaltheorie

Holger Kohlhoff

Integraltransformationen in der System- und Signaltheorie

Mathematische Grundlagen für
Studierende der Ingenieurwissenschaften

Holger Kohlhoff
Hamburg, Deutschland

ISBN 978-3-662-73151-2   ISBN 978-3-662-73152-9   (eBook)
https://doi.org/10.1007/978-3-662-73152-9

Die Deutsche Nationalbibliothek verzeichnet diese Publikation in der Deutschen Nationalbibliografie; detaillierte bibliografische Daten sind im Internet über https://portal.dnb.de abrufbar.

Springer Vieweg ist ein Imprint der eingetragenen Gesellschaft Springer-Verlag GmbH, DE und ist ein Teil von Springer Nature.
Die Anschrift der Gesellschaft ist: Heidelberger Platz 3, 14197 Berlin, Germany

Wenn Sie dieses Produkt entsorgen, geben Sie das Papier bitte zum Recycling.

Für Wolfgang.

Vorwort

Was ist die Motivation, ein Buch über die *Mathematik der Integraltransformationen* zu schreiben, obwohl dieser Begriff im klassischen ingenieurwissenschaftlichen Curriculum – etwa in der Medizintechnik, Elektrotechnik oder Mechatronik – meist nicht explizit verwendet wird?

Die Antwort liegt weniger in der Einführung neuer mathematischer Werkzeuge als vielmehr in der systematischen Darstellung bekannter Verfahren. Fourier- und Laplace-Transformationen sind zentrale Bestandteile der *System- und Signaltheorie*, der *Elektrotechnik* sowie der fortgeschrittenen Behandlung gewöhnlicher Differentialgleichungen. Ihre Anwendung ist aus der ingenieurwissenschaftlichen Praxis nicht wegzudenken. Häufig beschränkt sich der Umgang mit diesen Transformationen jedoch auf die Nutzung von Korrespondenztabellen und formalen Rechenregeln. Diese Vorgehensweise ist in vielen praktischen Situationen ausreichend, bleibt jedoch auf eine eher rezeptartige Anwendung beschränkt. Sie erfordert kein tieferes Verständnis der zugrundeliegenden Zusammenhänge oder der Eigenschaften der benutzten mathematischen Funktionen und Konstrukte.

Dieses Buch verfolgt deshalb bewusst einen anderen Ansatz. Ziel ist es, die mathematischen Strukturen und Zusammenhänge, die den Integraltransformationen zugrunde liegen, nachvollziehbar und zusammenhängend darzustellen. Insbesondere wird gezeigt, wie Methoden der komplexen Analysis – etwa Potenzreihen, Laurentreihen und der Residuensatz – eine elegante und oft deutlich vereinfachte Behandlung vieler Integrationsprobleme ermöglichen. Fragestellungen, die im reellwertigen Kontext nur mit erheblichem Aufwand oder gar nicht lösbar sind, werden auf diese Weise systematisch zugänglich.

Ein weiterer zentraler Beweggrund für dieses Buch ergibt sich aus der Lehrpraxis an Hochschulen für Angewandte Wissenschaften. Zwischen den in den ersten Semestern vermittelten mathematischen Grundlagen und den Anforderungen späterer anwendungsorientierter Fächer besteht häufig eine spürbare Lücke. Während Differential- und Integralrechnung, Reihenentwicklungen und elementare Differentialgleichungen typischerweise behandelt werden, bleiben komplexe Zahlen und insbesondere die Funktionentheorie oft randständig oder werden gar nicht behandelt. Damit gehen jedoch wertvolle mathematische Werkzeuge verloren, die gerade in der *System- und Signaltheorie* eine erhebliche Vereinfachung erlauben.

Das vorliegende Buch versteht sich daher als Brücke zwischen elementarer Analysis und ingenieurwissenschaftlicher Anwendung. Es richtet sich in erster Linie an Studierende der Ingenieurwissenschaften sowie angrenzender Disziplinen, die bereit sind, sich über rein formale Rechenverfahren hinaus mit den mathematischen Hintergründen auseinanderzusetzen. Gleichzeitig soll es auch Praktikerinnen und

Praktikern dienen, die ihr Verständnis der zugrunde liegenden Methoden vertiefen möchten.

In den Ausführungen wird immer wieder auf Vereinfachungen und Möglichkeiten von Plausibilitätsprüfungen hingewiesen, die sich aus der Beachtung von Symmetrien und anderen elementaren Eigenschaften der auftretenden Funktionen ergeben. Wo es sinnvoll erscheint, werden immer wieder verschiedene Lösungswege aufgezeigt und vorgeführt, damit im Anwendungsfall der jeweils günstigste Weg beschritten und Rechenfehler vermieden werden können.

Der inhaltliche Aufbau folgt einem klaren didaktischen Konzept. Zunächst werden die Besonderheiten der komplexen Ebene behandelt, insbesondere das Fehlen einer Ordnungsrelation und die daraus resultierenden Konsequenzen für Grenzwerte, Ableitung und Integration. Darauf aufbauend werden komplexe Ableitung, Potenz- und Laurentreihen sowie der Residuensatz eingeführt. Diese Werkzeuge bilden die Grundlage für die anschließende Behandlung der Fourier- und Laplacetransformation. Die Darstellung bleibt dabei bewusst anwendungsnah, ohne auf mathematische Sorgfalt zu verzichten. Vollständige mathematische Beweise werden vermieden und nur dort angegeben, wo sie für das Verständnis hilfreich oder zwingend erforderlich sind.

Zahlreiche Beispiele und ausführlich kommentierte Rechnungen dienen der Veranschaulichung der Konzepte. Die große Anzahl von Übungsaufgaben mit vollständigen Lösungen ermöglichen die eigenständige Vertiefung des Stoffes und stellen einen wesentlichen Teil des Buches dar. Ergänzende Tabellen und Zusammenfassungen im Anhang unterstützen zusätzlich seine Nutzung als Nachschlagewerk.

Dieses Buch ist als *Mitmach-Lehrbuch* konzipiert. Der größte Gewinn entsteht nicht allein durch das Lesen, sondern durch das aktive Nachvollziehen der Rechnungen und das eigenständige Bearbeiten der Aufgaben. Auf diese Weise soll der Umgang mit komplexen Zahlen und Integraltransformationen ebenso selbstverständlich werden wie der mit reellen Funktionen – und manch aufwendig erscheinendes Integral lässt sich plötzlich mit wenigen Schritten elegant lösen.

In diesem Sinne wünsche ich den Leserinnen und Lesern viel Freude und Erkenntnisgewinn bei der Arbeit mit diesem Buch.

Interessenkonflikt Der/die Autor*in hat keine relevanten Interessenskonflikte im Zusammenhang mit dieser Publikation.

Inhaltsverzeichnis

1 Einleitung

Viele Fragestellungen aus Physik und Technik lassen sich mathematisch eleganter und kompakter formulieren, wenn sie mit Hilfe komplexer Zahlen und Funktionen beschrieben werden. Denken wir nur an die Beispiele der ersten Semester eines Ingenieur- und Physikstudiums: Schwingungen und Wellen, allgemeine Lösungen von Differentialgleichungen, Widerstände und Resonanzfrequenzen von Wechselstromschaltungen etc.

Daneben gibt es Bereiche, die sich ohne komplexe Zahlen gar nicht oder nur unzureichend beschreiben bzw. berechnen lassen. Dazu zählen die Anwendungsgebiete der Integraltransformationen wie Systemtheorie oder elektrotechnische Aufgabenstellungen.

Um die Beschäftigung mit komplexen Zahlen und deren Funktionen kommt man im technischen Ingenieurstudium also kaum herum, insbesondere wenn System- und Signaltheorie zum Portfolio gehören.

Der Übergang von den leicht mit der Realität in Übereinstimmung zu bringenden reellen Zahlen $x \in \mathbb{R}$ zu den komplexen Zahlen $z := x + y\,\mathrm{j} \in \mathbb{C}$ bringt eine Vielzahl neuer Möglichkeiten, aber auch neuer Herausforderungen mit sich.

Leider geht dabei oft die Anschauung verloren. Nicht umsonst spricht man ja bei den neu hinzukommenden Zahlen von den "imaginären" Zahlen, die keine direkte Entsprechung in der realen Welt mehr haben. Betrachtet man dann noch die komplexwertigen Funktionen mit komplexen Argumenten, geht die Anschauung vollends verloren. Selbst grafische Veranschaulichungen sind nicht mehr so einfach möglich, da es sich um zweidimensionale Vektorfunktionen handelt, wir uns also bereits bei nur einem komplexen Argument in einem vierdimensionalen Raum mit reellwertigen Achsen befinden.

Durch die Erweiterung der reellen Zahlen auf die zweite Dimension mit der imaginären Achse geht ihre wohl definierte *Ordnung* verloren. Dadurch wird die Interpretation der Relation zweier komplexer Zahlen zueinander schwierig: welche Zahl ist "größer" und was bedeutet das? Wo befindet "Unendlich" in der Welt der komplexen Zahlen?

Als Folge ist u. a. der *Grenzwert einer komplexen Zahlenfolge* neu zu bedenken. Und da die Ableitung und das Integral einer Funktion über Grenzwerte definiert werden, müssen auch dazu Überlegungen angestellt werden. Hier kommen dann die Definitionen von *Wegen* und *Gebieten* in der Gaußschen Ebene ins Spiel, die wesentliche Bestandteile der Definition und der Anwendung des *Residuensatzes* sind.

Diese Inhalte werden in den Kapiteln 2 bis 4 näher behandelt. Dort wird auch der **Residuensatz** behandelt, der in der Berechnung komplexer Integrale eine zentrale Rolle spielt und deshalb auch ein Kernelement der mathematischen Grundlagen

© Der/die Autor(en), exklusiv lizenziert an
Springer-Verlag GmbH, DE, ein Teil von Springer Nature 2026
H. Kohlhoff, *Integraltransformationen in der System- und Signaltheorie*,
https://doi.org/10.1007/978-3-662-73152-9_1

zur Vorbereitung der nachfolgenden Anwendungskapitel darstellt.

Er wird zwar nicht tiefergehend hergeleitet, aber in seiner recht einfachen Formulierung und mit Ergänzung einiger weniger Sätze zur Berechnung von *Residuen* an definierten Polstellen dargestellt. Dazu werden bereits in Kapitel 3 im Zusammenhang mit der Verallgemeinerung der Taylorreihen zu den komplexen *Laurentreihen* wesentliche Zusammenhänge erarbeitet.

In der Anwendung auf Integrale gebrochenrationaler Funktionen und trigonometrischer Integrale zeigt sich der Vorteil der Anwendung des Residuensatzes gegenüber herkömmlicher reellwertiger Rechnung. So lassen sich die bestimmten Integrale auswerten, ohne die Stammfunktionen explizit herleiten zu müssen. Vielmehr reichen ggf. notwendige Ableitungen und rein algebraische Auswertungen der Integrandenfunktionen aus. Auch Integrale über die gesamte reelle Achse können unter gewissen Bedingungen in analoger Weise über den Residuensatz effizient berechnet werden, da die reellen Zahlen als echte Teilmenge vollständig in $\mathbb{C}$ eingebettet sind.

Nach diesen Vorbereitungen wird in Kapitel 7 die komplexe Schreibweise der *Fourierreihe* hergeleitet und zum *Fourierintegral* weiterentwickelt. Damit gelangen wir zur *Fouriertransformation*.

Nun wäre es extrem mühsam, müsste zu jeder anwendungsrelevanten Funktion das Integral der entsprechende Fouriertransformierten berechnet werden. Auch eine umfangreiche Formelsammlung wäre hier nur begrenzt hilfreich. Zum Glück ergeben sich direkt aus der Definition der Fouriertransformierten als "Integral über eine Funktion" eine Vielzahl von Sätzen, wie z. B. dem *Additions-, Multiplikations-,* oder dem *Verschiebungssatz,* deren Anwendung es ermöglicht, durch algebraische Aufbereitung der Integrandenfunktion und Nutzen bekannter Korrespondenzen eine Vielzahl weiterer Fouriertransformierte zu bestimmen.

Für die praktische Anwendung ist es wichtig, dass es zu jeder Fouriertransformierten jeweils auch eine entsprechende *inverse Fouriertransformierte* gibt, so dass der Weg in beide Richtungen beschritten werden kann: von der Zeit- in die Frequenzwelt und auch wieder zurück.

Bei näherer Betrachtung wird deutlich werden, dass es nicht für alle Anwendungsfälle Fouriertransformierte gibt, da die Integrale nicht immer konvergieren. Dies führt in Kapitel 9 dann zur *Laplacetransformation,* bei der für alle relevanten Anwendungsfälle *kausaler Zeitfunktionen* eine Transformierte angegeben werden kann. Dafür wird ein imaginärer Term eingeführt, der als *Konvergenzabzisse* stets so eingestellt werden kann, dass die Integrale existieren, d. h. konvergieren. Aufgrund der engen Verwandtschaft mit der Fouriertransformation gibt es auch hier die analogen Sätze zur Berechnung der Transformierten.

Bei der Berechnung der *inversen Laplacetransformierten* spielt wiederum der Residuensatz eine besondere Rolle, da es sich bei den Integrandenfunktionen im Anwendungsfall oft um gebrochenrationale Funktionen handelt – der Domäne des Residuensatzes. Die Kenntnis des *Nullstellen-/Polstellen-Plans* einer gebrochenrationalen Funktion als Laplacetransformierter erlaubt weitgehende Schlussfolgerungen zur zeitlichen Struktur des Signals, ohne das dafür irgendetwas gerechnet werden muss. Diese Betrachtungen aus der Signaltheorie schließen das Kapitel dann ab.

2 Die Komplexe Ebene

Im Folgenden werden als Grundkenntnisse zu den komplexen Zahlen vorausgesetzt: Definition, konjugiert komplexe Zahl[1], Darstellung in kartesischen und Polar-Koordinaten (Euler-Darstellung, trigonometrische Darstellung), Grundrechenarten, Potenzen, Wurzeln und natürlicher Logarithmus.

Sollten hier noch Unsicherheiten oder das Bedürfnis nach Auffrischung bestehen, finden sich diese Zusammenhänge kompakt im Anhang B. Hier sei insbesondere auf die Tabelle B.1 häufig auftretender Ausdrücke verwiesen, da ihre Anwendung den Rechenaufwand oft reduzieren kann.

2.1 Keine Ordnung in $\mathbb{C}$

Für die reellen Zahlen existiert die bekannte und geradezu als selbstverständlich empfundene *Anordnungsrelation*: für $x,y \in \mathbb{R}$ gilt: $x < y$ oder $x > y$ oder $x = y$. Eine dieser Bedingungen muss gelten. In der üblichen grafischen Veranschaulichung der reellen Zahlen als Zahlengerade[2] ist dies auch unmittelbar einleuchtend.

Mit den daraus abgeleiteten Regeln

$$(x < y) \wedge (y < z) \Rightarrow (x < z) \quad \text{und} \quad (x < y) \wedge (z > 0) \Rightarrow (x \cdot z < y \cdot z)$$

wird die Menge der reellen Zahlen auch als *"(total) geordneter Körper"* bezeichnet.

Als eine der Schlussfolgerungen gilt als ein abgeleitetes Kriterium für die *Ordnung* einer Menge von Zahlen zueinander: das Quadrat jeder Zahl der Menge ist immer größer oder gleich Null, hier also: $x^2 > 0 \; \forall \; x \in \mathbb{R}$.

Diese Relation lässt sich aber nicht von den reellen Zahlen in die Menge der komplexen Zahlen fortsetzen, wie das einfache Gegenbeispiel $j^2 = -1 < 0$ zeigt. Die Menge $\mathbb{C}$ der komplexen Zahlen ist also keine *geordnete Menge*, d. h. man kann keine Anordnungsrelation vergleichbar zu den reellen Zahlen angeben.

Auch dies kann man sich wiederum an der grafischen Darstellung der Menge $\mathbb{C}$ als zweidimensionale Gaußsche Zahlenebene vor Augen führen, da es nun nicht mehr nur ein "links oder rechts", sondern gleichzeitig ein "oben oder unten" gibt.

Die Interpretation komplexer Zahlen als Beschreibung für in der Realität existierende Objekte und deren messbare Eigenschaften ist i.A. nicht direkt möglich. Oft

---

[1] im Buch wird durchgehend die Stern-Notation $z^* = (x + jy)^* = x - jy$ für die Konjugation verwendet.

[2] oft wird vom "Zahlenstrahl" der reellen Zahlen gesprochen, was aber im Grunde nicht richtig ist, da ein Strahl einen Anfang und kein Ende hat, die Zahlengerade für alle reellen Zahlen hat aber weder Anfang noch Ende.

können aber der Betrag oder der Phasenwinkel der komplexen Zahl physikalisch, technisch gedeutet werden, so z. B. in der Wechselstromlehre bei der Berechnung von Schwingkreisen und deren Widerständen und Phasenverschiebungen.

Betrachtet man nur den Betrag einer komplexen Zahl, ist dies unendlich vieldeutig. Es ist lediglich festgelegt, dass die Spitze des Zeigers in der Gaußschen Ebene auf einem Kreis um den Ursprung liegt, dessen Radius gleich dem Betrag der Zahl ist.

Betrachtet man andererseits nur den Winkel, ist damit ausgehend vom Nullpunkt der Strahl definiert, auf dem der Zeiger liegen muss, aber auch dies ist unendlich vieldeutig, da seine Länge nicht definiert ist und es zusätzlich die typische Mehrdeutigkeit des Winkels modulo 2π gibt: $\alpha = 30°$ und $\beta = 390°$ führen bei gegebener Zeigerlänge beide zum gleichen Punkt in der Ebene, d. h. den gleichen kartesischen Koordinaten und damit der gleichen komplexen Zahl.

Die manchmal notwendigerweise getrennte Betrachtung von Betrag und Winkel einer komplexen Zahl wird auch bei der Beantwortung der Frage deutlich: Wo befindet sich "der Punkt" *Unendlich* in der Gaußschen Ebene?

Die Zahlengerade der reellen Zahlen verläuft zwischen den "Punkten" $-\infty$ bzw. $+\infty$. Diese sind jeweils beliebig weit vom Ursprung, dem Nullpunkt, entfernt. Im Falle der komplexen Zahlen gibt es zwei reelle Zahlengeraden: die reelle und die imaginäre Achse. Auch diese verlaufen jeweils zwischen $-\infty$ und $+\infty$. Aber nicht nur an den vier "Enden" der Achsen wird der Abstand zum Ursprung $(0;0)$ beliebig groß, sondern auch in allen Winkelbereichen dazwischen. Dies führt zu der Definition

---

Definition 2.1.1 (Unendlich in der Gaußschen Ebene)

Unendlich ist der Grenzwert aller komplexen Zahlenfolgen, die jeden Kreis um den Ursprung der Gaußschen Ebene verlassen, egal welchen Radius man für diesen wählt.

Unendlich ist damit (sehr bildhaft gesprochen) der Rand der Gaußschen Zahlenebene im Unendlichen (auch wenn eine Ebene per se keinen Rand hat). Wie sich auch an anderen Stellen zeigen wird, ist oft nur der Betrag der komplexen Zahl von Bedeutung, d. h. ihr Abstand zum Ursprung.

2.2 Folgen und Grenzwerte in $\mathbb{C}$

Analog zur reellen Achse kann man Folgen komplexer Zahlen $\{z_n\}_n$ definieren, denn Folgen sind ja nur "geordnete Mengen" in dem Sinne, dass die Reihenfolge der Elemente über eine entsprechende Folgenvorschrift fest vorgegeben ist und Elemente ggf. auch mehrfach vorkommen dürfen. Die fehlende Ordnung der Gaußschen Ebene stört in dieser Definition nicht.

Die Konvergenz einer Folge kann ebenfalls analog zur reellen Achse definiert werden, da hier nur der Abstand der betrachteten Zahlen eingeht und dieser ist als

Betrag der Differenz der Zahlen definiert:

Definition 2.2.1 (Grenzwert einer Folge)

Eine Folge komplexer Zahlen $\{z_n\}_n$ hat den **Grenzwert** z_0, wenn gilt:

$$\lim_{n \to \infty} |z_0 - z_n| = 0$$

Das bedeutet: wenn der Folgenindex nur groß genug gewählt wird, kommt man dem Punkt z_0 in der Ebene beliebig nahe. Dies drückt auch der folgende Satz aus:

Satz 2.2.1 (Existenz eines Grenzwertes nach Cauchy)

Eine Folge komplexer Zahlen $\{z_n\}_n$ besitzt genau dann einen Grenzwert, wenn es zu jedem $\epsilon > 0$ einen Index n_0 gibt, so dass

$$|z_\nu - z_\mu| < \epsilon \quad \forall\, \nu, \mu > n_0$$

---

d. h. mit steigendem Folgenindex rücken die Folgenglieder immer dichter zusammen. Ihr Abstand kann dabei beliebig klein gewählt werden, dann kann immer noch ein Index gefunden werden, ab dem alle Folgenglieder diesen geringen Abstand zueinander haben.

In diesem Zusammenhang wird die Menge aller Zahlen innerhalb eines Kreises um eine gegebene Zahl z_0 definiert:

Definition 2.2.2 (Offene Umgebung)

Die Menge

$$U_\epsilon(z_0) = \left\{ z \in \mathbb{C} \,\middle|\, |z - z_0| < \epsilon \right\}$$

definiert die **offene Umgebung** um den Punkt z_0. Manchmal spricht man auch von der ϵ-**Umgebung** von z_0.

Anschaulich ist die ϵ-Umgebung von z_0 eine Kreisscheibe um den Punkt z_0 mit dem Radius ϵ, aber ohne den Rand. Auch hier ist ausschließlich der Abstand der Zahlen voneinander von Bedeutung, nicht aber der Winkel zwischen den Zeigern.

Man könnte damit für die Definition und Existenz eines Grenzwertes auch formulieren: Eine Folge komplexer Zahlen hat den Grenzwert z_0, wenn es zu jeder ϵ-Umgebung von z_0 mit $\epsilon > 0$ einen Index n_0 gibt so, dass alle Folgenglieder z_n mit einem Index $n > n_0$ innerhalb dieser Umgebung liegen.

Für die Berechnung von Grenzwerten komplexer Zahlenfolgen gelten die gleichen Regeln, wie bei den reellen Zahlen. Ergänzend gibt es Regeln für Folgen konjugiert komplexer Zahlen und Beträge komplexer Zahlen, die sich dem Grunde nach jedoch auch schnell aus den anderen Regeln herleiten lassen. Zusammengefasst sind dies:

Satz 2.2.2 (Regeln für Grenzwerte)

Sei $\lim\limits_{n\to\infty}\{a_n\} = a$ und $\lim\limits_{n\to\infty}\{b_n\} = b$ mit $a_n, b_n \in \mathbb{C}$. Dann gelten:

$$\lim_{n\to\infty}\left(\{a_n\} \pm \{b_n\}\right) = a \pm b$$

$$\lim_{n\to\infty}\left(\{a_n\} \cdot \{b_n\}\right) = a \cdot b$$

$$\lim_{n\to\infty}\{a_n^*\} = a^*$$

$$\lim_{n\to\infty}\{|a_n|\} = |a|$$

Die Betrachtungen zu Folgen und ihren Grenzwerten gelten für Zahlenfolgen wie auch für Funktionsfolgen und sind elementare Grundlagen für die Definitionen von Ableitungen, Integralen und z. B. der Dirac-Delta-Funktion.

2.3 Wege oder Kurven

Bei der Berechnung von Integralen reellwertiger Funktionen entlang der reellen Achse, also z. B. $\int_a^b f(x)\, dx$, ist durch die Angabe der Integralgrenzen a und b auch klar, wie man entlang der reellen Achse vom Punkt a zum Punkt b kommt. Ebenso ist die Menge der x-Werte, an denen die Funktion $f(x)$ ausgewertet wird, das Intervall $[a; b]$, damit bekannt.

In der Gaußschen Ebene ist dies durch die hinzukommende zweite Dimension der imaginären Achse im Fall eines Integrals über komplexe Zahlen, also z. B. $\int_{z_a}^{z_b} f(z)\, dz$ mit $z_a, z_b \in \mathbb{C}$, nicht mehr klar. Vielmehr gibt es unendlich viele verschiedene Möglichkeiten, wie man vom Punkt z_a zum Punkt z_b gelangt. Dies macht es notwendig, den *Weg* festzulegen, d. h. wie man von z_a nach z_b kommt.

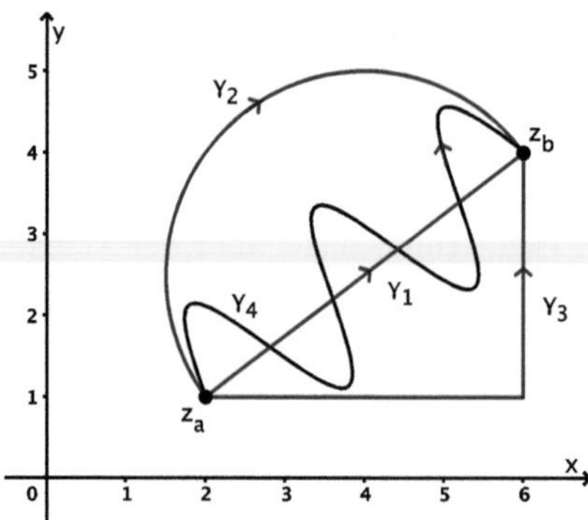

Abb. 2.1: Verschiedene Wege, um in der Gaußschen Ebene vom Punkt z_a zum Punkt z_b zu gelangen.

Ein Weg wird durch eine Funktion beschrieben:

Definition 2.3.1 (Weg oder Kurve in $\mathbb{C}$)

Ein **Weg** (oder eine **Kurve**) ist eine stetige Abbildung γ eines geschlossenen Intervalls der reellen Achse auf eine Teilmenge der komplexen Zahlen:

$$\gamma : [a;b] \to M \subset \mathbb{C}, t \to \gamma(t)$$

- Die Bildmenge des Weges heißt auch **Spur** des Weges: $\gamma([a;b]) = M = Sp\ \gamma$.
- Man sagt auch: γ *parametriert* M.
- Sind *Anfangs-* und *Endpunkt* von γ gleich, d.h. $\gamma(a) = \gamma(b)$, heißt der Weg (oder die Kurve) γ **geschlossen**.
- Ist γ auf $[a;b]$ differenzierbar, so heißt der Weg **differenzierbar**. Ist zusätzlich $\gamma'(t) \neq 0\,\forall\, t \in [a;b]$, heißt γ **glatt**.
- Der zu γ **entgegengesetzte** Weg γ^{-1} hat die gleiche Spur wie γ, jedoch sind Anfangs- und Endpunkt vertauscht:

$$\gamma^{-1} : [a;b] \to M, t \to \gamma^{-1}(t) = \gamma(a+b-t)$$

Ein *Weg* ist damit eine Menge von Punkten in der komplexen Ebene, wobei (fast) jeder Punkt einen Vorgänger und einen Nachfolger hat[3] und ihre Reihenfolge durch die Abbildungsvorschrift eindeutig festgelegt ist.

Aufgrund seiner häufigen Verwendung, z.B. im Rahmen des Residuensatzes, wird der Kreis als besonderer Weg mit $\kappa(r;z_0)$ bezeichnet:

Satz 2.3.1 (Positiv orientierte Kreislinie um z_0)

Sei $z_0 \in \mathbb{C}$ ein Punkt in der komplexen Ebene und $r \in \mathbb{R}, r > 0$ der Radius. Dann definiert der Weg

$$\kappa(t) =: \kappa(r,z_0) : [0;2\pi] \to \mathbb{C}, t \to z_0 + r\,e^{jt}$$

eine geschlossene **Kreislinie** mit dem Radius r um den Punkt z_0.

- Die erste Ableitung nach dem Parameter t lautet: $\kappa'(t) = j\,r\,e^{jt}$.
- $\kappa(t)$ ist damit ein geschlossener, differenzierbarer Weg.
- $\kappa(t)$ parametriert die **positiv orientierte geschlossene Kreislinie** um z_0 mit dem Radius r.
- Der entgegengesetzte Weg $\kappa^{-1}(t)$ ist die **negativ orientierte Kreislinie**:

$$\kappa^{-1}(t) = \kappa^{-1}(r,z_0) : [0;2\pi] \to \mathbb{C}, t \to z_0 + r\,e^{-jt}$$

---

[3] bei nicht geschlossenen Wegen haben Anfangs- und Endpunkt natürlich jeweils nur einen Nachfolger bzw. Vorgänger.

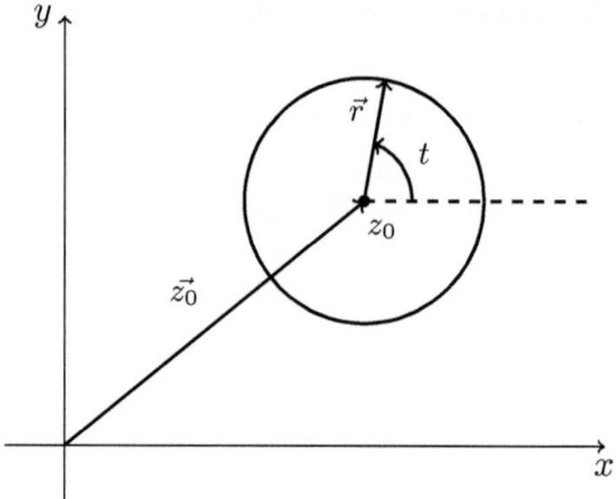

Abb. 2.2: Kreis um den Punkt z_0 mit Radius r: $\gamma(t) = z_0 + r\,\mathrm{e}^{jt}$ mit $t \in [0; 2\pi]$.

Wie gelangt man vom Ursprung zu den einzelnen Punkten auf der Kreislinie?

Man denke sich den Weg entlang der eingezeichneten Vektoren: zunächst geht man längs des Ortsvektors $\vec{z_0}$ zum Mittelpunkt des Kreises. Von dort entlang des Radiusvektors $\vec{r}$ zu einem Punkt auf der Kreislinie. Mit dem Winkel $t \in [0; 2\pi]$ dreht sich der Radiusvektor vollständig und erreicht so jeden Punkt auf der Kreislinie. Die Menge der so berührten unendlichen vielen Punkte auf dem Kreis bildet die Spur des Weges: $Sp(\gamma(t))$.

Die Orientierung einer Kreislinie spielt in der späteren Anwendung eine wichtige Rolle und führt ggf. zu einem Vorzeichen. Mathematisch *positiv orientiert* bedeutet, dass die Punkte entgegen dem Uhrzeigersinn durchlaufen werden (Linksdrehung), während eine Drehung im Uhrzeigersinn (Rechtsdrehung) als *negativ orientiert* bezeichnet wird.

Beispiel 1 - Einheitsvollkreis

Die Kreislinie des Einheitskreises, die im Uhrzeigersinn um den Ursprung der Gaußschen Ebene durchlaufen wird, kann durch den Weg

$$\gamma : [0; 2\pi] \to \mathbb{C}, t \to \mathrm{e}^{-jt}$$

angegeben werden. Mit Notation aus Satz 2.3.1 für einen Kreis wäre dies: $\kappa^{-1}(1{,}0)$.

Beispiel 2 - Negativ orientierter Halbkreis um z_0

Mit

$$\gamma : [0; 2\pi] \to \mathbb{C}, t \to z_0 + r\,\mathrm{e}^{(\pi-t)j}$$

wird der negativ orientierte Halbkreis mit Radius r um z_0 definiert, der in der oberen Halbebene verläuft.

Beispiel 3 - Weg parallel zur reellen Achse

Der Weg, der von links nach rechts, parallel zur reellen Achse, vom Punkt z_0 bis Unendlich verläuft, kann beschrieben werden durch

$$\gamma : [0; \infty) \to \mathbb{C}, t \to z_0 + t$$

Tipp:
Bei der Definition eines Weges überzeugt man sich durch Einsetzen einiger Werte, ob die z-Werte dem gewünschten Verlauf entsprechen. Dabei reicht es oft aus, Anfangs- und Endpunkt, sowie einen Punkt in der Mitte in die Funktion $\gamma(t)$ einzusetzen. Insbesondere bei (Teil-)Kreislinien kann man sich damit schnell auch vom korrekten Umlaufsinn (der mathematischen Orientierung) überzeugen.

2.4 Gebiete

Die Definition von Wegen führt direkt zu der Definition von *Gebieten*. Ihr Verständnis ist für die Integration komplexwertiger Funktionen und die Anwendung des Residuensatzes von entscheidender Bedeutung.

Definition 2.4.1 (Gebiet in $\mathbb{C}$)

Ein **Gebiet** oder **Bereich** ist eine *offene, zusammenhängende Punktmenge* $D \subset \mathbb{C}$, in der sich zwei beliebige Punkte stets durch eine ganz in D verlaufende Kurve verbinden lassen.
Man spricht auch von einem *wegweise zusammenhängenden* Gebiet.

Die Randpunkte eines Gebietes gehören <u>nicht</u> zum Gebiet selbst dazu, wie durch die Eigenschaft *"offene"* Punktmenge gesagt ist. Andererseits charakterisiert die Menge der Randpunkte jedoch das Gebiet:

Definition 2.4.2 (Einfach zusammenhängendes Gebiet)

Bilden die Randpunkte eines Gebietes eine einzige, zusammenhängende und abgeschlossene Punktmenge, so spricht man von einem **einfach zusammenhängenden Gebiet**.

Zur Veranschaulichung könnte man sich vorstellen, man lege einen Faden auf die Randpunkte des Gebietes. Wenn man nun den Faden zusammenziehen kann, ohne dabei das Gebiet auch nur an einer einzigen Stelle zu verlassen, dann ist das Gebiet einfach zusammenhängend.
Würde aber auch nur ein einziger Punkt innerhalb des von den Randpunkten umschlossenen Gebietes nicht zum Gebiet gehören, könnte man den Faden nicht mehr

einfach zusammenziehen. Man hätte ja auch einen "Rand" des Gebietes um diesen einen Punkt herum, so dass die Menge der Randpunkte nicht mehr einfach zusammenhängend ist, sondern aus zwei Anteilen besteht.

Definition 2.4.3 (Mehrfach zusammenhängendes Gebiet)

Besteht der Rand eines Gebietes aus n abgeschlossenen, zusammenhängenden, paarweise disjunkten, (nicht überlappenden) Punktmengen, so handelt es sich um ein n-**fach zusammenhängendes Gebiet.**

Satz 2.4.1 (Zweifach zusammenhängendes Gebiet)

Entfernt man einen Punkt, oder ein Gebiet <u>mit</u> dessen Rand, aus einem einfach zusammenhängenden Gebiet, wird es ein **zweifach zusammenhängendes Gebiet.**

So sind z. B. Ringe (der "Donut") typische *zweifach zusammenhängende Gebiete.* Sie haben einen äußeren und einen inneren Rand, die jeweils für sich zusammenhängende, abgeschlossene Punktmengen, aber disjunkt zueinander sind.

Ein einfach zusammenhängendes Gebiet, aus dem drei einzelne, nicht direkt benachbarte Punkte entfernt wurden, die nicht am Rand lagen, wird damit mit dem äußeren Rand und den drei inneren Rändern um die drei entfernten Punkte zu einem vierfach zusammenhängenden Gebiet.

In den späteren Anwendungsfällen wird es primär darum gehen, ob das betrachtete Gebiet ein - oder mehrfach zusammenhängend ist. Danach entscheidet sich, welche Integrationsformeln dann angewendet werden können bzw. müssen.

2.5 Komplexwertige Funktionen

Definition 2.5.1 (Komplexwertige Funktion)

Eine **komplexe Funktion** ist eine Abbildung $f(z)$, die einer komplexen Zahl z einen komplexwertigen Funktionswert w zuordnet:

$$f \ : \ D \subset \mathbb{C} \to W \, , \, z \to w = f(z) = f(x + \mathrm{j}\, y) = u(x,y) + \mathrm{j}\, v(x,y)$$

Betrachtet man die beiden reellen Zahlen x und y als unabhängige Argumente der Funktion und beachtet dabei die Definition von $\mathrm{j} = \sqrt{-1}$, ist eine komplexe Funktion "nur" eine zweidimensionale reelle Vektorfunktion, in der ggf. die imaginäre Einheit j vorkommt:

$$f(x,y) \ : \ \mathbb{R}^2 \to \mathbb{R}^2 \, , \, \begin{pmatrix} x \\ y \end{pmatrix} \to \begin{pmatrix} u(x,y) \\ v(x,y) \end{pmatrix}$$

Hätte die Funktion zwei oder mehr komplexe Argumente, z. B. $f(z_1, z_2, \ldots)$, wäre dies dann eine vier- oder höherdimensionale Vektorfunktion[4].

Bereits die "einfachen" komplexen Funktionen mit nur einem Argument entziehen sich einer direkten grafischen Veranschaulichung. Im Anwendungsfall kann es, je nach technischer Bedeutung, aber dennoch hilfreich sein, einzelne Aspekte wie den Betrag, den Real- oder Imaginärteil der Funktion für sich grafisch darzustellen.

Betrachten wir als Beispiel die einfache Funktion $f : \mathbb{C} \to \mathbb{C}, z \to f(z) = z^2$.

Häufig ist es sinnvoll, die Funktionsvorschrift in ihren Real- und Imaginärteil zu zerlegen:

$$f(z) = z^2 = (x + \mathrm{j}\,y)^2 = \underbrace{x^2 - y^2}_{=u(x,y)} + \mathrm{j}\,\underbrace{(2xy)}_{=v(x,y)}$$

und den Betrag zu bestimmen:

$$|z^2| = \sqrt{(x^2 - y^2)^2 + (2xy)^2} = \sqrt{x^4 - 2x^2y^2 + y^4 + 4x^2y^2} = x^2 + y^2$$

Die drei Funktionen $|z^2| = x^2 + y^2$, $u(x,y) = x^2 - y^2$ und $v(x,y) = 2xy$ können nun jede für sich als Konturlinien-Diagramm über der Parameterebene aus Real- und Imaginärteil von z dargestellt werden.

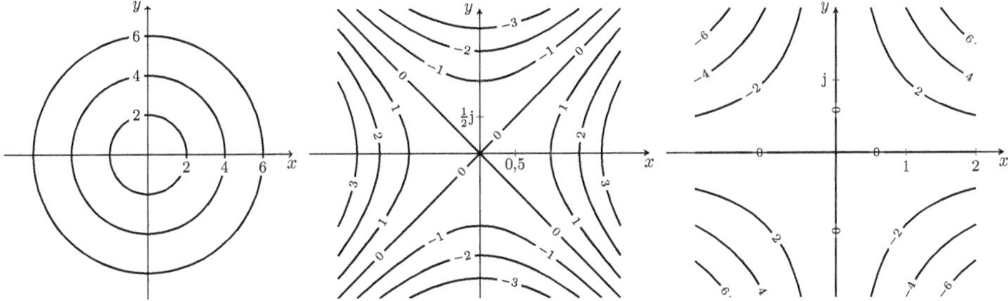

Abb. 2.3: Grafische Veranschaulichungen zur Funktion $f(z) = z^2$ mit $z = x + \mathrm{j}\,y$. Links nach rechts: $|f(z)| = x^2 + y^2$, $Re(f(z)) = x^2 - y^2$, $Im(f(z)) = 2xy$. Die x-Achse ist der Realteil, die y-Achse der Imaginärteil von z. Die Werte an den Isokonturlinien sind jeweils die Werte des Betrages, des Real- bzw. des Imaginärteils von $f(z)$.

Zu jeder komplexen Funktion $f(z) = u(x,y) + \mathrm{j}\,v(x,y)$ gibt es auch die zugehörige konjugiert-komplexe Funktion und die Betragsfunktion:

$$f^*(z) = u(x,y) - \mathrm{j}\,v(x,y) \quad \text{und} \quad |f(z)| = \sqrt{f(z)\,f^*(z)}$$

---

[4]da in den folgenden Zusammenhängen nur komplexe Funktionen mit einem einzigen komplexen Argument auftreten, werden höher.dimensionale komplexe Funktionen nicht weiter betrachtet.

Beispiele komplexer Funktionen

- $f(z) = z^* = x - \mathrm{j}\,y$.

  Die Konjugation entspricht der Spiegelung an der reellen Achse.

- $Re(f(z)) = u(x,y)$.

  Die Auswahl des Realteils entspricht der Projektion der Funktion auf die reelle Achse. Entsprechend ist...

- $Im(f(z)) = v(x,y)$

  ...die Projektion auf die imaginäre Achse.

- $f(z) = \displaystyle\sum_{i=0}^{n} a_i\, z^i$ mit $a_i \in \mathbb{R}$ oder $a_i \in \mathbb{C}$ ist ein Polynom n. Ordnung mit reellen oder komplexen Koeffizienten a_i.

- $f(z) = \dfrac{N(z)}{Z(z)}$ ist eine (echt oder unecht) gebrochenrationale Funktion, wenn $N(z)$ und $Z(z)$ komplexe Polynome sind.

- Die Funktion $f(z) = \mathrm{e}^z = \mathrm{e}^x(\cos(y) + \mathrm{j}\sin(y))$ tritt recht häufig auf mit: $\left|\mathrm{e}^z\right| = \mathrm{e}^x$ und $\mathrm{e}^{z_1+z_2} = \mathrm{e}^{z_1} \cdot \mathrm{e}^{z_2}$.

2.5.1 Stetigkeit

Die Stetigkeit von Funktionen ist unter anderem für deren Differenzier- und Integrierbarkeit von grundlegender Bedeutung. Deshalb werden hier dazu die wesentlichen Zusammenhänge kurz angegeben.

Definition 2.5.2 (Stetigkeit komplexer Funktionen in z_0)

Eine komplexe Funktion $f(z)$ ist **stetig im Punkt z_0**, wenn es zu jedem (reellen) $\epsilon > 0$ ein (reelles) $\delta > 0$ gibt so, dass

$$|f(z) - f(z_0)| < \epsilon \quad \forall z : |z - z_0| < \delta$$

Mit der Definition 2.2.2 der *offenen Umgebung* kann man das auch so formulieren:

Eine komplexe Funktion ist stetig im Punkt z_0, wenn es zu jeder noch so kleinen offenen Umgebung um den Funktionswert $f(z_0)$ immer auch eine offene Umgebung des Arguments z_0 gibt, so dass alle Argumente der Funktionswerte aus der offenen Umgebung von $f(z_0)$ in der offenen Umgebung von z_0 liegen.

Dies führt auch zu der zweiten Definition der Stetigkeit komplexer Funktionen über das *Folgenkriterium*:

Definition 2.5.3 (Stetigkeit komplexer Funktionen in z_0)

Eine komplexe Funktion $f(z)$ ist **stetig im Punkt z_0**, wenn für jede gegen z_0 konvergierende Folge $\{z_n\}_n$ auch gilt: $\lim\limits_{n\to\infty} f(z_n) = f(z_0)$, also:

$$\lim_{n\to\infty} f(z_n) = f\left(\lim_{n\to\infty} z_n\right) = f(z_0)$$

---

d. h. Grenzwertbildung und Funktionswertberechnung können vertauscht werden.

Definition 2.5.4 (Stetigkeit komplexer Funktionen)

Eine komplexe Funktion $f(z)$ ist **stetig**, wenn sie in jedem Punkt ihres Definitionsbereiches stetig ist.

Wenn der Definitionsbereich einer komplexen Funktion ein mehrfach zusammenhängendes Gebiet ist (siehe Definition 2.4.3), muss die Stetigkeit in jedem der Teilgebiete getrennt untersucht werden. Nur wenn sie in jedem der Teilgebiete stetig ist, ist sie eine stetige Funktion.

Satz 2.5.1 (Zur Stetigkeit komplexer Funktionen)

Für stetige komplexe Funktionen gilt:

- Summen und Produkte stetiger Funktionen sind wieder stetig.
- Die Stetigkeit der Funktion $f(z)$ ist äquivalent zur Stetigkeit von Real- und Imaginärteil der Funktion.
- Aus der Stetigkeit von $f(z)$ folgt auch die Stetigkeit von $f^*(z)$ und $|f(z)|$.
- Die Bildmenge einer stetigen Funktion mit einem zusammenhängenden Definitionsbereich ist ebenfalls wieder zusammenhängend.

Übungsaufgaben

Aufgabe 2.1

Welche der folgenden Parametrierungen beschreibt den negativ orientierten Weg eines Halbkreises in der unteren Halbebene um den Punkt $z_0 = 2$?

$\gamma_a : \quad [0;\pi] \to \mathbb{C} ,\, t \to 2 + r\,\mathrm{e}^{-\mathrm{j}t}$

$\gamma_b : \quad [-\pi;0] \to \mathbb{C} ,\, t \to 2 - r\,\mathrm{e}^{-\mathrm{j}t}$

$\gamma_c : \quad \left[-\frac{\pi}{2};\frac{\pi}{2}\right] \to \mathbb{C} ,\, t \to 2 - \mathrm{j}\,r\,\mathrm{e}^{-\mathrm{j}t}$

Aufgabe 2.2

Zeigen Sie, dass für alle $z_a, z_b \in \mathbb{C}$ gilt: $(z_a \pm z_b)^* = z_a^* \pm z_b^*$ und $(z_a \cdot z_b)^* = z_a^* \cdot z_b^*$.

Aufgabe 2.3

Zeigen Sie, dass komplexe Nullstellen eines Polynoms n. Ordnung mit rein reellen Koeffizienten immer als konjugiert komplexe Paare auftreten.

Aufgabe 2.4

Ermitteln Sie zu der Funktion $f(z) = (z - 1)^{-1}$ mit $z = (x + \mathrm{j}\,y) \in \mathbb{C}$ den Realteil $u(x,y)$, den Imaginärteil $v(x,y)$ und den Betrag $|f(z)|$.

Aufgabe 2.5

Für $z \in \mathbb{C}$ gelten folgende Definitionen:
$$\sin(z) = \frac{1}{2\mathrm{j}}\left(\mathrm{e}^{\mathrm{j}\,z} - \mathrm{e}^{-\mathrm{j}\,z}\right) \quad , \quad \cos(z) = \frac{1}{2}\left(\mathrm{e}^{\mathrm{j}\,z} + \mathrm{e}^{-\mathrm{j}\,z}\right)$$
$$\sinh(z) = \frac{1}{2}\left(\mathrm{e}^{z} - \mathrm{e}^{-z}\right) \quad , \quad \cosh(z) = \frac{1}{2}\left(\mathrm{e}^{z} + \mathrm{e}^{-z}\right)$$

Geben Sie für alle vier Funktionen jeweils den Real- und Imaginärteil an.

3 Differentiation in $\mathbb{C}$

Die Differenzierbarkeit einer Funktion ist eine grundlegende Eigenschaft und hat insbesondere in der komplexen Welt weitreichende Bedeutung. Sie ist eine wesentliche Anforderung an Funktionen, die im Rahmen dieses Buches zu behandeln sind.

Die Ableitung einer reellwertigen Funktion ist als Differentialquotient, also dem Grenzwert des Differenzenquotienten, definiert. Dies kann direkt auf komplexe Argumente übertragen werden und führt zur Definition der *komplexen Differenzierbarkeit*.

Interpretiert man komplexwertige Funktionen als zweidimensionale Vektorfunktionen von jeweils reellen Eingangsvariablen (den Real- und -Imaginärteilen der komplexen Argumente) und betrachtet dann jeweils die reellwertige (partielle) Differenzierbarkeit der Real- und Imaginärteilfunktionen nach diesen reellen Variablen, gelangt man zur *reellen Differenzierbarkeit komplexer Funktionen*.

Reelle und komplexe Differenzierbarkeit sind aber deutlich voneinander zu unterscheiden. Ihr Zusammenhang wird in den *Cauchy-Riemannschen Differentialgleichungen* und den *Wirtinger-Ableitungen* hergestellt (siehe u. a. [FL13]).

Auf der Grundlage der Differenzierbarkeit kann die allgemeine Taylorreihe auf komplexwertige Funktionen zur *Laurentreihe* erweitert werden. Bei der Berechnung der entsprechenden komplexen Koeffizienten der Reihe werden schon erste komplexwertige Wegintegrale zu lösen sein, die später noch ausführlicher im nachfolgenden Kapitel zur *Integration in* $\mathbb{C}$ behandelt werden. Aber dafür kann an dieser Stelle das *Residuum einer Funktion* auf sehr organische Art eingeführt werden. Dies ist die Grundlage für den *Residuensatz*, der als mächtiges Werkzeug für die Berechnung komplexer Integrale ebenfalls im nachfolgenden Kapitel behandelt wird.

3.1 Komplexe Differenzierbarkeit

Auch wenn komplexe Differenzierbarkeit eine wesentlich umfassendere Eigenschaft ist, als die Differenzierbarkeit im Reellen, wird sie zunächst in gleicher Weise über den Grenzwert des Differenzenquotienten definiert.

Einfache Überlegungen führen dann aber schnell zu der Einsicht, dass die Erweiterung auf zwei Dimensionen trotz der gleich lautenden Definitionen zu grundlegend erweiterten Eigenschaften führt, die in der Definition der Cauchy-Riemannschen Differentialgleichungen ihren Niederschlag finden.

Sei im Folgenden $D \subset \mathbb{C}$ eine Teilmenge der komplexen Zahlen und $f(z) : D \to \mathbb{C}$ eine komplexwertige Funktion mit komplexen Argument $z := x + \mathrm{j}\,y \in D$ und der Zerlegung $f(z) = u(x,y) + \mathrm{j}\,v(x,y)$ in Real- und Imaginärteil.

© Der/die Autor(en), exklusiv lizenziert an
Springer-Verlag GmbH, DE, ein Teil von Springer Nature 2026
H. Kohlhoff, *Integraltransformationen in der System- und Signaltheorie*,
https://doi.org/10.1007/978-3-662-73152-9_3

Dann wird analog zur Ableitung reeller Funktionen definiert:

Definition 3.1.1 (komplex differenzierbar in z_0)

Die Funktion $f(z) : D \to \mathbb{C}$ heißt in $z_0 \in D$ **komplex differenzierbar**, wenn der Grenzwert

$$f'(z_0) = \lim_{z \to z_0} \frac{f(z) - f(z_0)}{z - z_0} = \lim_{\Delta z \to 0} \frac{f(z + \Delta z) - f(z)}{\Delta z}$$

existiert. $f'(z_0)$ heißt dann die *komplexe Ableitung* von $f(z)$ bei z_0.

Daran schließt sich gleich eine im Komplexen übliche Namensgebung an:

Definition 3.1.2 (holomorph oder analytisch)

Die Funktion $f(z)$ heißt **holomorph (analytisch) in z_0**, wenn sie in einer offenen Umgebung von z_0 komplex differenzierbar ist.

Ist D eine offene, zusammenhängende Teilmenge komplexer Zahlen und $f : D \to \mathbb{C}$ für alle $z_0 \in D$ komplex differenzierbar, heißt die Funktion $f(z)$ **holomorph** oder **analytisch**.

Für die komplexe Ableitung einer komplexen Funktion und deren Stetigkeit gilt:

Satz 3.1.1 (Stetigkeit komplex differenzierbarer Funktionen)

Eine in einem Punkt z_0 komplex differenzierbare Funktion $f(z)$ ist dort auch stetig.

Ebenso sind die Rechenregeln die gleichen:

Addition/Subtraktion:

$$[f(z) \pm g(z)]' = f'(z) \pm g'(z)$$

Produktregel:

$$[f(z) \cdot g(z)]' = f'(z)\,g(z) + f(z)\,g'(z)$$

Quotientenregel:

$$\left[\frac{f(z)}{g(z)}\right]' = \frac{f'(z)\,g(z) - f(z)\,g'(z)}{g^2(z)}$$

Kettenregel:

$$[f(g(z))]' = f'(g(z))\,g'(z)$$

Beispiele holomorpher Funktionen sind: Polynome und gebrochenrationale Funktionen innerhalb ihrer Definitionsbereiche, die Exponential- und trigonometrischen Funktionen und Potenzreihen innerhalb ihres Konvergenzbereiches.

Ebenso gibt es "einfache" Funktionen, die nicht holomorph sind, wie z. B. die Konjugation $f : \mathbb{C} \to \mathbb{C}, z = x + \mathrm{j}\, y \to z^* = x - \mathrm{j}\, y$.

Dies wird in einem Widerspruchsbeweis leicht deutlich:

Wenn $f(z) = z^*$ holomorph ist, gibt es für alle $z \in \mathbb{C}$ nach Definition 3.1.1 die Darstellung

$$f(z) = f(z_0) + (z - z_0)f'(z_0)$$

Sei nun $z_0 = x_0 + \mathrm{j}\, y_0$. Dann folgt daraus für $z_1 = x + \mathrm{j}\, y_0$ mit $x \neq x_0$

$$f(z_1) = x - \mathrm{j}\, y_0 = x_0 - \mathrm{j}\, y_0 + (x - x_0)f'(z_0)$$

und damit muss $f'(z_0) = 1$ sein. Analog folgt für $z_2 = x_0 + \mathrm{j}\, y$ mit $y \neq y_0$

$$f(z_2) = x_0 - \mathrm{j}\, y = x_0 - \mathrm{j}\, y_0 + \mathrm{j}\, (y - y_0)f'(z_0)$$

und damit ergibt sich wiederum $f'(z_0) = -1$.

Dies steht nun aber im Widerspruch zur ersten Aussage. Da keine weiteren Annahmen über z_0 gemacht wurden, kann die Konjugation $f(z) = z^*$ in <u>keinem</u> Punkt $z \in \mathbb{C}$ holomorph sein.

Dies ist deshalb bemerkenswert, weil sowohl der Realteil $u(x,y) = x$ wie auch der Imaginärteil $v(x,y) = -y$ jeweils für sich genommen durchaus reell differenzierbar sind. Hier ist also stets Vorsicht vor voreiligen Schlussfolgerungen geboten.

3.1.1 Cauchy-Riemannsche Differentialgleichungen

Im Gegensatz zum reellen Fall ist bei der Definition 3.1.1 der komplexen Differenzierbarkeit in keiner Weise gesagt, <u>wie</u> z sich z_0 annähert. Während dies auf der reellen Achse nur eingeschränkt von links oder rechts geschehen kann[1], gibt es in der Gaußschen Ebene unendlich viele Richtungen und Arten wie sich z an z_0 annähern kann.

Nehmen wir als erstes an, $\Delta z = \Delta x + \mathrm{j}\, \Delta y$ ändert sich nur waagerecht entlang der reellen Achse, also $\Delta y = 0$. Dann ergibt sich:

$$\begin{aligned}
f'(z) &= \frac{u(x + \Delta x, y) + \mathrm{j}\, v(x + \Delta x, y) - u(x,y) - \mathrm{j}\, v(x,y)}{\Delta x} \\
&= \frac{\partial u(x,y)}{\partial x} + \mathrm{j}\, \frac{\partial v(x,y)}{\partial x} = u_x + \mathrm{j}\, v_x
\end{aligned}$$

Alternativ sei $\Delta x = 0$, d. h. Δz ändere sich nun senkrecht entlang der imaginären Achse. Dann ergibt sich:

$$\begin{aligned}
f'(z) &= \frac{u(x, y + \Delta y) + \mathrm{j}\, v(x, y + \Delta y) - u(x,y) - \mathrm{j}\, v(x,y)}{\mathrm{j}\, \Delta y} \\
&= -\mathrm{j}\, \frac{\partial u(x,y)}{\partial y} + \frac{\partial v(x,y)}{\partial y} = v_y - \mathrm{j}\, u_y
\end{aligned}$$

---

[1] auch wenn es im Rahmen der Definition reeller Differenzierbarkeit über das Folgenkriterium möglich ist, z. B. über die Folge $\left\{ x_0 + (-1)^n \frac{1}{n} \right\}_n$, sich alternierend von links und rechts dem Punkt z_0 zu nähern, ändert dies den Kern der Aussage nicht.

Da nun beide Wege (neben unendlich vielen weiteren) gleichberechtigt sind und die Ergebnisse jeweils die komplexe Ableitung beschreiben, ergeben sich die...

Definition 3.1.3 (Cauchy-Riemannsche Differentialgleichungen)

Sei $f : D \to \mathbb{C}, z = x + \mathrm{j}\,y \to f(z) = u(x,y) + \mathrm{j}\,v(x,y)$ in der offenen Menge $D \subset \mathbb{C}$ komplex differenzierbar ($=$ holomorph, analytisch). Dann gelten für die ersten partiellen Ableitungen von Real- und Imaginärteil nach x bzw. y für alle (x,y)-Paare in D die **Cauchy-Riemannschen Differentialgleichungen**

$$\frac{\partial u}{\partial x} = \frac{\partial v}{\partial y} \quad \Leftrightarrow \quad u_x = v_y \qquad \text{und} \qquad \frac{\partial u}{\partial y} = -\frac{\partial v}{\partial x} \quad \Leftrightarrow \quad u_y = -v_x$$

und die komplexe Ableitung von $f(z)$ kann mit Hilfe der reellen partiellen Ableitungen mit einer der folgenden Formeln berechnet werden:

$$f'(z) = u_x + \mathrm{j}\,v_x \qquad \text{oder} \qquad f'(z) = v_y - \mathrm{j}\,u_y$$

Dies ist zunächst ein etwas überraschendes Ergebnis: indem man Real- und Imaginärteil der Funktion partiell nach dem Realteil des Arguments ableitet, erhält man die komplexe Ableitung der Funktion. Dies ist die erste Verbindung zwischen komplexer und reeller (partieller) Differenzierbarkeit einer komplexen Funktion.

Angewandt auf das vorherige Beispiel der Konjugation ergibt sich daraus: mit $f(z) = z^* = x - \mathrm{j}\,y$ folgt $u_x = 1 \neq v_y = -1$ obwohl $u_y = 0 = -v_x$, folglich ist die Funktion nicht komplex differenzierbar, wie schon vorher dargestellt.

Hingegen ergibt sich für die Funktion $g(z) = z^2 = (x + \mathrm{j}\,y)^2 = x^2 - y^2 + \mathrm{j}\,2xy$ das erwartete Ergebnis (die Funktion ist als Polynom in ganz $\mathbb{C}$ mit der Potenzregel komplex differenzierbar): $g'(z) = 2x + \mathrm{j}\,2y = 2x - \mathrm{j}\,(-2y) = 2(x + \mathrm{j}\,y) = 2z$.

Wichtiger Hinweis:
Damit eine Funktion holomorph ist, müssen immer <u>beide</u> Cauchy-Riemannschen Differentialgleichungen erfüllt sein.

3.1.2 Wirtinger-Ableitungen

Betrachtet man eine komplexwertige Funktion $f(z)$ als zweidimensionale Vektorfunktion

$$f(x,y) = u(x,y) + \mathrm{j}\,v(x,y) : \mathbb{R}^2 \to \mathbb{R}^2, \begin{pmatrix} x \\ y \end{pmatrix} \to \begin{pmatrix} u(x,y) \\ v(x,y) \end{pmatrix}$$

mit den beiden reellwertigen Funktionen $u(x,y)$ und $v(x,y)$ und erinnert sich an die reelle Differenzierbarkeit mehrdimensionaler Funktionen, so ist klar: $f(z)$ ist dann reell differenzierbar ist, wenn es die beiden Teilfunktionen $u(x,y)$ und $v(x,y)$ sind. Analoges gilt für die Stetigkeit in den Variablen x und y bzw. z.

Dies führt zu der folgenden Definition[2]:

Definition 3.1.4 (reelle Differenzierbarkeit)

Eine Funktion $f : D \to \mathbb{C}$ ist in $z_0 = x_0 + \mathrm{j}\,y_0 \in D$ **reell differenzierbar**, wenn es in z_0 stetige Funktionen $f_x(z), f_y(z) : D \to \mathbb{C}$ gibt, so dass für alle $z \in D$ gilt:

$$f(z) = f(z_0) + (x - x_0)\,f_x(z_0) + (y - y_0)\,f_y(z_0)$$

Die Werte $f_x(z_0)$ und $f_y(z_0)$ sind die *partiellen Ableitungen* von f nach x bzw. y, ausgewertet an der Stelle z_0.

Nun treten in dieser Definition mit x, y, z sowohl reelle wie auch komplexe Argumente auf. Durch einfache Umformungen kann die Definition aber so geschrieben werden, dass nur noch das komplexe Argument z auftritt.

Aus den einfachen Zusammenhängen $Re(z) = \frac{1}{2}(z + z^*)$ und $Im(z) = \frac{1}{2\mathrm{j}}(z - z^*)$ (siehe Tabelle B.1) angewandt auf $(z - z_0)$ ergeben sich

$$(z - z_0) + (z^* - z_0^*) = 2\,Re(z - z^*) = 2\,(x - x_0)$$

und

$$(z - z_0) - (z^* - z_0^*) = 2\mathrm{j}\,Im(z - z^*) = 2\mathrm{j}\,(y - y_0)$$

Dies eingesetzt in Definition 3.1.4 ergibt:

$$f(z) = f(z_0) + \frac{1}{2}\left[(z - z_0) + (z^* - z_0^*)\right]f_x(z_0) + \frac{1}{2\mathrm{j}}\left[(z - z_0) - (z^* - z_0^*)\right]f_y(z_0)$$

und umsortiert folgt daraus der gesuchte Ausdruck, der "nur noch von z" abhängt:

$$f(z) = f(z_0) + \frac{1}{2}(f_x - \mathrm{j}\,f_y)\,(z - z_0) + \frac{1}{2}(f_x + \mathrm{j}\,f_y)\,(z^* - z_0^*)$$

Damit lässt sich der Satz formulieren:

Satz 3.1.2 (reelle Differenzierbarkeit komplexer Funktionen)

Eine Funktion $f : D \to \mathbb{C}$ ist genau dann in $z_0 \in D$ **reell differenzierbar**, wenn es in z_0 stetige Funktionen f_z, f_{z^*} gibt, so dass für alle $z \in D$ gilt:

$$f(z) = f(z_0) + (z - z_0)\,f_z(z_0) + (z^* - z_0^*)\,f_{z^*}(z_0)$$

Dabei sind $f_z := \frac{1}{2}\left[f_x - \mathrm{j}\,f_y\right]$ und $f_{z^*} := \frac{1}{2}\left[f_x + \mathrm{j}\,f_y\right]$.

---

[2] man erkennt hier direkt das *totale Differential* einer zweidimensionalen Funktion wieder.

Die beiden Ausdrücke f_z und f_{z^*} enthalten natürlich weiterhin die partiellen Ableitungen nach den reellen Argumenten x und y. Gerade wegen ihrer etwas "ungewöhnlichen" Notation, werden sie nochmals explizit definiert:

Definition 3.1.5 (Wirtinger-Ableitungen)

Die Ausdrücke

$$f_z(z_0) := \frac{1}{2}\left[f_x(z_0) - \mathrm{j}\,f_y(z_0)\right] \qquad \text{und} \qquad f_{z^*}(z_0) := \frac{1}{2}\left[f_x(z_0) + \mathrm{j}\,f_y(z_0)\right]$$

heißen die **Wirtinger-Ableitungen** von $f(z)$ im Punkt z_0.
Andere übliche Schreibweisen sind:

$$f_z(z_0) = \left.\frac{\partial}{\partial z}f(z)\right|_{z_0} = \frac{\partial f}{\partial z}(z_0) \qquad \text{und} \qquad f_{z^*}(z_0) = \left.\frac{\partial}{\partial z^*}f(z)\right|_{z_0} = \frac{\partial f}{\partial z^*}(z_0)$$

Hinweis: Es ist darauf zu achten, dass die Notation f_{z^*} nicht mit einer normalen partiellen Ableitung verwechselt wird.

Bevor im nachfolgenden Abschnitt das Verhältnis von reeller zu komplexer Differenzierbarkeit etwas ausführlicher betrachtet wird, sollen vorher noch einige hilfreiche Eigenschaften der Wirtinger-Ableitungen angegeben werden. Diese ergeben sich jeweils direkt aus den entsprechenden Definitionen und sollen zum Teil im Rahmen der Übungsaufgaben überprüft werden.

Satz 3.1.3 (Eigenschaften der Wirtinger-Ableitungen)

Für Wirtinger-Ableitungen gelten u. a. folgende Regeln:

$$(1) \qquad \frac{\partial f}{\partial z^*} = \left(\frac{\partial f^*}{\partial z}\right)^* \qquad \Leftrightarrow \qquad f_{z^*} = (f_z^*)^*$$

$$(2) \qquad \frac{\partial f}{\partial z} = \left(\frac{\partial f^*}{\partial z^*}\right)^* \qquad \Leftrightarrow \qquad f_z = (f_{z^*}^*)^*$$

$$(3) \qquad \frac{\partial z}{\partial z} = \frac{\partial z^*}{\partial z^*} = 1 \qquad \text{und} \qquad \frac{\partial z}{\partial z^*} = \frac{\partial z^*}{\partial z} = 0$$

Ist $f(z)$ reellwertig, gilt zusätzlich: $\dfrac{\partial f}{\partial z} = \left(\dfrac{\partial f}{\partial z^*}\right)^*$ bzw. $f_z = (f_{z^*})^*$.

Bedingung (3) folgt direkt durch Einsetzen der Definition von f_z bzw. f_{z^*}:

$$\frac{\partial z}{\partial z} = \frac{\partial(x + \mathrm{j}\,y)}{\partial z} = \frac{1}{2}\left(\frac{\partial(x + \mathrm{j}\,y)}{\partial x} - \mathrm{j}\,\frac{\partial(x + \mathrm{j}\,y)}{\partial y}\right) = \frac{1}{2}(1 - \mathrm{j}^2) = 1$$

und

$$\frac{\partial z^*}{\partial z^*} = \frac{\partial(x-\mathrm{j}\,y)}{\partial z^*} = \frac{1}{2}\left(\frac{\partial(x-\mathrm{j}\,y)}{\partial x} + \mathrm{j}\,\frac{\partial(x-\mathrm{j}\,y)}{\partial y}\right) = \frac{1}{2}(1+\mathrm{j}(-\mathrm{j})) = 1$$

Die Nutzung der Wirtinger-Ableitungen bedarf gerade wegen ihrer "ungewöhnlichen" Notation sicher ein wenig Übung. Deshalb sollen zur Vertiefung die Zusammenhänge (1) und (2) im Rahmen der Übungsaufgaben nachgewiesen werden.

3.1.3 Verhältnis reeller zu komplexer Differenzierbarkeit

Die Holomorphie einer Funktion, also ihre komplexe Differenzierbarkeit, ist für viele der noch zu behandelnden Integralsätze eine notwendige Voraussetzung. Deshalb sind folgenden Zusammenhänge von elementarer Bedeutung, um überprüfen zu können, ob die Sätze im jeweiligen Fall angewendet werden dürfen.

Glücklicherweise gibt es einen engen Zusammenhang von reeller und komplexer Differenzierbarkeit komplexwertiger Funktionen. Damit ist es durchaus möglich, Aussagen zur komplexen Differenzierbarkeit einer Funktion zu machen, indem man ihre reellen partiellen Ableitungen untersucht.

> **Satz 3.1.4 (Verhältnis reeller zu komplexer Differenzierbarkeit)**
>
> Folgende Aussagen sind für eine komplexwertige Funktion $f(z) : D \to \mathbb{C}$ äquivalent:
>
> - $f(z)$ ist in z_0 *komplex differenzierbar.*
> - Es gelten die *Cauchy-Riemannschen Differentialgleichungen* in z_0.
> - $f(z)$ ist in z_0 *reell differenzierbar* und die zweite Wirtinger-Ableitung ist Null: $f_{z^*}(z_0) = 0$.

Betrachtet man Real- und Imaginärteil der Funktion $f(z = x+\mathrm{j}\,y) = u(x,y) + \mathrm{j}\,v(x,y)$ und wendet die Cauchy-Riemannschen Differentialgleichungen auf die beiden Wirtinger-Ableitungen an, ergeben sich zwei interessante Zusammenhänge:

$$2\,f_z = f_x - \mathrm{j}\,f_y = (u_x + \mathrm{j}\,v_x) - \mathrm{j}\,(u_y + \mathrm{j}\,v_y) = (u_x + v_y) + \mathrm{j}\,(-u_y + v_x) = 2u_x + 2\mathrm{j}\,v_x$$

d. h. für die *erste Wirtinger-Ableitung* gilt: $\boldsymbol{f_z = u_x + \mathrm{j}\,v_x}$.

Sie kann als komplexe Ableitung über die reellen partiellen Ableitungen nach dem Realteil x von z bestimmt werden. Sie entspricht der Ableitungsformel für komplexe Differenzierbarkeit nach den Cauchy-Riemannschen Differentialgleichungen in Definition 3.1.3.

Für die *zweite Wirtinger-Ableitung* ergibt sich ein völlig anderes Bild:

$$2f_{z^*} = f_x + \mathrm{j}\,f_y = (u_x + \mathrm{j}\,v_x) + \mathrm{j}\,(u_y + \mathrm{j}\,v_y) = (u_x - v_y) + \mathrm{j}\,(u_y + v_x) = 0 + \mathrm{j}\,0 = 0$$

d. h. für holomorphe Funktionen, dort gelten ja die Cauchy-Riemannschen Differentialgleichungen, die hier angewendet wurden, ist die zweite Wirtinger-Ableitung immer Null: $\boldsymbol{f_{z^*} = 0}$.

Damit kann also die Überprüfung, ob eine Funktion komplex differenzierbar (= holomorph) ist, auf zwei gleichwertigen Wegen durchgeführt werden:

Entweder durch Prüfung der Gültigkeit der Cauchy-Riemannschen Differentialgleichungen, oder durch Berechnung der beiden Wirtinger-Ableitungen, wobei die erste gleich der gesuchten komplexen Ableitung ist, sofern die zweite sich zu Null ergibt.

Wird von der "Ableitung einer komplexwertigen Funktion" gesprochen, muss man also unterscheiden zwischen:

- reeller und komplexer Differenzierbarkeit
- "normaler" Ableitung nach dem Argument z
- partiellen reellen Ableitungen nach Real- und Imaginärteil des Arguments z
- Ableitungen nach Wirtinger $f_z(z)$ und $f_{z^*}(z)$

Für die *Ableitung einer holomorphen Funktion* $f(z = x + \mathrm{j}\,y) = u(x,y) + \mathrm{j}\,v(x,y)$ gilt:

$$\boxed{f'(z) = u_x + \mathrm{j}\,v_x = v_y - \mathrm{j}\,u_y = f_z(z) \quad \wedge \quad f_{z^*}(z) = 0}$$

Zum Schluss noch einige kurze Ergänzungen, ohne dass diese weiter hergeleitet würden:

- Ist eine Funktion komplex differenzierbar, ist sielässt auch reell differenzierbar.
- Aus reeller Differenzierbarkeit folgt <u>nicht</u> automatisch komplexe Differenzierbarkeit.
- Ist eine Funktion komplex differenzierbar, so ist sie beliebig häufig komplex differenzierbar.
- Eine komplex differenzierbare Funktion lässt sich immer in eine komplexe Potenzreihe entwickeln.

Übungsaufgaben

Aufgabe 3.1

Zeigen Sie durch einfache Umformungen und Anwendung der Definition 3.1.5 der Wirtinger-Ableitungen, dass die beiden Beziehungen

$$(1) \quad \frac{\partial f}{\partial z^*} = \left(\frac{\partial f^*}{\partial z}\right)^* \qquad \text{und} \qquad (2) \quad \frac{\partial f}{\partial z} = \left(\frac{\partial f^*}{\partial z^*}\right)^*$$

bzw. $f_{z^*} = (f_z^*)^*$ und $f_z = (f_{z^*}^*)^*$ aus Satz 3.1.3 gelten.

Aufgabe 3.2

Die Berechnung der komplexen Ableitung einer holomorphen Funktion $f(z) = u + \mathrm{j}\,v$ ist auf unterschiedlichen Wegen möglich:

$$
\begin{aligned}
f'(z) \;&=\; \frac{d}{dz} f(z) && \text{(Standard)} \\
&=\; u_x + \mathrm{j}\, v_x && \text{(Cauchy-Riemannsche DGL 1)} \\
&=\; v_y - \mathrm{j}\, u_y && \text{(Cauchy-Riemannsche DGL 2)} \\
&=\; f_z = \tfrac{1}{2}(f_x - \mathrm{j}\, f_y) && \text{(Wirtinger-Ableitung, mit } \tfrac{1}{2}(f_x + \mathrm{j}\, f_y) = 0)
\end{aligned}
$$

Berechnen Sie für die folgenden Funktionen die Ableitung $f'(z)$ auf allen 4 Wegen. Denken Sie dabei auch an die Überprüfung der 2.Wirtinger-Ableitung.

$$
(1)\; f(z) = z^2 \qquad\qquad (2)\; f(z) = \mathrm{e}^{\mathrm{j}\, z} \qquad\qquad (3)\; f(z) = \frac{1}{z}
$$

(Diese Aufgabe ist eine gute Wiederholung des Rechnens mit komplexen Zahlen und der Euler-Darstellung.)

3.2 Komplexe Potenzreihen

Der Reihenentwicklung einer Funktion kommt im Zusammenhang dieses Buches eine mehrfache Bedeutung zu. Hier geht es zunächst um die Formulierung der *Taylorreihe* für komplexe Funktionen, die dann unmittelbar in die Definition der *Laurentreihe* als verallgemeinerter Potenzreihe für komplexe Funktionen mündet. Im Rahmen der Berechnung ihrer Entwicklungskoeffizienten werden das *Residuum* einer Funktion und die zugehörigen Berechnungsformeln hergeleitet. Dabei werden verschiedene Typen von Singularitäten charakterisiert. Die Verbindung zur *Partialbruchzerlegung* einer Funktion dient als Anwendungsbeispiel und ergänzt die spätere noch folgende, ausführliche Behandlung im Rahmen der Integration im Kapitel 4.3.

(Eine ausführliche Darstellung dieser Inhalte findet sich z. B. in [FL13] oder [Föl11].)

3.2.1 Verallgemeinerte Taylorreihen

Die Zusammenhänge zur Taylorreihen-Entwicklung können aus dem Reellen identisch auf die komplexe Welt übertragen werden. Und da man sich dann in der Gaußschen Ebene bewegt, wird auch deutlich wieso man schon im Reellen vom Konvergenz*radius* spricht.

Definition 3.2.1 (Taylorreihe)

Ist die Funktion $f(z)$ in dem Gebiet $D \subset \mathbb{C}$ holomorph ($=$ analytisch) und liegt der Punkt z_0 in D, so lässt sich die Funktion stets in genau eine Potenzreihe um den *Entwicklungspunkt* z_0 entwickeln:

$$
f(z) = \sum_{n=0}^{\infty} a_n (z - z_0)^n = \sum_{n=0}^{\infty} \frac{f^n(z_0)}{n!} (z - z_0)^n
$$

> Diese **Taylorreihe** konvergiert mindestens in dem größten Kreis mit dem Radius r um z_0 $(\kappa(r,z_0))$, der noch in D liegt.
>
> Der **Konvergenzradius** r ergibt sich aus dem Quotientenkriterium:
>
> $$r = \lim_{n\to\infty}\left|\frac{a_n}{a_{n+1}}\right| = \lim_{n\to\infty}\left|\frac{f^{(n)}(z_0)}{f^{(n+1)}(z_0)}(n+1)\right|$$
>
> Ist $\kappa(r,z_0)$ eine positiv orientierte Kreiskurve, können die Koeffizienten über
>
> $$a_n = \frac{1}{2\pi\mathrm{j}}\int\limits_{\kappa(r,z_0)}\frac{f^{(n)}(\xi)}{(\xi-z_0)^{n+1}}d\xi$$
>
> bestimmt werden.

(Die letzte Aussage wird im Rahmen der Laurentreihe hergeleitet und entspricht dem Residuum der Funktion $f(z)$ an der Stelle z_0.)

Hinweis: Im Reellen wird im Allgemeinen der Konvergenz<u>bereich</u> untersucht, das ist die Menge aller Punkte des Definitionsbereiches, für welche die Reihe konvergiert. Über das Quotientenkriterium wird immer die *offene Umgebung* mit dem Radius r um den Entwicklungspunkt z_0 bestimmt, in der die Reihe bestimmt konvergiert. Für den Konvergenz<u>bereich</u> müsste der Rand des Kreises $(|z-z_0| = r)$, separat untersucht werden.

Im Zusammenhang dieses Buches ist aber immer nur die offene Umgebung um den Entwicklungspunkt von Interesse, weshalb hier auf die Bestimmung des Konvergenz<u>bereichs</u> verzichtet wird.

Zur Erinnerung: *holomorph* bedeutet, dass die Funktion beliebig häufig differenzierbar ist (vgl. Def. 3.1.2). Das ist natürlich für die Definition einer unendlichen Reihe, deren Koeffizienten sich aus den Ableitungen ergeben, von wesentlicher Bedeutung.

Analog zum Reellen gelten auch hier die typischen Eigenschaften der Taylorreihe:

- Die Taylorreihe um den Entwicklungspunkt z_0 ist immer eindeutig[3].
- Ist der Konvergenzradius $r = \infty$, so ist die Reihe in der gesamten komplexen Ebene konvergent.
- Für $|z-z_0| > r$ divergiert die Reihe und für $|z-z_0| = r$ lässt sich keine allgemeine Aussage machen. Dies muss dann im Einzelfall überprüft werden.
- Für $|z-z_0| < r$ ist die Reihe sogar **absolut konvergent**. Das bedeutet, auch die Summe der Beträge $\sum\limits_{n=1}^{\infty} a_n|z-z_0|^n$ konvergiert im reellen Sinne.
- *Absolut konvergente* Reihen dürfen in ihrem gemeinsamen Konvergenzgebiet gliedweise addiert, subtrahiert und multipliziert werden. Das Ergebnis ist im gleichen Konvergenzgebiet wiederum absolut konvergent.

---

[3]das meint "genau eine" in der Definition.

Übungsaufgaben

Aufgabe 3.3

Bestimmen Sie die verallgemeinerte Taylorreihe der Funktion $f(z) = \dfrac{1}{1 + z^2}$ um den Punkt $z_0 = 0$ und geben Sie den Konvergenzradius an.

Aufgabe 3.4

Bestimmen Sie die verallgemeinerte Taylorreihe der Funktion $f(z) = \dfrac{1}{1 - c}$ mit $c \in \mathbb{R}$ um den Punkt $z_0 = 0$ und geben Sie den Konvergenzradius an.

3.2.2 Laurentreihen

Da im Zusammenhang dieses Buches insbesondere *gebrochenrationale Funktionen* und deren *Partialbruchzerlegung* von Bedeutung sind, betrachten wir die spezielle Reihe

$$g(z) = \sum_{n=1}^{\infty} a_n (z - z_0)^{-n} = \frac{a_1}{(z - z_0)^1} + \frac{a_2}{(z - z_0)^2} + \cdots + \frac{a_n}{(z - z_0)^n} + \cdots$$

Mit $w := (z - z_0)^{-1}$ und $\sum_{n=1}^{\infty} a_n w^n$ folgt aus Definition 3.2.1 die Konvergenz der Taylorreihe in w:

$$|w| = \frac{1}{|z - z_0|} < \rho = \lim_{n \to \infty} \left| \frac{a_n}{a_{n+1}} \right|$$

und (vorausgesetzt $\rho \neq 0$) ergibt sich daraus der Konvergenzradius der Reihe $g(z)$ zu

$$|z - z_0| > \frac{1}{\rho} =: r = \lim_{n \to \infty} \left| \frac{a_{n+1}}{a_n} \right|$$

Nun ist die Summe zweier Potenzreihen innerhalb ihres gemeinsamen Konvergenzbereiches wiederum absolut konvergent. Dies führt zu der Definition:

Definition 3.2.2 (Laurentreihe)

Die Reihe

$$\sum_{n=-\infty}^{\infty} c_n (z - z_0)^n = \sum_{n=1}^{\infty} c_{-n} (z - z_0)^{-n} + \sum_{n=0}^{\infty} c_n (z - z_0)^n$$

heißt (allgemeine) **Laurentreihe** um den Entwicklungspunkt z_0.

Der Reihenanteil mit den negativen Indizes heißt **Hauptteil der Laurentrei-he**, der mit den positiven Indizes der **Nebenteil**.

Konvergiert der Hauptteil für $|z - z_0| > r := \lim\limits_{n \to \infty} \left| \dfrac{c_{-(n+1)}}{c_{-n}} \right|$ und der Nebenteil

für $|z - z_0| < R := \lim\limits_{n \to \infty} \left| \dfrac{c_n}{c_{n+1}} \right|$, dann konvergiert die Laurentreihe in dem

Kreisring $\kappa(r,R,z_0)$:

$$\lim_{n \to \infty} \left| \frac{c_{-(n+1)}}{c_{-n}} \right| =: r < |z - z_0| < R := \lim_{n \to \infty} \left| \frac{c_n}{c_{n+1}} \right|$$

Innerhalb ihres Konvergenzbereiches stellt die Laurentreihe eine holomorphe Funktion dar und ist eindeutig. Sie konvergiert absolut, d. h. Haupt- und Nebenteil konvergieren jeweils für sich absolut.

Sind alle Koeffizienten einer Laurentreihe mit negativen Indizes gleich Null, besteht die Laurentreihe also nur aus dem Nebenteil, ist sie identisch zur Taylorreihe der Funktion um den Punkt z_0.

Konvergiert der Hauptteil für $r > R$, so konvergiert die Laurentreihe nirgends, da die beiden Konvergenzbereiche disjunkt sind, wie man leicht sieht, da es zu einer "unsinnigen" Aussage führt:

$$r < |z - z_0| \quad \wedge \quad |z - z_0| < R \quad \wedge \quad r > R \quad \Rightarrow \quad |z - z_0| < R < r < |z - z_0|$$

Wichtig für den Einsatz der Laurentreihe ist der...

Satz 3.2.1 (Laurententwicklung)

<u>Jede</u> in einem Kreisring $\kappa(r,R,z_0)$ holomorphe Funktion $f(z)$ kann in eine Laurentreihe entwickelt werden. Die Reihe ist eindeutig und konvergiert in dem Gebiet absolut.

Während die Koeffizienten der Taylorreihe i.A. über Ableitungen bestimmt werden, ist dies insbesondere beim Hauptteil der Laurentreihen nicht so einfach zu erreichen. Im Vorgriff auf den Abschnitt zu den komplexen Kurvenintegralen (Kapitel 4.1) benötigen wir dazu zunächst einige spezielle Integrale.

Betrachten wir die Funktion $f(z) = (z - c)^n$ mit $n \in \mathbb{Z}$ und dazu das geschlossene *Wegintegral* (oder *Umlaufintegral*)

$$\oint_\gamma f(z)\,dz = \oint_\gamma (z - c)^n\,dz$$

Sein Wert ist Null, wenn c außerhalb des vom Weg γ umschlossenen Gebietes liegt, da die Funktion dann im gesamten Integrationsgebiet holomorph ist[4]. Für den Fall, dass c aber innerhalb des Gebietes liegt, stimmt dies nicht mehr, da n negativ sein kann und damit c eine n-fache Polstelle der Funktion wäre.

Sei der Weg γ der Einheitskreis um den Punkt $z_0 = c : \kappa(1,z_0) = c + \mathrm{e}^{\mathrm{j}\,2\pi t}$ mit $t \in [0; 1]$ (siehe Satz 2.3.1). Dann ergibt sich für das Integral

$$\oint_{\kappa(1,c)} (z - c)^n \, dz = \int_0^1 (c + \mathrm{e}^{2\pi\mathrm{j}\,t} - c)^n (2\pi\mathrm{j}\,\mathrm{e}^{2\pi\mathrm{j}\,t}) \, dt = 2\pi\mathrm{j} \int_0^1 \mathrm{e}^{2\pi\mathrm{j}\,(n+1)t} \, dt$$

Ist nun $n \neq -1$ ist das Integral immer Null, weil es nach seiner Zerlegung in Real- und Imaginärteil mit der Euler-Identität ($\mathrm{e}^{\mathrm{j}\,z} = \cos(z) + \mathrm{j}\,\sin(z)$) immer aus reellen Integralen über ganze Perioden von Kosinus und Sinus besteht.

Bleibt also noch der Fall $n = -1$. Dann ist der Integrand aber immer konstant 1 und das gesamte Integral ergibt dann den Wert $2\pi\mathrm{j}$.

Auf die vollständige Laurentreihe angewandt ergibt sich daraus:

$$\oint_\gamma \sum_{n=-\infty}^\infty c_n(z - z_0)^n \, dz = \sum_{n=-\infty}^\infty c_n \oint_{\kappa(1,z_0)} (z - z_0)^n \, dz = c_{-1}\, 2\pi\mathrm{j}$$

Es bleibt bei der Integration der Laurentreihe über einen geschlossenen Weg, der den Punkt z_0 umschließt, nur der Koeffizient mit $n = -1$, also c_{-1}, multipliziert mit $2\pi\mathrm{j}$ übrig. Dies ist elementarer Zusammenhang:

Definition 3.2.3 (Residuum)

Sei $f(z)$ eine in einem einfach zusammenhängenden Gebiet $D \subset \mathbb{C}$ holomorphe Funktion, $z_0 \in D$ eine Polstelle und γ eine vollständig in D verlaufende Kreiskurve um den Punkt z_0, die im mathematisch positiven Sinn durchlaufen wird und keine weiteren Polstellen umschließt.

Dann ist der Koeffizient c_{-1} der Laurententwicklung der Funktion um den Punkt z_0 gleich dem **Residuum** (lat. "Rest" oder "Zurückgebliebenes") der Funktion an der Stelle z_0:

$$Res_{z=z_0}\{f(z)\} := \frac{1}{2\pi\mathrm{j}} \oint_\gamma f(z) \, dz = c_{-1}$$

Dieser Zusammenhang wird später häufig genutzt, um die Zähler der Partialbruchzerlegung einer gebrochenrationalen Funktion (z. B. der Laplace-Rücktransformierten) zu bestimmen, da er den Rechenaufwand oftmals erheblich reduziert.

---

[4]Integrale holomorpher Funktionen über geschlossene Wege sind, wie im Reellen, immer Null. Dies wird im Kapitel 4 noch ausführlich behandelt.

Für die Berechnung der weiteren Koeffizienten gehen wir von der holomorphen Funktion $f(z)$ und deren Laurentreihe

$$f(z) = \sum_{n=-\infty}^{\infty} c_n(z-z_0)^n = \sum_{n=-\infty}^{-1} c_n(z-z_0)^n + \sum_{n=0}^{\infty} c_n(z-z_0)^n =$$

$$= \ldots + \frac{c_{-n}}{(z-z_0)^n} + \ldots + \frac{c_{-1}}{(z-z_0)} + c_0 + c_1(z-z_0) + \ldots + c_n(z-z_0)^n + \ldots$$

aus, die in dem Kreisring $\kappa(r,R,z_0)$ konvergiert, und multiplizieren die Gleichung mit $(z-z_0)^{-(m+1)}$:

$$\frac{f(z)}{(z-z_0)^{m+1}} = \ldots + \frac{c_{-n}}{(z-z_0)^{n+m+1}} + \ldots + \frac{c_{-1}}{(z-z_0)^{1+m+1}} + \ldots +$$

$$+ \frac{c_0}{(z-z_0)^{m+1}} + \ldots + \frac{c_n}{(z-z_0)^{-n+m+1}} + \ldots =$$

$$= \sum_{n=-\infty}^{-1} c_n(z-z_0)^{n-m-1} + \sum_{n=0}^{\infty} c_n(z-z_0)^{n-m-1}$$

Alle Koeffizienten c_n sind nun gegenüber den ursprünglichen Potenzen um $(m+1)$ "verschoben". Durch eine einfache Anpassung der Namensgebung kann erreicht werden, dass die $(z-z_0)$-Faktoren wieder ihre ursprünglichen Potenzen haben:

$$c_n(z-z_0)^{n-m-1} \quad \underset{k:=n-m-1}{\longrightarrow} \quad c_{k+m+1}(z-z_0)^k$$

Angewandt auf die Summendarstellung folgt damit die Darstellung:

$$\frac{f(z)}{(z-z_0)^{m+1}} = \sum_{k=-\infty}^{-1} c_{k+m+1}(z-z_0)^k + \sum_{k=0}^{\infty} c_{k+m+1}(z-z_0)^k$$

Aufgrund der Konvergenz der Reihe kann gliedweise integriert werden:

$$\oint_{\kappa(r,z_0)} \frac{f(z)}{(z-z_0)^{m+1}}\, dz = \sum_{k=-\infty}^{-1} c_{k+m+1} \oint_{\kappa(r,z_0)} (z-z_0)^k\, dz + \sum_{k=0}^{\infty} c_{k+m+1} \oint_{\kappa(r,z_0)} (z-z_0)^k\, dz$$

Der Nebenteil der Reihe besteht aus Polynomen. Diese sind überall holomorph und damit sind diese Teilintegrale über den geschlossenen Weg alle Null.
Von den Integralen des Hauptteils bleibt, wie oben gezeigt, wiederum nur das eine Integral für $k = -1$ mit dem Koeffizienten c_m übrig. Mit der Namensanpassung $m \to n$ folgt...

Satz 3.2.2 (Koeffizienten der Laurentreihe)

Die Koeffizienten der Laurentreihe

$$f(z) = \sum_{n=-\infty}^{\infty} c_n \, (z - z_0)^n$$

zur Funktion $f(z)$ um den Entwicklungspunkt z_0 berechnen sich über

$$c_n = \frac{1}{2\pi \mathrm{j}} \oint\limits_{\kappa(r,z_0)} \frac{f(z)}{(z - z_0)^{n+1}} \, dz \quad , \qquad n \in \mathbb{Z}$$

wobei der geschlossene Weg $\gamma = \kappa(r,z_0)$ den Entwicklungspunkt z_0 als positiv orientierter Kreis mit dem Radius r umschließt und vollständig innerhalb des Konvergenzbereichs der Laurentreihe verläuft.

Die Berechnung der Koeffizienten über Satz 3.2.2 [5] gestaltet sich aufgrund der komplexen Integrale unter Umständen aufwendig bis unmöglich.

Jedoch lassen sich mit einigen kurzen Überlegungen Formeln für die Berechnung der Koeffizienten herleiten, welche ganz ohne Integration auskommen und ausschließlich Grenzwerte und Ableitungen benötigen.

Zunächst eine einfache Überlegung zu *Polen m. Ordnung*:

Ist z_0 ein Pol m. Ordnung der Funktion $f(z)$, enthält $f(z)$ mindestens einen Anteil mit dem Linearfaktor $(z - z_0)^m$ im Nenner. Es kann jedoch keinen Ausdruck mit $(z - z_0)^{-p}$ und $p > m$ geben, da z_0 sonst ja ein Pol p. Ordnung wäre [6].

Folglich besteht der (endliche) Hauptteil der entsprechenden Laurentreihe von $f(z)$ nur noch aus m Elementen:

$$\begin{aligned}
f(z) &= \sum_{n=-m}^{-1} c_n(z - z_0)^n + \sum_{n=0}^{\infty} c_n(z - z_0)^n \\
&= \frac{c_{-m}}{(z - z_0)^m} + \cdots + \frac{c_{-1}}{(z - z_0)} + c_0 + c_1(z - z_0) + \cdots + c_n(z - z_0)^n + \cdots
\end{aligned}$$

und man kann den c_{-m} Koeffizienten über einen einfachen Grenzwert bestimmen:

$$c_{-m} = \lim_{z \to z_0} (z - z_0)^m f(z)$$

Bleibt noch die Herausforderung alle anderen Koeffizienten c_n mit $n = -(m - 1), \ldots, -2$ zu bestimmen. Aber auch dies kann relativ einfach erreicht werden und führt erfreulicherweise zu einer Formel für <u>alle</u> Koeffizienten mit negativen Indizes, schließt also die Formeln für c_{-1} und c_{-m} mit ein.

---

[5] bzw. der analogen Definition 3.2.3 für den c_{-1} Koeffizienten.
[6] zur Klassifikation von Singularitäten siehe Abschnitt 3.2.4.

Mit z_0 als m-fachem Pol von $f(z)$ ist die Hilfsfunktion $g(z) := (z - z_0)^m f(z)$ mit $g(z_0) \neq 0$ in einer Umgebung von z_0 holomorph und kann dort gemäß Definition 3.2.1 in eine Taylorreihe entwickelt werden

$$g(z) = \sum_{k=0}^{\infty} b_k(z - z_0)^k \qquad \text{mit} \quad b_k = \frac{1}{k!}\, g^{(k)}(z_0)$$

Für die Laurentreihe der ursprünglichen Funktion folgt daraus

$$f(z) = (z - z_0)^{-m} g(z) = \sum_{k=0}^{\infty} b_k(z - z_0)^{k-m} = \sum_{k=0}^{\infty} \frac{1}{k!}\,^{(k)}(z_0)(z - z_0)^{k-m}$$

und mit der Definition $n := k - m$ erhält man schließlich

$$f(z) = \sum_{n=-m}^{\infty} \frac{1}{(n + m)!}\, g^{(n+m)}(z_0)(z - z_0)^n =$$

$$= \sum_{n=-m}^{\infty} \frac{1}{(n + m)!} \left[\frac{d^{n+m}}{dz^{n+m}}(z - z_0)^m f(z) \right]_{z_0} (z - z_0)^n$$

Gemäß Definition 3.2.3 ist das Residuum einer Funktion gleich dem c_{-1} Koeffizienten der entsprechenden Laurentreihe. Ist also z_0 ein Pol m. Ordnung lautet das Residiuum:

$$Res\{f(z)\}_{z=z_0} = \frac{1}{(m - 1)!} \left[\frac{d^{m-1}}{dz^{m-1}}(z - z_0)^m f(z) \right]_{z_0}$$

Ist z_0 ein einfacher Pol ergibt sich mit $m = 1$ daraus die bereits erwähnte Formel.

Mit diesen Überlegungen kann nun der folgende Satz für den Hauptteil einer Laurentreihe formuliert werden:

Satz 3.2.3 (Hauptteil der Laurentreihe an m-facher Polstelle - I)

Sei z_0 ein m-facher Pol einer gebrochenrationalen Funktion $f(z)$. Dann hat der **Hauptteil** der Laurententwicklung der Funktion um den Punkt z_0 nur endlich viele Glieder und die Koeffizienten können über Ableitungen der Hilfsfunktion $g(z) := (z - z_0)^m f(z)$ bestimmt werden.

$$H_{f(z)}(z) = \sum_{n=-m}^{-1} \frac{1}{(n + m)!} \left[\frac{d^{n+m}}{dz^{n+m}}(z - z_0)^m f(z) \right]_{z_0} (z - z_0)^n$$

$$= \sum_{n=1}^{m} \frac{1}{(m - n)!} \left[\frac{d^{m-n}}{dz^{m-n}}(z - z_0)^m f(z) \right]_{z_0} \frac{1}{(z - z_0)^n}$$

Damit ist es im Fall einer m-fachen Polstelle möglich, die Koeffizienten der Laurententwicklung für den Hauptteil aus Ableitungen zu bestimmen. Die Koeffizienten des Nebenteils werden ohnehin aus der Taylorreihenentwicklung über Ableitungen bestimmt. Man kommt also ganz ohne aufwendige Integralberechnungen aus.

Hinweis: Für die Berechnung der Koeffizienten gilt mathematisch exakt formuliert:

$$\frac{1}{(m-n)!}\left[\frac{d^{m-n}}{dz^{m-n}}(z-z_0)^m f(z)\right]_{z_0} = \frac{1}{(m-n)!}\lim_{z\to z_0}\left[\frac{d^{m-n}}{dz^{m-n}}(z-z_0)^m f(z)\right]$$

wobei in der praktischen Anwendung die Grenzwertbildung in das direkte Einsetzen von z_0 in die Ableitungsterme mündet. In der Literatur findet man, insbesondere im Zusammenhang mit der Residuenberechnung, beide Formen (vgl. z. B. [Pre09] oder [Föl11] und [Gog14]).

Beispiel - Hauptteil der Laurentreihe einer Funktion an zweifachem Pol

Zu der Funktion $f(z) = \dfrac{z^2 + \mathrm{j}}{(z-\mathrm{j})^2(z^2+z+1)}$ soll der Hauptteil der Laurentreihe um den Punkt $z_0 = \mathrm{j}$ bestimmt werden.

z_0 ist ein doppelter Pol von $f(z)$. Damit lautet die Entwicklung des Hauptteils $H_{f(z)}(z)$

$$H_{f(z)}(z) = \sum_{n=-2}^{-1}\frac{(z-\mathrm{j})^n}{(n+2)!}\left[\frac{d^{n+2}}{dz^{n+2}}(z-\mathrm{j})^2\frac{z^2+\mathrm{j}}{(z-\mathrm{j})^2(z^2+z+1)}\right]_{z_0=\mathrm{j}}$$

Für $n = -2$ ergibt sich:

$$\frac{1}{(z-\mathrm{j})^2}\cdot\frac{\mathrm{j}-1}{-1+\mathrm{j}+1} = \frac{1}{(z-\mathrm{j})^2}\cdot 1 - \frac{1}{\mathrm{j}} = \frac{1+\mathrm{j}}{(z-\mathrm{j})^2}$$

und für $n = -1$ folgt

$$\frac{1}{(z-\mathrm{j})}\left[\frac{2z(z^2+z+1)-(z^2+\mathrm{j})(2z+1)}{(z^2+z+1)^2}\right]_{z_0=\mathrm{j}} = \frac{1}{(z-\mathrm{j})}\frac{2\mathrm{j}(\mathrm{j})-(-1+\mathrm{j})(2\mathrm{j}+1)}{(\mathrm{j})^2} =$$

$$= \frac{1}{(z-\mathrm{j})}[2+(\mathrm{j}-1)(2\mathrm{j}+1)] = \frac{1}{(z-\mathrm{j})}[2-2+\mathrm{j}-2\mathrm{j}-1] = \frac{-(1+\mathrm{j})}{(z-\mathrm{j})}$$

und damit lautet der Hauptteil der Laurentreihe von $f(z)$ um $z_0 = \mathrm{j}$

$$H_{f(z)}(z) = \frac{1+\mathrm{j}}{(z-\mathrm{j})^2} - \frac{1+\mathrm{j}}{(z-\mathrm{j})}$$

Hinweis: Dies ist aber <u>nicht</u> die "vollständige" Laurentreihe, dazu wäre noch der Nebenteil zu berechnen. Und dies ist auch <u>nicht</u> die Partialbruchzerlegung von $f(z)$, obwohl es sehr so aussieht.

Auf den letzten Seiten ist deutlich geworden, dass es einen Zusammenhang zwischen den Entwicklungskoeffizienten des Hauptteils einer Laurentreihe und dem Residuum der Funktion gibt. Wenn man die beiden Formeln miteinander vergleicht

$$c_n = \frac{1}{(m-n)!} \left[\frac{d^{m-n}}{dz^{m-n}}(z-z_0)^m f(z) \right]_{z_0} \quad \text{mit} \quad n = 1,\ldots,m$$

$$Res\{f(z)\}_{z=z_0} = \frac{1}{(m-1)!} \left[\frac{d^{m-1}}{dz^{m-1}}(z-z_0)^m f(z) \right]_{z_0} \quad z_0 \text{ ist Pol } m. \text{ Ordnung}$$

erkennt man für die Ausdrücke vor den Faktoren $\dfrac{1}{(z-z_0)^n}$ den Zusammenhang...

$c_n = \ldots$	$Res_{z=z_0}\{\ldots\}$ von	z_0 ist Pol von ... Ordnung
$c_1 = \dfrac{1}{(m-1)!} \left[\dfrac{d^{m-1}}{dz^{m-1}}(z-z_0)^m f(z) \right]_{z_0}$	$f(z)$	m
$c_2 = \dfrac{1}{(m-2)!} \left[\dfrac{d^{m-2}}{dz^{m-2}}(z-z_0)^m f(z) \right]_{z_0}$	$(z-z_0) f(z)$	$(m-1)$
$c_3 = \dfrac{1}{(m-3)!} \left[\dfrac{d^{m-3}}{dz^{m-3}}(z-z_0)^m f(z) \right]_{z_0}$	$(z-z_0)^2 f(z)$	$(m-2)$
$\vdots$	$\vdots$	$\vdots$
$c_n = \dfrac{1}{(m-n)!} \left[\dfrac{d^{m-n}}{dz^{m-n}}(z-z_0)^m f(z) \right]_{z_0}$	$(z-z_0)^{m-1} f(z)$	1

Damit kann Satz 3.2.2 auch über Residuen formuliert werden:

Satz 3.2.4 (Hauptteil der Laurentreihe an m-fachen Polstelle - II)

Sei z_0 ein m-facher Pol einer gebrochenrationalen Funktion $f(z)$. Dann hat der **Hauptteil** der Laurententwicklung der Funktion um den Punkt z_0 nur endlich viele Glieder und die Koeffizienten c_n können über die Residuen der Hilfsfunktion $g(z) := (z-z_0)^{n-1} f(z)$ bestimmt werden:

$$H_{f(z)}(z) = \sum_{n=1}^{m} \frac{c_n}{(z-z_0)^n} = \sum_{n=1}^{m} Res_{z=z_0}\{(z-z_0)^{n-1} f(z)\} \frac{1}{(z-z_0)^n}$$

Diese Formulierung wird sich im Abschnitt 4.3.2 beim Zusammenhang der Partialbruchzerlegung mit der Laurentreihe und den Residuen als nützlich erweisen.

Übungsaufgaben

Aufgabe 3.5

Entwickeln Sie die Funktion $f(z) = (z - 2)^{-1}$ im Gebiet $|z| > 2$ um den Punkt $z_0 = 0$ in eine Laurentreihe.

Aufgabe 3.6

Stellen Sie die Funktion $f(z) = \dfrac{3}{z^2 - z - 2}$ in der komplexen Ebene als Laurentreihe um den Punkt $z_0 = 0$ dar.

Hinweis: Die Polstellen teilen die Ebene in drei disjunkte Kreise bzw. Kreisringe.

Vorgehensweise: Partialbruchzerlegung, Reihenaddition, Ergebnis aus Aufgabe 3.4 nutzen.

3.2.3 Residuenberechnung

Nach Satz 3.2.4 können die Koeffizienten des Hauptteils der Laurentreihe, die ursprünglich über Integrale definiert wurden (siehe Satz 3.2.2), über die Residuen einer Hilfsfunktion berechnet werden. Nun sind die Residuen einer Funktion ihrerseits zwar nach Definition 3.2.3 ebenfalls über Integrale definiert, jedoch können sie, insbesondere im Fall gebrochenrationaler Funktionen wie sie im Zusammenhang dieses Buches auftreten, über "einfache" Ableitungsformeln <u>ohne</u> Integration bestimmt werden.

Die wesentlichen Formeln für die Berechnung von Residuen fasst der folgende Satz zusammen:

Satz 3.2.5 (Residuen und ihre Berechnung)

Der c_{-1} Koeffizient der Laurentreihe einer Funktion $f(z)$ ist das **Residuum** der Funktion an der Polstelle z_0

$$Res_{z=z_0}\{f(z)\} := \frac{1}{2\pi \mathrm{j}} \oint_\gamma f(z)\,dz = c_{-1}$$

Ist z_0 ein m**-facher Pol** von $f(z)$, kann das Residuum über

$$Res\{f(z)\}_{z=z_0} = \frac{1}{(m-1)!} \left[\frac{d^{m-1}}{dz^{m-1}} (z - z_0)^m f(z) \right]_{z_0}$$

berechnet werden. Daraus folgt für einen **einfachen Pol** z_0 die Formel:

$$Res\{f(z)\}_{z=z_0} = \lim_{z \to z_0} (z - z_0)\, f(z) = (z - z_0)\, f(z) \Big|_{z_0}$$

Ist z_0 mit $h(z_0) = 0$ und $g(z_0) \neq 0$ ein **einfacher Pol** der Funktion $f(z) = \dfrac{g(z)}{h(z)}$, dann gilt

$$Res_{z=z_0} \left\{ \frac{g(z)}{h(z)} \right\} = \left. \frac{g(z)}{h'(z)} \right|_{z_0} = \frac{g(z_0)}{h'(z_0)}$$

Ist z_0 ein **m-facher Pol** der Funktion $f(z) = \dfrac{g(z)}{(z - z_0)^m}$ und $g(z)$ in einer Umgebung von z_0 holomorph, dann gilt

$$Res_{z=z_0} \left\{ \frac{g(z)}{(z - z_0)^m} \right\} = \frac{g^{(m-1)}(z_0)}{(m - 1)!} = \left. \frac{d^{m-1}}{dz^{m-1}} \frac{g(z)}{(m - 1)!} \right|_{z_0}$$

Die letzten beiden Beziehungen sind insbesondere im Rahmen der Partialbruchzerlegung gebrochenrationaler Funktionen sehr komfortabel einsetzbar (siehe Abschnitt 4.3.4).

Die Beziehung für **einfache Pole einer gebrochenrationalen Funktion** ergibt sich aus folgender Betrachtung:

Kann die Funktion $f(z)$ in der Form $f(z) = \dfrac{g(z)}{h(z)}$ geschrieben werden, wobei $g(z)$ und $h(z)$ in einer Umgebung von z_0 holomorph sind und ist z_0 eine einfache Nullstelle von $h(z)$, kann der Linearfaktor abgespalten werden: $h(z) = (z - z_0) \cdot h_1(z)$. Für die Ableitung nach z folgt $h'(z) = h_1(z) + (z - z_0) h_1'(z) \neq 0$ und damit $h'(z_0) = h_1(z_0)$.

Ist $g(z_0) \neq 0$ ergibt sich damit für das Residuum

$$Res_{z=z_0} \left\{ \frac{g(z)}{h(z)} \right\} = (z - z_0) \cdot \left. \frac{g(z)}{(z - z_0) h_1(z)} \right|_{z_0} = \frac{g(z_0)}{h_1(z_0)} = \frac{g(z_0)}{h'(z_0)}$$

Die Formel für das Residuum eines **m-fachen Pols einer gebrochenrationalen Funktion** folgt direkt aus der Ableitungsformel für eine mehrfache Polstelle in leicht geänderter Notation der Ableitung.

Beispiel 1 - Residuum an einfachem Pol

$f(z) = \dfrac{1}{1 + z^2}$ hat zwei einfache Pole bei $z_{1,2} = \pm j$, für die gilt

$$Res_{z=z_{1,2}}\{f(z)\} = \left. \frac{1}{(1 + z^2)'} \right|_{z_{1,2}} = \left. \frac{1}{2z} \right|_{z_{1,2}}$$

und damit sind:

$$Res_{z=j} \left\{ \frac{1}{1 + z^2} \right\} = \left. \frac{1}{2z} \right|_{j} = \frac{1}{2j} \quad \text{und} \quad Res_{z=-j} \left\{ \frac{1}{1 + z^2} \right\} = \left. \frac{1}{2z} \right|_{-j} = \frac{1}{-2j} = \frac{j}{2}$$

Beispiel 2 - Residuum an vierfachem Pol

Die Funktion $f(z) = \dfrac{\sin(z)}{(z - z_0)^4}$ hat an der Stelle z_0 einen vierfachen Pol (vorausgesetzt $\sin(z_0) \neq 0$). Damit ergibt sich nach der Ableitungsformel für das Residuum

$$Res_{z=z_0} \left\{ \frac{\sin(z)}{(z - z_0)} \right\} = \frac{1}{3!} \frac{d^3}{dz^3} \sin(z) \bigg|_{z=z_0} = \frac{1}{3!} \cos(z_0)$$

Beispiel 3 - Residuum an zweifachem Pol

Das Residuum von $f(z) = \dfrac{z^2 + \mathrm{j}}{(z - \mathrm{j})^2 (z^2 + z + 1)}$ für den doppelten Pol bei $z_0 = \mathrm{j}$ folgt wiederum aus der Ableitungsformel

$$Res_{z=\mathrm{j}} \left\{ f(z) \right\} = \frac{d}{dz} \frac{z^2 + \mathrm{j}}{(z^2 + z + 1)} \bigg|_{z=\mathrm{j}} = \frac{2z(z^2 + z + 1) - (z^2 + \mathrm{j})(2z + 1)}{(z^2 + z + 1)^2} \bigg|_{z=\mathrm{j}}$$

$$= \frac{-2 - (-1 + \mathrm{j})(2\mathrm{j} + 1)}{-1} = -(1 + \mathrm{j})$$

Die Rechnung entspricht der vierten Formel aus Satz 3.2.5, mit $f(z) = \dfrac{g(z)}{(z - \mathrm{j})^2}$ und $g(z) = \dfrac{z^2 + \mathrm{j}}{z^2 + z + 1}$. Dies Ergebnis hätten wir auch direkt aus dem c_{-1}-Koeffizienten der Laurentreihe aus dem Beispiel von Seite 31 ablesen können.

Übungsaufgaben

Aufgabe 3.7

Berechnen Sie die Residuen der Funktion $f(z) = \dfrac{1}{(z - 2)\, z^{k+1}}$ mit $k \in \mathbb{N}$.

Aufgabe 3.8

Bestimmen Sie das Residuum der Funktion $f(z) = \dfrac{z^2 + 4}{\sin(z)}$ an der Stelle $z_0 = 0$.

Aufgabe 3.9

Bestimmen Sie die Residuen der n-einfachen Nullstellen von $f(z) = \dfrac{z}{z^n - 1}$.

Aufgabe 3.10

Bestimmen Sie das Residuum zu dem zweifachen Pol von $f(z) = \dfrac{\mathrm{e}^{\mathrm{j}z}}{z(1 + z^2)^2}$.

3.2.4 Singularitäten

Bisher wurde immer einfach von *Polstellen* gesprochen, ohne genau zu definieren, was darunter zu verstehen ist. Deshalb soll hier zum Abschluss des Kapitels noch eine kurze **Klassifikation von "Singularitäten"** vorgenommen werden.

Definition 3.2.4 (Isolierte Singularität)

Sei $z_0 \in \mathbb{C}$ und U eine Umgebung von z_0. Ist eine Funktion $f(z)$ auf der **punktierten Umgebung** $U \setminus \{z_0\}$, das ist die Umgebung des Punktes ohne ihn selbst, definiert und holomorph, dann ist z_0 eine **isolierte Singularität** von $f(z)$.

Diese Definition ist eingängig und direkt verständlich. Dass die Funktion $f(z)$ in dem Punkt z_0 nicht holomorph ist, bedeutet jedoch nicht zwangsläufig, dass der Punkt eine Polstelle ist. Es werden vielmehr drei Arten von isolierten Singularitäten unterschieden (siehe [FL13]).

Definition 3.2.5 (Klassifikation isolierter Singularitäten - I)

Sei z_0 eine isolierte Singularität der holomorphen Funktion $f : U \setminus \{z_0\} \to \mathbb{C}$.

- Ist f auf einer punktierten Umgebung von z_0 beschränkt, so heißt z_0 **hebbare Singularität** von f.
- Ist $\lim\limits_{z \to z_0} |f(z)| = +\infty$, so heißt z_0 **Pol** oder **Polstelle** von f.
- Ist z_0 weder hebbare Singularität noch Polstelle von f, so heißt z_0 **wesentliche Singularität** von f.

Im Zusammenhang mit der Laurentreihe der Funktion können isolierte Singularitäten auch wie folgt klassifiziert werden:

Definition 3.2.6 (Klassifikation isolierter Singularitäten - II)

Sei z_0 eine isolierte Singularität der holomorphen Funktion $f : U \setminus \{z_0\} \to \mathbb{C}$.

- z_0 heißt **hebbare Singularität** von f, wenn alle Koeffizienten im Hauptteil der Laurentreihe der Funktion verschwinden, d. h. $c_n = 0 \ \forall\, n < -1$.
- z_0 heißt **Pol m. Ordnung** von f, wenn nur endlich viele Koeffizienten des Hauptteils der Laurentreihe ungleich Null sind, insbesondere $c_{-m} \neq 0$, aber $c_{-n} = 0 \ \forall\, n > m$.
- z_0 heißt **wesentliche Singularität** von f, wenn unendlich viele Koeffizienten des Hauptteils der Laurentreihe ungleich Null sind.

Im Fall einer "hebbaren isolierten Singularität" besteht die Laurentreihe nur aus dem Nebenteil, also der normalen Taylorreihe. Die Definitionslücke z_0 kann mit dem Grenzwert $\lim\limits_{z \to z_0} \sum\limits_{n=0}^{\infty} c_n(z - z_0)^n = c_0$ stetig fortgesetzt und damit gehoben werden. Die Funktion ist dann in einer (nicht mehr punktierten) Umgebung von z_0 holomorph.

Hat die Funktion $f(z)$ in z_0 einen "isolierten m-fachen Pol", konvergiert die Laurentreihe $\sum\limits_{n=-m}^{\infty} c_n(z - z_0)^n$ in einem Kreisring $\kappa(0,R,z_0) = \{z \in \mathbb{C} \mid 0 < |z - z_0| < R\}$, also der punktierten Umgebung von z_0. Damit kann die Hilfsfunktion $g(z) = (z - z_0)^m f(z)$ in z_0 wiederum stetig fortgesetzt werden und es gilt $g(z_0) = c_{-m} \neq 0$. Dann ist $\lim\limits_{z \to z_0} \left| \dfrac{g(z)}{(z - z_0)^m} \right| = \infty$, d. h. die Funktion $f(z)$ ist in der Umgebung von z_0 unbeschränkt und erreicht an der Polstelle den Wert Unendlich.

Für "wesentliche isolierte Singularitäten" gilt der

Satz 3.2.6 (Satz von Casorati und Weierstraß)

Sei z_0 eine isolierte Singularität von $f(z)$. z_0 ist genau dann eine **wesentliche Singularität**, wenn zu jedem $\omega \in \mathbb{C}$ eine Folge $\{z_n\}_n$ mit $\lim\limits_{n \to \infty} z_n = z_0$ und $\lim\limits_{n \to \infty} f(z_n) = \omega$ existiert.

Das bedeutet, die Funktion nimmt in der punktierten Umgebung von z_0 jeden Wert an, ist also nicht beschränkt, aber auch nicht unbedingt Unendlich.

Beispiele - isolierte Singularitäten

Seien

$$f(z) := \frac{\sin(z)}{z} \qquad g(z) := \frac{1}{z^2(z - 1)(z - 2)} \qquad h(z) := \mathrm{e}^{1/z}$$

Für alle drei Funktionen ist $z_0 = 0$ eine isolierte Singularität.

Die Laurentreihe der Funktion $f(z)$ lässt sich über die Taylorreihe des Sinus leicht bestimmen:

$$f(z) = \frac{1}{z} \left(z - \frac{z^3}{3!} + \frac{z^5}{5!} \mp \cdots \right) = 1 - \frac{z^2}{3!} + \frac{z^4}{5!} \mp \cdots$$

Sie besteht damit nur aus dem Nebenteil und lässt sich im Punkt $z_0 = 0$ mit $c_0 = 1$ holomorph fortsetzen. Folglich ist z_0 für $f(z)$ eine **hebbare Singularität**.

Die Reihenentwicklung von $g(z)$

$$g(z) = \frac{1}{z^2} \sum_{n=0}^{\infty} \left(1 - \frac{1}{2^{n+1}} \right) z^n = \frac{1}{2} \frac{1}{z^2} + \frac{3}{4} \frac{1}{z} + \sum_{n=0}^{\infty} \left(1 - \frac{1}{2^{n+3}} \right) z^n$$

hat einen endlichen Hauptteil, dessen erster von Null verschiedener Koeffizient den Index $n = -2$ hat. Damit ist z_0 ein **Pol 2. Ordnung**.

An der Reihenentwicklung der Exponentialfunktion in $\mathbb{C} \setminus \{0\}$

$$h(z) = \sum_{n=0}^{\infty} \frac{1}{n!} \frac{1}{z^n} = \sum_{-\infty}^{0} \frac{1}{n!} z^n$$

erkennt man, dass $z_0 = 0$ eine **wesentliche Singularität** von $h(z)$ ist, denn es gibt unendlich viele, von Null verschiedene Koeffizienten des Hauptteils der Laurentreihe in der punktierten Umgebung von $z_0 = 0$.

4 Integration in $\mathbb{C}$

Nachdem es in diesem Buch um *Integraltransformationen* geht, kommt diesem Kapitel natürlich eine besondere Bedeutung zu. Nach den Vorbereitungen der vorangegangenen Themen wie *Wegen* und *Gebieten*, der Definition *holomorpher Funktionen* und der grundlegenden Herleitung des *Residuensatzes*, sollen hier nun die Auswirkungen auf die Integration komplexwertiger Funktionen in der Gaußschen Ebene dargestellt werden.

Da es bei den Integraltransformationen i.A. um die Auswertung **bestimmter** Integrale geht, bilden diese hier mit den Themen *Parameterintegrale* und dem *Residuensatz* auch den Schwerpunkt der Betrachtungen. Den Anwendungen des Residuensatzes ist aufgrund seiner besonderen Bedeutung nachfolgend dann ein eigenes Kapitel gewidmet.

4.1 Komplexe Weg- oder Kurvenintegrale

Betrachten wir zunächst ganz allgemein das komplexwertige Integral

$$\int_{z_a}^{z_b} f(z)\,dz = \int_{\gamma} f(z)\,dz$$

Wie in Abschnitt 2.3 besprochen wurde, gibt es aufgrund der Zweidimensionalität der Gaußschen Ebene unendlich viele Möglichkeiten, <u>wie</u> man von z_a nach z_b kommen kann. Für die Auswertung des Integrals ist es also notwendig, zunächst den *Weg* γ zu definieren und damit die Menge der z-Werte festzulegen, an denen die Integrandenfunktion ausgewertet wird. Diese Menge nennt man auch die **Spur** des Weges (s. Def. 2.3.1)[1].

4.1.1 Wegparametrierung in der Gaußschen Ebene

Seien z_a Anfangs- und z_b Endpunkt des Weges γ. Dann ist

$$z(t) := \gamma(t) = x(t) + \mathrm{j}\,y(t) \qquad \text{mit } t \in [a;b] \subset \mathbb{R} \text{ und } z_a = \gamma(a)\,, z_b = \gamma(b)$$

eine **Parameterdarstellung des Integrationsweges**: die Menge der durchlaufenden z-Werte wird über den Parameter t parametriert. Entscheidend ist, dass die Wegfunktion $\gamma(t)$ ein <u>reelles</u> Intervall auf eine Menge <u>komplexer</u> Zahlen abbildet.

---

[1] die Spur ist eine *Kurve*. Deshalb werden im Folgenden die Begriffe *Weg-* und *Kurvenintegral* synonym verwendet.

© Der/die Autor(en), exklusiv lizenziert an
Springer-Verlag GmbH, DE, ein Teil von Springer Nature 2026
H. Kohlhoff, *Integraltransformationen in der System- und Signaltheorie*,
https://doi.org/10.1007/978-3-662-73152-9_4

Ist die Funktion $\gamma(t)$ differenzierbar (und nur solche Funktionen sind im Weiteren von Bedeutung), ergibt sich eine entsprechende Parametrierung für den Real- und Imaginärteil der z-Werte

$$\gamma'(t) = z'(t) = \frac{dz}{dt} = x'(t) + \mathrm{j}\, y'(t)$$

Die Integrandenfunktion $f(z)$ kann ebenso in Real- und Imaginärteil zerlegt werden, die ihrerseits jeweils (2-dimensionale) reellwertige skalare Funktionen sind:

$$f(z) = u(x,y) + \mathrm{j}\, v(x,y)$$

und über die Parametrierung $z(t)$ ergibt sich

$$f(z(t)) = u(x(t),y(t)) + \mathrm{j}\, v(x(t),y(t))$$

Mit den Kurzschreibweisen $f(z(t)) = u + \mathrm{j}\, v$ und $dz = (x' + \mathrm{j}\, y')\, dt$ folgt dann für das Integral die Darstellung über seine reellwertigen Real- und Imaginärteile

$$\int_{\gamma} f(z)\, dz = \int_{a}^{b} f(z(t))\, z'(t)\, dt = \int_{a}^{b} (u\, x' - v\, y')\, dt + \mathrm{j} \int_{a}^{b} (u\, y' + v\, x')\, dt$$

Dies ist nichts anderes als die Substitution der Variablen z durch ihre Parametrierung $z(t)$, wobei natürlich dann auch die Integralgrenzen entsprechend ersetzt werden müssen. Die beiden Integrale sind nun rein reell und könnten entsprechend mit bekannten Methoden für reellwertige Integrale berechnet werden. Der Aufwand ist dabei aber nicht zu unterschätzen.

Wie wir noch sehen werden, gelten in der komplexen Ebene erfreulicher Weise aber noch weitere Regeln, die uns das Leben erleichtern werden.

Definition 4.1.1 (Komplexes Weg- oder Kurvenintegral)

Sei die komplexwertige Funktion $f(z) : D \subset \mathbb{C} \to \mathbb{C}, z \to u + \mathrm{j}\, v$ und $\gamma : [a;b] \to M \subset \mathbb{C}, t \to \gamma(t)$ ein vollständig in D verlaufender Weg mit der Parametrierung $\gamma(t) = x(t) + \mathrm{j}\, y(t)$.

Dann gilt für das **komplexe Weg- oder Kurvenintegral**

$$\int_{\gamma} f(z)\, dz = \int_{a}^{b} f(z(t))\, z'(t)\, dt = \int_{a}^{b} (u\, x' - v\, y')\, dt + \mathrm{j} \int_{a}^{b} (u\, y' + v\, x')\, dt$$

Für die spätere Anwendung sollen hier noch einige, zum Teil "sehr einfach" scheinende, aber dennoch wichtige Eigenschaften der Wegintegrale erwähnt werden:

- **Unabhängigkeit des Integral von der Parametrierung des Weges:**
  Sind $\gamma_1(t)$ und $\gamma_2(t)$ zwei Wege mit jeweils gleichem Anfang- und Endpunkt sowie gleicher Spur, d. h. sie durchlaufen die gleiche Kurve in der gleichen Orientierung, dann stimmen die Integrale entlang beider Wege überein:
  $\int_{\gamma_1} f(z)\, dz = \int_{\gamma_2} f(z)\, dz$.

- **Zerlegungsadditivität des Weges:**
  Setzt sich der Weg $\gamma(t)$ aus zwei Wegstücken $\gamma_1(t)$ und $\gamma_2(t)$ zusammen, $\gamma(t) = \gamma_1(t) + \gamma_2(t)$, kann auch das Integral längs des Weges $\gamma(t)$ in entsprechende Teile zerlegt werden:

$$\int\limits_{\gamma(t)} f(z)\, dz = \int\limits_{\gamma_1(t)} f(z)\, dz + \int\limits_{\gamma_2(t)} f(z)\, dz$$

- **Linearität des Wegintegrals:**
  Das Wegintegral ist, wie das "normale" Integral, ein "lineares Funktional":

$$\int\limits_{\gamma} (\alpha\, f(z) + \beta\, g(z))\, dz = \alpha \int\limits_{\gamma} f(z)\, dz + \beta \int\limits_{\gamma} g(z)\, dz$$

- **Orientierungswechsel des Weges erzeugt ein Vorzeichen:**
  Wird der Weg $\gamma(t)$ in entgegengesetzter Richtung durchlaufen (umgekehrte Orientierung), ergibt sich der negative Integralwert[2]:

$$\int\limits_{\gamma} f(z)\, dz = - \int\limits_{\gamma^{-1}} f(z)\, dz$$

Während die anderen Eigenschaften direkt einsehbar sind, kann man sich von der Richtigkeit der letzten Aussage leicht überzeugen, wenn man die Definition des umgekehrten Weges (Def. 2.3.1) in die Definition des Wegintegrals einsetzt:
Sei $\gamma : [a; b] \to \mathbb{C}, t \to \gamma(t)$ ein orientierter Weg. Dann kann der entgegengesetzte Weg z. B. über $\gamma^{-1} : [a; b] \to \mathbb{C}, t \to \gamma(a + b - t)$ parametriert werden. Damit folgt in dem Wegintegral aus der inneren Ableitung des Weges nach dem Parameter t das Vorzeichen:

$$\int\limits_{\gamma^{-1}} f(z)\, dz = \int\limits_{a}^{b} f(\gamma^{-1}(t))(\gamma^{-1}(t))'\, dt = \int\limits_{a}^{b} f(\gamma(a + b - t))\gamma'(a + b - t)\, dt$$

Beispiel 1 - Integral längs einer Geraden

Zu berechnen ist das Integral über die Funktion $f(z) = z$ längs einer Geraden vom Punkt z_a zum Punkt z_b. Der Weg lautet damit:

$$\gamma : [0; 1] \to \mathbb{C}, t \to \gamma(t) = (1 - t)z_a + t\, z_b$$

---

[2] diese Eigenschaft ist z. B. im Zusammenhang der System- und Signaltheorie von besonderer Bedeutung, da ein falsches Vorzeichen die Bedeutung des Ergebnisses komplett verändern kann.

Damit ergibt sich das Integral zu

$$\int_\gamma z\,dz = \int_0^1 ((1-t)z_a + t\,z_b)\underbrace{(z_b - z_a)}_{=\gamma'(t)}\,dt = \int_0^1 (z_a(z_b - z_a) + (z_b - z_a)^2\,t)\,dt$$

$$= z_a(z_b - z_a)\,t + \frac{1}{2}(z_b - z_a)^2\,t\,\Big|_0^1 = z_a\,z_b - z_a^2 + \frac{1}{2}(z_b^2 - 2z_a\,z_b + z_a^2)$$

$$= \frac{1}{2}(z_b^2 - z_a^2)$$

Beispiel 2 - Integral längs einer Kreislinie

Die Funktion $f(z) = z^n$ mit $n \in \mathbb{N}$ soll längs eines Kreises mit Radius r um den Ursprung integriert werden. Der Weg wird also beschrieben durch $\gamma : [0; 2\pi] \to \mathbb{C}$, $t \to r\,\mathrm{e}^{\mathrm{j}\,t}$ und das Integral lautet:

$$\int_\gamma z^n\,dz = \int_0^{2\pi} (r\,\mathrm{e}^{\mathrm{j}\,t})^n\,\mathrm{j}\,r\,\mathrm{e}^{\mathrm{j}\,t}\,dt = \mathrm{j}\,r^{n+1}\int_0^{2\pi} \mathrm{e}^{\mathrm{j}(n+1)\,t}\,dt = \mathrm{j}\,r^{n+1}\left[\frac{-\mathrm{j}}{n+1}\mathrm{e}^{\mathrm{j}(n+1)\,t}\right]_0^{2\pi} = 0$$

Beispiel 3 - Integral längs eines zusammengesetzten Weges

Die Funktion $f(z) = \sqrt{z}$ soll längs eines Weges integriert werden, der sich aus drei Teilen zusammensetzt: einer Geraden von 0 bis 1 auf der reellen Achse, einem Viertelkreis von 1 bis j und einer Geraden von j zu 0 auf der imaginären Achse:

$$\gamma(t) = \gamma_1(t) + \gamma_2(t) + \gamma_3(t) \qquad \text{mit}$$

$$\gamma_1 : [0;1] \to \mathbb{C},\, t \to t\,, \quad \gamma_2 : \left[0; \frac{\pi}{2}\right] \to \mathbb{C},\, t \to \mathrm{e}^{\mathrm{j}\,t}\,, \quad \gamma_3(t) : [0;1] \to \mathbb{C},\, t \to \mathrm{j}(1-t)$$

Nach Zerlegung des Gesamtintegrals in die drei Wegabschnitte ergibt sich für diese:

$$I_1 = \int_{\gamma_1} \sqrt{z}\,dz = \int_0^1 \sqrt{t}\,dt = \frac{2}{3}t^{\frac{3}{2}}\Big|_0^1 = \frac{2}{3}$$

$$I_2 = \int_{\gamma_2} \sqrt{z}\,dz = \int_0^{\frac{\pi}{2}} \mathrm{e}^{\mathrm{j}\frac{t}{2}}\mathrm{j}\,\mathrm{e}^{\mathrm{j}\,t}\,dt = \int_0^{\frac{\pi}{2}} \mathrm{j}\,\mathrm{e}^{\mathrm{j}\frac{3t}{2}}\,dt = \frac{2}{3}\mathrm{e}^{\mathrm{j}\frac{3t}{2}}\Big|_0^{\frac{\pi}{2}} = \frac{2}{3}\mathrm{e}^{\mathrm{j}\frac{3\pi}{4}} - \frac{2}{3}$$

$$I_3 = \int_{\gamma_3} \sqrt{z}\,dz = \int_0^1 \sqrt{\mathrm{j}(1-t)}(-\mathrm{j})\,dt = \int_0^1 -\mathrm{e}^{\mathrm{j}\frac{\pi}{2}}\mathrm{e}^{\mathrm{j}\frac{\pi}{4}}\sqrt{1-t}\,dt =$$

$$= \mathrm{e}^{\mathrm{j}\frac{3\pi}{4}}\frac{2}{3}(1-t)^{\frac{3}{2}}\Big|_0^1 = -\frac{2}{3}\mathrm{e}^{\mathrm{j}\frac{3\pi}{4}}$$

Und damit ergibt sich für das Gesamtintegral $\displaystyle\int_{\gamma_1+\gamma_2+\gamma_3} \sqrt{z}\,dz = I_1 + I_2 + I_3 = 0.$

4.1.2 Wegabhängigkeit komplexer Integrale

Definition 4.1.1 legt nahe, dass der Wert eines bestimmten Integrals in der Gauß-schen Ebene wie im Reellen auch nur von Anfangs- und Endpunkt der Funktion abhängt. Dies ist aber nicht unbedingt der Fall, wie das folgende Beispiel zeigt:

Zu bestimmen ist das Integral

$$\int\limits_{-1}^{1} |z|\, dz$$

Dazu wählen wir zwei unterschiedliche Wege, wie wir von $z_a = -1$ zu $z_b = 1$ gelangen.

Weg 1 sei der gerade Weg auf der reellen Achse: $\gamma_1(t) : [0;2] \to \mathbb{C}, t \to -1 + t$. Damit ergibt sich unter Beachtung der geraden Symmetrie der Betragsfunktion:

$$\int\limits_{-1}^{1} |z|\, dz = 2 \int\limits_{0}^{1} z\, dz = 2 \int\limits_{0}^{2} (-1 + t)\, dt = 2 \left[-t + \frac{t^2}{2} \right]_{0}^{2} = 1$$

Weg 2 sei der negativ orientierte Halbkreis mit Radius 1 um den Ursprung von -1 bis 1: $\kappa^{-1}(1;0) = \gamma_2(t) : [0;\pi] \to \mathbb{C}, t \to e^{j\,(\pi-t)}$. Bedenkt man, dass der Betrag einer komplexen Zahl dem Abstand vom Ursprung entspricht und dieser auf dem Halbkreis immer gleich 1 ist, folgt für das Integral:

$$\int\limits_{-1}^{1} |z|\, dz = \int\limits_{0}^{\pi} |z(t)||\gamma_2'(t)|\, dt = \int\limits_{0}^{\pi} \gamma_2'(t)\, dt = \gamma_2(t) \Big|_{0}^{\pi} = e^0 - e^{j\pi} = 2$$

Offensichtlich hängt hier der Wert des Integrals vom gewählten Weg ab. Die Ursache ist die Nichtdifferenzierbarkeit der Betragsfunktion im Ursprung[3]. Weg 1 enthält den einen Punkt, wo die Funktion nicht differenzierbar ist, wohingegen Weg 2 diesen umfährt. Somit ergeben sich zwei verschiedene Werte für das Integral.

4.1.3 Gebietsabhängigkeit komplexer Integrale

Wie wir nun sehen werden, kann der Wert des Integrals nicht nur vom gewählten Weg abhängen, sondern auch von dem Gebiet, das der Weg, wenn er geschlossen ist, umschließt. Dazu soll das Integral über die Funktion $f(z) = z^{-1}$ ebenfalls entlang zweier unterschiedlicher Wege berechnet werden:

---

[3]Differenzierbarkeit einer Funktion auf der Menge M bedeutet, dass für jeden Punkt $z \in M$ die linksseitige und die rechtsseitige Ableitung gleich sind, d. h. die Steigungen gleich sind. Bei der Betragsfunktion ist dies aber im Punkt $z = 0$ nicht der Fall, da die Steigung links -1 beträgt, aber rechts 1. Deshalb ist *Differenzierbarkeit* auch "mehr" als einfache *Stetigkeit*.

Weg 1 seit der Kreis mit dem Radius 1 um den Punkt $z_0 = 2$: $\gamma_1 : [0; 2\pi] \to \mathbb{C}$, $t \to 2 + \mathrm{e}^{\mathrm{j}\,t}$. Für das Integral ergibt sich mit Hilfe von [Pap17]

$$\int\limits_{\gamma_1} \frac{1}{z}\, dz = \int\limits_0^{2\pi} \frac{1}{2 + \mathrm{e}^{\mathrm{j}\,t}} \mathrm{j}\, \mathrm{e}^{\mathrm{j}\,t}\, dt \overset{\#309}{=} \mathrm{j}\left(-\mathrm{j}\,\ln|2 + \mathrm{e}^{\mathrm{j}\,t}|\right)_0^{2\pi} = \ln 3 - \ln 3 = 0$$

Weg 2 sei nun ebenfalls ein Weg mit dem Radius 1, aber um den Punkt $z_0 = 0$: $\gamma_2 : [0; 2\pi] \to \mathbb{C}$, $t \to \mathrm{e}^{\mathrm{j}\,t}$. In diesem Fall ergibt sich für das Integral

$$\int\limits_{\gamma_2} \frac{1}{z}\, dz = \int\limits_0^{2\pi} \frac{1}{\mathrm{e}^{\mathrm{j}\,t}} \mathrm{j}\, \mathrm{e}^{\mathrm{j}\,t}\, dt = \mathrm{j}\,t\Big|_0^{2\pi} = 2\pi\,\mathrm{j}$$

Während man auf Basis des Wissens reeller Integration das Ergebnis zum ersten Weg erwarten würde[4], überrascht das zweite Ergebnis. Die Ursache liegt in dem Gebiet, welches durch den Kreis umschlossen wird:

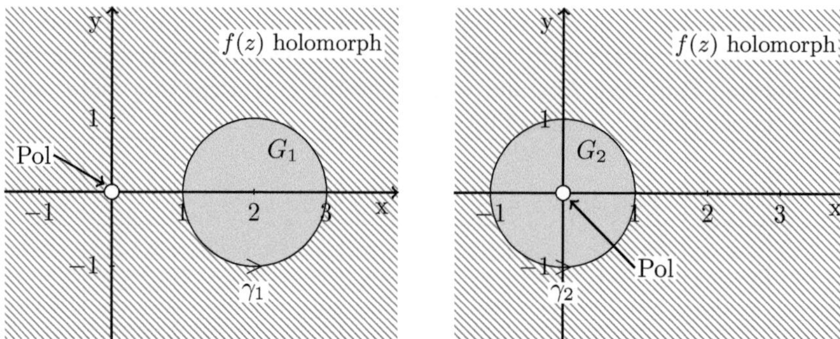

Abb. 4.1: Zur Gebietsabhängigkeit des Integralwertes der Funktion $f(z) = z^{-1}$.

Beide Wege verlaufen vollständig in einem Gebiet, wo die Funktion $f(z)$ holomorph ist. Jedoch umschließt Weg γ_2 den Ursprung und damit einen Punkt, in dem die Funktion nicht definiert ist: sie besitzt dort eine Polstelle.

Damit ist das vom Weg γ_1 umschlossene Gebiet G_1 einfach zusammenhängend, während das durch Weg γ_2 definierte Gebiet G_2 ein "Loch" im Inneren hat und damit zweifach zusammenhängend ist (siehe Def. 2.4.2 und 2.4.3).

Der Wert eines komplexen Wegintegrals hängt also auch vom Gebiet ab, welches von dem Weg umschlossen wird. Diese **Gebietsabhängigkeit** geschlossener komplexer Integrale wird z. B. bei der Berechnung der inversen Laplacetransformierten gebrochenrationaler Funktionen eine entscheidende Rolle spielen. Neben der Partialbruchzerlegung stellt dabei der Residuensatz das wesentliche Hilfsmittel dar.

---

[4]Im Reellen gilt: Integrale mit identischem Anfang- und Endpunkt sind "leer" und ergeben immer 0.

4.2 Integralsätze der komplexen Ebene

Das Ergebnis der Integration komplexwertiger Funktionen kann also vom Weg, auf dem die Integrandenfunktion ausgewertet wird, und bei geschlossenen Wegen vom umschlossenen Gebiet abhängen. Je nach Situation gelten damit für die Berechnung komplexe Integrale unterschiedliche Sätze:

Satz 4.2.1 (Hauptsatz der Integralrechnung)

Sei $D \in \mathbb{C}$ ein <u>einfach</u> zusammenhängendes Gebiet. Die Kurve γ verlaufe vollständig in D und die Funktion $f(z) : D \to \mathbb{C}, z \to f(z)$ sei in D holomorph (komplex differenzierbar, analytisch). Dann hängt der Wert des Integrals $\int_\gamma f(z)\,dz$ nur vom Anfangs- und Endpunkt des Weges ab. Ist $F(z)$ eine **Stammfunktion** von $f(z)$, dann gilt

$$\int\limits_\gamma f(z)\,dz = \int\limits_{z_a}^{z_b} f(z)\,dz = F(z_b) - F(z_a)$$

Dies beschreibt die Situation wie sie aus dem Reellen bekannt ist: der Wert des Integrals hängt nicht vom Verlauf des Weges ab, sondern nur von dessen Anfangs- und Endpunkt. Eine direkte Schlussfolgerung ist der...

Satz 4.2.2 (Cauchyscher Integralsatz)

Ist $D \in \mathbb{C}$ ein einfach zusammenhängendes Gebiet und verläuft die geschlossene Kurve γ vollständig in D und ist die Funktion $f(z)$ in D analytisch, dann gilt:

$$\oint\limits_\gamma f(z)\,dz = 0$$

Auch hier ist neben der komplexen Differenzierbarkeit der Funktion die entscheidende Bedingung, dass das Gebiet <u>einfach</u> zusammenhängend ist. Ist das Gebiet mehrfach zusammenhängend, z. B. weil sich im Gebiet eine oder mehrere Definitionslücken in Form von Polstellen als isolierte Punkte befinden, gilt dies explizit <u>nicht</u>, sondern es gilt der...

Satz 4.2.3 (Residuensatz)

Sei γ die mathematisch positiv orientierte Randkurve eines einfach zusammenhängenden Gebietes $D \in \mathbb{C}$, in dem die Funktion $f(z)$ analytisch (holomorph, komplex differenzierbar) ist, außer in den darin enthaltenden, endlich vielen isolierten Punkten z_k mit $k = 1, 2, \ldots, n$. Dann gilt:

$$\oint\limits_\gamma f(z)\,dz = 2\pi\,\mathrm{j} \sum_{k=1}^{n} Res_{z=z_k}\{f(z)\}$$

Der Residuensatz bezieht sich damit auf eine spezielle Art von mehrfach zusammenhängenden Gebieten, nämlich solchen, in denen **einzelne isolierte Punkte** die Einfachheit des Gebietes "stören".

Mit der Definition 3.2.3 des Residuums einer Funktion wird das geschlossene Wegintegral der Funktion $f(z)$ zunächst in die Summe der n geschlossenen Wegintegrale der Residuen überführt. Das ist scheinbar kein Gewinn. Jedoch wurden in Kapitel 3.2.3 Möglichkeiten aufgezeigt, wie Residuen für verschiedene Arten von Polstellen ohne explizite Integration berechnet werden können. Dadurch wird der Residuensatz tatsächlich zu einer eleganten und einfachen Möglichkeit zur Berechnung komplexer Gebietsintegrale. Anwendungen dazu werden im Abschnitt 4.4 ausführlicher behandelt.

Folgendes kleines Beispiel zeigt, dass es bei der Berechnung des Residuums nur auf die singulären Punkte ankommt:

Die Funktion $f(z) = (z - z_0)^{-1}$ ist über einen geschlossenen Weg γ zu integrieren, der den Punkt z_0 umschließt. Nach Residuensatz ist dazu das Integral über die Funktion längs einer Kreislinie um den Punkt z_0 zu berechnen:

$$\int\limits_{\kappa(r,z_0)} \frac{1}{z - z_0}\, dz = \int\limits_0^{2\pi} \frac{\mathrm{j}\, r\, \mathrm{e}^{\mathrm{j}t}}{z_0 + r\, \mathrm{e}^{\mathrm{j}t} - z_0}\, dt = \mathrm{j} \int\limits_0^{2\pi} 1\, dt = 2\pi\mathrm{j}$$

Der Wert des Integrals ist damit unabhängig vom Radius des Kreises, solange keine weitere Polstelle in dem Kreisgebiet liegt. Anders ausgedrückt, kann der Radius des Kreises bei der Berechnung des Residuums zur Polstelle z_0 jeden beliebigen Wert im Intervall $(0; |z_0 - z_1|)$ annehmen, wenn z_1 die nächstgelegene Polstelle ist. Der Wert eines geschlossenen Wegintegrals[5] hängt also nur von der Lage der im umschlossenen Gebiet befindlichen Polstellen ab.

Auch wenn der nachfolgende Satz keine direkte Anwendung bei den Integraltransformationen hat, verdeutlicht er doch eine besondere Eigenschaft komplexer Gebietsintegrale:

Satz 4.2.4 (Cauchysche Integralformel)

Sei $D \in \mathbb{C}$ ein einfach zusammenhängendes Gebiet und γ ein darin verlaufender, stetig differenzierbarer, (doppelpunktfreier) geschlossener Weg. Sei ferner $f(z)$ im Gebiet D holomorph und z ein Punkt im Inneren des vom Weg γ umschlossenen Gebiets. Dann gilt

$$f(z) = \frac{1}{2\pi\mathrm{j}} \int\limits_\gamma \frac{f(u)}{u - z}\, du \quad \text{und} \quad f^{(n)}(z) = \frac{n!}{2\pi\mathrm{j}} \int\limits_\gamma \frac{f(u)}{(u - z)^{n+1}}\, du$$

Kennt man also die Funktionswerte von $f(z)$ auf dem Rand eines offenen Gebietes, so kann man daraus auf alle Funktionswerte sowie auf die Ableitungen im Inneren des Gebietes schließen.

---

[5]das wird auch ein *Gebietsintegral* genannt

4.2.1 Zusammenfassung: Integration in $\mathbb{C}$

Für die Integration komplexer Funktionen gilt:

- Solange die komplexe Funktion in einem **einfach zusammenhängenden** Gebiet *komplex differenzierbar* (holomorph) ist und die Integration entlang eines *Weges* ausgeführt wird, der vollständig in diesem Gebiet verläuft, kann das Integral in der gewohnten Weise wie im Reellen berechnet werden.

  Existiert eine Stammfunktion zu der Funktion, ergibt sich der Wert des Integrals wie gewohnt durch Auswertung derselben an oberer und unterer Integrationsgrenze.

  Insbesondere ergeben geschlossene Wegintegrale den Wert Null.

- Ist das Gebiet **mehrfach zusammenhängend**, enthält es also z. B. *singuläre Punkte* der Funktion (Polstellen), so ist der Wert des Integrals i.A. vom Verlauf des Weges abhängig.

  Im Falle geschlossener Wegintegrale ist der Wert des Integrals dann über die *Residuen* zu berechnen und sein Wert i.A. von Null verschieden.

Für $f(z) = u(z) + \mathrm{j}\,v(z)$ und $g(z)$ mit $z = x + \mathrm{j}\,y$ gelten damit folgende (meist) aus dem Reellen bekannten Zusammenhänge:

$$\bullet \quad \int_{z_a}^{z_b} f(z)\,dz = \int_a^b Re(f(t))\,dt + \mathrm{j} \int_a^b Im(f(t))\,dt =$$

$$= \int_a^b u(x(t),y(t))\,dt + \mathrm{j} \int_a^b v(x(t),y(t))\,dt$$

$$\bullet \quad \int_{z_a}^{z_b} (f(z))^*\,dz = \left(\int_{z_a}^{z_b} f(z)\,dz \right)^*$$

$$\bullet \quad \int_{z_a}^{z_b} c_1\,f(z) + c_2\,g(z)\,dz = c_1 \int_{z_a}^{z_b} f(z)\,dz + c_2 \int_{z_a}^{z_b} g(z)\,dz \qquad \text{(Linearität)}$$

$$\bullet \quad \left| \int_{z_a}^{z_b} f(z)\,dz \right| \leq \int_{z_a}^{z_b} |f(z)|\,dz \qquad \text{(Dreiecksungleichung)}$$

$$\bullet \quad \int_{\gamma} f(z)\,dz = - \int_{\gamma^{-1}} f(z)\,dz \qquad \text{(Wegorientierung)}$$

$$\bullet \quad \int_{\gamma=\gamma_1+\gamma_2} f(z)\,dz = \int_{\gamma_1} f(z)\,dz + \int_{\gamma_2} f(z)\,dz \qquad \text{(Wegzerlegung)}$$

Übungsaufgaben

Aufgabe 4.1

Sei $f(z) = \dfrac{1}{z} - \dfrac{1}{z+1}$ und $s \in \mathbb{C}$ eine beliebige komplexe Zahl in der rechten Halbebene, also mit $Re(z) > 0$.

Zeigen Sie, dass für den Weg γ, der von $z_a = s$ parallel zur reellen Achse nach $z_b = \infty$ verläuft, gilt:

$$\int\limits_{s}^{\infty} f(z)\,dz = \int\limits_{\gamma} f(z(t))\,dt = \ln\left(\frac{s+1}{s}\right)$$

Aufgabe 4.2

Sei $f(z) = \mathrm{e}^{z}$ und γ eine gerade Linie von $z_a = 1$ nach $z_b = \mathrm{j}$.

Berechnen Sie den Wert des Integrals

$$I = \int\limits_{\gamma} f(z)\,dz$$

über die Formel des komplexen parametrierten Kurvenintegrals und vergleichen Sie den Zahlenwert mit dem Ergebnis aus der Anwendung des Hauptsatzes der Integralrechnung.

4.3 Integration gebrochenrationaler Funktionen über Partialbruchzerlegung

Im Rahmen der "Systemtheorie und Signalverarbeitung" müssen häufig inverse Laplacetransformierte gebrochenrationaler Funktionen berechnet werden. Ein übliches Verfahren dafür ist die ***Partialbruchzerlegung (PBZ)***. Deshalb sollen hier dazu die grundlegenden Zusammenhänge angegeben werden. Sie finden sich in den Mathematikbüchern der Eingangssemester meist unter dem Stichwort "Integration gebrochenrationaler Funktionen", z. B. [Pap14].

Eine ***gebrochenrationale Funktion*** ist ein Bruch aus zwei Polynomen $f(z) = \frac{Z_n(z)}{N_m(z)}$. Im Folgenden wird davon ausgegangen, dass es sich um eine <u>***echt gebrochenrationale Funktion***</u> handelt, d. h. der Grad des Nennerpolynoms $N(z)$ mindestens um Eins größer ist als der Grad des Zählerpolynoms $Z(z)$ $(m > n)$.

Ist dies nicht der Fall, sprechen wir von einer ***unecht gebrochenrationale Funktion***. In diesem Fall werden durch Polynomdivision die Asymptote (ein Polynom) und die echt gebrochenrationale Restfunktion ermittelt. Die spätere Integration des Polynomanteils stellt keinerlei Problem dar, so dass wir uns auch im Weiteren wiederum nur um den echt gebrochenrationalen Anteil kümmern müssen.

Weiterhin gehen wir davon aus, dass gemeinsame Linearfaktoren im Zähler und Nenner bereits gekürzt wurden, also nicht mehr vorhanden sind.

Eine wichtige Voraussetzung für die Anwendung der Partialbruchzerlegung ist die Kenntnis aller Nullstellen des Nennerpolynoms $N(z)$, so dass wir dieses in seiner ***vollständigen Faktorisierung*** angeben können[6].

In der komplexen Ebene hat jedes Polynom n. Ordnung genau n Nullstellen. Diese können im Allgemeinen durchaus komplexe Zahlen sein. Da wir es im Anwendungsfall i. A. nur mit Polynomen mit rein reellen Koeffizienten zu tun haben, treten komplexe Nullstellen dann aber immer als konjugiert komplexe Paare auf, wodurch sich die Berechnungen, wie wir sehen werden, etwas vereinfachen.

Zusammengefasst haben wir im Folgenden...

- eine echt gebrochenrationale Funktion
- die vollständige Faktorisierung des Nennerpolynoms
- keine gemeinsamen Nullstellen von Zähler und Nenner

Die Idee der Partialbruchzerlegung ist es, den Polynombruch als Summe einfacher Brüche zu schreiben, so dass die Stammfunktion sich dann als Summe bekannter Stammfunktionen leicht angeben lässt. Die PBZ basiert auf reiner Algebra.

Die Nullstellen des Nenners $N(z)$ sind die ***Polstellen*** der Funktion $f(z)$. Je nach Art und Ordnung der einzelnen Polstelle ergibt sich ein entsprechender Ansatz für die Struktur des zugeordneten Partialbruches, dessen Stammfunktion wiederum bekannt ist, so dass die Integrale anschließend leicht zu lösen sind.

---

[6]Die Problematik des Auffindens dieser Nullstellen ist nicht Gegenstand dieser Betrachtungen, stellt aber u. U. ein erhebliches Problem dar, das es nicht selten notwendig macht mit numerischen Näherungen zu arbeiten.

4.3.1 Ansätze für Partialbrüche

Art und Ordnung der Nullstellen des Nennerpolynoms bestimmen die Struktur des Ansatzes für die Partialbruchzerlegung einer echt gebrochenrationalen Funktion. Sei im Folgenden $f(z) = \frac{Z_n(z)}{N_m(z)}$.

Da bei der Praxis der Berechnung inverser Laplacetransformierter im realen Anwendungsfall nur einfache, mehrfache, oder paarweise konjugiert komplexe Pole auftreten, beschränken wir uns hier auch auf diese drei Fälle[7].

Einfache Polstellen

Sei z_1 eine einfache Polstelle von $f(z)$:

$$f(z) = \frac{Z_n(z)}{\dots \cdot (z - z_1) \cdot \dots}$$

Dann gilt für den entsprechenden Partialbruch der Ansatz

$$f(z) = \dots + \frac{A_1}{z - z_1} + \dots$$

mit der Stammfunktion[8]

$$\int \frac{A_1}{z - z_1}\, dz = A_1 \ln(z - z_1) \tag{4.1}$$

Im Gegensatz zum reellwertigen Fall, für den mit $x \in \mathbb{R}$ gilt $\int \frac{1}{x - x_1} = \ln|x - x_1|$, steht hier im Komplexen <u>kein</u> Betrag im Argument des Logarithmus, da dieser im Komplexen ja auch für negative Argumente definiert ist.

Mehrfache Polstellen

Sei z_1 eine k_1-fache Polstelle von $f(z)$:

$$f(z) = \frac{Z_n(z)}{\dots \cdot (z - z_1)^{k_1} \cdot \dots}$$

mit $k_1 \dots$Ordnung ($=$ Vielfachheit) der Nullstelle.

Dann gilt für den entsprechenden Partialbruch der Ansatz

$$f(z) = \dots + \frac{A_{1,1}}{z - z_1} + \frac{A_{1,2}}{(z - z_1)^2} + \dots + \frac{A_{1,k_1}}{(z - z_1)^{k_1}} + \dots$$

---

[7]konjugiert komplexe Paare mehrfacher Polstellen sind in der Praxis selten. Die Berechnung entsprechender Transformierter wird dann eher über den Faltungssatz gelöst.

[8]Die typische Integrationskonstante c wird hier und im Folgenden der Übersichtlichkeit wegen weggelassen, da später ohnehin immer bestimmte Integrale zu lösen sein werden und sie keine Rolle spielt.

Die Ordnung der Polstelle bestimmt damit auch die Anzahl der Partialbrüche für die jeweilige Polstelle. Mit

$$\int \frac{A_{k,n}}{(z - z_k)^n}\, dz = -\frac{1}{n-1} \frac{A_{k,n}}{(z - z_k)^{n-1}}$$

lautet die Stammfunktion für die Anteile einer mehrfachen Polstelle:

$$\int \frac{1}{(z - z_1)^{k_1}}\, dz = A_{1,1} \ln(z - z_1) - \sum_{n=2}^{k_1} \frac{1}{n-1} \frac{A_{1,n}}{(z - z_1)^{n-1}} \tag{4.2}$$

Paare einfacher konjugiert komplexer Polstellen

Treten bei Polynomen mit rein reellen Koeffizienten komplexe Nullstellen auf, so ist mit $z_1 \in \mathbb{C}$ ist auch immer z_1^* eine Nullstelle, d. h. die Nullstellen treten dann immer als *konjugiert komplexe Paare* auf[9]:

$$f(z) = \frac{Z_n(z)}{\ldots \cdot (z - z_1)(z - z_1^*) \cdot \ldots} = \frac{Z_n(z)}{\ldots \cdot (z^2 + pz + q) \cdot \ldots}$$

Dann gilt für den entsprechenden Partialbruch der Ansatz

$$f(z) = \ldots + \frac{B\,z + C}{(z - z_1)(z - z_1^*)} + \ldots = \ldots + \frac{B\,z + C}{z^2 + pz + q} + \ldots$$

Durch einfaches Ausmultiplizieren erhält man für p und q:
$(z - z_1)(z - z_1^*) = z^2 - 2Re(z_1)z + |z_1|^2$, also $p = -2Re(z_1)$ und $q = |z_1|^2$.
Die Stammfunktion für Paare konjugiert komplexer Polstellen lautet damit

$$\int \frac{B\,z + C}{z^2 + pz + q}\, dz = \frac{B}{2} \ln(z^2 + pz + q) + \left(\frac{2C - Bp}{\sqrt{4q - p^2}} \right) \arctan\left(\frac{2z + p}{\sqrt{4q - p^2}} \right) \tag{4.3}$$

Betrachten wir neben diesem allgemeinen Fall noch eine spezielle Darstellung, die sich später bei der Berechnung der Laplace-Rücktransformierten als nützlich erweisen wird:
Seien $z_1 = a + j\,b$ und $z_2 = z_1^* = a - j\,b$ zwei einfache Polstellen der Funktion $f(z)$ mit reellen Koeffizienten. Damit ergibt sich für den Ansatz der Partialbrüche

$$\frac{A_1}{z - z_1} + \frac{A_2}{z - z_2} = \frac{A_1}{z - z_1} + \frac{A_1^*}{z - z_1^*}$$

und mit $A_1 = \alpha + j\,\beta$ die folgende Rechnung:

$$\frac{A_1}{z - z_1} + \frac{A_1^*}{z - z_1^*} = \frac{(\alpha + j\,\beta)(z - a + j\,b) + (\alpha - j\,\beta)(z - a - j\,b)}{(z - a - j\,b)(z - a + j\,b)} =$$

---

[9]diese Tatsache kann u. a. gut zum "Plausibilitätscheck" genutzt werden, ob die Polstellenstruktur des Bruches "wahrscheinlich korrekt" ist. Ebenso kann der Rechenaufwand reduziert werden, da mit z_1 auch immer z_1^* und mit A_1 auch immer A_1^* gegeben sind.

$$= \frac{\alpha(z-a) - \beta b + \mathrm{j}\left(\beta(z-a) + \alpha b\right) + \alpha(z-a) - \beta b - \mathrm{j}\left(\beta(z-a) + \alpha b\right)}{(z-a)^2 + b^2} =$$

$$= \frac{2\alpha(z-a) - 2\beta b}{(z-a)^2 + b^2} = \frac{A\,z + B}{(z-a)^2 + b^2} \quad \text{mit} \quad A := 2\alpha \,,\; B := -2(\alpha\,a + \beta\,b)$$

4.3.2 Bestimmen der unbekannten Zähler

Nachdem der Ansatz zur Zerlegung der echt gebrochenrationalen Funktion in eine Summe von Partialbrüchen gemäß der Polstellenstruktur gegeben ist, müssen "nur noch" die unbekannten Konstanten im Zähler $A, B, C, \dots$ bestimmt werden.

Dazu bringt man in einem ersten Schritt die Gleichung der Brüche auf eine Form ohne Brüche, indem die gesamte Gleichung mit dem (vollständig faktorisierten) Nenner $N(z)$ multipliziert wird. Als Ergebnis erhält man eine Gleichung, mit dem Zähler $Z(z)$ der ursprünglichen Funktion auf der einen Seite und Produkten aus Linearfaktoren mit den gesuchten Konstanten $A, B, C, \dots$ auf der anderen Seite.

Für die Bestimmung der unbekannten Parameter $A, B, C, \dots$ gibt es nun zwei Möglichkeiten, von denen je nach Situation mal die eine und mal die andere von Vorteil ist:

Koeffizientenvergleich

Durch Ausmultiplizieren der Produkte aus den unbekannten Parametern $A, B, C, \dots$ mit den Linearfaktoren und anschließendem Sortieren nach Potenzen der Variablen z erhält man eine typische Polynomdarstellung, in der die gesuchten Parameter jeweils in den Ausdrücken für die Polynomkoeffizienten stehen.

Der Vergleich der jeweiligen Koeffizienten zu den gleichen Potenzen von z auf beiden Seiten der Gleichung ergibt damit Bestimmungsgleichungen für die gesuchten Größen. Das Gleichungssystem wird algebraisch wie gewohnt gelöst.

Einsetzungsverfahren

Da die Gleichung der Zähler für alle Werte von z gelten muss, kann man explizite Werte für z einsetzen und damit Bestimmungsgleichungen für die gesuchten Parameter erhalten.

Hier sollte <u>nicht</u> ausmultipliziert werden, denn durch Wahl "geeigneter Werte" ergeben die meisten Terme automatisch Null. Dafür wählt man zunächst die bekannten Polstellen. Der entsprechende Linearfaktor einer Polstelle ergibt ja immer Null, so dass i.A. nur ein Term des Zählers aus der PBZ übrig bleibt.
Auf der Seite des ursprünglichen Bruches muss lediglich das Zählerpolynom an der entsprechenden Polstelle ausgewertet werden, was kein größeres Problem darstellen sollte.

Existieren mehrfache Polstellen, dann reicht die Anzahl der bekannten Polstellen nicht aus, um durch Einsetzen alle Parameter zu bestimmen. In diesem Fall wählt man ergänzend weitere "geeignete Werte" für z aus, z. B. $z = 0, z = 1$ usw.

Koeffizientenvergleich vs. Einsetzungsverfahren

Bleibt die Frage nach der "besten Methode" zur Bestimmung der Zähler-Parameter. Beide Verfahren sind gleichberechtigt und es sollte danach entschiedenen werden, wo der geringste Rechenaufwand entsteht und damit die geringste Gefahr sich zu verrechnen.

Als **Faustregel** mag gelten: Je höher der Grad der Polynoms, d. h. je mehr Terme auszumultiplizieren sind, desto weniger geeignet ist der Koeffizientenvergleich.

Beispiele

Nach den mehr grundsätzlichen Betrachtungen, soll das konkrete Vorgehen nun anhand der nachfolgenden Beispiele gezeigt werden. Dabei sollte deutlich werden, dass es im Wesentlichen darauf ankommt, sich in der Algebra komplexer Zahlen sicher zu bewegen[10].

Beispiel 1 - einfacher und mehrfacher Pol

Es ist die Stammfunktion zu bestimmen von

$$\int \frac{z + 2}{z^3 - 7z^2 + 15z - 9}\, dz$$

Schritt 1: Vollständige Faktorisierung des Nenners
Da es sich um eine echt gebrochenrationale Funktion handelt, kann direkt mit der Suche der Nullstellen des Nennerpolynoms begonnen werden.

Die erste Nullstelle $z_1 = 1$ wird geraten. Für das Restpolynom nach Abspaltung des zugehörigen Linearfaktors $(z - 1)$ ergibt sich aus der Polynomdivision:

$$(z^3 - 7z^2 + 15z - 9) : (z - 1) = z^2 - 6z + 9 = (z - 3)^2$$

Die zweite Nullstelle ist damit eine doppelte Nullstelle bei $z_2 = 3$ und die vollständige Faktorisierung des Nenners lautet:

$$z^3 - 7z^2 + 15z - 9 = (z - 1)(z - 3)^2$$

und es folgt

---

[10]nochmals der Hinweis: die Integrationskonstante $c \in \mathbb{C}$ wird hier immer weggelassen, da wir es in späteren Anwendungsfällen immer mit bestimmten Integralen zu tun haben werden.

<u>Schritt 2</u>: Ansatz für die Partialbrüche[11]

$$\frac{z+2}{z^3 - 7z^2 + 15z - 9} = \frac{A}{z-1} + \frac{B}{z-3} + \frac{C}{(z-3)^2}$$

Nach Multiplikation der gesamten Gleichung mit dem faktorisierten Nenner folgt

$$z+2 = A\,(z-3)^2 + B\,(z-1)(z-3) + C\,(z-1)$$

und die Unbekannten A,B,C können über die Einsetzungsmethode oder den Koeffizientenvergleich bestimmt werden.

<u>Schritt 3a</u>: Einsetzungsmethode

Wegen der doppelten Nullstelle wird für den dritten Parameters $z = 0$ gewählt:

$$z = 1: \quad 3 = 4\,A \qquad\qquad \Rightarrow \qquad A = \tfrac{3}{4}$$

$$z = 3: \quad 5 = 2\,C \qquad\qquad \Rightarrow \qquad C = \tfrac{5}{2}$$

$$z = 0: \quad 2 = 9\tfrac{3}{4} + 3\,B - \tfrac{5}{2} \quad \Rightarrow \quad B = \tfrac{1}{3}\left(2 - \tfrac{27}{4} + \tfrac{10}{4}\right) = -\tfrac{3}{4}$$

<u>Schritt 3b</u>: Koeffizientenvergleich

Ausmultiplizieren der rechten Seite ergibt:

$$\begin{aligned}
z+2 &= A(z^2 - 6z + 9) + B(z^2 - 4z + 3) + C(z-1)\\
&= (A+B)\,z^2 + (-6A - 4B + C)\,z + (9A + 3B - C)
\end{aligned}$$

Aus dem Vergleich der Koeffizienten zu gleichen z-Potenzen auf beiden Seiten der Gleichung ergeben sich die drei Bestimmungsgleichungen für die drei Unbekannten:

$$(1) \quad A + B = 0 \qquad\qquad \Rightarrow \quad B = -A$$

$$(2) \quad -6A - 4B + C = 1 \quad \Rightarrow \quad C = 1 + 6A - 4B = 1 + 2A$$

$$(3) \quad 9A + 3B - C = 2 \quad \Rightarrow \quad 9A - 3A - 1 - 2A = 4A - 1 = 2$$

$$\Rightarrow \quad A = \tfrac{3}{4} \ \Rightarrow \ B = -A = -\tfrac{3}{4} \ \Rightarrow \ C = 1 + 2A = \tfrac{5}{2}$$

<u>Schritt 4</u>: Partialbruchzerlegung

$$\frac{z+2}{z^3 - 7z^2 + 15z - 9} = \frac{\tfrac{3}{4}}{z-1} - \frac{\tfrac{3}{4}}{z-3} + \frac{\tfrac{5}{2}}{(z-3)^2}$$

Mit den bekannten Stammfunktionen (4.1) und (4.2) folgt die

<u>Schritt 5</u>: Bestimmung der Stammfunktion

$$\int \frac{z+2}{z^3 - 7z^2 + 15z - 9}\, dz = \frac{3}{4}\ln(z-1) - \frac{3}{4}\ln(z-3) - \frac{5}{2}\frac{1}{z-3} =$$

$$= \frac{3}{4}\ln\left(\frac{z-1}{z-3}\right) - \frac{5}{2z-6}$$

---

[11]Für die unbekannten Zähler wurden fortlaufende Buchstaben (A, B, C) anstelle der indizierten Form $(A_1, A_{2,1}, A_{2,2})$ gewählt. Dies empfiehlt sich bei der Berechnung i.A. zur Vereinfachung der Schreibweisen, wohingegen es in den allgemeinen Formeln vorher nicht sinnvoll war.

Beispiel 2 - einfacher Pol und Paar einfacher konjugiert komplexer Pole

Bestimmung der Stammfunktion von

$$f(z) = \frac{z^2 + 5z - 3}{z^3 - 5z^2 + 10z - 8}$$

Schritt 1: Vollständige Faktorisierung des Nenners

Die Bestimmung der ersten Nullstelle ist hier nicht so einfach. Sie kann durch Ablesen am Graphen oder einfaches Probieren gefunden werden: $z_1 = 2$. Damit ergibt sich nach Abspaltung des entsprechenden Linearfaktors durch Polynomdivision für den Nenner:

$$z^3 - 5z^2 + 10z - 8 = (z - 2)(z^2 - 3z + 4) \qquad , \text{ mit } \quad z_{2,3} = \frac{1}{2}(3 \pm \sqrt{7}\,\mathrm{j})$$

Schritt 2: Ansatz für die Partialbrüche

Es liegen also ein einfacher reeller Pol und ein Paar konjugiert komplexer Polstellen vor. Damit lauten die Ansätze für die Partialbrüche:

$$\frac{z^2 + 5z - 3}{z^3 - 5z^2 + 10z - 8} = \frac{A}{z - 2} + \frac{B\,z + C}{z^2 - 3z + 4}$$

Multiplikation der gesamten Gleichung mit dem faktorisierten Nenner ergibt dann die Gleichung für den

Schritt 3: Koeffizientenvergleich

$$z^2 + 5z - 3 = A(z^2 - 3z + 4) + (B\,z + C)(z - 2) = (A + B)z^2 + (-3A - 2B + C)z + (4A - 2C)$$

mit den drei Gleichungen

(1) $\quad 1 = A + B \qquad\qquad \Rightarrow \quad A = 1 - B$

(2) $\quad 5 = -3A - 2B + C \quad \Rightarrow \quad C = 5 + 3(1 - B) + 2B = 8 - B$

(3) $\quad -3 = 4A - 2C \qquad\quad \Rightarrow \quad -3 = 4(1 - B) - 2(8 - B)$

$$\Rightarrow \quad B = -\frac{9}{2} \quad \Rightarrow \quad A = \frac{11}{2} \quad \text{und} \quad C = \frac{25}{2}$$

Damit ergibt sich die

Schritt 4: Partialbruchzerlegung

$$f(z) = \frac{z^2 + 5z - 3}{z^3 - 5z^2 + 10z - 8} = \frac{11}{2(z - 2)} + \frac{-9\,z + 25}{2(z^2 - 3z + 4)}$$

und mit Hilfe der Formel (4.3) letztlich die

Schritt 5: Stammfunktion

$$\int \frac{z^2 + 5z - 3}{z^3 - 5z^2 + 10z - 8}\,dz = \frac{11}{2}\ln(z - 2) - \frac{9}{4}\ln(z^2 - 3z + 4) + \frac{23}{2\sqrt{7}}\arctan\left(\frac{2z - 3}{\sqrt{7}}\right)$$

4.3.3 PBZ über Laurentreihen

Es ist naheliegend, dass es einen engen Zusammenhang zwischen der Partialbruchzerlegung und der Laurententwicklung einer Funktion gibt, denn in beiden Fällen wird die Funktion ja nach Potenzen mit negativen Exponenten entwickelt.

Sei z_0 ein n-facher Pol der gebrochenrationalen Funktion $f(z)$. Dann gilt für die Partialbruchzerlegung

$$f(z) = \frac{A_{0,n}}{(z-z_0)^n} + \cdots + \frac{A_{0,1}}{(z-z_0)} + \text{restliche Partialbrüche}$$

Für $z = z_0$ nehmen die restlichen Partialbrüche, die sich ja auf andere Polstellen beziehen, endliche Werte an. Deshalb ist ihre Summe eine holomorphe Funktion in z_0 und kann in eine Potenzreihe entwickelt werden:

$$f(z) = \frac{A_{0,n}}{(z-z_0)^n} + \cdots + \frac{A_{0,1}}{(z-z_0)} + c_0 + c_1(z-z_0) + \cdots c_n(z-z_0)^n + \cdots$$

Daran erkennt man direkt: die Partialbruchzerlegung entspricht dem Hauptteil der Laurentreihe der Funktion.

Im Fall weiterer Polstellen gilt Entsprechendes, so dass sich die vollständige Partialbruchzerlegung einer gebrochenrationalen Funktion aus der Summe der Hauptteile der Laurententwicklungen zu den jeweilen n_k-fachen Polstellen z_k ergibt.

Für einfache Polstellen gibt es nur einen Partialbruch bzw. besteht der Hauptteil nur aus dem c_{-1}-Term und damit sind die Zähler der Partialbrüche die Residuen der Funktion.

Satz 4.3.1 (PBZ und die Laurententwicklung der Funktion)
Sei $f(z) = \frac{Z_n(z)}{N_m(z)}$ eine echt gebrochenrationale Funktion und das Nennerpolynom vollständig in seine Linearfaktoren zerlegt:

$$N_m(z) = \prod_{k=1}^{m} (z-z_k)^{n_k} \qquad z_k \text{ paarweise verschieden, } n_k \ldots \text{Ordnung von } z_k$$

Die Partialbruchzerlegung von $f(z)$ ist gleich der Summe der Hauptteile der Laurententwicklungen der Funktion um die Pole z_k der Ordnung n_k.

Für einfache Polstellen sind die Zähler der Partialbrüche gleich den Residuen der Funktion.

Damit ergibt sich für die Bestimmung der Partialbruchzerlegung mittels Laurentreihenentwicklung die folgende Vorgehensweise:

- Nennerpolynom $N_m(z)$ vollständig faktorisieren
- Hauptteile der Laurentreihe zu jeder Nullstelle von $N_m(z)$ bestimmen
- Summe der Hauptteile ist die gesuchte Partialbruchzerlegung der Funktion

Beispiel - Partialbruchzerlegung über Laurententwicklung

Gesucht ist die Partialbruchzerlegung der Funktion

$$f(z) = \frac{z^2 + z + 1}{(z - \mathrm{j})^2 (z + 1)^3}$$

Das Nennerpolynom ist bereits vollständig faktorisiert. Es gibt einen doppelten Pol bei $z_1 = \mathrm{j}$ und eine 3-fachen Polstelle bei $z_2 = -1$.

<u>Schritt 1</u>: Hauptteil für den 2-fachen Pol bei $z_1 = \mathrm{j}$ bestimmen:

Nach Satz 3.2.3 bzw. 3.2.4 ermitteln sich die Koeffizienten der Laurentreihe für den Hauptteil über die Ableitungen der Hilfsfunktion $g_1(z) = (z - \mathrm{j})^2 \cdot f(z)$:

$$c_{-2} : \quad g_1^{(0)}(\mathrm{j}) \;=\; \frac{-1 + \mathrm{j} + 1}{(\mathrm{j} + 1)^3} = \frac{\mathrm{j}(1 - \mathrm{j})^3}{[(1 + \mathrm{j})(1 - \mathrm{j})]^3} = \frac{2 - 2\mathrm{j}}{8} = \frac{1 - \mathrm{j}}{4}$$

$$c_{-1} : \quad g_1^{(1)}(\mathrm{j}) \;=\; \left. \frac{(2z + 1)(z + 1)^3 - (z^2 + z + 1)3(z + 1)^2}{(z + 1)^6} \right|_{z=\mathrm{j}}$$

$$= \frac{(1 + 2\mathrm{j})(1 + \mathrm{j}) - 3\mathrm{j}}{(1 + \mathrm{j})^4} = \frac{(1 + 2\mathrm{j} + \mathrm{j} - 2 - 3\mathrm{j})(1 - \mathrm{j})^4}{[(1 + \mathrm{j})(1 - \mathrm{j})]^4}$$

$$= \frac{-1(1 - 2\mathrm{j} - 1)^2}{16} = \frac{1}{4}$$

Damit ergibt sich für den ersten Hauptteil:

$$H_1(z) = \frac{1 - \mathrm{j}}{4} \frac{1}{(z - \mathrm{j})^2} + \frac{1}{4} \frac{1}{(z - \mathrm{j})}$$

<u>Schritt 2</u>: Hauptteil für den 3-fachen Pol bei $z_2 = -1$ bestimmen:

Die Rechnung verläuft analog, jetzt mit der Hilfsfunktion $g_2(z) = (z + 1)^3 \cdot f(z)$:

$$c_{-3} : \quad g_2^{(0)}(-1) \;=\; \frac{1 - 1 + 1}{(-1 - \mathrm{j})^2} = \frac{1}{2\mathrm{j}}$$

$$c_{-2} : \quad g_2^{(1)}(-1) \;=\; \left. \frac{(2z + 1)(z - \mathrm{j})^2 - (z^2 + z + 1)2(z - \mathrm{j})}{(z - \mathrm{j})^4} \right|_{z=-1}$$

$$= \frac{-1(-1 - \mathrm{j}) - 2}{(-1 - \mathrm{j})^3} = \frac{(1 - \mathrm{j})(1 - \mathrm{j})^3}{[(1 + \mathrm{j})(1 - \mathrm{j})]^3}$$

$$= \frac{(1 - \mathrm{j})^4}{8} = \frac{(1 - 2\mathrm{j} - 1)^2}{8} = \frac{-4}{8} = -\frac{1}{2}$$

Mit der ersten Ableitung $g_2^{(1)}(z)$ aus c_{-2} folgt:

$$c_{-1}\ :\quad \frac{1}{2}g_2^{(2)}(-1)\ =\ \frac{1}{2}\frac{d}{dz}\frac{(2z^2-2zj+z-j)-2(z^2+z+1)}{(z-j)^3}\Bigg|_{z=-1}$$

$$=\ \frac{1}{2}\frac{d}{dz}\frac{-(z+2)-j(2z+1)}{(z-j)^3}\Bigg|_{z=-1}$$

$$=\ \frac{1}{2}\frac{-(1+2j)(z-j)^3+[(z+2)+j(2z+1)]3(z-j)^2}{(z-j)^6}\Bigg|_{z=-1}$$

$$=\ \frac{1}{2}\frac{-(1+2j)(-1-j)+3(1-j)}{(-1-j)^4}\ =\ \frac{(1-j)^4}{[(1+j)(1-j)]^4}\ =\ -\frac{1}{4}$$

Damit ergibt sich für den zweiten Hauptteil:

$$H_2(z)=\frac{1}{2j}\frac{1}{(z+1)^3}-\frac{1}{2}\frac{1}{(z+1)^2}-\frac{1}{4}\frac{1}{(z+1)}$$

<u>Schritt 3</u>: Die Summe der Hauptteile ergibt die gesuchte Partialbruchzerlegung:

$$f(z)\quad=H_1(z)+H_2(z)$$

$$=\frac{1-j}{4}\frac{1}{(z-j)^2}+\frac{1}{4}\frac{1}{(z-j)}+\frac{1}{2j}\frac{1}{(z+1)^3}-\frac{1}{2}\frac{1}{(z+1)^2}-\frac{1}{4}\frac{1}{(z+1)}$$

4.3.4 PBZ mit Hilfe des Residuensatzes

Insbesondere im Zusammenhang mit der Partialbruchzerlegung gebrochenrationaler Funktionen über die Residuen sollte der Begriff der *meromorphen Funktionen* erwähnt werden, der in der entsprechenden Literatur immer mal wieder auftritt (z. B. [FL13], [Föl11]).

Definition 4.3.1 (Meromorphe Funktion)

Die Funktion $f : D \subset \mathbb{C} \to \mathbb{C}, z \to f(z)$ heißt **meromorph (auf D)**, wenn sie für alle $z \in D \setminus \{z_1, z_2, \ldots\}$ holomorph ist, wobei die $z_i \in D$ Polstellen der Funktion sind.

Das ist also eigentlich nichts neues, da wir schon an verschiedenen Stellen immer wieder von holomorphen Funktionen mit Polstellen gesprochen haben. Ergänzt wird es jedoch durch den...

Satz 4.3.2 (Meromorphe Funktion als gebrochenrationale Funktion)

Ist $f(z)$ meromorph auf D, so gibt es zu jedem Punkt $z_0 \in D$ eine (offene) Umgebung $U_\epsilon(z_0) \subset D$, so dass $f(z)$ auf U als Quotient zweier auf U holomorpher Funktionen $g(z)$ und $h(z)$ geschrieben werden kann: $f(z) = \frac{g(z)}{h(z)}$.

Dies verwundert nicht, denn ist z_0 keine Polstelle, ist die Funktion holomorph und es gilt $g(z) = f(z)$ und $h(z) = 1$.

Ist andererseits z_0 ein n-facher Pol von $f(z)$ kann die Darstellung $f(z) = \frac{g(z)}{(z-z_0)^n}$ gewählt werden. Hat $f(z)$ nur endlich viele Pole z_i der Ordnungen n_i, kann also allgemein

$$g(z) = (z - z_1)^{n_1}(z - z_2)^{n_2} \cdots (z - z_k)^{n_k}\, f(z)$$

gesetzt und damit die Laurententwicklung mit Residuen wie gewohnt angewendet werden.

Nun aber zur Partialbruchzerlegung mit Hilfe des Residuensatzes...

Wenn es darum geht, bestimmte Integrale über gebrochenrationale Funktionen zu berechnen, kann der Residuensatz per se angewendet werden, ohne explizit eine Partialbruchzerlegung vorzunehmen. Auf die dafür notwendigen Voraussetzungen und weitere Integraltypen wird im nachfolgenden Abschnitt 4.4 noch ausführlich eingegangen.

Der Residuensatz kann aber auch bei der Bestimmung der unbekannten Zähler der einzelnen Partialbrüche hilfreich eingesetzt werden, als Ersatz für das Einsetzungs- oder das Koeffizientenvergleichsverfahren. Dazu erinnern wir uns daran, dass das Residuum einer Funktion dem c_{-1}-Koeffizienten der Laurentreihe (genauer dem Hauptteil der Laurentreihe) entspricht (siehe Sätze 3.2.3, 3.2.4 und 3.2.5).

Sei $f(z) = \frac{Z_n(z)}{N_m(z)}$ mit $m < n$ die echt gebrochenrationale Funktion, zu der die Partialbruchzerlegung zu bestimmen ist.

Für die drei betrachteten Arten von Polstellen ergeben sich in der Nomenklatur von Abschnitt 4.3.1 folgende "einfache" Formeln zur Berechnung der jeweiligen Zähler:

Faktor	Ansatz	Zähler
$\dfrac{Z_n(z)}{(z - z_1)}$	$\dfrac{A_1}{z - z_1}$	$A_1 = (z - z_1)f(z)\,\Big|_{z_1}$
$\dfrac{Z_n(z)}{(z - z_1)^{k_1}}$	$\dfrac{A_{1,i}}{(z - z_1)^i}$ $i = 1,\ldots,k_1$	$A_{1,i} =$ $\dfrac{1}{(k_1 - i)!}\dfrac{d^{(k_1-i)}}{dz^{(k_1-i)}}\left((z - z_1)^{k_1} f(z)\right)\Big|_{z_1}$
$\dfrac{Z_n(z)}{(z - z_1)(z - z_1^*)}$	$\dfrac{B\,z + C}{z^2 + p\,z + q}$	$B\,z + C\,\Big|_{z_1} = (z^2 + p\,z + q)\,f(z)\,\Big|_{z_1}$

Tabelle 4.1: Berechnung der Zähler von Partialbrüchen über Residuen

Die Formeln für die Zähler sehen zunächst vielleicht unübersichtlich oder kompliziert aus. In der Anwendung ist es dann aber einfacher als es zuerst den Anschein hat. Betrachten wir dazu die Beispiele aus Abschnitt 4.3.2 erneut:

Beispiel 1 - einfacher und mehrfacher Pol

$$\frac{z+2}{z^3 - 7z^2 + 15z - 9} = \frac{z+2}{(z-1)(z-3)^2} = \frac{A_1}{z-1} + \frac{A_{2,1}}{z-3} + \frac{A_{2,2}}{(z-3)^2}$$

Für die Zähler ergeben sich damit...

$$A_1 = (z-1)\,\frac{z+2}{(z-1)(z-3)^2}\,\Big|_{z=1} = \frac{3}{4}$$

$$A_{2,1} = \frac{d}{dz}(z-3)^2\,\frac{z+2}{(z-1)(z-3)^2}\,\Big|_{z=3} = \frac{(z-1)-(z+2)}{(z-1)^2}\,\Big|_{z=3} = -\frac{3}{4}$$

$$A_{2,2} = (z-3)^2\,\frac{z+2}{(z-1)(z-3)^2}\,\Big|_{z=3} = \frac{5}{2}$$

Der Rechenaufwand gestaltet bei dieser einfachen Aufgabe ähnlich kurz wie bei der Einsetzungs- oder der Koeffizientenvergleichs-Methode.

Beispiel 2 - einfacher Pol und Paar einfacher konjugiert komplexer Pole

$$f(z) = \frac{z^2 + 5z - 3}{z^3 - 5z^2 + 10z - 8} = \frac{z^2 + 5z - 3}{(z-2)(z^2 - 3z + 4)} = \frac{z^2 + 5z - 3}{(z-2)(z-z_2)(z-z_2^*)}$$

mit $z_1 = 2$ und $z_{2,3} = \frac{1}{2}(3 \pm \mathrm{j}\,\sqrt{7})$.

Der Zähler für die einfache Polstelle bei $z_1 = 2$ ist wieder schnell bestimmt:

$$A_1 = \frac{z^2 + 5z - 3}{z^2 - 3z + 4}\Big|_{z=2} = \frac{11}{2}$$

Bei der Bestimmung der Zähler-Koeffizienten zu den konjugiert komplexen Polstellen $z_{2,3} = \frac{1}{2}(3 \pm \mathrm{j}\,\sqrt{7})$ ergibt sich zunächst eine Gleichung, aus der man dann durch Vergleich der Real- und Imaginärteile beider Seiten die gesuchten Werte bestimmen kann:

$$B\,z + C\,\Big|_{z_2} = \frac{z^2 + 5z - 3}{z - 2}\Big|_{z_2} \quad , \quad z_2 = \frac{1}{2}(3 + \mathrm{j}\,\sqrt{7})$$

$$\Rightarrow \frac{3}{2}B + C + \frac{\sqrt{7}}{2}B\mathrm{j} = \frac{\left(\frac{3}{2} + \frac{\sqrt{7}}{2}\mathrm{j}\right)^2 + \frac{15}{2} + \frac{5\sqrt{7}}{2}\mathrm{j} - 3}{\frac{3}{2} - 2 + \frac{\sqrt{7}}{2}\mathrm{j}} = \frac{\frac{9}{4} - \frac{7}{4} + \frac{3\sqrt{7}\mathrm{j} + \frac{15}{2} + \frac{5\sqrt{7}}{2} - 3}{2}}{-\frac{1}{2} + \frac{\sqrt{7}}{2}\mathrm{j}}$$

$$= \frac{10 + 8\sqrt{7}\mathrm{j}}{-1 + \sqrt{7}\mathrm{j}} \cdot \frac{-1 - \sqrt{7}\mathrm{j}}{-1 - \sqrt{7}\mathrm{j}} = \frac{(-10 + 56) + \mathrm{j}(-8\sqrt{7} - 10\sqrt{7})}{8}$$

$$= \frac{4}{23} + \mathrm{j}\frac{-9\sqrt{7}}{4}$$

Durch Vergleich der Real- bzw. Imaginärteile auf beiden Seiten der Gleichung erhält man dann die Koeffizienten:

$$ B = \frac{2}{\sqrt{7}} \cdot \frac{-9\sqrt{7}}{4} = -\frac{9}{2} \qquad \Rightarrow \qquad C = \frac{3}{2} \cdot \frac{9}{2} + \frac{23}{4} = \frac{25}{2} $$

An dieser Rechnung wird deutlich, dass im Fall konjugiert komplexer Polstellen der algebraische Rechenaufwand[12] wesentlich höher ist, als dies bei der Einsetzungsmethode i.A. der Fall ist, weshalb dieser in diesen Fällen dann eindeutig der Vorzug zu geben ist.

Hinweis:
Bei der Berechnung der Koeffizienten B und C zu den komplexen Polstellen ist es egal, ob man die Gleichung für z_2 oder $z_3 = z_2^*$ löst. Wichtig ist nur, dass auf beiden Seiten der Gleichung dieselbe Polstelle benutzt wird. In beiden Fällen erhält man dann natürlich das gleiche Ergebnis.

4.3.5 Zusammenfassung: Integration gebrochenrationaler Funktionen

Die Integration (echt) gebrochenrationaler Funktionen über Partialbruchzerlegung beginnt immer mit der vollständigen Faktorisierung des Nennerpolynoms. Wenn dann die Struktur der Partialbrüche gemäß der Art und Ordnung der Nullstellen des Nenners bestimmt ist, gibt es nunmehr drei Möglichkeiten zur Bestimmung der unbekannten Zähler-Koeffizienten: den Koeffizientenvergleich, das Einsetzungsverfahren, oder die Berechnung über die Residuen.

Im praktischen Anwendungsfall kann es sinnvoll sein, eine Kombination der Verfahren anzuwenden. Dabei sollte im Sinne der Fehlervermeidung das Ziel immer sein, so wenig Rechenschritte bzw. algebraische Umformungen wie möglich machen zu müssen.

Für einfache reelle Polstellen ist die Residuenmethode vielleicht die schnellste und einfachste Methode. Treten zusätzlich mehrfache Polstellen auf, wird die Einsetzungsmethode den effizientesten Weg zur Lösung beschreiben. Und auch für komplex konjugierte Polstellenpaare ist die Einsetzungsmethode eine gute Wahl.
Die Residuenmethode ist für mehrfache Polstellen aufgrund der ggf. mehrfachen Ableitungen nach der Quotientenregel algebraisch aufwendig und fehleranfällig.
Für komplexe Nullstellen führt das Einsetzen der komplexen Nullstellen ebenfalls zu erhöhtem Aufwand, weshalb diese Methode auch dort nicht die erste Empfehlung wäre.
Der Koeffizientenvergleich wiederum bedingt ein vollständiges Ausmultiplizieren der Gleichung und damit wiederum einen erhöhten algebraischen Aufwand.

Als Quintessenz ergibt sich der Vorschlag: einfache Nullstellen über die Residuenmethode zu berechnen und die verbleibenden unbekannten Koeffizienten anschließend mit der Einsetzungsmethode zu bestimmen.

---

[12]und damit wiederum die ”Chance” sich zu verrechnen.

Grafische Zusammenfassung:
Integration gebrochenrationaler Funktionen

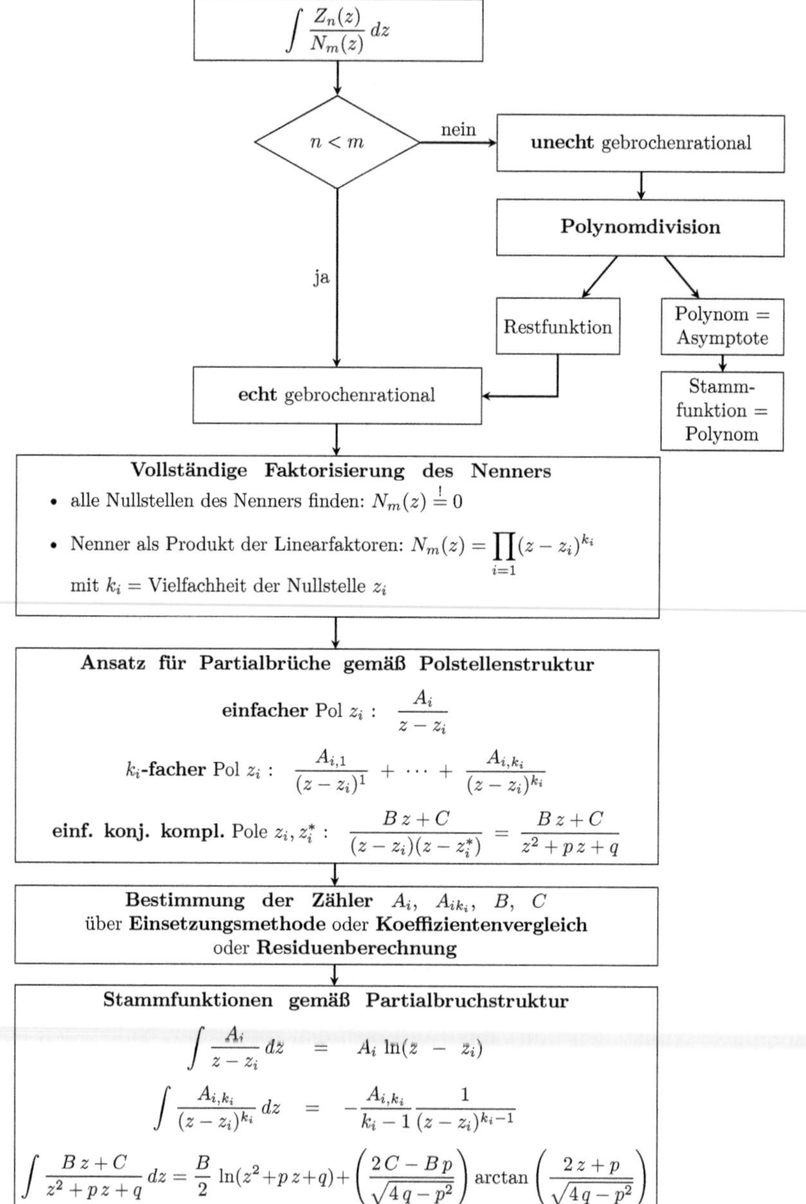

Abb. 4.2: Vorgehensweise zur Integration gebrochenrationaler Funktionen über
deren Partialbruchzerlegung (PBZ)

Übungsaufgaben

Aufgabe 4.3

Berechnen Sie die Stammfunktion zu $f(z) = \dfrac{z^3 - z^2 - 5z + 8}{z^2 - 4z + 4}$.

Aufgabe 4.4

Lösen Sie das Integral $\displaystyle\int \dfrac{1}{z^4 - 8z^3 + 15z^2 + 4z - 20}\, dz$.

Tipp: $z_1 = 2$ ist eine doppelte Nullstelle.

Aufgabe 4.5

Geben Sie die Stammfunktion von $f(z) = \dfrac{5z^2 + 22z + 60}{z^3 + 6z^2 + 21z + 26}$ an.

Tipp: für den ersten Pol gilt: $z_1 \in [-4; 0]$.

Aufgabe 4.6

Berechnen Sie mit Hilfe der Partialbruchzerlegung den Wert des Integrals

$$\int_{-\infty}^{\infty} \frac{1}{1 + z^4}\, dz$$

4.4 Integration über den Residuensatz

Der Residuensatz (siehe Satz 4.2.3) bedingt die Integration über einen geschlossenen Weg, d. h. ein Gebietsintegral. Dies ist in Anwendungsfällen nicht unbedingt in jeder zu lösenden Aufgabenstellung gegeben. Jedoch kann der Integrationsweg u.U. über das Hinzufügen weiterer Wegabschnitte (vgl. Abschnitt 4.1.1) geschlossen werden, ohne das sich der Wert des Integrals ändert. Die Bedingungen dafür hängen naturgemäß von der Integrandenfunktion ab und finden sich in den entsprechenden Sätzen wieder. Diese Bedingungen sind dann unbedingt zu beachten, damit die Anwendung des Residuensatzes in dem jeweiligen Fall überhaupt zulässig ist.

Im Fall unbestimmter Integrale kann der Residiuensatz nicht eingesetzt werden, da die Integralgrenzen zur Definition des Gebietes fehlen. Er kann damit nicht zum Auffinden einer Stammfunktion dienen.

Im letzten Abschnitt wurde gezeigt, wie im Rahmen der Partialbruchzerlegung die Residuenberechnung für die Bestimmung der Zähler, insbesondere bei einfachen Polstellen, hilfreich und Zeit sparend eingesetzt werden kann[13].

Darüber hinaus lassen sich **Integrale gebrochenrationaler Funktionen** über die reelle Achse u.U. auch direkt über den Residuensatz, also ohne die Partialbruchzerlegung, berechnen. Dabei gibt es allerdings eine wesentliche Einschränkung: die Funktion darf keine Pole auf der reellen Achse haben. Dies ist in unseren Anwendungsfällen allerdings nur selten der Fall.

Schauen wir uns **Integrale über die gesamte reelle Achse** an, die über den Residuensatz berechnet werden können. Dafür sind zwei Voraussetzungen zu erfüllen:

(1) Das Linienintegral muss in ein Gebietsintegral überführt werden. Dies kann durch Hinzufügen eines Wegintegrals über einen Halbkreis geschehen, so dass die obere Halbebene in mathematisch positiver Richtung vollständig umschlossen wird. Der Wert des hinzugefügten Integrals muss dabei bekannt sein, oder idealerweise Null ergeben. Dafür muss die Integrandenfunktion ein entsprechendes asymptotisches Verhalten haben.

(2) Die rein reelle Integandenfunktion muss auf die komplexe Ebene fortgesetzt werden. Die neue, dann komplexe Funktion muss auf der reellen Achse auf jeden Fall wieder die ursprünglichen Funktionswerte liefern. Dies ist nicht immer durch eine einfache Ersetzung vom reellen x zum komplexen z zu erreichen, aber i.A. möglich.

Sind diese Bedingungen erfüllt, kann der Residuensatz zur Berechnung der Integralwertes herangezogen werden.

Eine gebrochenrationale Integrandenfunktion ist dabei nur einer der möglichen Fälle. Es können auch Produkte komplexer Exponential- oder trigonometrischer Funktionen mit einer Funktion $f(x)$ als Integrand auftreten. Solange keine Polstellen auf der reellen Achse liegen, können damit viele Integrale elegant gelöst werden, die bei rein reeller Rechnung nur schwer oder gar nicht lösbar sind.

---

[13]vergleichen Sie dazu die Lösungen der Aufgaben 4.6 und 4.8, die beide das gleiche Integral berechnen.

Die sogenannten **trigonometrischen Integrale** stellen als Integrale über eine volle Periode von Sinus- und/oder Kosinus-Funktionen im Integranden eine Erweiterung des vorhergehenden Falls dar. Durch eine "geschickte Substitution" der trigonometrischen Funktionen über die Eulerformel können diese Integrale direkt in Gebietsintegrale über den Einheitskreis überführt und dann wiederum über den Residuensatz berechnet werden. Die Fortsetzung der reellen trigonometrischen Funktionen in die komplexe Ebene geschieht durch die Substitution "automatisch" und Nullstellen sind auf dem Einheitskreis als Integrationsweg nicht vorhanden.

Mit diesen Anwendungsbeispielen schließen wir dieses Kapitel über die Integration in der komplexen Ebene ab und kommen dann zu den Integraltransformationen.

4.4.1 Integration über die gesamte reelle Achse

Betrachten wir das doppelt uneigentliche Integral über die reelle Achse

$$\int\limits_{-\infty}^{\infty} f(x)\,dx = \lim_{\lambda \to \infty} \int\limits_{-\lambda}^{\lambda} f(x)\,dx$$

dann ist die klassische Vorgehensweise: Berechnung der Stammfunktion, Einsetzen der Grenzen $-\lambda$ und λ, Grenzübergang für $\lambda \to \infty$ berechnen.

Der Residuensatz kann hier zunächst nicht angewendet werden. Zwar ist die reelle Achse vollständig in die komplexen Ebene "eingebettet" ($\mathbb{R} \subset \mathbb{C}$), aber es liegt kein geschlossener Weg vor, der ein umschlossenes Gebiet definiert.

Fügt man dem Weg von $-\lambda$ nach λ jedoch einen Halbkreis in der oberen komplexen Ebene als zweiten Weg $\gamma(t) = \lambda e^{jt}$ mit $t \in [0; \pi]$ hinzu, erhält man eine mathematisch positiv orientierte, geschlossene Kontur und der Residuensatz könnte angewendet werden. Dazu formuliert man eine Hilfsfunktion $f(z)$, welche die Funktion $f(x)$ in die komplexe Ebene fortsetzt und auf der reellen Achse identisch zu $f(x)$ ist:

$$\oint f(z)\,dz = \int\limits_{-\lambda}^{\lambda} f(x)\,dx + \int\limits_{\gamma(t)=\lambda e^{jt}} f(z)\,dz$$

Im Grenzübergang $\lambda \to \infty$ wird daraus ein Gebietsintegral über die obere komplexe Halbebene, das über den Residuensatz gelöst werden kann[14]:

$$\oint f(z)\,dz = 2\pi j \sum_k Res\{f(z)\}_{z_k} \quad , \text{mit} \quad Im(z_k) > 0$$

Wenn der Wert des "hinzugefügten" Integrals über den Weg γ bekannt ist, kann man damit das Integral über die reelle Achse berechnen. Idealerweise ergibt das Integral über γ sogar Null und trägt gar nichts zum Gesamtintegral bei. Die Bedingungen dafür hängen natürlich von der jeweiligen Funktion $f(z)$ ab.

---

[14]Natürlich darf auf dem Integrationsweg, also insbesondere der reellen Achse, keine Polstelle liegen, aber dann wäre das Linienintegral ja ohnehin nicht lösbar.

Satz 4.4.1 (Integrale über die gesamte reelle Achse)

Sei $D \subset \mathbb{C}$ eine offene Menge, welche die obere komplexe Halbebene umfasst
($D = \{z \in \mathbb{C} \mid Im(z) > 0\}$) und die Funktion $f(z)$ auf D, bis auf endliche viele
Punkte z_k mit $k = 1, 2, \ldots, n$ holomorph.

Ist zusätzlich $\lim\limits_{|z| \to \infty} z\, f(z) = 0$, dann existiert das Integral über die reelle Achse
und hat den Wert:

$$\int\limits_{-\infty}^{\infty} f(x)\, dx = 2\pi \mathrm{j} \sum_{k=1}^{n} Res_{z=z_k}\{f(z)\} \quad \text{mit } Im(z_k) > 0$$

Die Bedingung $\lim\limits_{z \to \infty} z\, f(z) = 0$ bedeutet, dass die Funktion $f(z)$ mindestens quadratisch gegen Null abfallen muss. Dies ist bei gebrochenrationalen Funktionen
immer dann gegeben, wenn der Grad des Nennerpolynoms mindestens um 2 größer
ist, als der Grad des Zählerpolynoms. In allen anderen Fällen muss dies explizit
überprüft werden, damit der Satz Gültigkeit hat und angewendet werden darf.

Für gebrochenrationale Funktionen kann man sich leicht davon überzeugen, dass
das zusätzliche Integral über den Halbkreis $\gamma(t) = \lambda \mathrm{e}^{\mathrm{j}t}$ mit $t \in [0; \pi]$ für $\lambda \to \infty$
immer dann gegen Null geht, wenn der Grad des Nennerpolynoms mindestens zwei
größer ist als der Grad des Zählerpolynoms:

Sei $f(z) = \frac{Z_n(z)}{N_m(z)}$ mit $n + 1 < m$. Dann führt die Substitution $z = \lambda \mathrm{e}^{\mathrm{j}t}$ in dem
Zusatzintegral zu

$$\int\limits_{\gamma(t)} \frac{Z_n(z)}{N_m(z)}\, dz = \int\limits_{0}^{\pi} \frac{Z_n(\lambda \mathrm{e}^{\mathrm{j}t})}{N_m(\lambda \mathrm{e}^{\mathrm{j}t})} \lambda\, \mathrm{j}\, \mathrm{e}^{\mathrm{j}t}\, dt$$

Wegen $n + 1 < m$ ist der Integrand bezüglich λ von der Ordnung $\mathcal{O}(\lambda^{-\mu})$ mit $\mu \geq 1$.
d. h. für $\lambda \to \infty$ geht die Integrandenfunktion mindestens wie $\frac{1}{\lambda}$ zu Null und damit
trägt dieses Integral nichts zum Gebietsintegral über die obere Halbebene bei.

Neben der Bedingung, dass der Wert des Integrals über den hinzugefügten Halbkreis bekannt sein muss, bzw. im Idealfall sogar Null ergibt, ist es notwendig, *die*
Integrandenfunktion über die reelle Achse hinaus in die komplexe Ebene fortzu
setzen, ohne dass sich die Funktionswerte auf der reellen Achse ändern. Dies ist
nicht immer trivial dadurch zu erreichen, dass man "einfach" die Variable x durch
ein komplexes z ersetzt. In den nachfolgenden Beispielen wird darauf noch näher
eingegangen.

Beispiel 1 - rein reeller Integrand

Zu berechnen ist das Integral $\int\limits_{-\infty}^{\infty} \frac{dx}{x^2 + 4}$.

Die Funktion ist auf $\mathbb{R}$ stetig und fällt im Unendlichen mit $1/x^2$ ab. Die Hilfs-Funktion $f(z) = \frac{1}{z^2+4}$ hat bei $z = \pm 2\mathrm{j}$ Polstellen, von denen eine in der oberen Halbebene liegt.

Nach Satz 4.4.1 folgt damit für den Wert des Integrals:

$$\int\limits_{-\infty}^{\infty} \frac{dx}{x^2+4} = 2\pi\mathrm{j}\, Res\left\{\frac{1}{z^2+4}\right\}_{z=2\mathrm{j}} = 2\pi\mathrm{j}\, \frac{1}{2z}\Big|_{z=2\mathrm{j}} = 2\pi\mathrm{j}\frac{1}{4\mathrm{j}} = \frac{\pi}{2}$$

Beispiel 2 - gebrochenrationaler Integrand ohne Lösung

Zu berechnen ist das Integral $\displaystyle\int\limits_{-\infty}^{\infty} \frac{3x-4}{x^3-3x^2+x-3}\, dx.$

Die Bedingung zur Ordnung der Polynome ist erfüllt. Die vollständige Faktorisierung des Nenners ergibt jedoch:

$$x^3 - 3x^2 + x - 3 = (x^2+1)(x-3)$$

und damit eine Nullstelle bei $x = 3$ auf der reellen Achse. Satz 4.4.1 darf deshalb nicht angewendet werden, da eine Polstelle auf dem Weg (= dem Rand des Gebiets) liegt. Das Integral hat keine Lösung, da es nicht konvergiert[15].

Beispiel 3 - komplexwertiger Integrand

Zu berechnen ist das Integral $\displaystyle\int\limits_{-\infty}^{\infty} \frac{\sqrt{x+\mathrm{j}}}{1+x^2}\, dx.$

Wiederum ist der Grad des Arguments im Nenner mindestens zwei größer als im Zähler und es liegt keine Polstelle auf der reellen Achse, so dass Satz 4.4.1 angewendet werden kann.

Für die Fortsetzung der Funktion in die komplexe Ebene muss darauf geachtet werden, dass es bei der Wurzel zwei Zweige gibt. Der Weg wird über die obere Halbebene geschlossen, also für $Im(z) \geq 0$ und dafür wird der Zweig gewählt, der für $z = 0$ den Wert $\sqrt{z+\mathrm{j}} = \mathrm{e}^{\frac{\pi\mathrm{j}}{4}}$ annimmt, denn dies ist der Wert der reellen Funktion $\sqrt{x+\mathrm{j}}$ für $x = 0$.

Damit ergibt sich dann

$$\int\limits_{-\infty}^{\infty}\frac{\sqrt{x+\mathrm{j}}}{1+x^2}\, dx = 2\pi\mathrm{j}\, Res_{z=\mathrm{j}}\left\{\frac{\sqrt{z+\mathrm{j}}}{(z-\mathrm{j})(z+\mathrm{j})}\right\} = 2\pi\mathrm{j}\,\frac{\sqrt{2\mathrm{j}}}{2\mathrm{j}} = \pi\sqrt{1+2\mathrm{j}+\mathrm{j}^2} = \pi(1+\mathrm{j})$$

---

[15]für diese Fälle kann man den sogenannten *Cauchyschen Hauptwert* berechnen, indem der Weg "um die Polstelle herumgeführt wird" (siehe z. B. [FL13]). Da dies aber in unserem Zusammenhang nicht genutzt werden wird, belassen wir es bei diesem Hinweis.

Im Rahmen der *inversen Laplacetransformation* kommt der Berechnung von doppelt uneigentlichen Integralen der Form

$$\int_{-\infty}^{\infty} f(x)\,\mathrm{e}^{\mathrm{j}\alpha x}\,dx = \int_{-\infty}^{\infty} f(x)\,\cos(\alpha x)\,dx + \mathrm{j}\int_{-\infty}^{\infty} f(x)\,\sin(\alpha x)\,dx$$

eine besondere Bedeutung zu, wobei $f(x)$ eine rein reelle Funktion ist, die keine Pole auf der reellen Achse hat.

Indem man den Weg wieder mit einem Halbkreis über die obere komplexe Halbebene ergänzt, kann der Residuensatz zur Berechnung des Integrals genutzt werden.

Satz 4.4.2 (Integrale der Form $\int_{-\infty}^{\infty} f(x)\mathrm{e}^{\mathrm{j}\alpha x}\,dx$)

Sei $D \subset \mathbb{C}$ eine offene Menge, welche die obere komplexe Halbebene umfasst ($D = \{z \in \mathbb{C} \,|\, Im(z) > 0\}$) und die Funktion $f(z)$ auf D, bis auf endliche viele Punkte z_k mit $k = 1,2,\ldots,n$ holomorph.

Hat $f(z)$ keine reellen Polstellen und ist $\lim\limits_{|z|\to\infty} f(z) = 0$, dann gilt für $\alpha > 0$

$$\int_{-\infty}^{\infty} f(x)\,\mathrm{e}^{\mathrm{j}\alpha x}\,dx = \int_{-\infty}^{\infty} f(x)\,\cos(\alpha x)\,dx + \mathrm{j}\int_{-\infty}^{\infty} f(x)\,\sin(\alpha x)\,dx$$

$$= 2\pi\mathrm{j}\sum_{k=1}^{n} Res_{z=z_k}\left\{\mathrm{e}^{\mathrm{j}\alpha z} f(z)\right\} \qquad \text{mit } Im(z_k) > 0$$

Analog gilt:

$$\int_{-\infty}^{\infty} f(x)\,\mathrm{e}^{-\mathrm{j}\alpha x}\,dx = -2\pi\mathrm{j}\sum_{k=1}^{n} Res_{z=z_k}\left\{\mathrm{e}^{-\mathrm{j}\alpha z} f(z)\right\} \qquad \text{mit } Im(z_k) < 0$$

Ist $f(x)$ für $x \in \mathbb{R}$ rein reell, gilt insbesondere

$$\int_{-\infty}^{\infty} f(x)\,\cos(\alpha x)\,dx = Re\left(\int_{-\infty}^{\infty} f(x)\,\mathrm{e}^{\mathrm{j}\alpha x}\,dx\right) = -2\pi Im\left(\sum_{k=1}^{n} Res_{z=z_k}\left\{\mathrm{e}^{\mathrm{j}\alpha z} f(z)\right\}\right)$$

$$\int_{-\infty}^{\infty} f(x)\,\sin(\alpha x)\,dx = Im\left(\int_{-\infty}^{\infty} f(x)\,\mathrm{e}^{\mathrm{j}\alpha x}\,dx\right) = 2\pi Re\left(\sum_{k=1}^{n} Res_{z=z_k}\left\{\mathrm{e}^{\mathrm{j}\alpha z} f(z)\right\}\right)$$

Die Bedingung für die Konvergenz des Integrals ist hier mit $\lim\limits_{|z|\to\infty} f(z) = 0$ schwächer formuliert[16]. Es genügt, wenn die Funktion mit $1/x$ für $x \to \infty$ gegen Null geht. Für gebrochenrationale Funktionen $f(x)$ bedeutet das: der Grad des Nennerpolynoms muss nur um mindestens 1 größer sein als der Grad des Zählerpolynoms.

Die beiden letzten Beziehungen für die Integrale mit Sinus- bzw. Kosinusfunktion im Integranden folgen direkt aus der vorgehenden Gleichung:

Ist $f(x)$ reell, dann sind es die beiden Integrale nach Anwendung des Eulersatzes auch. Die Residuen sind typischerweise komplex, so dass durch die Multiplikation mit dem Faktor $2\pi j$ der Realteil der Residuensumme zum Imaginärteil und der Imaginärteil der Summe zum negativen Realteil wird.

Beispiel 1 - Kosinus im Integranden

Das Integral

$$\int_{-\infty}^{\infty} \frac{\cos(\alpha x)}{(1+x^2)^2}\, dx \qquad \text{mit } \alpha > 0$$

ist zu berechnen.

Die Funktion $f(x) = (1+x^2)^{-2}$ ist für $x \in \mathbb{R}$ rein reell, hat keine Polstellen auf der reellen Achse und fällt für $x \to \infty$ mit $1/x^4$ ausreichend schnell zu Null ab. Damit kann Satz 4.4.2 angewendet werden.

In der oberen Halbebene gibt es nur eine (doppelte) Polstelle bei $z = j$. Damit folgt:

$$\int_{-\infty}^{\infty} \frac{\cos(\alpha x)}{(1+x^2)^2}\, dx = -2\pi\, Im\left(Res_{z=j}\left\{ \frac{e^{j\alpha z}}{(1+z^2)^2} \right\} \right)$$

Das Residuum des doppelten Pols berechnet sich nach Anwendung der dritten binomischen Formel als:

$$Res_{z=j}\left\{ \frac{e^{j\alpha z}}{(1+z^2)^2} \right\} = \lim_{z\to j} \frac{d}{dz}\left((z-j)^2 \frac{e^{j\alpha z}}{(z-j)^2(z+j)^2} \right)$$

$$= \lim_{z\to j} \frac{j\alpha\, e^{j\alpha z}(z+j)^2 - 2(z+j)\, e^{j\alpha z}}{(z+j)^4}$$

$$= \frac{-2\alpha - 2}{(2j)^3}\, e^{-\alpha} = -j\, \frac{\alpha+1}{4}\, e^{-\alpha}$$

und damit folgt für das Integral

$$\int_{-\infty}^{\infty} \frac{\cos(\alpha x)}{(1+x^2)^2}\, dx = \frac{\alpha+1}{2}\, \pi\, e^{-\alpha}$$

---

[16]der Nachweis, dass das Integral über den hinzugefügten Halbkreis unter der Bedingung $\lim_{|z|\to\infty} f(z) = 0$ verschwindet, ist etwas umfangreicher und wird hier weg gelassen. Er findet sich z. B. in [FL13].

Am Rand sei erwähnt: auch ohne Nutzung der Formel über den Imaginärteil der Residuensumme hätten wir das gleiche Ergebnis erhalten, da das hinzugefügte Integral $\int\limits_{-\infty}^{\infty} \dfrac{\sin(\alpha x)}{(1+x^2)^2}\, dx$ immer Null ergibt: der Integrand ist eine ungerade Funktion, die über ein um den Nullpunkt symmetrisches Intervall integriert wird.

Beispiel 2 - Integration über die untere Halbebene

Das Integral

$$\int\limits_{-\infty}^{\infty} \frac{e^{-j\,x}}{(x+j)\,\sqrt{x-j}}\, dx$$

soll berechnet werden. In diesem Fall wird, gemäß der Analogie in Satz 4.4.2, der Weg mit dem Halbkreis über die untere Halbebene ergänzt. Da dies dann ein mathematisch negativ orientierter Weg ist, ergibt sich das Minuszeichen vor dem Faktor $2\pi j$.

Bei der Fortsetzung der Funktion in die komplexe Ebene muss wiederum der richtige Zweig der Wurzel ausgewählt werden, so dass für $z = 0$ der korrekte Wert mit $x = 0 : \sqrt{x-j} = e^{-j\pi/4}$ erhalten wird.

In der unteren Halbebene gibt es nur den einfachen Pol bei $z = -j$ und damit folgt für das Integral:

$$\int\limits_{-\infty}^{\infty} \frac{e^{-j\,x}}{(x+j)\,\sqrt{x-j}}\, dx = -2\pi j\, Res_{z=-j}\left\{\frac{e^{-j\,x}}{(x+j)\,\sqrt{x-j}}\right\} = -2\pi j\, \frac{e^{-1}}{\sqrt{-2j}}$$

$$= -2\pi j\, \frac{e^{-1}}{\sqrt{(1-j)^2}} = \frac{-2\pi j}{e}\, \frac{1+j}{(1-j)(1+j)} = \frac{\pi}{e}(1-j)$$

Beispiel 3 - Sinus im Integranden

Das folgende Beispiel zeigt wieder eindrucksvoll, wie einfach Integrale mit dem Residuensatz berechnet werden können...

$$\int\limits_{-\infty}^{\infty} \frac{x\,\sin(x)}{1+x^2}\, dx = 2\pi\, Re\left(Res_{z=j}\left\{\frac{e^{j\alpha z}}{1+z^2}\right\}\right) = 2\pi\, \frac{je^{-\alpha}}{2j} = \pi\, e^{-\alpha}$$

Beispiel 4 - sieht einfach aus, geht aber nicht

Das Integral über den Kardinalsinus ist zu berechnen:

$$\int\limits_{-\infty}^{\infty} \frac{\sin(x)}{x}\, dx$$

Der Nullpunkt $x = 0$ ist eine hebbare Definitionslücke und $f(x)$ hat keine Polstelle auf dem Integrationsweg. Der Integrand fällt ausreichend schnell gegen Unendlich auf Null. Aber dennoch kann Satz 4.4.2 nicht angewendet werden.

Setzt man nämlich die Funktion in die komplexe Ebene mit $f(z) = \frac{e^{jz}}{z}$ fort, wird der Punkt $z = 0$ eine wesentliche Singularität auf dem Integrationsweg. Auch wenn man anschließend nur den Realteil der Residuensumme nutzen will, kann diese doch nicht auf diesem Wege berechnet werden[17].

Die Fortsetzung der Integrandenfunktion von der reellen Achse in die komplexe Ebene ist, wie bereits eingangs erwähnt, also nicht trivial und es bedarf der Überprüfung, ob der Integrationsweg in der komplexen Ebene frei von Singularitäten ist und die Funktionswerte auf der reellen Achse unverändert geblieben sind.

4.4.2 Integrale über ganze Perioden (trigonometrische Integrale)

Der Residuensatz eignet sich sehr gut, sogenannte **trigonometrische Integrale** zu berechnen. Diese haben die Struktur

$$\int\limits_0^{2\pi} R(\cos(t), \sin(t))\, dt$$

wobei $R(\cos(t), \sin(t))$ eine rationale Funktion von zwei Unbekannten ist, die für alle $t \in \mathbb{R}$ definiert ist. Die Stammfunktion dieser Integrale ist oft nur mit erheblichem Aufwand zu bestimmen.

Der "Trick" zur Anwendung des Residuensatzes ist die folgende Überlegung:
Wenn t das Intervall $[0; 2\pi]$, also eine volle Periode der Winkelfunktionen, durchläuft, entspricht dies für $z := e^{jt}$ einem Einheitskreis um den Ursprung. Mit den Darstellungen

$$\sin(t) = \frac{1}{2j}\left(e^{jt} - e^{-jt}\right) \quad \text{und} \quad \cos(t) = \frac{1}{2}\left(e^{jt} + e^{-jt}\right)$$

und der Substitution des Integrationsweges mit

$$\gamma : [0; 2\pi] \to \mathbb{C}, t \to e^{jt} = \kappa(1; 0) \quad \text{und} \quad dt = \frac{dz}{je^{jt}}$$

---

[17]für Interessierte: es gibt eine Lösung über einen modifizierten Integrationsweg, der die Singularität "umfährt" und in einem neuen Satz mündet, der hier nicht behandelt wird, siehe z. B. [FL13].

folgt für die Integralberechnung:

$$\int\limits_0^{2\pi} R(\cos(t), \sin(t))\, dt = \int\limits_0^{2\pi} R\left(\frac{1}{2}(e^{jt} + e^{-jt}), \frac{1}{2j}(e^{jt} - e^{-jt})\right) dt$$

$$= \int\limits_{\kappa(1;0)} \frac{R\left(\frac{1}{2}(z + z^{-1}), \frac{1}{2j}(z - z^{-1})\right)}{jz}\, dz$$

$$= 2\pi \sum_{k=1}^{n} Res_{z=z_k}\left\{\frac{1}{z}R\left(\frac{z + z^{-1}}{2}, \frac{z - z^{-1}}{2j}\right)\right\} \quad , |z_k| < 1$$

In die Berechnung der Residuensumme gehen aufgrund der Konstruktion nur die Polstellen von R innerhalb des Einheitskreises um den Ursprung ein.

Hinweis:
Bei näherer Betrachtung dieser Herleitung wird deutlich, dass es nicht wesentlich ist, dass $R(x,y)$ eine rationale Funktion ist. Wesentlich ist nur, dass der Integrand nach der Substitution holomorph innerhalb es Einheitskreises ist und keine Singularitäten auf dessen Rand liegen (siehe [FL13]). Damit lässt sich diese Technik also auch auf andere Integrale anwenden, deren Integranden trigonometrische Funktionen enthalten, und das Integral über ganze Perioden berechnet werden soll.

Satz 4.4.3 (Trigonometrische Integrale)

Sei $R(\cos(t), \sin(t))$ eine rationale Funktion von zwei Veränderlichen, die für alle $t \in \mathbb{R}$ definiert ist. Dann kann das Integral über eine volle Periode der Winkelfunktionen wie folgt berechnet werden:

$$\int\limits_0^{2\pi} R(\cos(t), \sin(t))\, dt = \int\limits_{\kappa(1;0)} \frac{R\left(\frac{1}{2}(z + z^{-1}), \frac{1}{2j}(z - z^{-1})\right)}{jz}\, dz$$

$$= 2\pi \sum_{k=1}^{n} Res_{z=z_k}\left\{\frac{1}{z}R\left(\frac{z + z^{-1}}{2}, \frac{z - z^{-1}}{2j}\right)\right\} \quad , |z_k| < 1$$

Dabei werden nur Polstellen innerhalb des Einheitskreises um den Ursprung berücksichtigt.

Beispiel 1 - Ein trivialer Test

Das Integral über eine volle Periode des Kosinus (oder Sinus) ergibt bekannterma-
ßen immer Null. Dies folgt auch in dieser Art der Berechnung:

$$I_1 = \int_0^{2\pi} \cos(t)\,dt = \frac{1}{2j} \int_{\kappa(1;0)} \left(1 + \frac{1}{z^2}\right) dz = 0 = \int_0^{2\pi} \sin(t)\,dt = -\frac{1}{2} \int_{\kappa(1;0)} \left(1 - \frac{1}{z^2}\right) dz$$

Das Integral liefert Null, weil die Funktionen $(1 + z^{-2})$ und $(1 - z^{-2})$ keine Singularitäten innerhalb des Einheitskreises haben[18].

Beispiel 2 - Sinus im Quadrat

Die Berechnung der Integrale von $\sin^2(x)$ bzw. $\cos^2(x)$ wird meist über die "partielle
Integration" gelöst. Deutlich schneller kommt man mit Satz 4.4.3 zum Ziel:

$$I_2 = \int_0^{2\pi} \sin^2(t)\,dt = -\frac{1}{4j} \int_{\kappa(1;0)} \frac{(z - z^{-1})^2}{z}\,dz = -\frac{1}{4j} \int_{\kappa(1;0)} \frac{z^4 - 2z^2 + 1}{z^3}\,dz$$

$z = 0$ ist damit ein 3-facher Pol und es folgt:

$$I_2 = -\frac{1}{4j}\, 2\pi j \left(\frac{1}{2}\frac{d^2}{dz^2}(z^4 - 2z^2 + 1)\right)\Bigg|_{z=0} = -\frac{\pi}{4}(12z^2 - 4)\Big|_{z=0} = \pi$$

Beispiel 3 - Rationale Funktion mit cos-Term

Zu berechnen ist das Integral $I_3 = \displaystyle\int_0^{2\pi} \frac{1}{5 + 3\cos(t)}\,dt$.

Die Übertragung auf den Einheitskreis führt zu dem Integral

$$I_3 = \int_{\kappa(1;0)} \frac{1}{j\,z} \cdot \frac{1}{5 + \frac{3}{2}(z + z^{-1})}\,dz = \int_{\kappa(1;0)} \frac{-2j}{10z + 3z^2 + 3}\,dz$$

Die Nullstellen des Nenners sind:

$$z^2 + \frac{10}{3}z + 1 = 0 \quad \Rightarrow \quad z_{1,2} = -\frac{10}{6} \pm \sqrt{\frac{64}{36}} \quad \Rightarrow \quad z_1 = -3 \, , \, z_2 = -\frac{1}{3}$$

Nur der Pol bei $z_2 = -\frac{1}{3}$ liegt im Einheitskreis Er hat das Residuum

$$Res_{z=-1/3}\left\{\frac{-2j}{3(z + \frac{1}{3})(z + 3)}\right\} = \lim_{z \to -\frac{1}{3}} \frac{-2j}{3(z + 3)} = \frac{1}{4j}$$

und damit ergibt sich: $I_3 = 2\pi j\,\dfrac{1}{4j} = \dfrac{\pi}{2}$.

---

[18]sollten Sie Null einsetzen, beachten Sie die Regel d'Hospital. bzw. die Stetigkeit der Funktionen.

Grafische Zusammenfassung: Integration über den Residuensatz

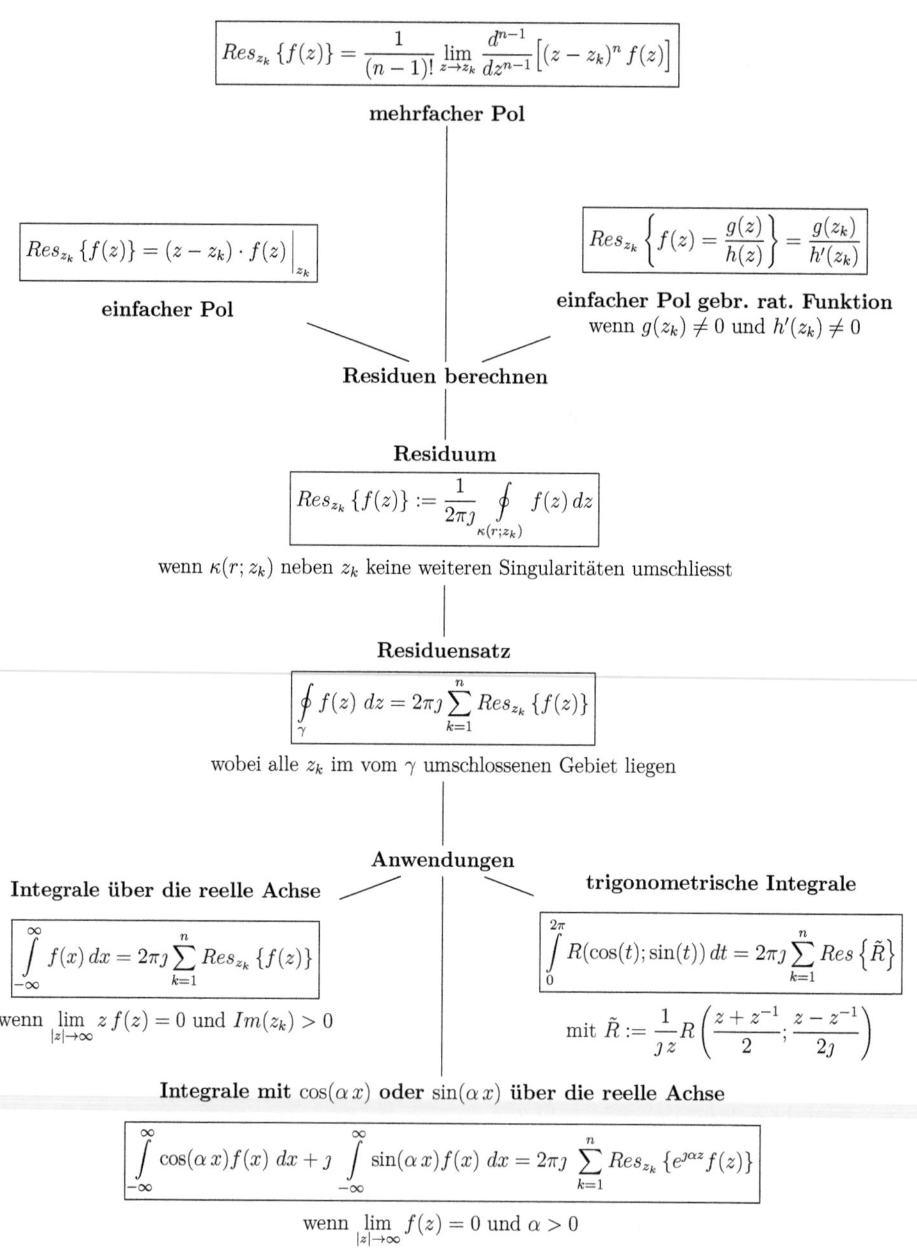

Abb. 4.3: Residuen - Berechnung und Anwendung

Übungsaufgaben

Aufgabe 4.7

Berechnen Sie die folgenden Residuen:

$$(1)\ Res_{z_0=\text{j}}\left\{\frac{1}{1+z^2}\right\}\ ,\qquad (2)\ Res_{z_0=\alpha}\left\{\frac{\sin z}{(z-\alpha)^4}\right\}\ ,\qquad (3)\ Res_{z_0=0}\left\{\frac{\sin z}{z^6}\right\}$$

Aufgabe 4.8

Berechnen Sie mit Hilfe des Residuensatzes den Wert des Integrals $\displaystyle\int_{-\infty}^{\infty}\frac{1}{1+z^4}\,dz$.

Aufgabe 4.9

Berechnen Sie die folgenden Integrale

$$(1)\quad \int_{-\infty}^{\infty}\frac{x^2-a^2}{x^4+1}\,dx$$

$$(2)\quad \int_{-\infty}^{\infty}\frac{dx}{(x^2+a^2)(x^2+b^2)}\qquad \text{mit } a>0,\, b>0,\, a\neq b$$

$$(3)\quad \int_{-\infty}^{\infty}\frac{x^2}{(x^2+a^2)^2}\,dx\qquad \text{mit } a>0$$

Aufgabe 4.10

Berechnen Sie das Integral $\displaystyle\int_{0}^{2\pi}\cos^2(x)\,dx.$

Aufgabe 4.11

Berechnen Sie das Integral $\displaystyle\int_{0}^{2\pi}\frac{\cos(2t)}{\frac{5}{4}-\cos(t)}\,dt.$

(Tipp: $\cos(2t)=\cos^2(t)-\sin^2(t)$.)

Aufgabe 4.12

Berechnen Sie das Integral $\displaystyle\int_0^{2\pi} \frac{1}{1 - 2p\cos(t) + p^2}\, dt \quad$ mit $p \in \mathbb{C}, |p| \neq 1$.

(Tipp: Beachten Sie eine Fallunterscheidung für die Polstelle.)

Aufgabe 4.13

Berechnen Sie das Integral $\displaystyle\int_0^{2\pi} e^{2\cos(x)}\, dx$.

(Tipp: Nutzen Sie zur Residuenberechnung die Reihenentwicklung von e^z.)

5 Besondere Funktionen

Im Rahmen der Modellierung und Berechnung von (insbesondere elektrischen) Systemen müssen u. a. Schaltvorgänge beschrieben werden. Dazu werden *idealisierte, vereinfachte mathematische Funktionen* wie die **(Einheits-)Sprungfunktion** $\sigma(t)$ und die **Dirac-Deltafunktion** $\delta(t)$ benutzt. Auch wenn die Idealisierung *instantaner* Änderungen von Schaltzuständen oder Impulsen in der Realität nicht exakt umsetzbar sind, erlaubt ihre Anwendung doch wesentliche Vereinfachungen bei der nachfolgenden Berechnung von Fourier- und/oder Laplace-Transformierten.

Während die Sprungfunktion an einer Stelle "nur unstetig ist", stellt die Deltafunktion keine mathematische Funktion im klassischen Sinne mehr dar, sondern gehört zu den *verallgemeinerten Funktionen* oder *Distributionen*. Auch wenn deren zugrundeliegende mathematische Theorie hier nicht tiefergehend gehandelt wird, sollen mit Blick auf ihre Anwendung doch die grundlegenden Eigenschaften anschaulich erläutert werden.

Der Zusammenhang der Sprungfunktion mit der Deltafunktion lässt sich anhand folgender Überlegung einfach nachvollziehen: eine Zeitfunktion $f(t)$ sei für alle Zeitpunkte $t < 0$ Null. Bei $t = 0$ wird eingeschaltet und der Funktionswert steigt bis $t = \tau$ linear auf den Wert 1 an und bleibt dann konstant:

$$f(t) = \begin{cases} 0 & t < 0 \\ \frac{1}{\tau}t & t \in [0;\tau] \\ 1 & t > \tau \end{cases} \qquad \text{mit der Ableitung} \qquad f'(t) = \begin{cases} 0 & t < 0 \\ \frac{1}{\tau} & t \in [0;\tau] \\ 0 & t > \tau \end{cases}$$

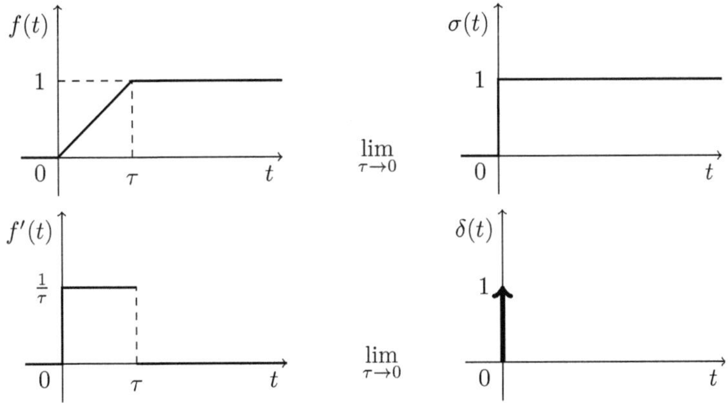

Abb. 5.1: Zusammenhang von Sprung- und Delta-Funktion.

© Der/die Autor(en), exklusiv lizenziert an
Springer-Verlag GmbH, DE, ein Teil von Springer Nature 2026
H. Kohlhoff, *Integraltransformationen in der System- und Signaltheorie*,
https://doi.org/10.1007/978-3-662-73152-9_5

In der grafischen Darstellung wird die Wirkung vom Grenzübergang $\tau \to 0$ deutlich: Im Grenzwert $\tau = 0$ "springt" die Zeitfunktion vom Funktionswert 0 auf 1. Dieser Sprung ist dann natürlich eine Unstetigkeit der Funktion, da linker und rechter Grenzwert unterschiedlich sind.

Die Ableitung der Funktion, also ihre Steigung, ist konstant Null außer im Bereich des linearen Anstiegs, wo sie proportional zu $1/\tau$ ist. Geht nun τ gegen Null, wird die Steigung immer größer. Im Grenzwert $\tau = 0$ wäre die Steigung Unendlich, was durch den Pfeil im Ursprung symbolisiert wird. Dann ist $f'(t)$ aber keine "normale Funktion" mehr.

Solange gilt $\tau \neq 0$, hat die Fläche zwischen der Funktion und der x-Achse immer genau den Wert 1. Dies gilt auch, wenn τ beliebig klein ist. Dann wäre das Rechteck entsprechend "sehr hoch", die Fläche hätte aber weiterhin den Wert 1. Dies führt dann zu der oft benutzten Definition der Dirac-Deltafunktion über ihre Eigenschaft, dass das Integral der Delta-Funktion über die gesamte reelle Achse den Wert 1 hat.

Aus diesen einfachen Überlegungen lassen sich einige grundsätzliche Zusammenhänge ablesen, bevor wir dann die beiden Funktionen genauer untersuchen:

- Die Deltafunktion $\delta(t)$ ist die Ableitung der Sprungfunktion $\sigma(t)$.
- Die Fläche unter der Ableitung von $f(t)$ ist immer genau 1 und damit auch die Fläche unter der Deltafunktion.
- Die Deltafunktion kann als Grenzwert einer Folge von Rechtecken definiert werden.

5.1 Die Sprungfunktion $\sigma(t)$

In der System- und Signaltheorie wird die **(Einheits-)Sprungfunktion** meist mit $\sigma(t)$, oder seltener mit $\epsilon(t)$, bezeichnet. Sie wird in der Mathematik und Physik vielfältig genutzt und heißt dort auch *Treppen-, Schwellenwert-, Stufen-, Theta-,* oder ***Heaviside-Funktion*** $\Theta(t)$ mit der Definition:

Definition 5.1.1 ((Einheits-)Sprungfunktion)

Die **(Einheits-)Sprungfunktion** hat für jede negative reelle Zahl der Wert 0 und sonst immer den Wert 1. Sie ist bis auf den Ursprung überall stetig.

$$\sigma(t) : \mathbb{R} \to \{0; 1\}, \ t \to \begin{cases} 0 & \text{für } t < 0 \\ 1 & \text{für } t \geq 0 \end{cases}$$

Analog gibt es auch die um t_0 verschobene Sprungfunktion:

$$\sigma(t - t_0) : \mathbb{R} \to \{0; 1\}, \ t \to \begin{cases} 0 & \text{für } t < t_0 \\ 1 & \text{für } t \geq t_0 \end{cases}$$

mit der unstetigen Sprungstelle bei $t = t_0$.

Aus ihrer Definition folgt die sogenannte **Ausblendeigenschaft**

$$f(t) \cdot \sigma(t) = \begin{cases} 0 & \text{für } t < 0 \\ f(t) & \text{für } t \geq 0 \end{cases}$$

Durch Multiplikation einer "beliebigen" Zeitfunktion mit der Sprungfunktion erhält man eine **kausale Zeitfunktion**, die nur für Zeiten $t \geq 0$ von Null verschiedene Werte liefert.

Weiterhin wird die Sprungfunktion gern genutzt, um eine **Rechteckfunktion** darzustellen, z. B. einen (Einheits-)Rechteckimpuls der Breite T:

$$\sigma\left(t + \frac{T}{2}\right) - \sigma\left(t - \frac{T}{2}\right) = \begin{cases} 1 & \text{für } t \in \left[-\frac{T}{2}; \frac{T}{2}\right] \\ 0 & \text{sonst} \end{cases}$$

oder eine Rechteckfunktion der Breite $T = t_2 - t_1$ $(t_1 < t_2)$, die für $t \in [t_1; t_2]$ den Wert A und sonst immer Null ergibt:

$$\sigma_A = A \cdot \left[\sigma(t - t_1) - \sigma(t - t_2)\right] = \begin{cases} A & \text{für } t \in [t_1; t_2] \\ 0 & \text{sonst} \end{cases}$$

Da die Sprungfunktion zum Beispiel im Bereich der *künstlichen neuronalen Netze* als *Aktivierungsfunktion von Neuronen* auch eine wichtige Rolle spielt, ihre Unstetigkeit aber ein Berechnungsproblem wäre, wird sie dort durch **sigmoide Funktionen** dargestellt, deren Grenzwert die (Einheits-)Sprungfunktion ist[1]. Da diese Funktionen durchgängig stetig sind, können die Rechnungen dann entsprechend mit diesen durchgeführt werden. Der die Steigung beschreibende Parameter kann dabei "ausreichend" klein bzw. groß gewählt werden, so dass zur echten Sprungfunktion quasi kein Unterschied mehr besteht, Stetigkeit aber gegeben ist. Mit $\sigma(0) = 0{,}5$ wird die Funktion dabei "stetig fortgesetzt".

Exemplarisch seien hier drei mögliche Darstellungen angegeben:

Satz 5.1.1 (Sprungfunktion als Grenzwert sigmoider Funktionen)

Die Einheits-Sprungfunktion $\sigma(t)$ kann als Grenzwert geeigneter **sigmoider Funktionen** dargestellt werden.

Beispiele dafür sind:

$$\sigma(t) = \begin{cases} \lim\limits_{\alpha \to 0} \frac{1}{2}\left[1 + \tanh\left(\frac{t}{\alpha}\right)\right] & = \lim\limits_{a \to \infty} \frac{1}{2}\left[1 + \tanh\left(a\,t\right)\right] \\[2mm] \lim\limits_{\alpha \to 0} \frac{1}{2} + \frac{1}{\pi}\arctan\left(\frac{t}{\alpha}\right) & = \lim\limits_{a \to \infty} \frac{1}{2} + \frac{1}{\pi}\arctan(a\,t) \\[2mm] \lim\limits_{\alpha \to 0} \left(1 + \mathrm{e}^{-\frac{t}{\alpha}}\right)^{-1} & = \lim\limits_{a \to \infty} \left(1 + \mathrm{e}^{-a\,t}\right)^{-1} \end{cases}$$

---

[1] die "einfache" Sigmoidfunktion $sig(t) = (1 + \mathrm{e}^{-t})^{-1}$ wird aufgrund ihres Funktionsgraphen auch *Schwanenhals-* oder *S-Funktion* genannt.

Die drei beispielhaft genannten Funktionen sind jeweils punktsymmetrisch zum Punkt $(0,0; 0,5)$, haben jedoch ein unterschiedliches Steigungsverhalten: Die Dirac-

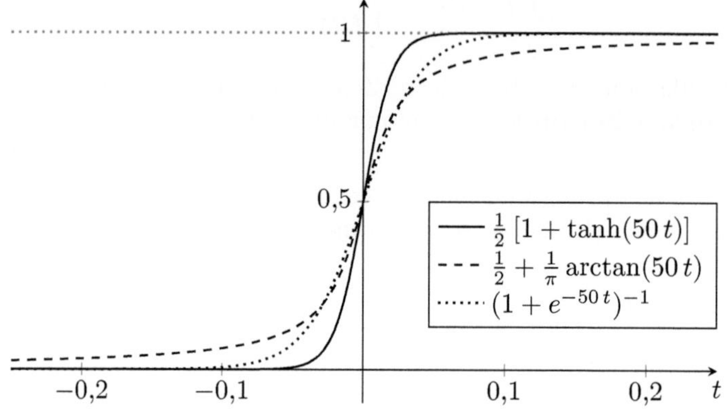

Abb. 5.2: Die Einheits-Sprungfunktion als Grenzwert sigmoider Funktionen. Beispielhaft sind die drei sigmoiden Funktionen aus Satz 5.1.1 für den Parameter $a = 50$ dargestellt. Auf einer größeren Zeit-Skala wäre der Unterschied zur "wahren" Sprungfunktion kaum noch sichtbar.

Deltafunktion $\delta(t)$ ist die Ableitung der Einheits-Sprungfunktion $\sigma(t)$. Dies gilt auch für die entsprechenden Grenzwerte der sigmoiden Funktionen[2]:

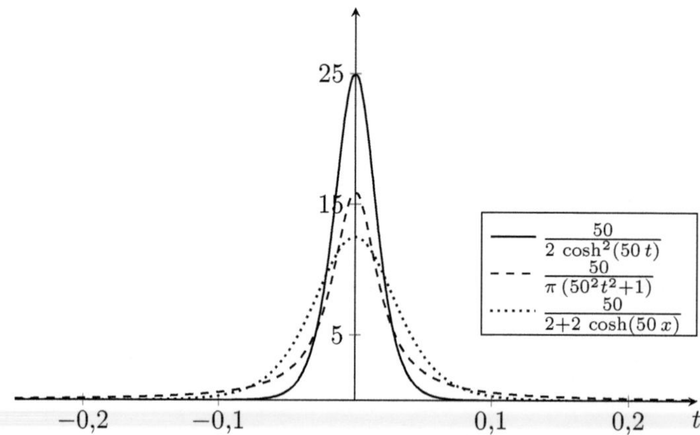

Abb. 5.3: Die Dirac-Deltafunktion als Grenzwert der Ableitung sigmoider Funktionen am Beispiel der Funktionen aus Abb. 5.2. Im Grenzwert ergibt sich ein "Nadelimpuls" bei $t = 0$.

---

[2] $\left(\frac{1}{2}\left[1 + \tanh(a\,t)\right]\right)' \;=\; \dfrac{a}{2\cosh^2(a\,t)}$, $\left(\frac{1}{2} + \frac{1}{\pi}\arctan(a\,t)\right)' \;=\; \dfrac{a}{\pi(a^2\,t^2+1)}$, $\left(\dfrac{1}{1+e^{-a\,t}}\right)' \;=\; \dfrac{a}{2(1+\cosh(a\,t))}$

Sowohl für die Einheits-Sprungfunktion $\sigma(t)$ wie auch für die Dirac-Deltafunktion $\delta(t)$ zeigt die Funktion mit dem $\tanh(a\,t)$ mit ihrem steilen Anstieg ein besonders günstiges Verhalten und wird deshalb bevorzugt genutzt.

5.2 Die Dirac-Deltafunktion $\delta(t)$

Die (Dirac-)Deltafunktion (Abb. 5.1) wird durch ihre Eigenschaften definiert:

Definition 5.2.1 ((Dirac-)Deltafunktion)

Die Dirac-Deltafunktion $\delta(t)$ ist definiert über ihre Eigenschaft

$$\int\limits_{-\infty}^{\infty} \delta(t)\, f(t)\, dt = f(0)$$

Sie hat damit die charakteristischen Eigenschaften

$$\delta(t) = 0 \quad \forall\, t \neq 0 \qquad \text{und} \qquad \int\limits_{-\infty}^{\infty} \delta(t)\, dt = 1$$

Deshalb ist oftmals auch die anschauliche Definition gebräuchlich

$$\delta(t) = \begin{cases} 0 & \text{für } t \neq 0 \\ \infty & \text{für } t = 0 \end{cases}$$

Analog zur Sprungfunktion kann auch wieder eine lineare Koordinatenverschiebung um t_0 durchgeführt werden mit dem Ergebnis:

$$\delta(t - t_0) = \begin{cases} 0 & \text{für } t \neq t_0 \\ \infty & \text{für } t = t_0 \end{cases} \qquad \text{und} \qquad \int\limits_{-\infty}^{\infty} \delta(t - t_0)\, f(t)\, dt = f(t_0)$$

In diesem Fall würde in Abbildung 5.1 der symbolische Pfeil entsprechend an der Stelle $t = t_0$ eingezeichnet werden.

Aus der Definition über das Integral folgen auch die beiden Identitäten:

$$f(t)\, \delta(t) = f(0)\, \delta(t) \qquad \text{und} \qquad f(t)\, \delta(t - t_0) = f(t_0)\, \delta(t - t_0)$$

die sich bei der "formalen Auswertung" von Ausdrücken gelegentlich als hilfreich erweisen und manchmal auch als **Ausblendeigenschaft** der Dirac-Funktion bezeichnet werden.

Die Dirac-Deltafunktion $\delta(t)$ ist keine Funktion im eigentlichen Sinn, sondern zählt zu den *Distributionen*, oder *verallgemeinerten Funktionen*. Die einleitende Herleitung als Ableitung der Sprungfunktion $\sigma(t)$ machte schon deutlich, dass man die Deltafunktion als Grenzwert einer Funktionenfolge von Rechtecken oder Ableitungen sigmoider Funktionen beschreiben kann. Ähnlich wie bei der Sprungfunktion gibt es viele verschiedene Funktionsfolgen, deren Grenzwert die Dirac-Deltafunktion ist[3]:

Satz 5.2.1 (Dirac-Deltafunktion als Grenzwert einer Funktionenfolge)

Die Dirac-Deltafunktion $\delta(t)$ kann als Grenzwert geeigneter Funktionenfolgen dargestellt werden:

Sei $\{f_n(t)\}_n$ eine Folge gewöhnlicher Funktionen mit der Eigenschaft

$$\lim_{n \to \infty} \int_{-\infty}^{\infty} f_n(t)\, g(t)\, dt = g(0)$$

dann gilt: $\lim_{n \to \infty} f_n(t) = \delta(t)$. Beispiele dafür sind:

$$\delta(t) = \begin{cases} \lim\limits_{T \to 0} \dfrac{1}{T}\left[\sigma(t) - \sigma(t - T)\right] & \text{Folge von Rechteckimpulsen} \\[2ex] \lim\limits_{T \to 0} \dfrac{2t}{T^2}\left[\sigma(t) - \sigma(t - T)\right] & \text{Folge von Sägezahnimpulsen} \\[2ex] \lim\limits_{a \to \infty} a\,\mathrm{e}^{-a\,t}\,\sigma(t) & \text{Folge fallender } e\text{-Funktionen} \end{cases}$$

Man kann sich leicht davon überzeugen, dass die Funktionenfolgen immer auf 1 normiert sind: Für die Rechtecke ergibt sich die Fläche immer zu $F_R = T \cdot \dfrac{1}{T} = 1$ und die Dreiecke entsprechen jeweils der halben Fläche eines doppelt so hohen Rechtecks und damit ist die Fläche wiederum $F_D = 1$. Das Integral der fallenden e-Funktionen ergibt:

$$F_E = \int_0^{\infty} a\,\mathrm{e}^{-a\,t}\, dt = a \cdot \left(-\frac{1}{a}\,\mathrm{e}^{-a\,t}\right)\bigg|_0^{\infty} = a\left(0 - \left(-\frac{1}{a}\right)\right) = 1$$

Für die sogenannten *Lorentzkurven* gilt analog:

$$F_L = \int_{-\infty}^{\infty} \frac{1}{\pi}\frac{a}{a^2 + t^2}\, dt = \frac{1}{\pi} \arctan\left(\frac{t}{a}\right)\bigg|_{-\infty}^{\infty} = \frac{1}{\pi}\left(\frac{\pi}{2} - \left(-\frac{\pi}{2}\right)\right) = 1$$

Für die verschobene Deltafunktion $\delta(t - t_0)$ wäre in den Funktionen lediglich das Argument t entsprechend durch $t - t_0$ zu ersetzen.

Die grafischen Darstellungen der drei exemplarischen Funktionenfolgen aus Satz 5.2.1 geben einen Eindruck davon, wie das Pfeilsymbol am Ursprung "entsteht":

---

[3]die Funktionenfolgen werden manchmal auch *Ersatzfunktionen* genannt.

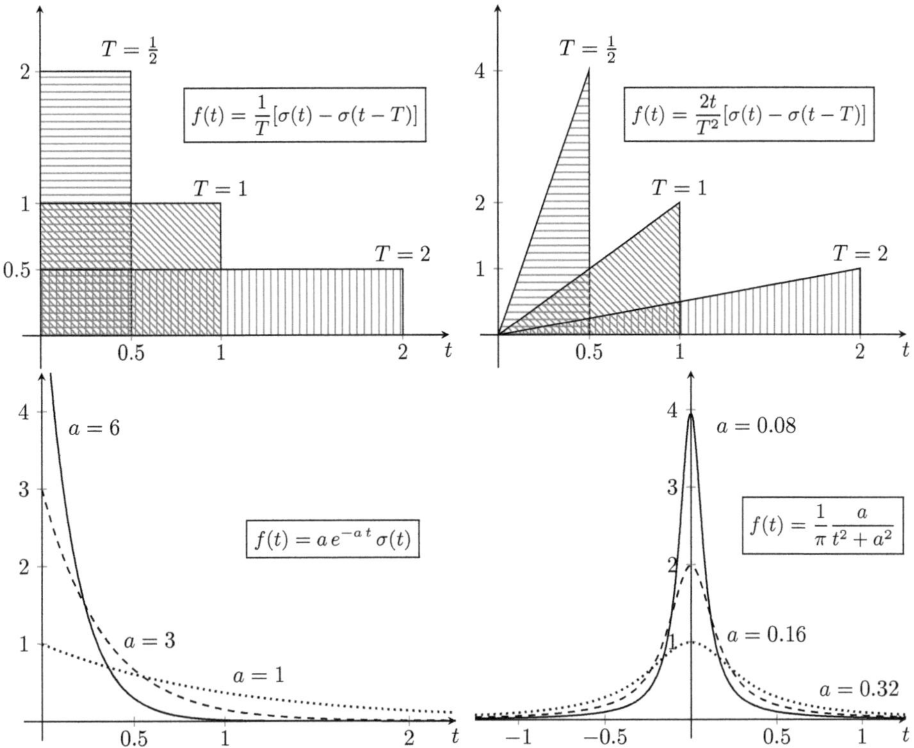

Abb. 5.4: Die Dirac-Deltafunktion als Grenzwert verschiedener Funktionenfolgen. Die Abbildung rechts unten zeigt zum Vergleich die Funktionsfolge der sogenannten *Lorentzkurven*. Im Gegensatz zu den ersten drei Funktionsfolgen ist diese nicht kausal und wird hier nur als Stellvertreter für weitere Kurven (wie z. B. die Glockenkurven) angegeben.

Zum Abschluss seien noch einige Eigenschaften der Dirac-Funktion angegeben, die sich bei der praktischen Anwendung oft als nützlich erweisen:

- Für *zeitlich skalierte Dirac-Impulse* erhält man durch Substitution den wichtigen Zusammenhang: $\delta(a\,t) = \dfrac{1}{|a|}\,\delta(t)$.

  Hier ist der Betrag von besonderer Bedeutung und könnte leicht vergessen werden. Er ergibt sich aus der negierten Vertauschung der Integralgrenzen für negative Werte von a.

- Für $a = -1$ folgt damit: $\delta(t) = \delta(-t)$ bzw. $\delta(t - t_0) = \delta(t_0 - t)$
  d. h. die Dirac-Deltafunktion ist eine *gerade* Distribution.

- Unter Verwendung der Definition der Dirac-Deltafunktion und ihrer Ausblendeigenschaft erhält man den Zusammenhang:

$$
f(t) = f(t) \underbrace{\int_{-\infty}^{\infty} \delta(t - \tau)\, d\tau}_{\text{per Def. } = 1}
$$

$$
= \int_{-\infty}^{\infty} f(t)\, \delta(t - \tau)\, d\tau \quad \text{(Unabhängigkeit der Variablen)}
$$

$$
= \int_{-\infty}^{\infty} f(\tau)\, \delta(t - \tau)\, d\tau \quad \text{(Ausblendeigenschaft)}
$$

Im Kapitel 6 wird dies als die Eigenschaft der Dirac-Deltafunktion als "neutrales Element der (kontinuierlichen) Faltung" erklärt.

- Zum Schluss noch der Hinweis, dass wir hier immer von der "auf 1 normierten" Deltafunktion gesprochen haben. Manchmal wird in Anwendungen jedoch eine andere Skalierung benutzt[4]. Dies macht man dann durch einen entsprechenden eingeklammerten Wert am Pfeil der grafischen Darstellung bzw. dem entsprechenden Vorfaktor zum δ-Symbol deutlich.

5.3 Die Rechteck- und die Dreiecks-Funktion

Bei der mathematischen Modellierung von Zeitfunktionen (Signalen) kommen häufig Rechteck- und Dreiecks-Funktionen zum Einsatz, so dass hier ein paar grundlegende Eigenschaften angegeben werden sollen.

Definition 5.3.1 (Die Rechteckfunktion $\operatorname{rect}_T(t)$)

Die **Rechteckfunktion**, auch **Rechteckimpuls** genannt, ist definiert als:

$$
\operatorname{rect}_T(t) := \sigma\left(t + \frac{T}{2}\right) - \sigma\left(t - \frac{T}{2}\right) = \begin{cases} 1 & \text{für } |t| < \frac{T}{2} \\[2mm] 0 & \text{sonst} \end{cases}
$$

Für $T = 1$ wird der Index T meist weggelassen und es gilt:

$$
\operatorname{rect}(t) := \sigma\left(t + \frac{1}{2}\right) - \sigma\left(t - \frac{1}{2}\right)
$$

---

[4]die Skalierung wird dann manchmal auch *"Gewicht"* des Dirac-Impulses genannt.

Durch Skalierung der Zeitachse mit dem Faktor T ergibt sich die Beziehung:

$$\text{rect}\left(\frac{t}{T}\right) = \text{rect}_T(t)$$

Der Rechteckimpuls $\text{rect}_T(t)$ hat eine Breite von T und eine Höhe von 1, wodurch sich seine Fläche zu $F_{\text{rect}_T} = \int\limits_{-\infty}^{\infty} \text{rect}_T(t)\,dt = T$ ergibt. Im Gegensatz dazu ist die Fläche unter $\text{rect}(t)$ auf 1 normiert.

Definition 5.3.2 (Die Dreiecksfunktion $\Lambda_T(t)$)

Die **Dreiecksfunktion**, auch **Dreiecksimpuls** genannt, ist definiert als:

$$\Lambda_T(t) := \left(1 - \frac{|t|}{T}\right)\left[\sigma(t+T) - \sigma(t-T)\right] = \begin{cases} 1 - \dfrac{|t|}{T} & \text{für } |t| < T \\ 0 & \text{sonst} \end{cases}$$

Für $T = 1$ wird der Index t meist weggelassen und es gilt:

$$\Lambda(t) := (1 - |t|)\left[\sigma(t+1) - \sigma(t-1)\right]$$

Die Skalierung der Zeitachse mit dem Faktor T ergibt die Beziehung:

$$\Lambda\left(\frac{t}{T}\right) = \Lambda_T(t)$$

Der Dreiecksimpuls $\Lambda_T(t)$ ist mit $2T$ doppelt so breit wie der Rechteckimpuls $\text{rect}_T(t)$, hat aber ebenfalls die Höhe 1, wodurch sich seine Fläche zu $F_{\Lambda_T} = T$ ergibt. Für $\Lambda(t)$ ergibt sich hingegen wiederum eine auf 1 normierte Fläche.

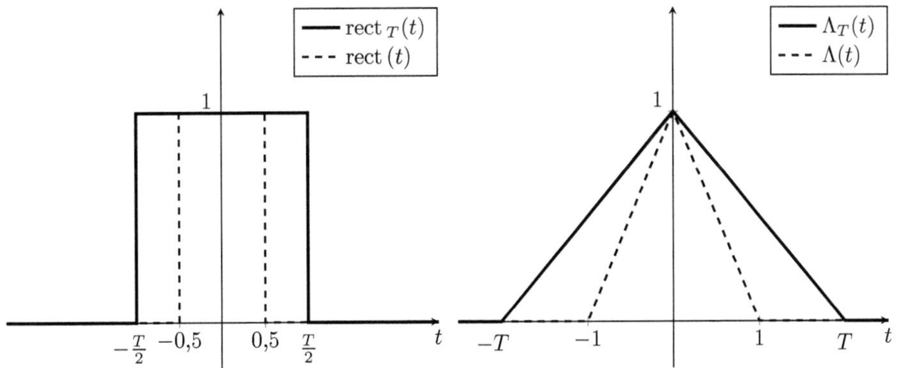

Abb. 5.5: Die Rechteck- und die Dreiecksfunktion. Zu beachten sind die Notation und die doppelte Breite der Dreiecksfunktionen in der Zeit.

5.4 Der Kardinalsinus

> **Definition 5.4.1 (Normierter und nicht-normierter Kardinalsinus)**
>
> Der *"sinus cardinalis"* oder **(nicht normierte) Kardinalsinus** ist definiert als
>
> $$\operatorname{si}(t) := \frac{\sin(t)}{t}$$
>
> das ist die sogenannte **si-Funktion** und ist abzugrenzen gegen den **"normierten" Kardinalsinus**, die **sinc-Funktion**
>
> $$\operatorname{sinc}(t) := \frac{\sin(\pi t)}{\pi t}$$

Hier sind einige Hinweise angebracht:

- Nach dieser Definition gilt $\operatorname{sinc}(t) = \operatorname{si}(\pi t)$.

- Als Quotient ungerader Funktionen ist der Kardinalsinus eine gerade Funktion.

- Diese Definition ist die im deutschsprachigen Raum übliche. Im englischsprachigen Umfeld wird die Bezeichnung sinc-Funktion oft sowohl für die normierte, wie auch für die nicht-normierte Funktion benutzt.
  So definiert und benutzt z. B. WolframAlpha[5] $\operatorname{sinc}(t) := \dfrac{\sin(t)}{t}$.
  Gelegentlich werden in englischer Literatur $\operatorname{sinc}(t)$ und $\operatorname{sinc}_\pi(t)$ unterschieden, um die Normierung deutlich zu machen.

- Die si-Funktion sollte nicht mit der Si-Funktion verwechselt werden, da diese den sogenannten "Integralsinus" darstellt und das ist die Stammfunktion der si-Funktion.

- In der Physik heißt die si-Funktion auch *"Spaltfunktion"*, weil sie die Intensitätsverteilung nach der Beugung an einem Spalt beschreibt.

Der Kardinalsinus ist für alle $t \in \mathbb{R}$ definiert, auch für $t = 0$. Dies ist zwar zunächst eine Definitionslücke, diese kann aber über den Grenzwert, den man mit der Regel l'Hospital ausrechnet, gehoben werden:

$$\lim_{t \to 0} \frac{\sin(t)}{t} = \lim_{t \to 0} \frac{\cos(t)}{1} = 1 \qquad \text{bzw.} \qquad \lim_{t \to 0} \frac{\sin(\pi t)}{\pi t} = \lim_{t \to 0} \frac{\pi \cos(t)}{\pi} = 1$$

Die Begrifflichkeit der Normierung bezieht sich wie üblich auf das Integral über die gesamte reelle Achse:

$$\int_{-\infty}^{\infty} \operatorname{si}(t)\, dt = \pi \qquad \text{bzw.} \qquad \int_{-\infty}^{\infty} \operatorname{sinc}(t)\, dt = 1$$

---

[5] www.wolframalpha.com: $\operatorname{sinc}(t)$ eingeben zeigt die benutzte Definition an.

Für diese Integrale gibt es keine Stammfunktionen, ihre Werte sind vielmehr numerisch zu berechnen, z. B. über die Integration der Reihenentwicklung. So gilt beispielsweise:

$$\int\limits_{-\infty}^{\infty} \operatorname{si}(t)\, dt = \int\limits_{-\infty}^{\infty} \frac{1}{t} \sum_{k=0}^{\infty} \frac{(-1)^k t^{1+2k}}{(1+2k)!}\, dx = 2 \sum_{k=0}^{\infty} \frac{(-1)^k t^{1+2k}}{(1+2k)(1+2k)!}\Bigg|_0^{\infty}$$

Die numerische Auswertung der Summendarstellung ist schwierig: die Fakultät wächst bekanntlich sehr schnell, gleichzeitig wachsen aber auch die t-Potenzen für $\lim\limits_{t,k\to\infty} t^{1+2k}$, so dass die immer kleiner werdenden Summenglieder als Quotienten zweier sehr großer Zahlen zu berechnen sind.

Die stärkere Lokalisierung der sinc -Funktion bewirkt zwar, dass eine vergleichbare Genauigkeit schon früher erreicht wird, aber auch hier bleibt die Auswertung der Integrale anspruchsvoll[6].

Mit einem Trick können die Integrale aber auch analytisch berechnet werden:

$$\frac{\sin(t)}{t} = \int\limits_0^{\infty} \sin(t)\, \mathrm{e}^{-tx}\, dx = \sin(t) \int\limits_0^{\infty} \mathrm{e}^{-tx}\, dx$$

$$= \sin(t)\, \frac{\mathrm{e}^{-tx}}{-t}\Bigg|_0^{\infty} = \sin(t)\, \frac{-(\mathrm{e}^{-\infty} - \mathrm{e}^0)}{t} = \frac{\sin(t)}{t}$$

Unter Beachtung der Unabhängigkeit der Integrationsvariablen t und x, sowie der Stetigkeit der Funktionen ergibt sich damit für den Integralsinus entlang der positiven reellen Achse:

$$\int\limits_0^{\infty} \frac{\sin(t)}{t}\, dt = \int\limits_0^{\infty} \sin(t) \int\limits_0^{\infty} \mathrm{e}^{-tx}\, dx\, dt = \int\limits_0^{\infty} \int\limits_0^{\infty} \sin(t)\, \mathrm{e}^{-tx}\, dt\, dx$$

Das innere Integral löst sich über eine doppelte partielle Integration:

$$\int \sin(t)\, \mathrm{e}^{-tx}\, dt = -\frac{\sin(t)\mathrm{e}^{-tx}}{x} + \frac{1}{x} \int \cos(t)\mathrm{e}^{-tx}\, dt$$

$$= -\frac{\sin(t)\mathrm{e}^{-tx}}{x} + \frac{1}{x} \left[\frac{\cos(t)\mathrm{e}^{-tx}}{x} - \frac{1}{x} \int \sin(t)\mathrm{e}^{-tx}\, dt \right]$$

$$= -\left(\frac{1}{x^2} + 1 \right)^{-1} \frac{x\sin(t) + \cos(t)}{x^2} \mathrm{e}^{-tx}$$

$$= -\frac{x\sin(t) + \cos(t)}{1 + x^2} \mathrm{e}^{-tx}$$

---

[6] so ergibt z. B. die Simpson-Formel mit 1000 (!) Teilintervallen mit $\int_0^{1500} \operatorname{si}(t)\, dt = 3{,}1417\ldots$ erst drei stabile Nachkommastellen von π.

Beachtet man nun, dass gemäß Ansatz $x \in \mathbb{R}^+$ ist, ergibt Einsetzen der Integralgrenzen für das innere Integral:

$$-\frac{x\sin(t)+\cos(t)}{1+x^2}\, \mathrm{e}^{-t\,x}\Big|_0^{\infty} = \frac{1}{1+x^2}$$

und damit folgt für die Gesamtlösung zu:

$$\int_0^{\infty}\frac{\sin(t)}{t}\,dt = \int_0^{\infty}\frac{1}{1+x^2}\,dx = \arctan(x)\Big|_0^{\infty} = \frac{\pi}{2}$$

Mit der geraden Symmetrie des Kardinalsinus folgt damit die Normierung auf π [7].

Die grafische Darstellung der beiden Formen das Kardinalsinus rundet das Bild nun ab:

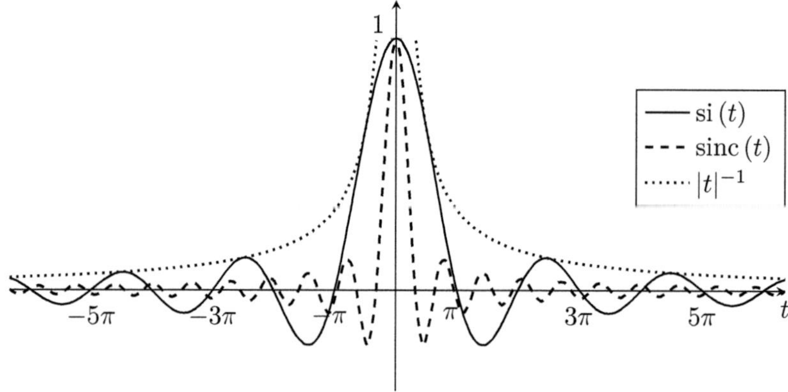

Abb. 5.6: Die si-Funktion ist eine unendliche Sinusschwingung, deren Amplitude
mit der Hyperbel $|t|^{-1}$ als Einhüllenden abklingt.
Die sinc-Funktion ist deutlich steiler und zentrierter um den Nullpunkt.

Zum Schluss noch eine interessante Beobachtung und "Merkregel":

Die Normierung des Kardinalsinus ist, unabhängig von der Skalierung, immer gleich der Fläche des Dreiecks, welches durch das Hauptmaximum und die erste Nullstelle $\pm t_0$ links bzw. rechts der y-Achse gebildet wird:

$$\mathrm{si}\,(t) : (t_0 = \pm\pi)\ F_\Delta = 2\cdot\pi\cdot1\cdot\frac{1}{2} = \pi \quad \text{und} \quad \mathrm{sinc}\,(t) : (t_0 = \pm1)\ F_\Delta = 2\cdot1\cdot1\cdot\frac{1}{2} = 1$$

---

[7]für andere Skalierungen verläuft die Rechnung analog bzw. man substituiert $t \to \pi\,t$.

6 Faltung

Auf den ersten Blick hat das Thema Faltung gar nicht direkt mit den Integraltransformationen zu tun, auch wenn die Faltung selbst letztlich auch eine Art Integraloperator ist, der (in diesem Fall zwei) Funktionen eine neue Funktion zuweist.

Dennoch sollen hier einige grundlegende Aspekte des Themas behandelt werden, weil diese sich später, insbesondere bei der Berechnung von Laplace-Rücktransformierten, als sehr nützlich erweisen werden und den Rechenaufwand stark reduzieren können. Jedoch kann das Thema ''Faltung'' dabei nicht annähernd erschöpfend behandelt werden. Zu umfangreich sind die mathematischen Details der unterschiedlichen (Glättungs-)Kerne und ihrer Besonderheiten.

Zunächst wollen wir die zugrundeliegende Idee der Faltung anhand eines einfachen Beispiels einer *diskreten* Faltung besprechen und dabei einige Begriffe zur besseren Klassifizierung einführen. Mit dem Übergang auf kontinuierliche Signal-Funktionen werden die entsprechenden Integraldarstellung, ihre Eigenschaften und Gesetzmäßigkeiten besprochen.

6.1 Die Grundidee der Faltung

Die Faltung[1] findet in vielen technischen Bereichen Anwendung, so z. B. in

- der Bildverarbeitung bei der Kantenfindung oder dem Weichzeichner
- der Signalverarbeitung bei der Modellierung von Filtern
- der Messdatenaufbereitung bei der Rauschunterdrückung

Dabei handelt es sich immer um eine Art Filterung oder Verarbeitung von Daten. Die damit einhergehende Veränderung der Ursprungsdaten kann potentiell auch zu Artefakten führen, weshalb ein Grundverständnis davon notwendig ist, wie Faltung ''funktioniert'' und was sie ''mit den Daten anstellt''.

Das Prinzip des gleitenden Mittelwertes soll zunächst anhand eines einfachen Beispiels erläutert werden:
Nehmen wir an, eine Meßreihe besteht aus 12 einzelnen x-Werten x_k ($k = 1, \ldots, 12$), die zu unterschiedlichen Zeitpunkten t_k gemessen wurden[2]. Nehmen wir weiter an, diese Werte unterliegen gemäß ihrer Herkunft statistischen und damit zufälligen, nicht vorhersagbaren Schwankungen, uns interessiert aber der Kurvenverlauf ohne diese Fluktuationen.

---

[1] im Englischen ''convolution'', abgeleitet vom lat. *convolvere* = zusammenrollen.

[2] man spricht dann oft von sogenannten *''Zeitreihen''*. Dies können z. B. Börsenkurse, Verbrauchswerte von Strom oder Wasser, Temperaturwerte usw. sein.

© Der/die Autor(en), exklusiv lizenziert an
Springer-Verlag GmbH, DE, ein Teil von Springer Nature 2026
H. Kohlhoff, *Integraltransformationen in der System- und Signaltheorie*,
https://doi.org/10.1007/978-3-662-73152-9_6

Dann ist eine durchaus übliche Idee, den **gleitenden Mittelwert** zu berechnen. Dazu definiert man eine sogenannte *Fensterbreite*, das ist die Anzahl der bei der Mittelwertbildung verwendeten x-Werte n (in Abb. 6.1 ist $n = 5$). Nun schiebt man dieses "Fenster" von links nach rechts schrittweise über die Messreihe und berechnet in jedem Schritt aus den n Messwerten, die sich unter dem Fenster befinden, einen neuen Wert. Im einfachsten Fall ist dies schlicht der Mittelwert $\overline{x} = \dfrac{1}{n} \sum\limits_{i=1}^{n} x_i$, dabei gehen dann alle n Messwerte mit dem gleichen *Gewicht* $w_i = \frac{1}{n}$, $i = 1, \ldots n$ in den neuen Wert ein.

Schließlich muss man noch entscheiden, welchem Zeitpunkt t_k man diesen gemittelten Wert nun zuweist. Im "klassischen" Fall wird der Mittelwert immer dem letzten Zeitpunkt zugewiesen, dessen x-Wert in den aktuellen Mittelwert eingegangen ist (in Abb. 6.1 ist der Fall "normal")[3]. Eine andere, vorteilhaftere Art wäre die Zuweisung auf den Zeitwert in der Mitte des aktuellen Fensters, bei einem Fenster der Breite $n = 5$ wie in der Abbildung ist das dann der dritte t-Wert. In diesem Fall spricht man auch von einem **zentrierten, gleitenden Mittelwert** (in Abb. 6.1 der Fall "zentriert").

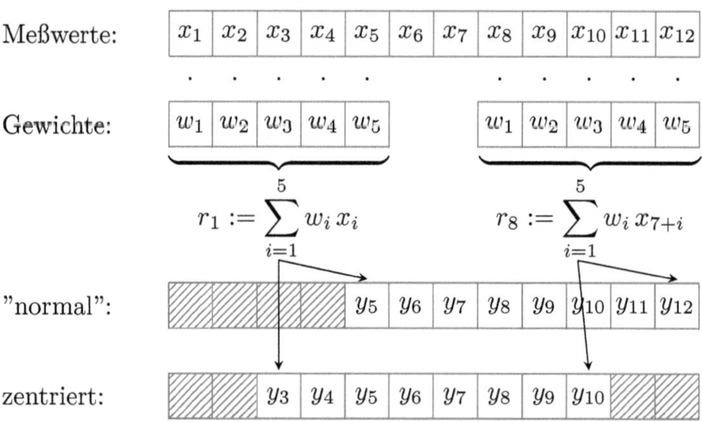

Abb. 6.1: Das Prinzip des gleitenden Mittelwertes.
Erläuterungen dazu im Text.

An diesem einfachen Beispiel können schon viele typische Eigenschaften einer (diskreten) Mittelwertbildung abgelesen werden:

- Die Ergebnismenge der y-Werte hat immer $(n-1)$ weniger Elemente als die ursprüngliche Messreihe. Dies liegt ganz einfach an der Daten*verdichtung*[4] durch das Zusammenfassen von jeweils n Elementen, dessen Ergebnis dann

---

[3]so arbeitet z. B. die Funktion "moving average" in Excel.
[4]mit der Verdichtung geht natürlich auch ein Verlust an Detailinformationen einher. Im Fall von Störungen oder statistischen Schwankungen ist dies ja gerade gewünscht.

nur einem Zeitpunkt zugewiesen wird. Je nachdem, welchem Zeitpunkt der Ergebniswert zugeordnet wird, fehlen die $(n-1)$ Ergebniswertes am Anfang, oder jeweils die Hälfte davon am Anfang und am Ende des Zeitintervalls.

- Je hochfrequenter die Fluktuationen in der Messreihe sind, desto breiter muss das Fenster gewählt werden, um diese über die Mittelung auszugleichen. Damit geht dann einher, dass entsprechend mehr Datenpunkte im Ergebnis "fehlen". Bei der Beschreibung eines gleitenden Mittelwertes ist also neben der Angabe, ob dieser *zentriert* ist oder nicht, auch die Angabe der *Fensterbreite* eine wichtige, charakteristische Eigenschaft[5].

- Um die Datenverluste im Ergebnis aufgrund der Verdichtung zu kompensieren, gibt es zahlreiche Ansätze. So können die Leerstellen z. B. durch die Originaldaten oder eine Extrapolation aus den ermittelten Mittelwerten aufgefüllt werden[6].

- Ein ganz wesentlicher Aspekt sind die **Gewichte** w_i, mit denen die Datenpunkte in die Mittelwertbildung eingehen. Im Fall des "normalen" Mittelwertes werden alle Punkte **gleichgewichtet** und man spricht deshalb oft einfach nur vom "Mittelwert"[7].

  Für viele Zeitreihen ist dies aber weniger sinnvoll, denn je weiter der einzelne Messpunkt vom Zeitpunkt t_k, für den der Mittelwert gerade berechnet wird, entfernt ist, desto weniger Einfluss sollte dieser Datenpunkt im Allgemeinen auch auf den berechneten Wert haben. Dies wird dadurch erreicht, dass die einzelnen Messwerte, die in den jeweiligen Mittelwert eingehen, mit unterschiedlichen Gewichten belegt werden, weshalb man dann auch vom **gewichteten Mittelwert** spricht.

  Je nach Ziel und Anwendung kann die Gewichtsfunktion sehr unterschiedlich gestaltet werden: zentrierte Gaußfunktionen, linear ansteigende und/oder abklingende Kurven ähnlich einem Dreiecks- oder Sägezahnimpuls, exponentiell fallende Kurven usw.

- Eine wichtige Eigenschaft der jeweiligen Gewichtsfunktion ist dabei ihre **Normierung**. Ist die Summe der Gewichte größer oder kleiner als eins, führt dies zu einer Verstärkung oder Abschwächung der eigentlichen Messwerte. Je nach Anwendungsfall ist dies eine Verfälschung der Leistung des Systems, des Energieverbrauchs oder ähnlichem. Deshalb ist bei der Definition von Gewichtsfunktionen unbedingt auf ihre Normierung zu achten.

  Im Allgemeinen sollte gelten: $\sum_{i=1}^{n} w_i \stackrel{!}{=} 1$.

Um das Ganze ein wenig anschaulicher zu machen, wenden wir beispielhaft unterschiedliche gleitende Mittelwerte auf eine reale Zeitreihe von Börsenkursen an:

---

[5] der Wert $(n-1)$ heißt auch **Ordnung** des gleitenden Mittelwertes (oder später "Filters"). Auf Unterschiede von Mittelwerten mit geradem oder ungeradem n gehen wir hier nicht weiter ein.

[6] Techniken wie die *Mittelwerte mit dynamischen Fensterbreiten*, welche "verlustfreie" Ergebnisse erzeugen, werden hier nicht weiter behandelt, weil sie bei der Faltung, die uns ja eigentlich interessiert, so keine Rolle spielen.

[7] dies entspricht später der Faltung mit einem Rechteckimpuls der Höhe $\frac{1}{n}$.

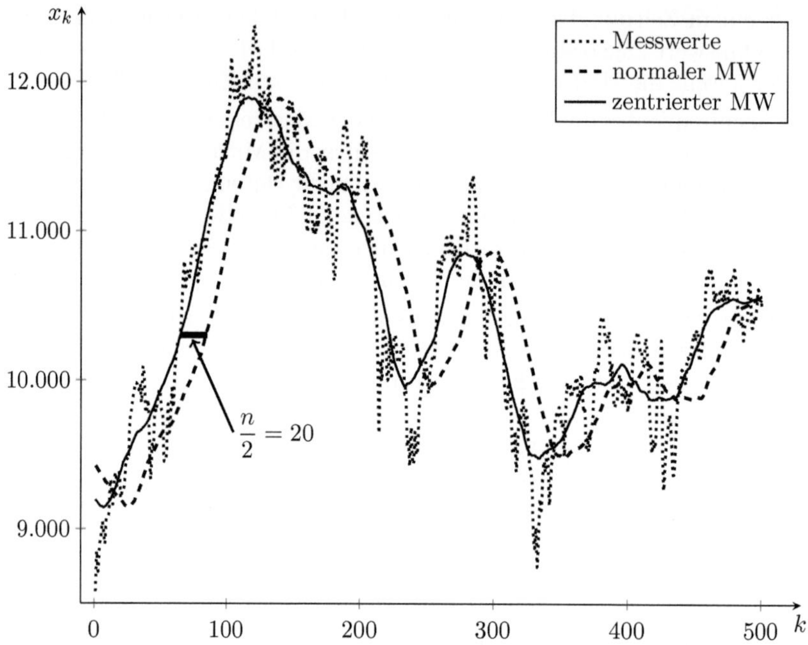

Abb. 6.2: Gleitender Mittelwert am Beispiel des DAX.
Es sind die 500 DAX-Tagesschlusskurse vom 16.10.2014 bis 16.10.2016 sowie der normale und der zentrierte Mittelwert für eine Fensterbreite von $n = 40$ darstellt. Die dicke Hilfslinie bei (80;10.300) hat die halbe Fensterbreite.

Deutlich zu erkennen ist die "glättende Wirkung" der Mittelwerte: die zahlreichen Schwankungen bilden zwar die wochenweisen Turbulenzen am Aktienmarkt ab, sind aber für die Beurteilung der Gesamtentwicklung weniger bedeutsam. Durch die Mittelung werden diese "beseitigt" (herausgefiltert, geglättet).

Ein wichtiger Aspekt der Mittelwerte wird hier sehr schön deutlich: das "Nachlaufen" des nicht zentrierten Mittelwertes[8]. Dadurch dass hier der (nicht-zentrierte) Mittelwert von 40 Messwerten jeweils dem 40.-ten Zeitpunkt zugeordnet wird, ergibt sich eine Verschiebung der Kurve hin zu späteren Zeitpunkten. Dies ist eine relevante Verfälschung der Daten und würde in diesem Fall auch zu zeitlichen Fehlinterpretationen führen. Die Verschiebung wird umso größer, je höher die Ordnung des Mittelwertes, sprich die Breite des Fensters, ist, denn sie beträgt rund die Hälfte der Fensterbreite, wie die dicke Hilfslinie in Abb. 6.2 zeigt.

Wir haben uns bisher die Verarbeitung diskreter Messwerte (Zeitreihen) über (ggf. gewichtete) Mittelwertbildung angeschaut und dabei einige grundlegende Eigenschaften angesprochen. In diesem Zusammenhang spricht man oft auch von der **diskreter Faltung.**

---

[8]diese **Signal-Verzögerung** wird manchmal auch mit der Gruppenlaufzeit identifiziert.

6.2 Die diskrete Faltung

In der *diskreten* Signalverarbeitung oder der Bildverarbeitung hat man es naturgemäß mit *diskreten* Funktionen zu tun, weil die Daten nur für endlich viele, einzelne Zeit- oder Ortspunkte vorliegen.

Die im vorangegangenen Abschnitt beschriebene Mittelwertbildung ist eine spezielle Form der Filterung, die allgemeiner beschrieben wird durch die...

Definition 6.2.1 (Diskrete Faltung)

Seien f und g zwei nicht periodische Funktionen mit einem gemeinsamen, diskreten Definitionsbereich $D \subseteq \mathbb{Z}$.

Dann ist ihre **Faltungssumme** (manchmal auch **Faltungsprodukt** genannt) definiert als

$$(f * g)(t) = \sum_{\tau \in D} f(\tau) \cdot g(t - \tau)$$

Dabei ist $g(t)$ die Gewichts- oder Filterfunktion und $f(t)$ die Zeitreihe bzw. das Signal oder die Menge der Bildpunkte.

Das $*$ Symbol steht dabei als Operator für die Faltung der beiden Funktionen und sollte nicht der normalen Multiplikation verwechselt werden.

Bevor wir diese Formel einmal anwenden, müssen wir uns zunächst die lineare Koordinatentransformation in $g(t - \tau)$ etwas genauer anschauen:

In der Faltungssumme wird die Zeitreihe $f(t)$ an der Stelle $t = \tau$ ausgewertet. In Bezug dazu wird die Filterfunktion $g(\tau)$ zunächst an der y-Achse gespiegelt: $g(-\tau)$ und dann um t nach rechts verschoben $g(t - \tau)$:

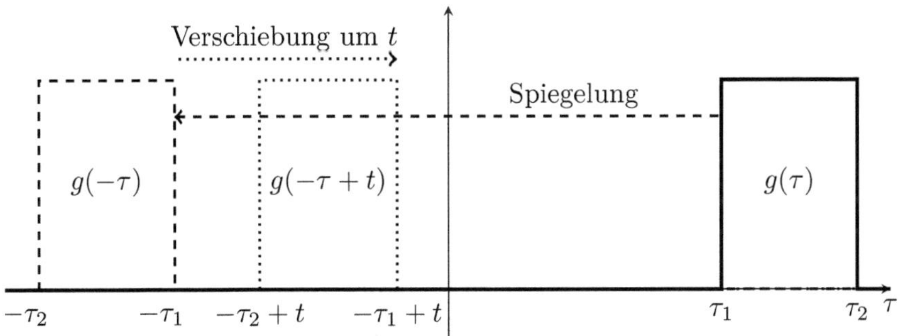

Abb. 6.3: Gewichtsfunktion in der Faltung.
   Die zwei Schritte der linearen Koordinatentransformation in der Gewichtsfunktion im Rahmen der Faltung sind eine Spiegelung an der y-Achse und eine Verschiebung um den Wert t, an dem die Faltung aktuell berechnet wird.

Wie beschreibt man damit nun den zentrierten gleitenden Mittelwert aus dem vorherigen Abschnitt 6.1 über die Formel der diskreten Faltung?

- Der diskrete Definitionsbereich D besteht zunächst aus positiven ganzen Zahlen, den Indices der x- und w-Werte. Für alle anderen Werte von $t \in \mathbb{Z}$ werden entsprechend Nullwerte für x und w ergänzt, so dass die Funktionen anschließend für alle Werte von $t \in D := \mathbb{Z}$ definiert sind.

- Die auf 1 normierte Gewichtsfunktion kann für $t \in D$ abschnittsweise definiert werden:

$$g(t) = \begin{cases} \frac{1}{5} & \text{für } -2 \leq t \leq 2 \\ 0 & \text{sonst} \end{cases}$$

- Da die Summe den Wert $k = 0$ enthält, passen wir die Signalfunktion (Zeitreihe) entsprechend an:

$$f(t) = \begin{cases} x_t & \text{für } 0 \leq t \leq 11 \\ 0 & \text{sonst} \end{cases}$$

- Die Berechnung der y-Werte folgt ganz allgemein über die Formel

$$y(t) := (x * w)(t) = \sum_{\tau=-\infty}^{\infty} x(\tau)\, w(t - \tau)$$

Da $w(t)$ nur für $-2 \leq t \leq 2$ ungleich Null ist, verkürzt sich die Summe auf

$$y(t) := (x * w)(t) = \sum_{\tau=t-2}^{t+2} x(\tau)\, w(t - \tau)$$

und besteht nur noch aus fünf Summanden. Diese wird nun für die t-Werte ausgewertet, für die es Werte in der Zeitreihe gibt, also für $t \in \{0; 1; \ldots; 11\}$:

$$y(0) = \sum_{\tau=-2}^{2} x(\tau)\, w(-\tau)$$

$$= \underbrace{x(-2)w(2) + x(-1)w(1)}_{=0} + x(0)w(0) + x(1)w(-1) + x(2)w(-2)$$

$$= \frac{1}{5}(x(0) + x(1) + x(2))$$

$$y(1) = \sum_{\tau=-1}^{3} x(\tau)\, w(1 - \tau) =$$

$$= \underbrace{x(-1)w(2)}_{=0} + x(0)w(1) + x(1)w(0) + x(2)w(-1) + x(3)w(-2)$$

$$= \frac{1}{5}(x(0) + x(1) + x(2) + x(3))$$

$$y(2) = \sum_{\tau=0}^{4} x(\tau)\,w(2-\tau) =$$
$$= x(0)w(2) + x(1)w(1) + x(2)w(0) + x(3)w(-1) + x(4)w(-2)$$
$$= \frac{1}{5}(x(0) + x(1) + x(2) + x(3) + x(4))$$
$$y(11) = \sum_{\tau=9}^{13} x(\tau)\,w(11-\tau) =$$
$$= x(9)w(2) + x(10)w(1) + x(11)w(0) + \underbrace{x(12)w(-1) + x(13)w(-2)}_{=0}$$
$$= \frac{1}{5}(x(9) + x(10) + x(12))$$

An dieser Beispielrechnung kann man ablesen:

- Für jeden neuen t-Wert werden die 5 Gewichte $(w(2),\dots,w(-2))$ jeweils mit x-Werten multipliziert, deren Index um 1 größer geworden ist. Anschaulich gesprochen wird das Fenster der 5 Gewichte also schrittweise von links nach rechts über die Zeitreihe geschoben.

- Bedingt durch die Spiegelung an der y-Achse werden die Gewichte dabei "rückwärts" von 2 bis -2 durchlaufen. Dies spielt in diesem Beispiel der Gleichgewichtung keine Rolle, muss aber bei der Definition anderer Gewichtsfunktionen mit untereinander verschiedenen Gewichten beachtet werden[9].

- Die Werte $(y(2),\dots,y(9))$ entsprechen den Werten $(y_3,\dots,y_{10})$ aus der Abb. 6.1.

  Die Werte $y(0), y(1), y(10)$ und $y(11)$ sind keine "vollständigen" Mittelwerte und ersetzen die fehlenden Werte y_1, y_2, y_{11} und y_{12} quasi durch Näherungen. Aufgrund der geringeren Anzahl von x-Werten, die in den jeweiligen Mittelwert eingehen, ist die Normierung auf 1 nicht mehr gegeben und dies führt zu einer Dämpfung.

  Für die Ersetzung fehlender Werte gibt es deutlich bessere Verfahren, die je nach Zeitreihe deren Eigenschaften nutzen, um realistischere Werte zu erhalten[10]. Ist die Ersetzung der fehlenden Werte nicht gewünscht, kann über die Ausblendeigenschaft der Rechteckfunktion eine entsprechende Funktion definiert werden, für diesen Fall: $\tilde{y}(t) := y(t) \cdot (\sigma(2) - \sigma(9))$.

---

[9]dies ist auch der Grund, weshalb die Gewichte in entsprechenden Computerprogrammen typischerweise in umgekehrter Reihenfolge angegeben werden müssen.

[10]da dies bei den Integralen der kontinuierlichen Faltung, um die es in diesem Buch im wesentlich geht, keine Rolle spielt, wird auf die verschiedenen, zum Teil hochentwickelten Extrapolationsverfahren nicht weiter eingegangen.

6.3 Die kontinuierliche Faltung

Wenn die Anzahl der einzelnen Messpunkte immer größer wird und die Punkte auf der Zeitachse damit immer dichter zusammenrücken, ist dies[11] der Übergang vom diskreten zum kontinuierlichen Fall. Die Summation wird damit zur Integration und die Menge der Gewichte wird zu einer kontinuierlichen Gewichtsfunktion.

Wir haben es dann mit der in vielen technischen Bereichen üblichen **kontinuierlichen Faltung** oder einfach nur **Faltung** zu tun. Schauen wir uns auch hier zunächst wieder die allgemeine Definition an:

Definition 6.3.1 (Kontinuierliche Faltung)

Die **Faltung** zweier allgemeiner Zeitfunktionen $f(t)$ und $g(t)$ ist definiert als

$$f(t) * g(t) = (f * g)(t) := \int_{-\infty}^{\infty} f(\tau) \cdot g(t - \tau)\, d\tau$$

Die Funktion $g(t)$ wird auch **Faltungskern** genannt.

Für die Existenz des uneigentlichen Integrals ist es ausreichend, dass beide Funktionen *absolut integrierbar* sind, d. h. ihre Betragsintegrale endlich sind:

$$\int_{-\infty}^{\infty} |f(t)|\ dt < \infty \quad \text{und} \quad \int_{-\infty}^{\infty} |g(t)|\ dt < \infty$$

Sind $f(t)$ und $g(t)$ periodische Funktionen mit der Periode T, wird nur über ein beliebiges Intervall mit Periodenlänge integriert:

$$f(t) * g(t) = (f * g)(t) = \int_{t_0}^{t_0+T} f(\tau) \cdot g(t - \tau)\, d\tau$$

Das Ergebnis ist dann wiederum eine periodische Funktion mit Periode T.

Je nach Definition des Faltungskerns ist die Wirkung auf die Zeitfunktion sehr unterschiedlich. Typisch ist u. a. die Definition eines **Glättungskerns**, d. h. einer auf 1 normierten Funktion mit der Wirkung einer (Tiefpaß-)Filterung, z. B. als eine im Ursprung zentrierte Gauß-Funktion:

$$g(t) := \frac{1}{\sigma\sqrt{2\pi}}\, e^{-\frac{1}{2}\left(\frac{t}{\sigma}\right)^2}$$

Die Breite σ bestimmt die "glättende Wirkung": je größer der Wert, desto mehr "umgebende Punkte" gehen in die Mittelung ein und führen zu einer größeren "Verschmierung", sprich Glättung der ursprünglichen Kurve, wie in der folgenden Abbildung 6.4 deutlich zu erkennen:

---

[11]ganz analog zur Einführung des Integrals als Grenzwert unendlich vieler, immer schmaler werdender Rechtecke.

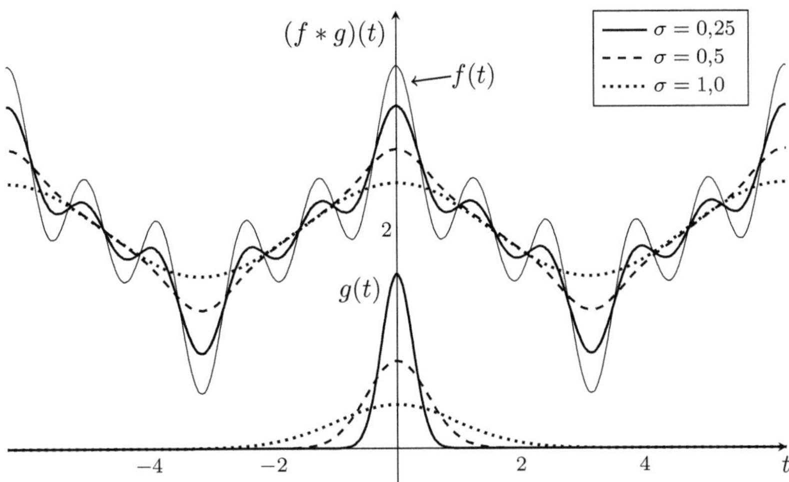

Abb. 6.4: Beispiel einer kontinuierlichen Faltung.

Die Funktion $f(t) = 2 + 0{,}7\cos(t) + 0{,}3\cos(3\,t) + 0{,}5\cos(5\,t)$ mit dem Glättungskern $g(t) = \left[\sigma\sqrt{2\pi}\exp\left(\frac{1}{2}\left(\frac{t}{\sigma}\right)^2\right)\right]^{-1}$ gefaltet. Das Ergebnis ist für drei verschiedene Breiten σ der Gaußkurve dargestellt.

Es ist deutlich zu erkennen: je breiter die Funktion $g(t)$ ist, desto glatter ist das Ergebnis. Mit steigender Breite werden mehr Werte von $f(t)$ miteinander zu einem neuen Wert verrechnet und damit "verschmiert".

Eine interessante Beobachtung in Abb.6.4 lässt schon eine wichtige Beziehung vermuten: je schmaler die Gaußkurve wird, desto mehr nähert sich das Ergebnis der Faltung der ursprünglichen Funktion $f(t)$ an.

Im Grenzwert $\sigma \to 0$ wäre letztlich $f(t) * g(t) = f(t)$, d. h. die Funktion $g(t)$ wäre dann das **neutrale Element der Faltung**. Die Gauß-Funktion wäre dann im Ursprung "unendlich hoch" und "unendlich schmal". Da sie weiterhin auf 1 normiert ist, ist dieser Grenzwert also eine weitere Darstellung der Dirac-Deltafunktion und es gilt: $f(t) * \delta(t) = f(t)$. Aber dazu gleich noch mehr.

6.4 Rechenregeln zur Faltung

Bevor wir im nachfolgenden Abschnitt auf die explizite Berechnung von Faltungsintegralen eingehen, schauen wir uns zunächst die zahlreichen Rechenregeln an, welche für die Faltungsoperation gelten[12]. Diese Regeln sind in gleicher Weise auch für die diskrete Faltung gültig, werden hier aber in der, für die betrachten Anwendungsfälle der Signaltheorie üblichen, kontinuierlichen Integralform besprochen.

---

[12]die "Faltungssätze", also die Zusammenhänge der Faltung mit der Fourier- oder Laplace-Transformation, werden später in den entsprechenden Kapiteln behandelt.

Das **Kommutativgesetz** der Faltung folgt mit einfacher Substitution

$$u := t - \tau \quad , \quad du = -d\tau \quad \text{und} \quad \tau \to \pm\infty \ \Rightarrow\ u \to \mp\infty \ \text{(Vorzeichen!)}$$

direkt aus der Definition:

$$f(t) * g(t) = \int_{-\infty}^{\infty} f(\tau)\,g(t-\tau)\,d\tau \overset{\text{Subst.}}{=} \int_{\infty}^{-\infty} -f(t-u)\,g(u)\,du$$

$$= \int_{-\infty}^{\infty} f(t-u)\,g(u)\,du = g(t) * f(t)$$

Etwas schwieriger ist einzusehen, dass auch das **Assoziativgesetz** für die Faltung gilt. Hierbei setzen wir, wie in Def. 6.3.1 auch, voraus, dass die beteiligten Funktionen "absolut integrierbar" sind, so dass wir die Reihenfolge der Integration im Mehrfachintegral vertauschen dürfen[13]. Damit folgt dann:

$$[g(t) * h(t)] * f(t) = \int_{-\infty}^{\infty} \left[\int_{-\infty}^{\infty} g(u)\,h(\tau-u)\,du\right] \underbrace{f(t-\tau)}_{\text{unabh. von } u}\,d\tau$$

$$= \int_{-\infty}^{\infty}\int_{-\infty}^{\infty} g(u)\,h(\tau-u)\,f(t-\tau)\,du\,d\tau$$

$$= \int_{-\infty}^{\infty}\int_{-\infty}^{\infty} \underbrace{g(u)}_{\text{unabh. von } \tau}\,h(\tau-u)\,f(t-\tau)\,d\tau\,du$$

$$= \int_{-\infty}^{\infty} g(u) \int_{-\infty}^{\infty} h(\tau-u)\,f(t-\tau)\,d\tau\,du$$

Mit der Substitution $\tilde\tau := \tau - u \quad , \quad d\tilde\tau = d\tau \quad \text{und} \quad \tau \to \pm\infty \ \Leftrightarrow\ \tilde\tau \to \pm\infty$ und $t - \tau = t - \tilde\tau - u$ ergibt sich dann weiter

$$= \int_{-\infty}^{\infty} g(u) \int_{-\infty}^{\infty} h(\tilde\tau)\,f(t-u-\tilde\tau)\,d\tilde\tau\,du$$

$$= \int_{-\infty}^{\infty} g(u)\,[h(t-u) * f(t-u)]\,du$$

$$= g(t) * [h(t) * f(t)]$$

---

[13]siehe *Satz von Fubini* aus der mehrdimensionalen Integralrechnung.

Die Assoziativität bei der **Multiplikation mit einem Skalar** $\alpha \in \mathbb{C}$ ist wiederum einfach eine direkte Folge aus der allgemeinen Eigenschaft des Integrals als "linearem Funktional":

$$\alpha \left[f(t) * g(t) \right] = \left[\alpha \, f(t) \right] * g(t) = f(t) * \left[\alpha \, g(t) \right] \quad , \quad \alpha \in \mathbb{C}$$

Ebenso folgt das **Distributivgesetz** aus dem "linearen Funktional"

$$f(t) * \left[g(t) + h(t) \right] = \int\limits_{-\infty}^{\infty} f(\tau) \left[g(t - \tau) + h(t - \tau) \right] d\tau$$

$$= \int\limits_{-\infty}^{\infty} f(\tau) \, g(t - \tau) d\tau + \int\limits_{-\infty}^{\infty} f(\tau) \, h(t - \tau) d\tau$$

$$= f(t) * g(t) + f(t) * h(t)$$

Auch die **Ableitungsregel** ist ein Ergebnis der grundlegenden Eigenschaften des Integrals bei Unabhängigkeit der Ableitungs- und der Integrationsvariablen t und τ [14]

$$\left[f(t) * g(t) \right]' := \frac{d}{dt} \left[f(t) * g(t) \right]$$

$$= \frac{d}{dt} \int\limits_{-\infty}^{\infty} f(\tau) \, g(t - \tau) \, d\tau = \int\limits_{-\infty}^{\infty} f(\tau) \, \frac{d}{dt} g(t - \tau) \, d\tau$$

$$= f(t) * g'(t) \stackrel{\text{Kom.Ges.}}{=} f'(t) * g(t)$$

Das **Integral einer Faltung** ergibt sich aus dem Satz von Fubini: sind die Funktionen $f(t)$ und $g(t)$ integrierbar, so kann die Integrationsreihenfolge im Doppelintegral vertauscht werden. Mit der Unabhängigkeit der beiden Integrationsvariablen folgt:

$$\int\limits_{-\infty}^{\infty} f(t) * g(t) \, dt = \int\limits_{-\infty}^{\infty} \int\limits_{-\infty}^{\infty} f(\tau) \, g(t - \tau) \, d\tau \, dt = \int\limits_{-\infty}^{\infty} f(\tau) \int\limits_{-\infty}^{\infty} g(t - \tau) \, dt \, d\tau$$

$$= \int\limits_{-\infty}^{\infty} f(\tau) \int\limits_{-\infty}^{\infty} g(\tilde{t}) \, d\tilde{t} \, d\tau = \int\limits_{-\infty}^{\infty} f(t) \, dt \cdot \int\limits_{-\infty}^{\infty} g(t) \, dt$$

Als direkte Folge ergibt sich daraus ein interessanter Zusammenhang:

Für einen auf 1 normierten Integralkern $g(t)$ ist die Fläche unter dem Signal $f(t)$ gleich der Fläche unter dem Faltungsergebnis $(f(t) * g(t))$.

---

[14] einen ausführlichen Beweis findet man z. B. in [GR18].

Gibt es ein **neutrales Element der Faltung**? Nehmen wir einmal an, es wäre die Funktion $g_n(t)$. Dann müsste für alle $t \in \mathbb{R}$ gelten:

$$f(t) * g_n(t) = \int\limits_{-\infty}^{\infty} f(\tau)\, g_n(t-\tau)\, d\tau \overset{\text{Kom.Ges.}}{=} \int\limits_{-\infty}^{\infty} g_n(\tau)\, f(t-\tau)\, d\tau = f(t)$$

Diese Beziehung muss für alle Funktionen $f(t)$ gelten, so auch für die konstante Funktion $f(t) \equiv 1\, \forall\, t \in \mathbb{R}$. Damit ergibt sich eine notwendige Bedingung für $g_n(t)$

$$\int\limits_{-\infty}^{\infty} g_n(\tau)\, d\tau = 1$$

Die weitere Bedingung

$$\int\limits_{-\infty}^{\infty} f(\tau)\, g_n(t-\tau)\, d\tau = f(t)$$

wird erfüllt, wenn

$$g_n(t-\tau) = \begin{cases} 1 & \text{für } \tau = t \\ 0 & \text{sonst} \end{cases}$$

Diese beiden Beziehungen bilden gemeinsam eine Definition der Dirac-Deltafunktion (vgl. Kap. 5.2). Damit ist die Dirac-Deltafunktion das neutrale Element der Faltung und es gilt[15]:

$$f(t) * \delta(t) = f(t)$$

Für die zeitverschobene Dirac-Deltafunktion ergibt sich damit

$$f(t) * \delta(t - t_0) = \int\limits_{-\infty}^{\infty} f(\tau)\, \delta(\underbrace{t - t_0}_{=:\tilde{t}} - \tau)\, d\tau = f(\tilde{t}) = f(t - t_0)$$

d. h. die Faltung eines Signals $f(t)$ mit einer um t_0 verschobenen Dirac-Deltafunktion $\delta(t - t_0)$ ergibt das entsprechende, ebenfalls um t_0 verschobene Signal $f(t - t_0)$[16].

Fassen wir diese Regeln nun zur Übersichtlichkeit nochmals zusammen:

---

[15]der "strenge Beweis" erfolgt in der Distributionstheorie, da $\delta(t)$ ja keine Funktion im eigentlich Sinne ist und das Integral hier nur "formal" ausgewertet wurde.

[16]dies sollte nicht mit der Ausblendeigenschaft der Dirac-Deltafunktion $f(t) \cdot \delta(t - t_0) = f(t_0)$ verwechselt werden. Vielmehr wird hier wiederum der grundlegende Unterschied zwischen der normalen Multiplikation $(\cdot)$ und der Faltung $(*)$ deutlich.

Satz 6.4.1 (Rechenregeln zur kontinuierlichen Faltung)

Seien $f(t)$ und $g(t)$ zwei allgemeine, absolut integrierbare Zeitfunktionen. Dann existiert ihr Integral der kontinuierlichen Faltung mit den folgenden Eigenschaften:

Kommutativgesetz
$$f(t) * g(t) = g(t) * f(t)$$

Assoziativgesetz
$$f(t) * [g(t) * h(t)] = [f(t) * g(t)] * h(t)$$

Multiplikation mit $\alpha \in \mathbb{C}$
$$\alpha\,[f(t) * g(t)] = [\alpha\,f(t)] * g(t) = f(t) * [\alpha\,g(t)]$$

Distributivgesetz
$$f(t) * [g(t) + h(t)] = f(t) * g(t) + f(t) * h(t)$$

Ableitungsregel
$$[f(t) * g(t)]' = f'(t) * g(t) = f(t) * g'(t)$$

Integral der Faltung
$$\int_{-\infty}^{\infty} f(t) * g(t)\,dt = \int_{-\infty}^{\infty} f(t)\,dt \cdot \int_{-\infty}^{\infty} g(t)\,dt$$

Neutrales Element
$$f(t) * \delta(t) = f(t)$$
$$f(t) * \delta(t - t_0) = f(t - t_0)$$

Es sollen noch zwei Zusammenhänge ohne "Beweis" erwähnt werden, deren Kenntnis bei der Anwendung der Faltung nützlich seien kann:

- **Glättungseigenschaft**:

  Ist $f(t)$ oder $g(t)$ eine stetige Funktion, dann ist auch das Ergebnis der Faltung $(f(t) * g(t))$ stetig[17].

  Das bedeutet: die Faltung einer stetigen mit einer unstetigen Funktion führt zu einem stetigen Ergebnis. Die unstetige Funktion "erbt" sozusagen die Glattheit der anderen Funktion, wird damit auch "glatt".

  Dies ist z. B. bei der Faltung mit einem Rechteckimpuls von Bedeutung. Er selbst ist zwar an den Sprungstellen nicht stetig[18], das Ergebnis der Faltung aber schon.

- **Signaldauer**:

  Faltet man zwei zeitbegrenzte Signale miteinander, so ist die Zeitdauer des Faltungsproduktes gleich der Summe der Zeitdauern der beiden Eingangssignale. Mehr dazu auf Seite 106.

---

[17]ein Beweis dazu findet sich z. B. in [GR18].
[18]linker und rechter Grenzwert sind an der Sprungstelle nicht gleich.

6.5 Anwendung der Faltung in der Signaltheorie

Die Faltungsoperation spielt in der Signaltheorie an verschiedenen Stellen eine wichtige Rolle. Über die Faltungssätze in der Fourier- bzw. Laplace-Transformation können oftmals Korrespondenzen besonders einfach berechnet werden. Mehr dazu in den entsprechenden nachfolgenden Kapiteln.

Dabei ist es aber auch immer wieder wichtig, Faltungsintegrale direkt auswerten zu können. Dafür soll es hier noch ein paar Beispiele geben, bevor das Kapitel dann mit einigen Übungsaufgaben endet, über die hier erworbene Kenntnisse individuell eingeübt und vertieft werden können (und sollten!).

Die Berechnung einer kontinuierlichen Faltung läuft immer auf die Berechnung mehrerer bestimmter Integrale hinaus. Durch die kontinuierliche Verschiebung der Funktion $g(t - \tau)$ mit größer werdendem t gegenüber der "statischen" Funktion $f(\tau)$ ergeben sich je nach Überlappungsbereich der beiden Funktionen Integrale mit unterschiedlichen Integralgrenzen. Solange es sich bei $f(t)$ und $g(t)$ um "einfache" Funktionen handelt, haben die Integrale immer den gleichen Integranden und es muss nur eine Stammfunktion bestimmt werden, die dann an den verschiedenen Grenzen ausgewertet wird. Sind die Funktionen jedoch komplizierter aufgebaut, z. B. ein linearer Anstieg mit anschließendem exponentiellen Abfall, teilen sich diese Integrale zusätzlich gemäß der Abschnitte aus der abschnittsweisen Funktionsdefinition weiter auf und diese Teilintegrale haben dann auch unterschiedliche Integranden, zu denen jeweils die Stammfunktionen zu bestimmen sind. Der Aufwand kann also durchaus erheblich sein. Das Ergebnis der Faltung ist dann die Summe der einzelnen ausgewerteten Stammfunktionen.

Nun, das ist jetzt alles noch ein wenig unanschaulich. Doch bevor wir uns einige Beispiele dazu ansehen, ist es sinnvoll sich zunächst noch ein wenig ausführlicher mit der Sprungfunktion $\sigma(t)$ zu beschäftigen.

6.5.1 Die Sprungfunktion in der Faltung

In der Signaltheorie hat man es i.A. mit *kausalen Zeitfunktionen* zu tun, d. h. Funktionen, die nur für Zeitpunkte $t \geq 0$ von Null verschiedene Werte erzeugen[19]. Diese Funktionen modelliert man meistens mit Hilfe einer Sprungfunktion. Ist das Signal insgesamt zeitlich begrenzt, hat also nur in einem definierten Zeitintervall $t \in [t_a; t_b]$ von Null verschiedene Werte, stellt man dies über eine entsprechende Rechteckfunktion da, die aus zwei Sprungfunktionen gebildet wird.

Auch die Filterfunktionen, das sind in diesem Zusammenhang die Faltungs- oder Glättungskerne $g(t)$, sind meistens nur in einem Intervall $t \in [t_\alpha; t_\beta]$ von Null verschieden und werden ebenfalls mit Hilfe von Sprungfunktionen beschrieben.

Auch wenn die nachfolgenden Zusammenhänge recht anschaulich und einfach sind, können hier doch schnell (vor allem Vorzeichen-) Fehler entstehen. Deshalb schauen wir uns jetzt die Verwendung von Sprungfunktionen zur Modellierung von Recht-

---

[19]$t = 0$ ist dann i.A. der Einschaltzeitpunkt. Mehr dazu in den Kapiteln der Transformationen.

eckfunktionen etwas näher an und notieren dann die Eigenschaften der aus Sprungfunktionen gebildeten Rechteckfunktionen in einem Satz.

Eine Rechteckfunktion kann als Differenz zweier Sprungfunktionen dargestellt werden[20]:

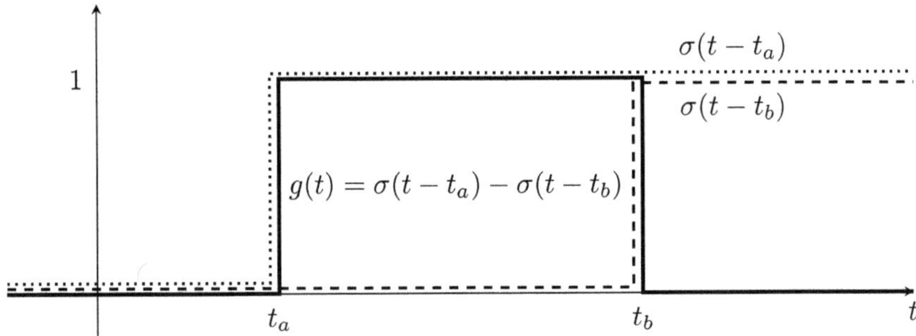

Abb. 6.5: Rechteckfunktion gebildet aus zwei Sprungfunktionen.
Zur besseren Sichtbarkeit sind die Kurven der beiden Sprungfunktionen
auf der y-Achse etwas verschoben dargestellt. Dort wo beide Sprungfunktionen den Wert 1 ergeben, heben sich die Werte gegenseitig auf und die
zusammengesetzte Funktion ist Null.

Eine Rechteckfunktion, die von t_a bis t_b den Wert Eins und sonst Null ergibt, kann
man also über zwei Einheits-Sprungfunktionen modellieren:

$$g(t) = \sigma(t - t_a) - \sigma(t - t_b) = \begin{cases} 1 & \text{für } t \in [t_a; t_b) \\ 0 & \text{sonst} \end{cases}$$

Anschaulich ist auch sofort klar, dass die Reihenfolge der Sprungfunktionen in der
Definition eine Rolle spielt, denn eine Vertauschung entspricht der Spiegelung an
der t-Achse: $\sigma(t - t_b) - \sigma(t - t_a) = -g(t)$.

Wie in Abb. 6.3 dargestellt, wird bei der Faltung die Filterfunktion an der y-Achse
gespiegelt und dann um t nach rechts verschoben. Und hier liegt eine potentielle
Fehlerquelle.

Aus der Definition der Sprungfunktion (siehe Def. 5.1.1) folgt der wichtige und
grundlegende Zusammenhang für $t \neq 0$

$$\sigma(t) + \sigma(-t) = 1$$

wovon man sich leicht überzeugen kann, wenn man sich fragt "wann wird das
Argument der Funktion größer als Null?"[21].

---

[20]der Einfachheit halber werden hier zunächst nur Funktionen mit $y = 1$ betrachtet. Werden
diese später mit einer (ggf. sogar zusammengesetzten) Funktion $y(t)$ multipliziert, gelten die
hier abgeleiteten Zusammenhänge weiterhin.

[21]wird die Sprungfunktion gemäß Satz 5.1.1 stetig fortgesetzt, gilt diese Beziehung auch für $t = 0$.

Um eine Funktion $f(x)$ an der y-Achse zu spiegeln, ändert man i.A. ihr Argument x in $-x$ und erhält so auch eine Aussage über ihre Symmetrie. Die obige Eigenschaft der Sprungfunktion macht deutlich, dass dies hier wohl nicht so einfach geht, denn ersetzt man die Argumente der beiden Sprungfunktionen durch ihre negativen Werte, erhält man für $g(t) = \sigma(t - t_a) - \sigma(t - t_b)$:

$$\sigma(-(t - t_a)) - \sigma(-(t - t_b)) = \sigma(-t + t_a) - \sigma(-t + t_b)$$

$$= [1 - \sigma(t - t_a)] - [1 - \sigma(t - t_b)]$$

$$= \sigma(t - t_b) - \sigma(t - t_a)$$

$$= -g(t)$$

und damit die an der t-Achse gespiegelte Funktion. Das ist aber <u>nicht</u> gesuchte Ergebnis.

Das Argument der Funktion $\sigma(t - t_a)$ ist ja eigentlich t. Der Term $-t_a$ bedeutet nur eine Verschiebung nach rechts. So ist also bei der Spiegelung an der y-Achse auch nur der Wert t gegen $-t$ auszutauschen und man erhält:

$$\sigma(-t - t_a) - \sigma(-t - t_b) = \sigma(-(t + t_a)) - \sigma(-(t + t_b))$$

$$= [1 - \sigma(t + t_a)] - [1 - \sigma(t + t_b)]$$

$$= \sigma(t + t_b) - \sigma(t + t_a)$$

Die Spiegelung an der y-Achse bedeutet hier also erstens eine Änderung des Vorzeichens der Verschiebungen t_a und t_b und zweitens die Änderung der Reihenfolge der Sprungfunktionen. Dies ist anschaulich wieder leicht nachzuvollziehen:

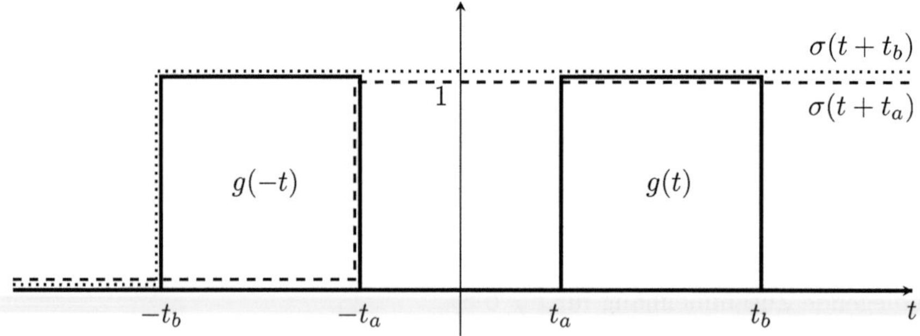

Abb. 6.6: Gespiegelte Rechteckfunktion gebildet aus zwei Sprungfunktionen.
Zur besseren Sichtbarkeit sind die Kurven der beiden Sprungfunktionen auf der y-Achse wiederum etwas verschoben dargestellt.

Bei der Beschreibung einer Rechteckfunktion über zwei Sprungfunktionen wird immer erst der "linke Sprung" bei dem kleineren t-Wert notiert und dann der "rechte Sprung" beim größeren t-Wert davon abgezogen.

Fassen wir diese Betrachtungen also zusammen:

Satz 6.5.1 (Eigenschaften einer modellierten Rechteckfunktion)

Für die Einheits-Sprungfunktion $\sigma(t)$ gilt für $t \neq 0$, oder $\sigma(t)$ stetig fortgesetzt:

$$\sigma(-t) + \sigma(t) = 1$$

Für eine Rechteckfunktion $g(t)$, die aus zwei Einheits-Sprungfunktionen gebildet wird, gilt:

Definition $\quad g(t) = \sigma(t - t_a) - \sigma(t - t_b) = \begin{cases} 1 & \text{für } t \in [t_a; t_b) \\ 0 & \text{sonst} \end{cases}$

Spiegelung an der t-Achse $\quad -g(t) = \sigma(-t + t_a) - \sigma(-t + t_b)$

Spiegelung an der y-Achse $\quad g(-t) = \sigma(t + t_b) - \sigma(t + t_a)$

6.5.2 Beispiel einer Faltung: Rechteck mit Rechteck

In der praktischen Anwendung der kontinuierlichen Faltung kann man unterschiedlich vorgehen: der übliche Weg ist eine grafische Veranschaulichung der Verhältnisse und Ablesen der sich daraus ergebenden Teilintegrale. Ein anderer Weg wäre eine formale Herangehensweise, bei der die im vorangehenden Abschnitt betrachteten Zusammenhänge und Eigenschaften der Sprungfunktion verstärkt zum Tragen kommen.

Wir betrachten in diesem Beispiel zunächst "den Klassiker": die Faltung zweier Rechteckfunktionen miteinander und schreiben dabei die jeweiligen Grenzen der Funktionen zunächst allgemein als t_1, t_2, t_a, t_b, so dass das Ergebnis dann direkt auf Fälle mit konkreten Werten übertragen werden kann.

Die Zeitfunktion $f(t) = \sigma(t - t_1) - \sigma(t - t_2)$ wird mit der Gewichtsfunktion $g(t) = \sigma(t - t_a) - \sigma(t - t_b)$ gefaltet:

$$y(t) = f(t) * g(t) = \int_{-\infty}^{\infty} f(\tau)\, g(t - \tau)\, d\tau$$

$$= \int_{-\infty}^{\infty} [\sigma(\tau - \tau_1) - \sigma(\tau - \tau_2)] \, [\sigma(-\tau - \tau_a + t) - \sigma(-\tau - \tau_b + t)] \, d\tau$$

$$= \int_{-\infty}^{\infty} [\sigma(\tau - \tau_1) - \sigma(\tau - \tau_2)] \, [\sigma(\tau + \tau_b - t) - \sigma(\tau + \tau_a - t)] \, d\tau$$

Beide Rechtecke sollen die gleiche Breite haben, d. h. $t_2 - t_1 = t_b - t_a$.
Dies stellt sich grafisch wie folgt da:

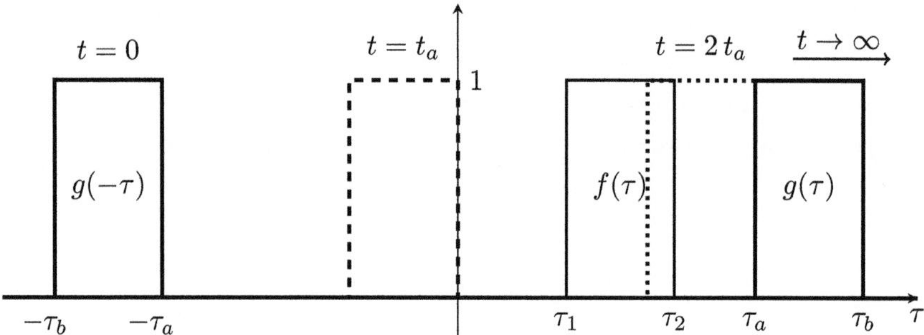

Abb. 6.7: Faltung zweier Rechteckfunktionen.
Im Faltungsintegral beziehen sich die Funktionen auf die τ-Achse (siehe Def. 6.3.1). Die Variable t beschreibt die Verschiebung der gespiegelten Funktion $g(\tau)$ im Laufe der Zeit. Von den drei hier exemplarisch angegebenen Zeitpunkten ergibt das Faltungsintegral nur für $t = 2\,t_a$ einen von Null verschiedenen Wert, da sich die beiden Funktionen nur dort überlappen.

Für die Berechnung des Integrals ergibt sich: solange die beiden Funktionen $f(\tau)$ und $g(t - \tau)$ sich nicht überlappen, ist eine der beiden Null und damit auch der Integrand des Faltungsintegrals. Da beide Funktionen zeitlich begrenzt sind, gibt es nur ein endliches Intervall der t-Werte, für welches ein Überlapp besteht und das Faltungsintegral überhaupt einen Wert ungleich Null liefern kann.

Bevor wir die entsprechenden t-Werte bestimmen, hier nochmals der Hinweis zur *Signaldauer* von Seite 101: die zeitliche Dauer des Faltungsergebnisses ergibt sich als Summe der zeitlichen Dauer der beiden Funktionen $f(\tau)$ und $g(\tau)$. Dies wird hier anschaulich deutlich, wenn man sich vor Augen führt, wie lange es mindestens einen Zeitpunkt t gibt, zu dem ein Überlapp der Funktionen besteht: dies der Fall, sobald die rechte Grenze von $g(t - \tau)$ der linken Grenze von $f(\tau)$ entspricht und es endet, wenn die linke Grenze von $g(t - \tau)$ gleich der rechten Grenze von $f(\tau)$ ist. Und das ergibt genau die Summe der Dauer der beiden Funktionen.

Kommen wir nun aber zur Definition der Teilintegrale. Dazu verfolgen wir, wie sich $g(t - \tau)$ mit der Zeit über $f(\tau)$ schiebt: solange $g(t - \tau)$ keinen Überlapp mit $f(\tau)$ hat, ist das Integral Null, also für $t < t_a + t_1$. Ab $t = t_a + t_1$ entsteht ein Überlapp, der mit zunehmender Zeit größer wird, bis die rechte Grenze von $g(t - \tau)$ auf der rechten Grenze von $f(\tau)$ liegt, also bis $t = t_a + t_2$. Da die beiden Rechtecke die gleiche Breite haben, liegen die beiden Rechtecke nun vollständig aufeinander und haben den maximalen Überlapp. Der Wert des Integrals ist bis hier stetig gestiegen und hat nun den maximalen Wert erreicht. Mit weiter fortschreitender Zeit wird der Überlapp und damit der Wert des Integrals wieder stetig kleiner, bis sich die Rechtecke bei $t = t_a + t_2 + (t_2 - t_1) = t_a + 2\,t_2 - t_1$ wieder trennen und es keinen weiteren Überlapp mehr gibt, das Integral also wieder Null ergibt.

Wir haben damit die folgende Situation:

$t \in \dots$	Grafik	Faltungsintegral
$(-\infty; t_a + t_1]$	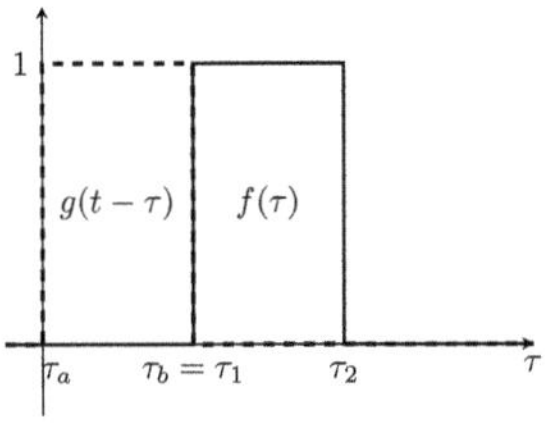	$\displaystyle\int_{-\infty}^{\tau_1} 0 \cdot 0 \, d\tau = 0$
$(t_a + t_1; t_a + t_2]$	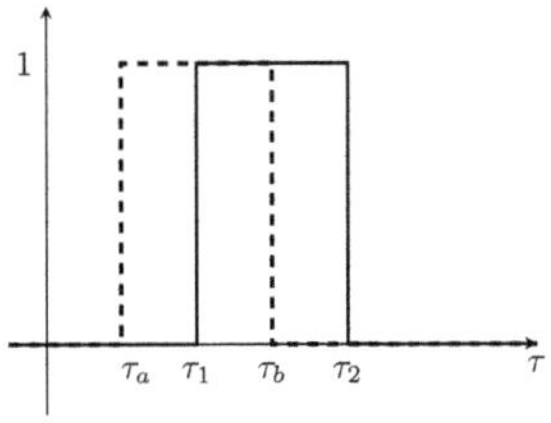	$\displaystyle\int_{\tau_1}^{\tau_1 + t} 1 \cdot 1 \, d\tau = t$
$(t_a + t_2; t_a + 2t_2 - t_1]$	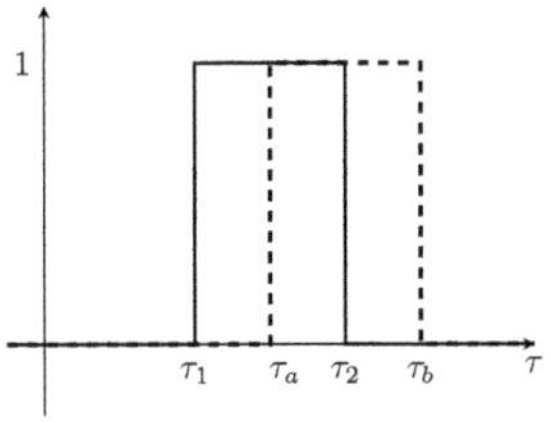	$\displaystyle\int_{\tau_1 + t}^{\tau_2} 1 \cdot 1 \, d\tau = \tau_2 - \tau_1 - t$
$(t_a + 2t_2 - t_1; \infty)$	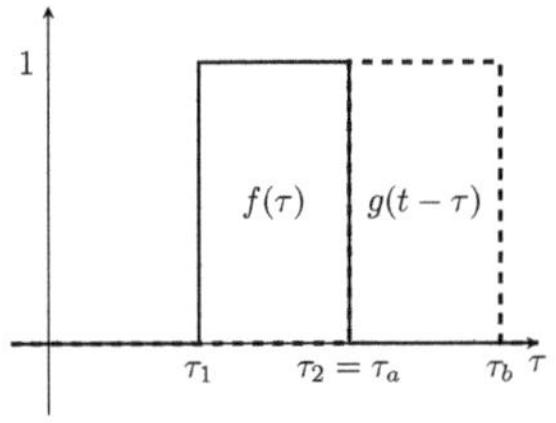	$\displaystyle\int_{\tau_2}^{\infty} 0 \cdot 0 \, d\tau = 0$

Der Umgang mit den verschiedenen Variablen kann hier leicht verwirren. Deshalb sei es hier kurz erläutert:

Die "eigentliche" Zeitachse ist die t-Achse, auf der die Funktionen $f(t)$ und $g(t)$ mit den entsprechenden Parametern (t_1, t_2, t_a, t_b) definiert sind. Das Ergebnis der Faltung ist eine Zeitfunktion in t. Das Integral wird über die Zeitachse ausgeführt. Da gleichzeitig eine Verschiebung der einen Funktion in der Zeit erfolgt, wird die Integrationsvariable t mit τ bezeichnet, so dass die Verschiebung in der Zeit mit dem Parameter t beschrieben werden kann. Die Grafiken sind aus Sicht des Integrals und folglich in der τ-Welt dargestellt. Hier liegen die t- und τ-Achse aufeinander, so dass die Verschiebung um t sichtbar wird.

Die Verschiebung in t definiert die Intervalle der verschiedenen Abschnitte der Faltung, die immer nahtlos anschließen, so dass die gesamte t-Achse berücksichtigt wird. Für jedes Intervall wird das entsprechende Integral aufgestellt, wobei immer eine Grenze fest ist und die andere Grenze sich mit der Zeit t ändert. Die Inte-

grationsgrenzen schließen wiederum nahtlos an, so dass am Ende über die gesamte
t-Achse integriert wird.

Das Ergebnis einer Faltung ist wieder eine abschnittsweise definierte Funktion[22]:

$$y(t) := f(t) * g(t) = \begin{cases} t - (t_a + t_1) & \text{für } t_a + t_1 < t \le t_a + t_2 \\ (t_a + 2\,t_2 - t_1) - t & \text{für } t_a + t_2 < t \le t_a + 2\,t_2 - t_1 \\ 0 & \text{sonst} \end{cases}$$

Spätestens jetzt erkennt man, dass es sich in diesem Fall bei dem Ergebnis um eine
Dreieckskurve handelt. Wir veranschaulichen es für die Parameter

$$t_1 = 2 \,, \quad t_2 = 4 \,, \quad t_a = 5 \,, \quad t_b = 7$$

Damit lauten die beiden Funktionen in der Faltung

$$f(t) = \sigma(t - 2) - \sigma(t - 4) \qquad \text{und} \qquad g(t) = \sigma(t - 5) - \sigma(t - 7)$$

und es ergibt sich:

$$y(t) := f(t) * g(t) = \begin{cases} t - 7 & \text{für } 7 < t \le 9 \\ 11 - t & \text{für } 9 < t \le 11 \\ 0 & \text{sonst} \end{cases}$$

Die grafische Darstellung der drei Funktionen auf der Zeitachse t:

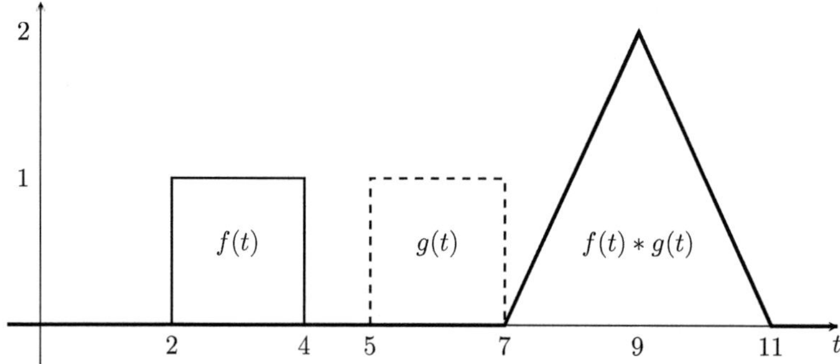

Abb. 6.8: Faltung zweier konkreter Rechteckfunktionen.
Dargestellt sind die Funktionen $f(t) = \sigma(t - 2) - \sigma(t - 4)$,
$g(t) = \sigma(t - 5) - \sigma(t - 7)$ und das Ergebnis ihrer Faltung $f(t) * g(t)$.

Hinweis: Manchmal liest man *"die Faltung zweier Rechtecke ergibt eine Dreiecksfunktion"*. Dies ist aber nicht ganz korrekt, sondern gilt nur für Rechtecke gleicher
Breite[23]. Die Faltung unterschiedlich breiter Rechtecke wird deshalb in der Übungs-
aufgabe 6.1 behandelt.

---

[22]in dem Funktionsausdruck sind dabei die Intervallgrenzen zu beachten.

[23]faltet man zwei identische Rechtecke miteinander spricht man manchmal auch von der "Autokorrelation" des Rechtecks mit Ergebnis einer Dreiecksfunktion.

Dies war bisher der anschauliche, *grafische Weg* zur Lösung des Faltungsintegrals. Bevor wir uns Beispiele der Faltung "beliebiger" Funktionen ansehen, soll zuerst aber noch der *analytische Weg* zur Berechnung einer Faltung besprochen werden.

Schauen wir uns zunächst für den konkreten Fall das Integral an, welches es zu lösen gilt:

$$y(t) = \int_{-\infty}^{\infty} [\sigma(\tau - 2) - \sigma(\tau - 4)] \, [\sigma(-\tau - 5 + t) - \sigma(-\tau - 7 + t)] \, d\tau$$

(Spiegelung an der y-Achse gemäß Satz 6.5.1)

$$= \int_{-\infty}^{\infty} [\sigma(\tau - 2) - \sigma(\tau - 4)] \, [\sigma(\tau + 7 - t) - \sigma(\tau + 5 - t)] \, d\tau$$

Dies ist ein "ganz normales" Integral, das nach Ausmultiplizieren der beiden Klammern in 4 Teilintegrale zerlegt werden kann:

$$y(t) = \int_{-\infty}^{\infty} \sigma(\tau - 2)\,\sigma(\tau + 7 - t)\,d\tau - \int_{-\infty}^{\infty} \sigma(\tau - 2)\,\sigma(\tau + 5 - t)\,d\tau \qquad (6.1)$$

$$- \int_{-\infty}^{\infty} \sigma(\tau - 4)\,\sigma(\tau + 7 - t)\,d\tau + \int_{-\infty}^{\infty} \sigma(\tau - 4)\,\sigma(\tau + 5 - t)\,d\tau$$

Ein **Produkt aus zwei einfachen Sprungfunktionen** ist sehr einfach zu bestimmen:

$$\sigma(\tau - a)\,\sigma(\tau - b) = \sigma(\tau - \max(a; b)) \qquad (6.2)$$

Dies gilt für alle $a,b \in \mathbb{R}$, wovon man sich leicht durch kleine Beispielzeichnungen selbst überzeugen kann.

Die **Stammfunktion der Sprungfunktion** ist eine Einheitsgerade:

$$\int \sigma(\tau - a)\,d\tau = (\tau - a)\,\sigma(\tau - a) + c \qquad (6.3)$$

Die Funktion $\sigma(\tau - a)$ ist 0 solange $\tau < a$ und ab dann immer 1. Integriert man also bis zum Punkt $\tau = a$ ist das Ergebnis 0. Ab dann ist es das Integral über 1 und damit eine Gerade. Ein Beispiel veranschaulicht das:

$$\int_{-2}^{5} \sigma(\tau - 3)\,d\tau = (\tau - 3)\sigma(\tau - 3)\,\Big|_{-2}^{5} = (5 - 3)\,\underbrace{\sigma(5 - 3)}_{=1} - (-2 - 3)\,\underbrace{\sigma(-2 - 3)}_{=0} = 2$$

Die Richtigkeit des Ergebnisses ist unmittelbar einsichtig: für $3 \le \tau \le 5$ ist der Integrand ein Rechteck der Breite 2 mit der Höhe 1, also der Fläche 2. Für Werte $\tau < 3$ ist der Integrand gleich 0 und für $\tau > 5$ wird nicht mehr integriert.

Damit haben wir alle alle Elemente zusammen, um die Teilintegrale zu bearbeiten. Dazu gehen wir wie folgt vor:

- Wir schauen uns die vier Produkte der jeweils zwei Sprungfunktionen in den Integranden von Gleichung (6.1) an und bestimmen deren Ergebnis. Dabei gibt es gemäß Gl. (6.2) jeweils eine Fallunterscheidung je nach dem, welches Argument das größere ist.

	Produkt	Vergleich	Ergebnis nach Gl. (6.2)
(1)	$\sigma(\tau - 2)\,\sigma(\tau + 7 - t)$	$2 < t - 7$	$= \begin{cases} t \leq 9 & : \quad \sigma(\tau - 2) \\ 9 < t & : \quad \sigma(\tau + 7 - t) \end{cases}$
(2)	$-\sigma(\tau - 2)\,\sigma(\tau + 5 - t)$	$2 < t - 5$	$= \begin{cases} t \leq 7 & : \quad -\sigma(\tau - 2) \\ 7 < t & : \quad -\sigma(\tau + 5 - t) \end{cases}$
(3)	$-\sigma(\tau - 4)\,\sigma(\tau + 7 - t)$	$4 < t - 7$	$= \begin{cases} t \leq 11 & : \quad -\sigma(\tau - 4) \\ 11 < t & : \quad -\sigma(\tau + 7 - t) \end{cases}$
(4)	$\sigma(\tau - 4)\,\sigma(\tau + 5 - t)$	$4 < t - 5$	$= \begin{cases} t \leq 9 & : \quad \sigma(\tau - 4) \\ 9 < t & : \quad \sigma(\tau + 5 - t) \end{cases}$

- Dann tragen wir zur Veranschaulichung die Ergebnisse für die unterschiedlichen Intervalle vom Parameter t über der Zeitachse auf.

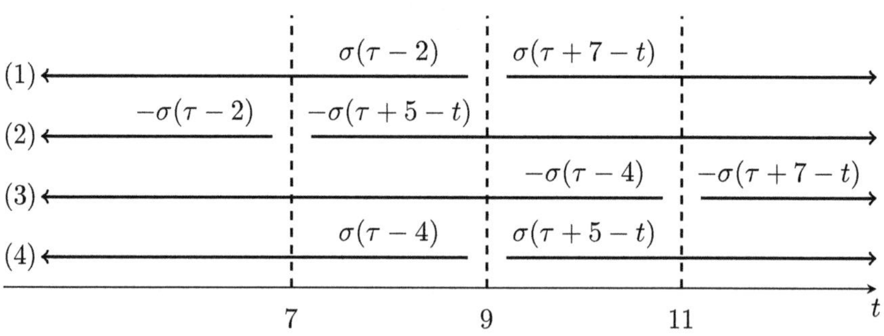

- Nun bestimmen wir für jedes Intervall die Summe der vier Sprungfunktionen: An der Darstellung ist gut sichtbar, dass sich für den Bereich $t \notin [7; 11]$ die Bestandteile gegenseitig aufheben, so dass der gesamte Integrand dort Null ist und damit auch die Stammfunktion des Faltungsintegrals.

Was bleibt, sind die beiden Teilintervalle mit den Bestandteilen

$$t \in (7; 9] \quad : \quad \sigma(\tau - 2) - \sigma(\tau + 5 - t)$$

$$t \in (9; 11] \quad : \quad \sigma(\tau + 7 - t) - \sigma(\tau - 4)$$

- Jetzt können die Integrale für die Intervalle aufgestellt und berechnet werden: In beiden Intervallen stellen die jeweiligen Sprungfunktionen eine Rechteck-Funktion dar, wobei eine der Grenzen jeweils vom Parameter t anhängt. Mit

$$\sigma(\tau - 2) \leq \sigma(\tau + 5 - t) = \begin{cases} \sigma(\tau - 2) & \text{für } t = 7 \\ \sigma(\tau - 4) & \text{für } t = 9 \end{cases}$$

ist offensichtlich die rechte Grenze variabel mit t und es ergibt sich:

$$\int\limits_{2}^{2+t} 1\, d\tau = t$$

Analog ist im zweiten Intervall die linke Grenze variabel mit t

$$\left. \begin{array}{ll} \text{für } t = 9 & \sigma(\tau - 2) \\ \text{für } t = 11 & \sigma(\tau - 4) \end{array} \right\} = \sigma(\tau + 7 - t) \leq \sigma(\tau - 4)$$

und für das Integral ergibt sich

$$\int\limits_{2+t}^{4} 1\, d\tau = 2 - t$$

- Zusammengefasst folgt damit für das Faltungsintegral aus Gl. (6.1)[24] mit

$$y(t) = \begin{cases} t - 7 & \text{für } 7 < t \leq 9 \\ 11 - t & \text{für } 9 < t \leq 11 \\ 0 & \text{sonst} \end{cases}$$

"natürlich" das gleiche Ergebnis wie auf dem grafischen Weg.

6.5.3 Allgemeine Lösung zur Faltung beliebiger Rechtecke

Nachdem wir im vorangegangenen Abschnitt zwei Rechtecke gleicher Breite gefaltet haben, soll in Aufgabe 6.1 die analoge Rechnung nochmals für Rechtecke unterschiedlicher Breite durchgeführt werden. Damit werden die beiden allgemein üblichen Vorgehensweisen zur Faltung endlicher Signale eingeübt: der grafische Ansatz zum Aufstellen der Integrale und der analytische Ansatz über die Sprungfunktionen. Das Rechteck ist dabei aufgrund seiner einfachen Modellierung der "Klassiker" zur Veranschaulichung der grundsätzlichen Vorgehensweise[25].

---

[24]wiederum unter Beachtung der Intervallgrenzen in dem jeweiligen Funktionsausdruck.

[25]insbesondere da sich die Stammfunktionen aus den konstanten Integranden trivial bestimmen lassen und die Integration per se damit nicht den Blick auf das Wesentliche, nämlich die Festlegung der Integralgrenzen, versperrt.

In diesem Abschnitt soll nun eine einfache Merkregel hergeleitet und veranschaulicht werden, mit deren Hilfe sich das Ergebnis der Faltung zweier beliebiger Rechtecke in trivialer Weise hinschreiben lässt, ohne das großartig Rechnungen durchgeführt werden müssen. Dazu definieren wir zunächst die allgemeine Aufgabenstellung und gehen die Rechnung dann Schritt für Schritt durch.

Allgemeine Aufgabenstellung

Die beiden Rechtecke

$$R_1(t) := h_1 \left[\sigma(t-a) - \sigma(t-b) \right] \qquad \text{und} \qquad R_2(t) := h_2 \left[\sigma(t-c) - \sigma(t-d) \right]$$

sollen miteinander gefaltet werden:

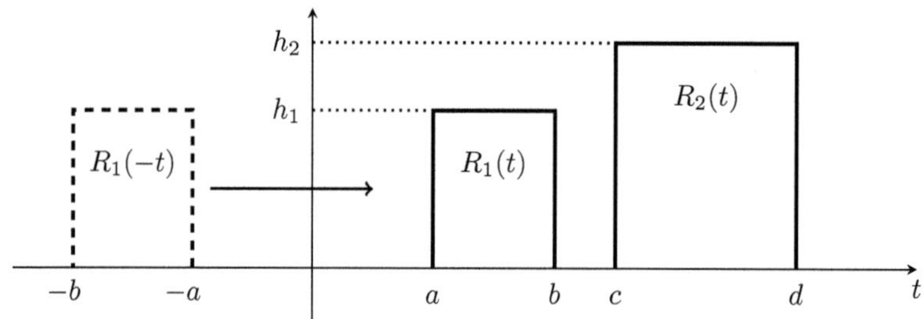

Abb. 6.9: Aufgabenstellung zur Faltung zweier Rechteckfunktionen $R_1(t)$ und $R_2(t)$. Die "geflippte" Funktion $R_1(-t)$ bewegt sich in der Zeit nach rechts.

Es sei festgelegt:

- $a < b$ und $c < d$, damit sind a und c jeweils die linken Kanten der Rechtecke.
- Die Höhen h_1 und h_2 der beiden Rechtecke sind nicht weiter eingeschränkt, d. h. sie können unterschiedliche oder die gleiche Höhe haben.
- Für die Breiten der Rechtecke gilt: $B_1 := (b-a) \leq B_2 := (d-c)$, damit ist $R_1(t)$ das ggf. schmalere der beiden Rechtecke.
- Mit R_1 wird das (ggf. schmalere) Rechteck an der y-Achse gespielt ("geflippt") und in der Zeit nach rechts über R_2 hinweg verschoben[26].

Für die folgende Herleitung sei zusätzlich angenommen, das $b \leq c$, $R_1(t)$ also auf der Zeitachse links von $R_2(t)$ liegt und die beiden Rechtecke sich nicht überlappen. Eine analoge Herleitung, bei der $R_1(t)$ rechts von $R_2(t)$ liegt, führt letztlich zum gleichen Ergebnis.

Das Faltungsintegral für die beiden Rechtecke ist schnell aufgestellt[27]:

$$F(t) := R_1(t) * R_2(t) = \int_{-\infty}^{\infty} R_1(t-\tau) R_2(\tau)\, d\tau$$

---

[26] wegen der Kommutativität der Faltung ist das keine Einschränkung, vereinfacht aber die Herleitung.

[27] Wie üblich ist die Integrationsvariable τ genannt worden, damit mit t die Verschiebung, d. h. die Variable der Funktion $F(t)$ bezeichnet werden kann.

Betrachten wir nun die Auswertung des Integrals während sich t von $-\infty$ bis ∞ ändert. Dabei sind fünf Phasen zu unterscheiden:

Phase 1

Für $t \in (-\infty; a + c]$ schiebt sich das Rechteck R_1 an R_2 heran bis sich beide berühren:

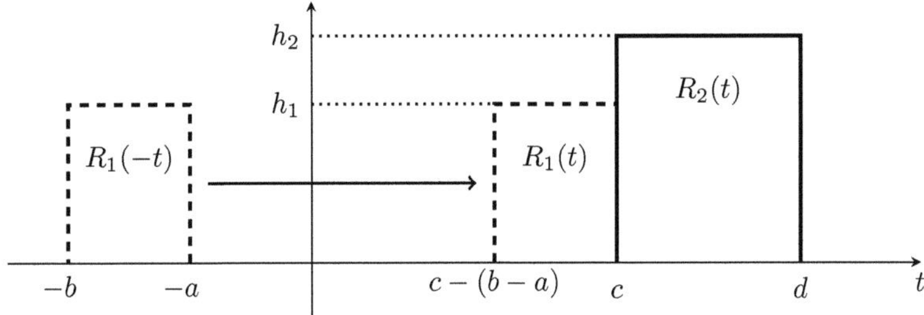

Dabei entsteht aber nie ein Überlapp der beiden Funktionen, so dass der Integrand, und damit das Faltungsintegral, immer Null ergibt:

$$F(t) = \int\limits_{-\infty}^{a+c} R_1(t - \tau)\, R_2(\tau)\, d\tau = \int\limits_{-\infty}^{a+c} 0\, d\tau = 0$$

Phase 2

Wird t nun größer als $a + c$, so entsteht ein Überlapp der beiden Rechtecke und damit nimmt der Wert der Faltung einen Wert größer Null an. Mit fortschreitender Zeit wird der Überlapp immer größer bis R_1 vollständig über R_2 liegt. Dann ist der maximale Überlapp erreicht:

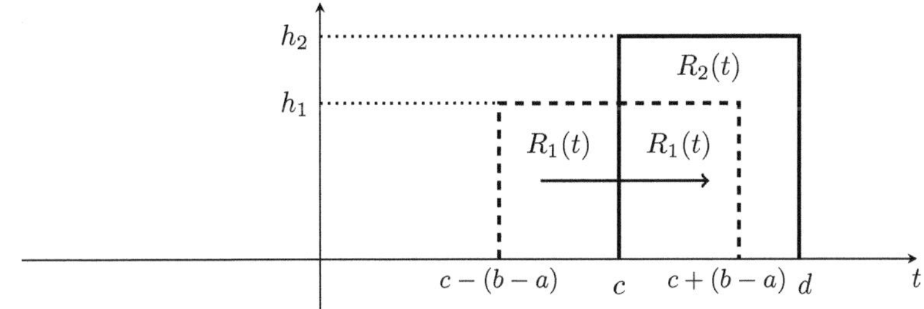

Für $t \in [a + c; a + c + (b - a)] = [a + c;\, b + c]$ bleibt die linke Grenze des Überlapps konstant, während die rechte Grenze mit der Zeit größer wird und es ergibt sich:

$$F(t) = \int\limits_{a+c}^{a+c+t} R_1(t - \tau)\, R_2(\tau)\, d\tau = \int\limits_{a+c}^{a+c+t} h_1 h_2\, d\tau = h_1 h_2 (a + c + t - a - c) = h_1 h_2 t$$

$F(t) = h_1 h_2 t$ ist eine Gerade mit der Steigung $h_1 h_2$, die in einem Intervall der Breite $B = b + c - a - c = b - a = B_1$ verläuft und von Null auf $h_1 h_2 B_1$ ansteigt.

Phase 3

Nun hängt es davon ab, ob die beiden Rechtecke die gleiche Breite haben. Ist dies der Fall, wird sobald $t > b + c$ ist, der Überlapp wieder kleiner und damit der Wert des Integrals geringer. Dies diskutieren wir gleich als Phase 4.

Hier betrachten wir jedoch den Fall unterschiedlicher Breiten. Dann bleibt der Überlapp und damit auch der Wert des Integrals so lange konstant, bis der rechte Rand von R_1 den rechten Rand von R_2 erreicht hat:

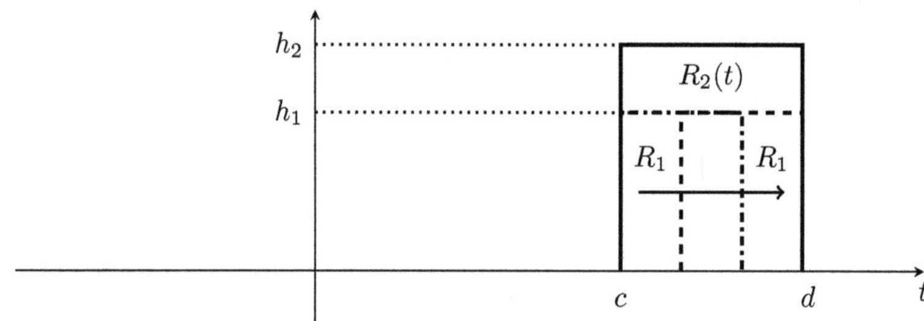

Für $t \in [b + c; b + c + (d - c) - (b - a)] = [b + c; a + d]$ ändern sich folglich die linke und die rechte Grenze des Überlapps mit der Zeit und es ergibt sich:

$$F(t) = \int\limits_{a+c+t}^{b+c+t} R_1(t-\tau)R_2(\tau)\, d\tau = \int\limits_{a+c+t}^{b+c+t} h_1\, h_2\, d\tau = h_1 h_2(b+c+t-t-a-c) = h_1 h_2(b-a)$$

Für das Intervall der Breite $B = B_2 - B_1$ bildet $F(t)$ also ein Plateau der Höhe $h_1 h_2 B_1$.

Phase 4

Ab $t = a + d$ tritt das Rechteck R_1 rechts aus dem Rechteck R_2 heraus und der Überlapp verringert sich, bis die linke Kante von R_1 mit der rechten Kante von R_2 zusammen fällt:

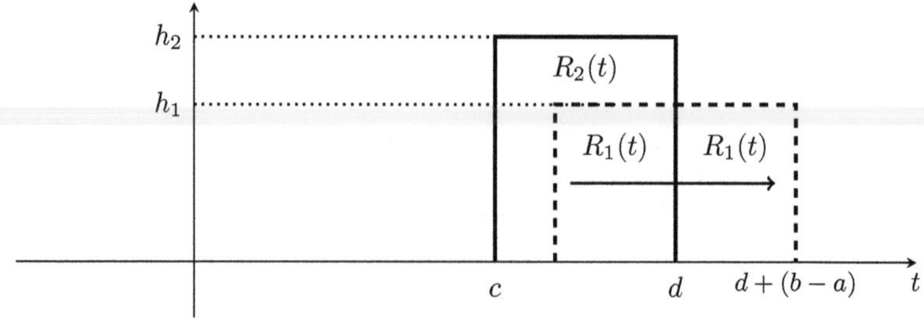

Für $t \in [a + d; a + d + (b - a)] = [a + d; b + d]$ ändert sich die linke Grenze des Überlapps mit der Zeit, während nun die rechte Grenze konstant bleibt:

$$F(t) = \int\limits_{2a+d-b+t}^{a+d} R_1(t-\tau)\,R_2(\tau)\,d\tau = \int\limits_{2a+d-b+t}^{a+d} h_1\,h_2\,d\tau$$

$$= h_1h_2(a+d-2a-d+b-t) = h_1h_2(B_1-t)$$

Für das Intervall der Breite B_1 ist $F(t)$ also eine Gerade, die mit der negativen Steigung $-h_1h_2$ vom Plateau der Höhe $h_1h_2B_1$ auf Null abfällt.

Phase 5

Nachdem das Rechteck R_1 das Rechteck R_2 bei $t = b + d$ rechts "verlassen hat", gibt es keinen Überlapp mehr und dies bleibt für alle weiteren Werte von t so:

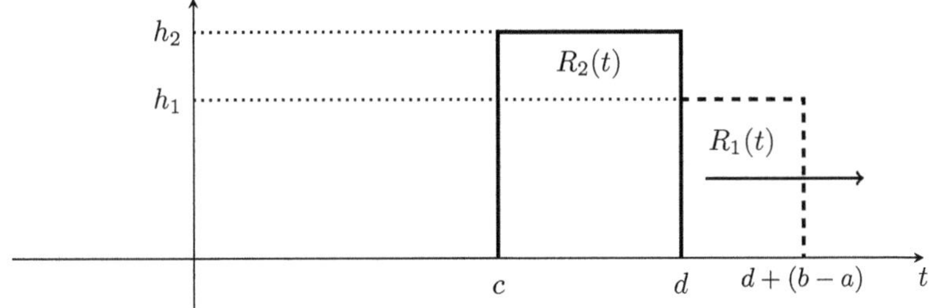

Das Faltungsintegral ergibt damit für das Intervall $t \in [b+d;\infty)$ immer Null.

Gesamtergebnis

Es gibt also maximal drei Intervalle, in denen die Faltungsfunktion $F(t)$ zweier Rechtecke von Null verschiedene Werte annimmt:

- $[a+c;b+c]$ Linearer Anstieg mit Steigung h_1h_2 von Null auf die Höhe $h_1h_2B_1$.
- $[b+c;a+d]$ Plateau der Breite $B_2 - B_1$ auf der Höhe $h_1h_2B_1$.
- $[a+d;b+d]$ Linearer Abfall mit der Steigung $-h_1h_2$ von $h_1h_2B_1$ auf Null.

Zeichnerisch ergibt dies eine stumpfe Pyramide:

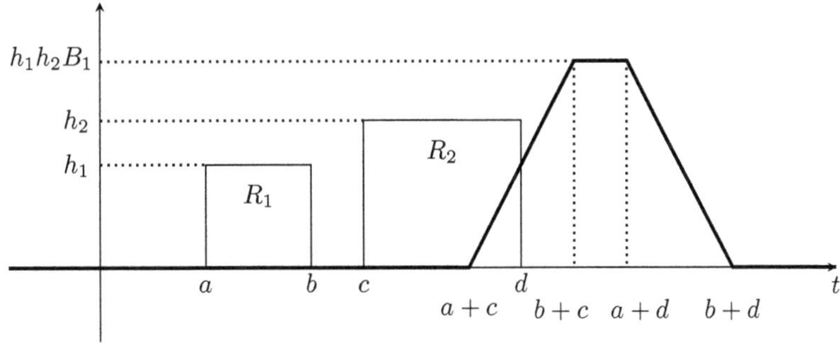

Abb. 6.10: Faltung zweier Rechtecke unterschiedlicher Breite und Höhe.

Im Fall zweier Rechtecke gleicher Breite entfällt das Plateau und das Bild ist eine einfache Dreiecksfunktion mit dem Maximum bei $(b+c;h_1h_2B_1)$.

Einfache Merkregel für den Graphen

Schaut man sich das Gesamtergebnis an, kann man daraus eine einfache Merkregel ableiten, die wir hier in kurzen Sätzen zusammenfassen:

Für das Ergebnis der Faltung von zwei beliebigen Rechtecken:

$$R_1(t) := h_1\left[\sigma(t-a) - \sigma(t-b)\right] \qquad \text{und} \qquad R_2(t) := h_2\left[\sigma(t-c) - \sigma(t-d)\right]$$

wobei $R_1(t)$ das ggf. schmalere Rechteck ist, das links oder rechts von $R_2(t)$ liegt, gilt für das Ergebnis der Faltung $F(t) := R_1(t) * R_2(t)$:

- Die vier entscheidenden Punkte auf Zeitachse kann man sich leicht merken: zunächst addiert man die Grenzen des ersten Rechtecks mit der linken Grenze des zweiten Rechtecks und dann addiert man die Grenzen des ersten Rechtecks mit der rechten Grenze des zweiten Rechtecks.
  Damit ergeben sich die vier Zeitpunkte:
  $t_1 = a + c, t_2 = b + c, t_3 = a + d, t_4 = b + d$.

- Das Ergebnis $F(t)$ ist nur in dem Intervall von Null verschieden, das sich aus der Summe der beiden linken und rechten Grenzen der Rechtecke ergibt:
  $F(t) \neq 0$ für $t \in [a + c;\, b + d]$ und $F(t) = 0$ sonst.

- Der lineare Anstieg bzw. Abfall mit der Steigung $\pm h_1 h_2$ hat jeweils die Breite des schmaleren der beiden Rechtecke $B_1 := b - a$.

- Die Höhe des Plateaus, bzw. bei Rechtecken gleicher Breite die Spitze des Dreiecks, hat den Wert $h_1 h_2 B_1$.

- Das Plateau hat die Breite der Differenz der Breiten der beiden Rechtecke:
  $B_2 - B_1 = (d - c) - (b - a) = (a + d) - (b + c)$.

Mit Hilfe dieser Regel lässt sich der Graf der Kurve schnell und einfach zeichnen. Benötigt man jedoch für weitere Rechnungen das Ergebnis der Faltung als analytischen Ausdruck, d. h. einen Formelausdruck, ist der Graph nur begrenzt hilfreich.

Man könnte nun die drei von Null verschiedenen Bereiche über Sigma-Sprungfunktionen darstellen. Deren Summe ist dann eine formal korrekte Beschreibung des Ergebnisses:

$$\begin{aligned}
R_1(t) * R_2(t) = \;& \left[\sigma(t-(a+c)) - \sigma(t-(b+c))\right] h_1 h_2\, t \\
&+ \left[\sigma(t-(b+c)) - \sigma(t-(a+d))\right] h_1 h_2\, (b-a) \\
&+ \left[\sigma(t-(a+d)) - \sigma(t-(b+d))\right] h_1 h_2\, ((b-a) - t)
\end{aligned}$$

Durch Zusammenfassen der mehrfach auftretenden Sigma-Funktionen und "geschickter" Aufteilung des mittleren Intervalls wird daraus:

$$\begin{aligned}
R_1(t) * R_2(t) = \;& \sigma(t-(a+c))\, h_1 h_2\, (t-(a+c)) \\
&- \sigma(t-(b+c))\, h_1 h_2\, (t-(b+c)) \\
&- \sigma(t-(a+d))\, h_1 h_2\, (t-(a+d)) \\
&+ \sigma(t-(b+d))\, h_1 h_2\, (t-(b+d))
\end{aligned}$$

Setzt man jeweils die vier oben genannten "entscheidenden Punkte" t_1 bis t_4 ein, kann man sich zunächst davon überzeugen, dass an allen Intervallgrenzen der korrekte Wert herauskommt. Für die vollständige Überprüfung der Richtigkeit der Darstellung muss man dann wieder alle Intervalle analog zur Darstellung auf Seite 110 aufzeichnen. Dies ersparen wir uns hier. Aber wir notieren uns dazu die...

Einfache Merkregel für den analytischen Ausdruck

Der analytische Ausdruck für das Ergebnis der Faltung zweier Rechtecke

$$R_1(t) := h_1\left[\sigma(t-a) - \sigma(t-b)\right] \qquad \text{und} \qquad R_2(t) := h_2\left[\sigma(t-c) - \sigma(t-d)\right]$$

mit $(b-a) \le (d-c)$ und $F(t) = R_1 * R_2$ besteht aus vier Teilen, die alle die gleiche Struktur

$$F_{1,\dots,4}(t) = h_1 h_2\,(t-\tau)\sigma(t-\tau)$$

haben. Für die beiden Randpunkte $\tau = t_1 = a + c$ und $\tau = t_4 = b + d$ hat der Ausdruck jeweils ein positives, für die beiden "inneren Grenzen" $\tau = t_2 = a + d$ und $\tau = t_3 = b + c$ jeweils in negatives Vorzeichen:

$$F(t) = h_1 h_2\left[(t-t_1)\sigma(t-t_1) - (t-t_2)\sigma(t-t_2) - (t-t_3)\sigma(t-t_3) + (t-t_4)\sigma(t-t_4)\right]$$

Wer mag, kann sich das auch anhand der folgenden kleinen Grafik merken:

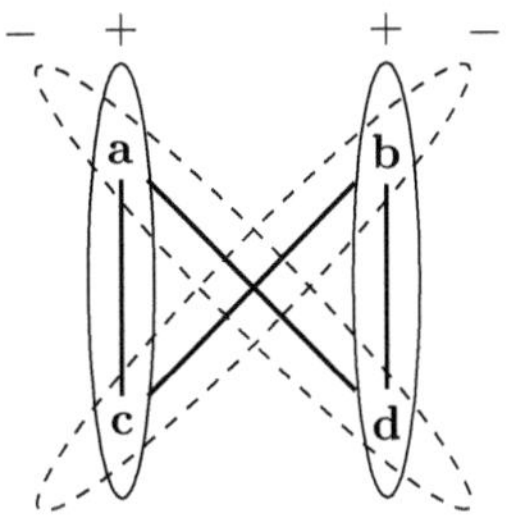

6.5.4 Beispiel: Faltung von zwei Gaußschen Normalverteilungen

Während im vorhergehenden Beispiel Funktion und Faltungskern jeweils zeitlich begrenzte Funktionen waren, wollen wir uns hier die Faltung von zwei zeitlich unbegrenzten Funktionen anschauen.

Es sollen die beiden Gaußschen Normalverteilungen

$$f(x) = \frac{1}{\sigma_1\sqrt{2\pi}}\,\mathrm{e}^{-\frac{1}{2}\left(\frac{x-\mu_1}{\sigma_1}\right)^2} \qquad \text{und} \qquad g(x) = \frac{1}{\sigma_2\sqrt{2\pi}}\,\mathrm{e}^{-\frac{1}{2}\left(\frac{x-\mu_2}{\sigma_2}\right)^2}$$

miteinander gefaltet werden. Zur Berechnung des Faltungsintegrals wird zunächst nur ein wenig Potenzrechnung und Algebra benötigt[28]:

---

[28] zur besseren Lesbarkeit der umfangreichen Exponenten wird hier für die e-Funktion zeitweise die Schreibweise $\exp(\dots)$ verwendet.

$$
f(x) * g(x) = \int\limits_{-\infty}^{\infty} \frac{1}{\sigma_1\sqrt{2\pi}}\, \mathrm{e}^{-\frac{1}{2}\left(\frac{\xi-\mu_1}{\sigma_1}\right)^2} \cdot \frac{1}{\sigma_2\sqrt{2\pi}}\, \mathrm{e}^{-\frac{1}{2}\left(\frac{x-\xi-\mu_2}{\sigma_2}\right)^2}\, d\xi
$$

$$
= \frac{1}{2\pi\,\sigma_1\sigma_2} \int\limits_{-\infty}^{\infty} \exp\left(-\frac{1}{2}\left(\frac{(\xi-\mu_1)^2\,\sigma_2^2 + (x-\xi-\mu_2)^2\,\sigma_1^2}{\sigma_1^2\sigma_2^2}\right)\right) d\xi
$$

$$
= \frac{1}{2\pi\,\sigma_1\sigma_2} \exp\left(-\frac{1}{2}\left(\frac{\mu_1^2\sigma_2^2 + (x-\mu_2)^2\sigma_1^2}{\sigma_1^2\sigma_2^2}\right)\right)
$$

$$
\cdot \int\limits_{-\infty}^{\infty} \exp\left(-\frac{1}{2}\left(\frac{\xi^2(\sigma_2^2+\sigma_1^2) - 2(\mu_1\sigma_2^2 + (x-\mu_2)\sigma_1^2)\xi)}{\sigma_1^2\sigma_2^2}\right)\right) d\xi
$$

$$
= \frac{1}{2\pi\,\sigma_1\sigma_2} \exp\left(-\frac{1}{2}\left(\frac{\mu_1^2\sigma_2^2 + (x-\mu_2)^2\sigma_1^2}{\sigma_1^2\sigma_2^2}\right)\right)
$$

$$
\cdot \int\limits_{-\infty}^{\infty} \exp\left(-\frac{\sigma_1^2+\sigma_2^2}{2\sigma_1^2\sigma_2^2}\left(\xi^2 - \frac{2\xi\left(\mu_1\sigma_2^2 + (x-\mu_2)\sigma_1^2\right)}{\sigma_1^2+\sigma_2^2}\right)\right) d\xi
$$

$$
= \frac{1}{2\pi\,\sigma_1\sigma_2} \exp\left(-\frac{1}{2}\left(\frac{\mu_1^2\sigma_2^2 + (x-\mu_2)^2\sigma_1^2 - \left(\frac{\mu_1\sigma_2^2 + (x-\mu_2)\sigma_1^2}{\sigma_1^2+\sigma_2^2}\right)^2}{\sigma_1^2\sigma_2^2}\right)\right)
$$

$$
\cdot \int\limits_{-\infty}^{\infty} \exp\left(-\frac{\sigma_1^2+\sigma_2^2}{2\sigma_1^2\sigma_2^2}\left(\xi - \frac{\mu_1\sigma_2^2 + (x-\mu_2)\sigma_1^2}{\sigma_1^2+\sigma_2^2}\right)^2\right) d\xi
$$

$$
= \frac{1}{2\pi\,\sigma_1\sigma_2} \exp\left(-\frac{1}{2}\left(\frac{\mu_1^2\sigma_1^2\sigma_2^2 + (x-\mu_2)^2\sigma_1^2\sigma_2^2 - 2\mu_1\sigma_2^2(x-\mu_2)\sigma_1^2}{(\sigma_1^2+\sigma_2^2)\sigma_1^2\sigma_2^2}\right)\right)
$$

$$
\underbrace{\cdot \int\limits_{-\infty}^{\infty} \exp\left(-\frac{1}{2}\left(\frac{\xi - \dfrac{\mu_1\sigma_2^2 + (x-\mu_2)\sigma_1^2}{\sigma_1^2+\sigma_2^2}}{\dfrac{\sigma_1\sigma_2}{\sqrt{\sigma_1^2+\sigma_2^2}}}\right)^2\right) d\xi}_{=:I}
$$

$$
= \frac{1}{2\pi\,\sigma_1\sigma_2} \exp\left(-\frac{1}{2}\left(\frac{(x-(\mu_1+\mu_2))^2}{\sigma_1^2+\sigma_2^2}\right)\right) \cdot I
$$

Um das Integral in gekürzter Schreibweise als *normierte* Gauß-Normalverteilung

$$\int_{-\infty}^{\infty} \exp\left(-\frac{1}{2}\left(\frac{\xi-\mu}{\sigma}\right)^2\right) d\xi \quad \text{mit } \mu := \frac{\mu_1\sigma_2^2 + (x-\mu_2)\sigma_1^2}{\sigma_1^2 + \sigma_2^2} \quad , \sigma := \frac{\sigma_1\sigma_2}{\sqrt{\sigma_1^2 + \sigma_2^2}}$$

interpretieren zu können, fehlt noch der Normierungsfaktor $\dfrac{1}{\sigma\sqrt{2\pi}}$:

$$\sigma\sqrt{2\pi} \cdot \underbrace{\frac{1}{\sigma\sqrt{2\pi}} \int_{-\infty}^{\infty} \exp\left(-\frac{(\xi-\mu)^2}{2\sigma}\right) d\xi}_{=1 \quad (\text{Normierung!})} = \sigma\sqrt{2\pi}$$

Damit erhält man für das Faltungsintegral insgesamt:

$$f(x) * g(x) = \frac{1}{2\pi\,\sigma_1\sigma_2} \exp\left(-\frac{1}{2}\left(\frac{(x-(\mu_1+\mu_2))^2}{\sigma_1^2+\sigma_2^2}\right)\right) \sqrt{2\pi}\frac{\sigma_1\sigma_2}{\sqrt{\sigma_1^2+\sigma_2^2}}$$

$$= \frac{1}{\sqrt{2\pi}\sqrt{\sigma_1^2+\sigma_2^2}} \exp\left(-\frac{1}{2}\left(\frac{x-(\mu_1+\mu_2)}{\sqrt{\sigma_1^2+\sigma_2^2}}\right)^2\right)$$

Dies ist wiederum eine Gaußsche Normalverteilung mit dem Maximum bei $\mu = \mu_1 + \mu_2$ und einer Standardabweichung von $\sigma = \sqrt{\sigma_1^2 + \sigma_2^2}$.

Abbildung 6.11 zeigt das Ergebnis beispielhaft für die Funktionen[29] $f(x) = N(2;0{,}20)$, $g(x) = N(3;0{,}25)$ und $f(x) * g(x) = N(5;0{,}32)$.

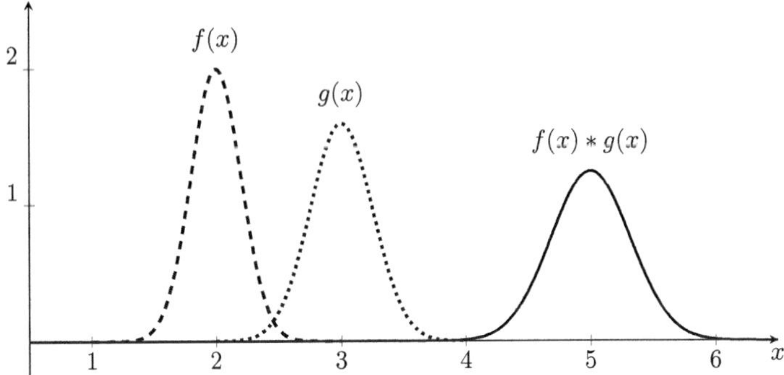

Abb. 6.11: Dargestellt sind die Gaußschen Normalverteilungen $f(x) = N(2;0{,}20)$ und $g(x) = N(3;0{,}25)$, sowie das Ergebnis ihrer Faltung $f(x) * g(x) = N(5;0{,}32)$.

---

[29]beachte die übliche Notation für normierte Standard-Normalverteilungen

$$N(\mu;\sigma) = \frac{1}{\sigma\sqrt{2\pi}} \exp\left(-\frac{1}{2}\left(\frac{x-\mu}{\sigma}\right)^2\right)$$

Übungsaufgaben

Aufgabe 6.1

Im Abschnitt 6.5.2 wurden zwei Rechtecke gleicher Breite miteinander gefaltet. Das Ergebnis war eine Dreiecksfunktion. Auf Seite 108 unten wurde jedoch schon darauf hingewiesen, dass die Faltung zweier Rechtecke unterschiedlicher Breite nicht zu einer einfachen Dreiecksfunktion führt.
Dies sollen Sie hier nun näher untersuchen und dabei die Vorgehensweise aus Abschnitt 6.5.2 für sich wiederholen.
Falten Sie dazu die beiden Funktionen

$$f(t) = \sigma(t-1) - \sigma(t-5) \qquad \text{und} \qquad g(t) = \sigma(t-5) - \sigma(t-7)$$

miteinander. Gehen Sie dabei ganz analog zu Abschnitt 6.5.2 vor und bestimmen Sie das Ergebnis sowohl grafisch, wie auch analytisch. Setzen Sie dabei immer gleich die konkreten Werte der Rechteckfunktionen ein.

Aufgabe 6.2

Zeigen Sie, dass für die $(n+1)$-fache *Faltungspotenz der Einheits-Sprungfunktion* $\sigma(t)$, das ist die fortgesetzte Faltung von insgesamt $(n+1)$ Sprungfunktionen, gilt:

$$\underbrace{\sigma(t) * \sigma(t) * \ldots * \sigma(t)}_{n+1-\text{Sigma-Funktionen}} = \frac{t^n}{n!}$$

Beginnen Sie dafür mit der einfachen Faltung zweier Sprungfunktionen. Falten Sie das Ergebnis dann mit einer weiteren Sprungfunktion und leiten Sie daraus die angegebene Verallgemeinerung ab.

Aufgabe 6.3

Berechnen Sie die Faltung eines auf 1 normierten Rechteckimpulses der Breite T_1, der symmetrisch um die y-Achse liegt, mit einem RC-Tiefpaß der Form $h(t) = \frac{1}{T_2} e^{-t/T_2}$ (zur vereinfachten Schreibweise wurde gesetzt: $T_2 = T_{RC}$).
Stellen Sie das Ergebnis grafisch dar und charakterisieren Sie den Kurvenverlauf anhand bekannter Funktionsverläufe.

Aufgabe 6.4

Zeichnen Sie den Kurvenverlauf der Faltung der beiden Rechtecke

$$f_1(t) := 2\left[\sigma(t) - \sigma(t-2)\right] \qquad \text{und} \qquad f_2(t) := 3\left[\sigma(t) - \sigma(t-4)\right]$$

und geben Sie den analytischen Ausdruck der Lösung an.

7 Fourierreihe und -integral

7.1 Die komplexe Fourierreihe

Der Ausgangspunkt zur Herleitung der komplexen Fourierreihe ist die Fourierreihe im Reellen. Mit Hilfe der Euler-Relation lässt sich daraus durch einfache Umformungen die komplexe Darstellung der Fourierreihe gewinnen und erste hilfreiche Symmetrien können abgelesen werden. Konvergenzkriterien werden dabei zunächst nicht beachtet[1].

Nach dieser *formalen Herleitung* der Zusammenhänge folgt eine *grafische Interpretation* der Reihe als ein Polygonzug rotierender komplexer Zeiger. Diese Darstellung erlaubt eine sehr anschauliche und einfache Herleitung der Formel zu Bestimmung der komplexen Fourier-Koeffizienten c_k. Auch wenn dem allgemeinen Fall komplexer Koeffizienten in der Signaltheorie letztlich keine große Bedeutung zukommt, ist dieser Zugang doch aufgrund seiner anschaulichen Form motivatorisch wertvoll.

Die so erreichten Ergebnisse bilden die Basis für den Übergang zum Fourierintegral mit seinen grundlegenden Symmetrien und Eigenschaften. Mit dem Fourierintegral findet der direkte Übergang zur *Fouriertransformation* statt, die im nachfolgenden Kapitel dann ausführlich dargestellt und behandelt wird.

7.1.1 Formale Herleitung

Satz 7.1.1 (Harmonische Zerlegung einer periodischen Funktion)

Ein Schwingungsvorgang $f(t)$ mit der Kreisfrequenz ω_0 und der Periodendauer $T = \frac{2\pi}{\omega_0}$ kann nach Fourier wie folgt in seine harmonischen Bestandteile zerlegt werden:

$$f(t) = \frac{a_0}{2} + \sum_{k=1}^{\infty} \left(a_k \cos(k\omega_0 t) + b_k \sin(k\omega_0 t)\right)$$

Die Koeffizienten $(a_k)_{k=0,1,\dots}$ und $(b_k)_{k=1,2,\dots}$ berechnen sich über:

$$a_k = \frac{2}{T} \int\limits_{(T)} f(t) \cos(k\omega_0 t)\, dt \quad , \quad b_k = \frac{2}{T} \int\limits_{(T)} f(t) \sin(k\omega_0 t)\, dt$$

wobei die Integrale jeweils über ein (beliebiges) Periodenintervall (T) laufen.

Grundlegende Symmetriebetrachtungen verlangen, dass für eine gerade Funktion $f(t)$ alle ungeraden Sinusterme verschwinden, also $b_k = 0 \; \forall\, k \in \mathbb{N}$ und ebenso für

---

[1] dies geschieht erst später beim Übergang zur Laplace-Transformation auf Seite 173.

© Der/die Autor(en), exklusiv lizenziert an
Springer-Verlag GmbH, DE, ein Teil von Springer Nature 2026
H. Kohlhoff, *Integraltransformationen in der System- und Signaltheorie*,
https://doi.org/10.1007/978-3-662-73152-9_7

eine ungerade Funktion $f(t)$ alle Kosinusterme, also $a_k = 0 \ \forall\, k \in \mathbb{N}_0$.

Mit Hilfe der **Euler-Identität** $e^{jt} = \cos(t) + j\sin(t)$ können die Sinus- und Kosinus-Funktionen über die e-Funktion mit komplexem Argument ausgedrückt werden:

$$\sin(t) = -\frac{j}{2}\left(e^{jt} - e^{-jt}\right) \quad \cos(t) = \frac{1}{2}\left(e^{jt} + e^{-jt}\right)$$

Setzen wir diese nun in die Fourierreihe ein, so erhalten wir:

$$f(t) = \frac{a_0}{2} + \sum_{k=1}^{\infty}\left(a_k\frac{1}{2}\left(e^{jk\omega_0 t} + e^{-jk\omega_0 t}\right) + b_k\left(\frac{-j}{2}\right)\left(e^{jk\omega_0 t} - e^{-jk\omega_0 t}\right)\right)$$

$$= \frac{a_0}{2} + \sum_{k=1}^{\infty}\left(\frac{a_k - jb_k}{2}e^{jk\omega_0 t} + \frac{a_k + jb_k}{2}e^{-jk\omega_0 t}\right)$$

Mit den Definitionen

$$c_0 := \frac{a_0}{2} \quad\text{und}\quad c_k := \frac{a_k - jb_k}{2} \quad\text{und}\quad c_{-k} := \frac{a_k + jb_k}{2} = c_k^*$$

wird daraus:

$$f(t) = c_0 + \sum_{k=1}^{\infty}\left(c_k \cdot e^{jk\omega_0 t} + c_{-k} \cdot e^{-jk\omega_0 t}\right)$$

Wegen $c_k \cdot e^{jk\omega_0 t}\big|_{k=0} = c_0 \cdot 1$ und der Symmetrie in c_k können wir diese Summe weiter zusammenfassen und es entsteht ein kompakter Ausdruck, wobei die Anzahl der Summenglieder sich natürlich nicht verändert hat, da die Summe nun über alle $k \in \mathbb{Z}$ läuft.

$$f(t) = \sum_{k=-\infty}^{\infty} c_k \cdot e^{jk\omega_0 t}$$

Wir benötigen nun noch eine Vorschrift zur Berechnung der komplexen Koeffizienten c_k. Diese erhalten wir aus den bekannten Formeln für die Koeffizienten a_k und b_k:

$$c_k = \frac{1}{2}(a_k - jb_k) = \frac{1}{T}\left(\int_{(T)} f(t)\cos(k\omega_0 t)\,dt - j\int_{(T)} f(t)\sin(k\omega_0 t)\,dt\right)$$

$$= \frac{1}{T}\int_{(T)} f(t)\cdot\left(\cos(k\omega_0 t) - j\sin(k\omega_0 t)\right)\,dt$$

$$= \frac{1}{T}\int_{(T)} f(t)\cdot e^{-jk\omega_0 t}\,dt$$

Setzen wir $k \to -k$ und beachten die Symmetrien der Sinus- und Kosinus-Funktionen folgt: $a_{-k} = a_k$ und $b_{-k} = -b_k$ ergibt sich für $c_{-k} = \frac{1}{2}(a_{-k} - jb_{-k}) = \frac{1}{2}(a_k + jb_k)$.

Und damit die bereits oben angegebene Beziehung $c_{-k} = c_k^*$. Mit $\left(e^{-jk\omega_0 t}\right)^* = e^{jk\omega_0 t}$ ist die Formel also für alle k-Werte gültig, denn für den konstanten Term mit $k = 0$ gilt:

$$c_0 = \frac{a_0}{2} = \frac{1}{T} \cdot \int\limits_{(T)} f(t)\, dt = \frac{1}{T} \cdot \int\limits_{(T)} f(t) \cdot e^{-j0\,\omega_0 t}\, dt = \frac{1}{T} \int\limits_{(T)} f(t)\, dt$$

und als Ergebnis erhalten wir den Satz...

Satz 7.1.2 (Fouriereihe in komplexer Schreibweise)

Die Fourierreihe einer periodischen Funktion (Periode T, Kreisfrequenz $\omega_0 = \frac{2\pi}{T}$) kann in der Form

$$f(t) = \sum_{k=-\infty}^{\infty} c_k\, e^{jk\omega_0 t}$$

mit den komplexen Koeffizienten

$$c_k = \frac{1}{T} \int\limits_{(T)} f(t) \cdot e^{-jk\omega_0 t}\, dt$$

geschrieben werden und es gilt: $c_{-k} = c_k^*$.

Der Vorteil der komplexen Schreibweise liegt u. a. darin, dass wir es bei Berechnung der Koeffizienten nur noch mit einer Art von Integranden zu tun haben.

Der Zusammenhang zwischen der komplexen und der reellen Schreibweise der Fourierreihe wird durch folgenden Satz beschrieben:

Satz 7.1.3 (Zusammenhang komplexe und reelle Fourierreihe)

Die komplexe Fourierreihe

$$f(t) = \sum_{k=-\infty}^{\infty} c_k\, e^{jk\omega_0 t}$$

lässt sich in der reellen Form als

$$f(t) = \frac{a_0}{2} + \sum_{k=1}^{\infty} \left(a_k \cos(k\omega_0 t) + b_k \sin(k\omega_0 t)\right)$$

schreiben. Für die Koeffizienten gelten dabei die Zusammenhänge:

$$a_k = c_k + c_{-k} = 2\, Re(c_k)\,, \quad k = 0,1,\ldots$$

und

$$b_k = j(c_k - c_{-k}) = -2\, Im(c_k)\,, \quad k = 1,2,\ldots$$

Aus der Beziehung der reellen und der komplexen Koeffizienten miteinander lassen sich einfache Zusammenhänge ablesen, deren Kenntnis für ihre Berechnung hilfreich sind bzw. einfache Plausibilitätsprüfungen ermöglichen:

- Ist die Funktion $f(t)$ gerade, sind alle Koeffizienten der ungeraden Sinusterme null: $b_k = \mathrm{j}(c_k - c_{-k}) = -2\,Im(c_k) = 0$, also $c_k = c_{-k}$, d. h. alle Koeffizienten c_k sind *rein reell*.

- Analog gilt für eine ungerade Funktion $f(t)$: $a_k = c_k + c_{-k} = 2\,Re(c_k) = 0\ \forall k$, also $c_k = -c_{-k}$, d. h. alle Koeffizienten c_k sind *rein imaginär*.

- Der Koeffizient c_0 ist der lineare Mittelwert der Funktion über eine Periode[2].

Aus der Fourierreihe kann damit auf die Symmetrie der (ggf. unbekannten) Funktion geschlossen werden, welche durch die Reihe beschrieben wird.

7.1.2 Grafische Interpretation der komplexen Fourierreihe

Die Definition der komplexen Fourierreihe in Satz 7.1.3 erlaubt eine interessante wie einfache geometrische Interpretation. Wir bauen den Ausdruck dafür von innen nach außen auf. Der Einfachheit halber setzen wir dafür die Periode $T = 2\pi$, also $\omega_0 = 1$, und betrachten die Ausdrücke für $t \in \mathbb{R}^+$. Für den Laufindex k gilt: $k \in \mathbb{Z}$.

- Die komplexe e-Funktion $z = \mathrm{e}^{\mathrm{j}\,kt}$ beschreibt alle z-Werte, die auf dem Einheitskreis um den Nullpunkt der Gaußschen Zahlenebene liegen. Der Betrag des Parameters k gibt als Frequenz der Sinus- und Kosiunsfunktionen die Umlaufgeschwindigkeit des Zeigers an, sein Vorzeichen bestimmt die Umlaufrichtung: ist k positiv, läuft der Zeiger im mathematisch positiven Sinn durch die z-Werte, andernfalls im Uhrzeigersinn und damit mathematisch negativ.

- Mit $c_k = |c_k|\,\mathrm{e}^{\mathrm{j}\,\phi_k}$ wird daraus: $c_k\,\mathrm{e}^{\mathrm{j}\,kt} = |c_k|\,\mathrm{e}^{\mathrm{j}\,(kt+\phi_k)}$: ein Kreis mit dem Radius $|c_k|$ um den Ursprung und dem Anfangswinkel ϕ_k des Zeigers für $t = 0$. Der c_k Parameter bestimmt damit also die Größe des Kreises und die Startbedingungen bei $t = 0$. Mit $c_{-k} = c_k^*$ beschreiben die komplexen Fourierkoeffizienten mit negativem Index einen Kreis gleicher Lage und Größe, lediglich der Startwinkel und Umlaufsinn werden nun im mathematisch negativen Sinn beschrieben: $c_{-k}\,\mathrm{e}^{\mathrm{j}\,kt} = |c_k|\,\mathrm{e}^{-\mathrm{j}\,(|k|\,t+\phi_k)}$, also quasi so etwas wieder der "konjugiert komplexe Kreis" zu $|c_k|\,\mathrm{e}^{\mathrm{j}\,(kt+\phi_k)}$.

- Die Summation dieser einzelnen Kreise entspricht dann dem Aneinanderhängen der einzelnen Zeiger der Kreise. Der Endpunkt dieses Polygonzugs der Zeiger beschreibt damit eine Kurve in der Gaußschen Ebene.

Da der Parameter k ganze Zahlen repräsentiert, sind die Umlauffrequenzen der einzelnen Zeiger jeweils ganzzahlige Vielfache einer Grundfrequenz und es ergeben sich stets wiederkehrende geschlossene Kurvenverläufe.

In der folgenden Abbildung sind zwei Beispiele für Fourierreihen aus drei Gliedern mit den zugehörigen Kreisen, Radiusvektoren und deren Summe als Funktion $f(t)$ dargestellt.

---

[2] aufgrund der benutzten Definition der Koeffizienten ist a_0 der *doppelte* Mittelwert der Funktion.

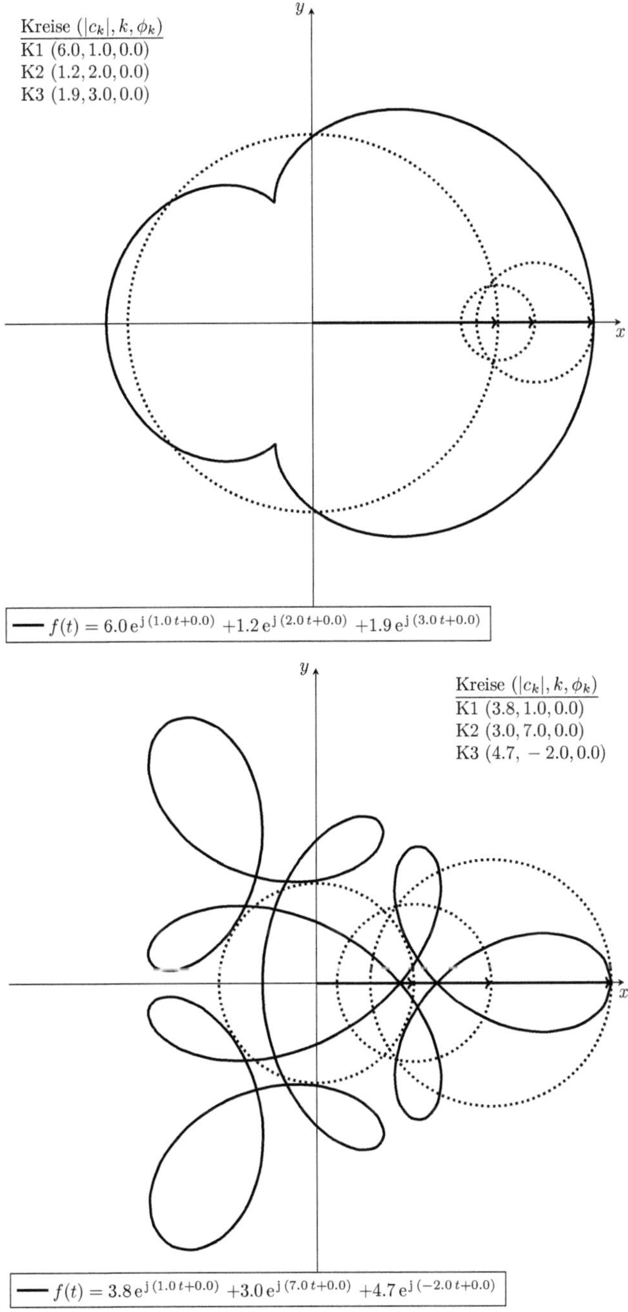

Abb. 7.1: Darstellung von Fourierreihen aus drei Gliedern als Kreise. Die Kurve des Endpunktes des Polygonzugs der Zeiger ist die Funktion $f(t)$.

Diese beiden Bilder verdeutlichen schon, dass kleine Änderungen in den Parametern c_k zu völlig anderen Zeitfunktionen $f(t)$ und sehr komplexen Kurvenverläufen in der Gaußschen Ebene führen können. Wird die Anzahl der Terme erhöht, die Fourierreihe ist ja letztlich eine unendliche Summe, können damit "beliebig komplizierte" Kurven in der Ebene dargestellt werden, solange die entsprechenden Funktionen periodisch sind, also geschlossene Kurven ergeben[3].

In beiden Beispielen ist eine Symmetrie zur reellen Achse sichtbar. Dies ändert sich allerdings, wenn einer oder mehrere Anfangswinkel der Radiusvektoren nicht Null sind, da das Bild dann um den Ursprung des jeweiligen Kreises gedreht wird. Das Muster bleibt dabei i.A. nicht erhalten.

Die Addition der Glieder der Fourierreihe ist per se kommutativ und solange keine Partialsummen berechnet werden, spielt die Reihenfolge der einzelnen Summanden keine Rolle. In der grafischen Darstellung bedeutet es, dass die Anordnung, sprich Reihenfolge der Kreise verändert werden kann, ohne das Gesamtergebnis, also die Funktion $f(t)$, zu beeinflussen.

Der c_0-Koeffizient entspricht mit $e^0 = 1$ einem Vektor ohne Kreis, d. h. einem Zeiger, der sich in der Zeit nicht ändert. Damit wird der Graph der Funktion aus den Kreisen auf der t-Achse um den Wert c_0 aus dem Ursprung der Gaußschen Ebene heraus verschoben.

Grafische Herleitung der Formel zur Bestimmung der c_k-Koeffizienten

Die Interpretation der komplexen e-Funktion als Kreis in der komplexen Ebene erlaubt uns auch eine sehr einfache und elegante Möglichkeit, die Formel für die Berechnung der c_k-Koeffizienten herzuleiten.

Betrachten wir dazu das Integral über eine Periode der Funktion $f(t)$, wobei wir weiterhin $T = 2\pi$ und damit $\omega_0 = 1$ setzen:

$$\int_0^{2\pi} f(t)\,dt = \sum_{k=-\infty}^{\infty} c_k \int_0^{2\pi} e^{j\,kt}\,dt$$

Die e-Funktion als Integrand beschreibt einen Einheitskreis um den Ursprung. Wenn t alle Werte von Null bis 2π durchläuft, wird jede komplexe Zahl auf dem Kreis einmal erreicht. Mit der Symmetrie des Kreises zur reellen Achse, gibt es zu jedem Punkt z oberhalb der Achse einen entsprechenden Punkt z^* unterhalb der Achse. Mit der Symmetrie zur imaginären Achse gibt es auch für die Punkte z in der rechten Halbebene jeweils auch das negative Gegenstück $-z$. Das Integral als der Grenzwert der unendlichen Summe aller dieser Punkte ergibt damit Null.

Diese Betrachtung gilt für alle Werte von $k \neq 0$. Für den Wert von $k = 0$ liegt kein Kreis, sondern nur die Konstante 1 vor, so dass sich damit ergibt:

$$\int_0^{2\pi} f(t)\,dt = c_0 \int_0^{2\pi} 1\,dt = c_0\,2\pi \qquad \Rightarrow \qquad c_0 = \frac{1}{2\pi} \int_0^{2\pi} f(t)\,dt$$

---

[3]dazu finden sich zahlreiche, oft spielerische Beispiele im Internet.

und damit ist die Formel zur Berechnung des ersten Koeffizienten gegeben.

Wir stellen fest: das Integral über einen Einheitskreis, dargestellt als komplexe e-Funktion, hat nur dann einen von Null verschiedenen Wert, wenn der Zeiger "stationär" ist, es also gar kein Kreis mehr ist. Um den Zeiger des Einheitskreises zum Wert k quasi "anzuhalten", können wir den Kreis mit dem entsprechenden gegenläufigen Kreis multiplizieren:

$$\int_0^{2\pi} f(t)\,\mathrm{e}^{-\mathrm{j}\,kt}\,dt = c_k \int_0^{2\pi} \mathrm{e}^{\mathrm{j}\,kt}\,\mathrm{e}^{-\mathrm{j}\,kt}\,dt = c_k \int_0^{2\pi} 1\,dt = c_k\,2\pi$$

und damit erhalten wir die allgemeine Formel zur Berechnung der komplexen Fourierkoeffizienten

$$c_k = \frac{1}{2\pi} \int_0^{2\pi} f(t)\,\mathrm{e}^{-\mathrm{j}\,kt}\,dt \qquad , \quad k \in \mathbb{Z}$$

wie wir sie über die aufwendigere formale Herleitung auch erhalten haben.

7.1.3 Komplexe Fourierreihe einer reellen Funktion

Im Anwendungsfall, wie z. B. der Signaltheorie, sind die Zeitfunktionen typischerweise rein reelle Funktionen. Was bedeutet das für die Darstellung der entsprechenden Fourierreihe über Kreise bzw. für die komplexen Koeffizienten?

Mit der Symmetrie $c_{-k} = c_k^*$ aus Satz 7.1.2 gibt es zu dem Kreis mit Radius $|c_k|$ und Umlauffrequenz ϕ_k grundsätzlich auch einen Kreis mit dem entgegengesetzten Umlaufsinn[4]. Fasst man diese beiden Ausdrücke zusammen so ergibt sich:

$$|c_k|\,\mathrm{e}^{\mathrm{j}(k\,t+\phi_k)} + |c_k|\,\mathrm{e}^{-\mathrm{j}(k\,t+\phi_k)} = 2\,|c_k|\,\cos(k\,t + \phi_k) \quad \in \mathbb{R}$$

Ein reellwertiges Ergebnis setzt also voraus, dass es zu jedem c_k mit $k \neq 0$ auch den Koeffizienten c_{-k} gibt. Wäre dieser Null, könnte der Imaginärteil nicht kompensiert werden und das Ergebnis wäre komplex. Zusätzlich muss der Parameter c_0 seinerseits Null oder rein reell sein, damit der Wert der Summe nicht von der reellen Achse in die Ebene verschoben wird.

Sind die c_k-Koeffizienten alle rein reell, also $\phi_k = 0\,\forall\,k$, ist der Kosinusterm sowohl in k und t jeweils eine gerade Funktion.

Sind die c_k-Koeffizienten alle rein imaginär, also $\phi_k = \frac{\pi}{2}\,\forall\,k \neq 0$, ergibt sich: $\cos(k\,t + \frac{\pi}{2}) = -\sin(k\,t)$, eine Funktion die in k und t ungerade ist.

In der grafischen Darstellung würde man, entsprechend der beiden Teilsummen für $k < 0$ und für $k > 0$, zwei Ketten von Kreisen erwarten, die paarweise gleich groß sind, deren Zeiger sich jedoch entgegengesetzt drehen, die ggf. durch einen Vektor auf der reellen Achse, der sich aus $c_0 \in \mathbb{R}$ ergibt, verbunden sind[5].

---

[4] die Konjugation lässt den Betrag $|c_k|$ gleich und ändert nur das Vorzeichen des Winkels ϕ_k in der Euler-Darstellung

[5] das Gesamtergebnis ist dann eine Kurve auf der reellen t-Achse und ergibt damit nicht mehr eine so anschauliche Kurve wie in den beiden obigen Beispielen.

7.1.4 Das Amplitudenspektrum der Fourierreihe

Bevor wir uns im Folgenden das Fourierintegral als Darstellung der Fouriertransformierten näher ansehen, gehen wir noch kurz auf die Beziehung der Fourierkoeffizienten zum **Amplitudenspektrum** ein.

In der *reellen* Fourierreihe sind die Koeffizienten a_k und b_k die Amplituden der cos- bzw. sin-Schwingung zur Frequenz $k\,\omega_0$ für $k \geq 1$ (siehe Satz 7.1.1).

Sinus- und Kosinusschwingungen gleicher Frequenz können leicht zu einer phasenverschobenen Sinus-Schwingung zusammengefasst werden, die wir über das Additionstheorem des Sinus zerlegen

$$a_k\,\cos(k\,t) + b_k\,\sin(k\,t) = A_k\,\sin(k\,t + \phi_k) = A_k\,[\cos(\phi_k)\,\sin(k\,t) + \sin(\phi_k)\,\cos(k\,t)]$$

Mit dem trigonometrischen Pythagoras folgt daraus der einfache Zusammenhang

$$a_k = A_k\,\sin(\phi_k)\;,\; b_k = A_k\,\cos(\phi_k) \;\Rightarrow\; a_k^2 + b_k^2 = A_k\,\sqrt{\sin^2\phi_k + \cos^2\phi_k} = A_k$$

Trägt man die A_k über $k \geq 1$ auf, erhält man das **diskrete Amplitudenspektrum** der Funktion, ein sogenanntes **Stabdiagramm**. Für $k = 0$ ergänzt man den a_0-Koeffizienten[6].

Aus Satz 7.1.3 kennen wir den Zusammenhang der reellen mit den komplexen Fourierkoeffizienten, woraus sich in analoger Weise eine Beziehung zur Amplitude des phasenverschobenen Sinus ergibt:

$$a_k = 2\,Re(c_k)\;,\; b_k = -2\,Im(c_k) \;\Rightarrow\; A_k = a_k^2 + b_k^2 = 2\,\sqrt{Re^2(c_k) + Im^2(c_k)} = 2\,|c_k|$$

Trägt man also die Beträge der diskreten komplexen Fourierkoeffizienten in analoger Weise als Amplitudenspektrum auf, sind diese nur halb so groß wie die reellen Amplituden A_k. Auch hier wird für $k = 0$ wieder der (entsprechend skalierte) c_0-Koeffizient ergänzt.

Für reellwertige Zeitfunktionen ergibt sich ein zur y-Achse symmetrisches Bild, da es zu jedem Koeffizienten c_k auch einen Koeffizienten c_{-k} gleichen Betrages gibt.

Zur Veranschaulichung betrachten wir die komplexe Fourierreihe der Funktion

$$f(t) = e^{-t} \quad \text{mit}\quad t \in [0; 2\pi] \qquad \text{und}\quad f(t + 2\pi) = f(t)$$

an. Es ist eine einfach fallende e-Funktion im Intervall von 0 bis 2π, die mit der Periode 2π periodisch fortgesetzt wird. Sie hat damit keine Symmetrie. Wir erwarten deshalb a_k- <u>und</u> b_k-Koeffizienten, die von Null verschieden sind, bzw. vollkomplexe c_k-Koeffizienten.

---

[6]es sei darauf hingewiesen, dass der a_0-Koeffizient hier bei uns doppelt so groß wie in manchen anderen Quellen ist (z. B. [WU11]). Das liegt an unserer Definition der reellen Fourierreihe in Satz 7.1.1. Dort wurde, in Übereinstimmung mit [Pap17], der Faktor $\frac{1}{2}$ gewählt, damit eine einheitliche Formel für die Berechnung der a_k-Koeffizienten angegeben werden konnte.
In den Amplitudenspektren ist mit a_0 i.A. der führende Faktor vor der Summe gemeint, so dass wir unseren Wert von a_0 in Spektrendarstellungen ggf. halbieren müssen.

Die c_k-Koeffizienten bestimmen sich über eine einfache Integration:

$$c_k = \frac{1}{2\pi} \int\limits_0^{2\pi} \mathrm{e}^{-t}\mathrm{e}^{-\mathrm{j}kt}\, dt = \frac{1}{2\pi} \int\limits_0^{2\pi} \mathrm{e}^{-(1+\mathrm{j}k)t}\, dt = \frac{1}{2\pi}\,\frac{-1}{1+\mathrm{j}k}\,\mathrm{e}^{-(1+\mathrm{j}k)t}\Big|_0^{2\pi}$$

$$= -\frac{1}{2\pi}\,\frac{1}{1+\mathrm{j}k}\left(\mathrm{e}^{-2\pi}\underbrace{\mathrm{e}^{-2\pi k\mathrm{j}}}_{=1}-1\right) = \frac{1-\mathrm{e}^{-2\pi}}{2\pi(1+k^2)} + \mathrm{j}\,\frac{-k(1-\mathrm{e}^{-2\pi})}{2\pi(1+k^2)}$$

Damit ergeben sich die reellen Fourierkoeffizienten zu

$$a_k = 2Re(c_k) = \frac{1-e^{-2\pi}}{\pi(1+k^2)}\qquad \text{und}\qquad b_k = -2Im(c_k) = \frac{1-e^{-2\pi}}{\pi(1+k^2)}\,k = a_k\,k$$

und für die Amplituden A_k ergibt sich damit

$$A_k = \sqrt{a_k^2 + b_k^2} = \frac{1-\mathrm{e}^{-2\pi}}{\pi(1+k^2)}\sqrt{1+k^2} = \frac{1-\mathrm{e}^{-2\pi}}{\pi\sqrt{1+k^2}}\qquad,\quad k\geq 1$$

Für die Beträge der komplexen Fourierkoeffizienten c_k folgt wie erwartet

$$|c_k| = \sqrt{\left(\frac{1-\mathrm{e}^{-2\pi}}{2\pi(1+k^2)}\right)^2 + \left(\frac{-k(1-\mathrm{e}^{-2\pi})}{2\pi(1+k^2)}\right)^2} = \frac{1}{2}\,\frac{1-\mathrm{e}^{-2\pi}}{\pi(1+k^2)}\sqrt{1+k^2} = \frac{1}{2}A_k$$

Mit $c_0 = \dfrac{a_0}{2} = \dfrac{1-\mathrm{e}^{-2\pi}}{2\pi}$ folgt die Darstellung der Amplitudenspektren:

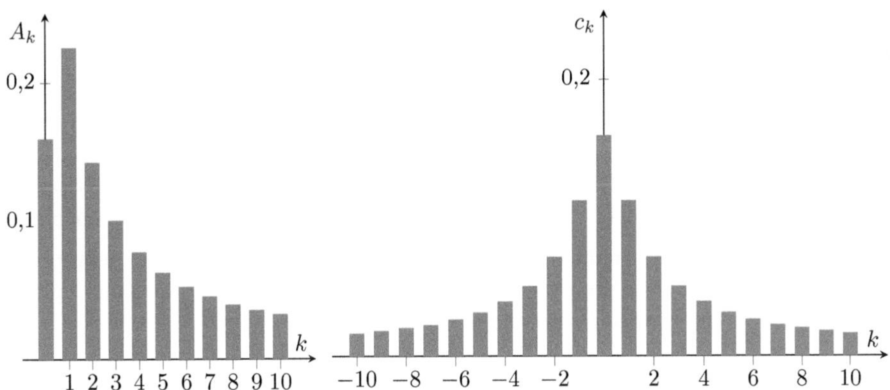

Abb. 7.2: Amplitudenspektrum der Fourierreihe zu $f(t) = \mathrm{e}^{-t}$.
   Links die Amplituden A_k aus den reellen Fourierkoeffizienten bis $k = 10$
   dargestellt, rechts die entsprechenden komplexen Fourierkoeffizienten c_k
   für $k = -10,\ldots,10$.
   Wie erwartet sind die Werte von a_0 und c_0 gleich, während die Beträge
   der $c_{k,k\neq 0}$ nur halb so groß sind wie die zugehörigen A_k-Werte.

7.2 Das Fourierintegral

Beim Übergang von einem diskreten Spektrum, d. h. von diskreten Frequenzen mit einem festen Abstand von $\omega_0 = \frac{2\pi}{T}$, zu beliebig dicht liegenden Frequenzen mit infinitesimalem Frequenzabstand $d\omega$, wird die Summe der Fourierreihe zu einem Integral. Die Fourierreihe wird zum **Fourierintegral** und die diskreten Frequenzen werden zu einer kontinuierlichen Funktion in ω der **Spektralfunktion**. Die in der Zeit periodische Funktion $f(t)$ wird zu einer unendlich periodischen Funktion, d. h. einer Funktion ohne periodische Wiederholung des Musters.

Wie wir anschließend sehen werden, übertragen sich die grundlegenden Symmetrien wie sie bereits diskutiert wurden, auf den Real- und Imaginärteil der Spektralfunktion und ergeben damit in der praktischen Anwendung eine einfache Möglichkeit zur Plausibilitätsprüfung.

7.2.1 Übergang zum kontinuierlichen Spektrum

Betrachten wir eine Zeitfunktion, die im Intervall $\left[-\frac{T}{2}; \frac{T}{2}\right]$ durch $f(t)$ beschrieben wird und außerhalb des Intervalls konstant Null ist. Wird dieses Muster in beide Richtungen der Zeitachse ($t \to \pm\infty$) mit der Periode T wiederholt, erhält man eine T-periodische Funktion $f_p(t)$ [7].

Nach Satz 7.1.2 kann $f_p(t)$ in eine Fourierreihe entwickelt werden. Beachtet man, dass im Intervall $\left[-\frac{T}{2}; \frac{T}{2}\right]$ die Funktionen $f_p(t)$ und $f(t)$ identisch sind, ergibt sich mit $T = \frac{2\pi}{\omega_0}$

$$f_p(t) = \frac{1}{2\pi} \sum_{k=-\infty}^{\infty} \left[\int_{-T/2}^{T/2} f(t)\, e^{-j\,k\omega_0\,t}\, dt \right] \omega_0\, e^{j\,k\omega_0\,t}$$

Die einzelnen Glieder der Reihe entsprechen harmonischen Schwingungen mit den Kreisfrequenzen $\omega_k = k\,\omega_0$. Die diskreten Frequenzen haben den Abstand $\Delta\omega = \omega_{k+1} - \omega_k = \omega_0 = \frac{2\pi}{T}$. Mit immer größer werdender Periode T wird der Abstand der Frequenzen immer geringer und im Grenzwert $\lim_{T\to\infty} \frac{2\pi}{T}$ wird der Frequenzabstand $\Delta\omega$ *infinitesimal*. Damit geht die immer dichter werdende Folge der diskreten Frequenzen über in eine kontinuierliche Frequenz ω. Dies ist der Übergang von einem *diskreten* zu einem *kontinuierlichen Frequenzspektrum*.

Wird die Periode T unendlich groß, bleibt im Grenzwert von der periodischen Funktion $f_p(t)$ am Ende nur die nicht-periodische Funktion $f(t)$ übrig. Die Summe der unendlich vielen Frequenzen wird im Grenzwert $T \to \infty$ zum Integral über die gesamte Frequenzachse und man erhält

$$f(t) = \frac{1}{2\pi} \int_{-\infty}^{\infty} \left[\int_{-\infty}^{\infty} f(t)\, e^{-j\omega t}\, dt \right] e^{j\omega t}\, d\omega = \frac{1}{2\pi} \int_{-\infty}^{\infty} F(\omega)\, e^{j\omega t}\, d\omega$$

---

[7] man sagt auch $f(t)$ wurde mit der Periode T *periodisch fortgesetzt*.

Das Integral in den eckigen Klammern ist eine Funktion der Kreisfrequenz ω und stellt als kontinuierliche **Spektralfunktion** $F(\omega)$ das Gegenstück zu den diskreten komplexen Fourierkoeffizienten c_k dar. Als solche gelten für sie die analogen Regeln bezüglich der Symmetrie der Zeitfunktion $f(t)$ wie sie auf Seite 124 für die komplexen Fourierkoeffizienten beschrieben wurden.

7.2.2 Symmetrien von Zeit- und Spektralfunktion

Mit

$$F(\omega) = \int_{-\infty}^{\infty} f(t)\,e^{-j\omega t}\,dt = \int_{-\infty}^{\infty} f(t)\,\cos(\omega t)\,dt - j \int_{-\infty}^{\infty} f(t)\,\sin(\omega t)\,dt$$

gilt für die per se komplexwertige Spektralfunktion $F(\omega)$...

- Ist die Zeitfunktion reell und gerade, ist die Spektralfunktion **rein reell**, weil das Sinus-Integral aufgrund der Symmetrie des Sinus Null ergibt.
- Ist die Zeitfunktion reell und ungerade, ist die Spektralfunktion **rein imaginär**, weil das Kosinus-Integral dann einen ungeraden Integranden hat und verschwindet.

Ist die Zeitfunktion, wie in allen für die Signalverarbeitung relevanten Fällen, rein reell, so wird die Symmetrie der Spektralfunktion bezüglich der Frequenz ω nur durch den Sinus- bzw. Kosinus-Anteil bestimmt und es gilt:

- Der Realteil der Spektralfunktion ist bzgl. der Frequenz ω eine **gerade** Funktion.
- Der Imaginärteil der Spektralfunktion ist bzgl. der Frequenz ω eine **ungerade** Funktion.

Zerlegt man das Fourierintegral seinerseits nun in seinen Real- und Imaginärteil, ergibt sich mit der Euler-Identität für die komplexe e-Funktion:

$$f(t) = \frac{1}{2\pi} \int_{-\infty}^{\infty} [Re(F(\omega)) + j\,Im(F(\omega))] \cdot [\cos(\omega t) + j\,\sin(\omega t)]\,d\omega$$

$$= \frac{1}{2\pi} \left[\int_{-\infty}^{\infty} [Re(F(\omega))\,\cos(\omega t) - Im(F(\omega))\,\sin(\omega t)]\,d\omega \right.$$

$$\left. + j \int_{-\infty}^{\infty} [Re(F(\omega))\,\sin(\omega t) + Im(F(\omega))\,\cos(\omega t)]\,d\omega \right]$$

Ist die Zeitfunktion nun **rein reell**, ist der Imaginärteil gleich Null. Das ist auch direkt am zweiten Integral abzulesen, denn mit den eben abgeleiteten Symmetrien der Anteile der Spektralfunktion und den bekannten Symmetrien von Sinus und

Kosinus ist der Integrand insgesamt ungerade in der Zeit, wodurch das Integral über das um die y-Achse symmetrische Intervall immer Null ergibt. Für eine rein reelle Zeitfunktion ergibt sich damit für das Fourierintegral

$$f(t) = \frac{1}{\pi} \int\limits_0^\infty \left[Re(F(\omega)) \, \cos(\omega t) - Im(F(\omega)) \, \sin(\omega t) \right] d\omega$$

Hat die Zeitfunktion ihrerseits zusätzlich eine Symmetrie in der Zeit t, vereinfacht sich das Integral noch weiter:

- ist $f(t)$ **gerade**, ist $Im(F(\omega)) = 0$ und es gilt:

$$f(t) = \frac{1}{\pi} \int\limits_0^\infty Re(F(\omega)) \cos(\omega t) \, d\omega \quad \text{mit } Re(F(\omega)) = 2 \int\limits_0^\infty f(t) \cos(\omega t) \, dt$$

- ist $f(t)$ **ungerade**, ist $Re(F(\omega)) = 0$ und es gilt:

$$f(t) = -\frac{1}{\pi} \int\limits_0^\infty Im(F(\omega)) \sin(\omega t) \, d\omega \quad \text{mit } Im(F(\omega)) = -2 \int\limits_0^\infty f(t) \sin(\omega t) \, dt$$

Diese Zusammenhänge sind in Tabelle B.5 im Anhang nochmals kompakt dargestellt.

7.2.3 Fourierkoeffizienten über Residuensatz berechnen

Zum Abschluss des Kapitels folgt hier noch ein kleines Beispiel, wie Fourierkoeffizienten elegant über den Residuensatz berechnet werden können.
Wir bestimmen die Fourierreihe der 2π-periodischen Funktion

$$f(t) = \frac{1}{3 - \cos(t)} = \sum_{k=-\infty}^{\infty} c_k \, e^{jkt} \quad \text{mit} \quad c_k = \frac{1}{2\pi} \int\limits_0^{2\pi} \frac{1}{3 - \cos(t)} e^{-jkt} \, dt$$

Für eine rein reelle Funktion $f(t)$ gilt: $c_{-k} = c_k^*$, so dass es ausreicht, die Koeffizienten für die negativen k-Werte zu bestimmen.
Nach Beispiel 1 zu Satz 4.4.2 kann das Integral über eine Periode des Kosinus in ein Integral über den Einheitskreis überführt werden. Mit $\cos(t) = \frac{1}{2}(e^{jt} + e^{-jt})$ und $z := e^{jt}$ und daraus folgend $dz = jz\, dt$ entsteht das Integral über den Einheitskreis:

$$c_{-k} = \frac{1}{2\pi} \int\limits_0^{2\pi} \frac{e^{jkt}}{3 - \cos(t)} dt = \frac{1}{2\pi} \oint\limits_{|z|=1} \frac{2\,z^k}{6 - (z + z^{-1})\, j\,z} \, dz = \frac{j}{\pi} \oint\limits_{|z|=1} \frac{z^k}{z^2 - 6z + 1} \, dz$$

Von den beiden Nullstellen des Nenners $z_{1,2} = 3 \pm \sqrt{8}$ liegt nur $z_1 = 3 - \sqrt{8} \approx 0{,}1726$ im Inneren des Einheitskreises, so dass auch nur diese Polstelle im Residuensatz berücksichtigt werden muss. Nach Satz 3.2.5 zur Bestimmung von Residuen einfacher reeller Polstellen ergibt sich

$$c_{-k} = \frac{\mathrm{j}}{\pi}\, 2\pi\mathrm{j}\, Res_{z=z_1} \left(\frac{z^k}{(z - z_1)(z - z_2)} \right) = -\frac{2\,(3 - \sqrt{8})^k}{(3 - \sqrt{8}) - (3 + \sqrt{8})} = \frac{(3 - \sqrt{8})^k}{\sqrt{8}}$$

Mit $c_{-k} \in \mathbb{R}$ folgt $c_k = c_{-k}$ und $c_0 = \frac{1}{\sqrt{8}}$. Die Imaginärteile der Reihe heben sich aufgrund der ungeraden Symmetrie der Sinusterme gegenseitig auf, sodass nur der Realteil der komplexen Fourierreihe zur Lösung beiträgt und das Ergebnis sich schreiben lässt als

$$f(t) = \sum_{-\infty}^{\infty} \frac{1}{\sqrt{8}} \left(3 - \sqrt{8} \right)^{|k|} \mathrm{e}^{\mathrm{j}kt} = \frac{1}{\sqrt{8}} + \frac{1}{\sqrt{2}} \sum_{k=1}^{\infty} \left(3 - \sqrt{8} \right)^{k} \cos(kt)$$

Das Ergebnis dieser sehr schnell konvergierenden Reihe zeigt die folgende Abbildung:

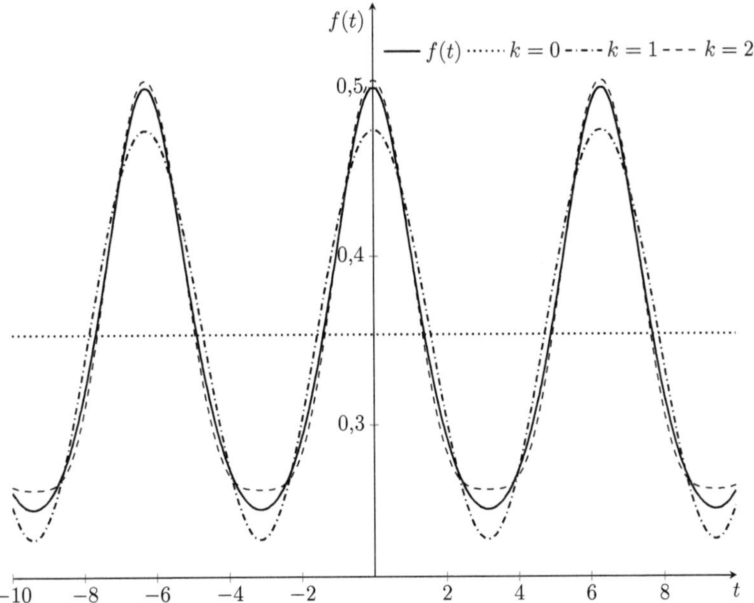

Abb. 7.3: Fourierreihe einer reellen Zeitfunktion. Dargestellt sind die Funktion und die ersten drei Partialsummen der Reihe für $k = 0{,}1{,}2$.

7.3 Beispiele

7.3.1 Beispiel einer unsymmetrischen reellen Zeitfunktion

Als erstes Beispiel untersuchen wir die fallende e-Funktion, deren diskretes Amplitudenspektrum wir bereits auf Seite 128 betrachtet haben:

$$f(t) = \begin{cases} e^{-at} & \text{für} \quad t \geq 0 \quad (a \in \mathbb{R}^+) \\ 0 & \text{für} \quad t < 0 \end{cases}$$

Da die Zeitfunktion keine Symmetrie hat, wird die Spektralfunktion sowohl einen Real- wie einen Imaginärteil enthalten, also eine "echt komplexe" Funktion sein. Sie kann direkt aus der ihrer Definition (vgl. Seite 131) berechnet werden:

$$F(\omega) = \int\limits_{-\infty}^{\infty} f(t)e^{-j\omega t}\, dt = \int\limits_{0}^{\infty} e^{-(a+j\omega)t}\, dt = \left.\frac{e^{-(a+j\omega)t}}{-(a+j\omega)}\right|_0^{\infty} = \frac{1}{a+j\,\omega}$$

Dabei wurde ausgenutzt, dass gemäß Vorgabe der Parameter $a \in \mathbb{R}^+$ immer positiv ist und damit die Zeitfunktion für $t \to \infty$ streng monoton gegen Null abfällt.

Real- und Imaginärteil der Spektralfunktion ergeben sich durch Erweitern des Ausdrucks mit dem konjugiert komplexen Nenner:

$$Re(F(\omega)) = \frac{a}{a^2 + \omega^2} \qquad \text{und} \qquad Im(F(\omega)) = \frac{-\omega}{a^2 + \omega^2}$$

Die Symmetrien in ω sind einfach abzulesen: $Re(F(\omega))$ ist gerade, während $Im(F(\omega))$ eine ungerade Funktion in ω ist.

Das wird auch in der grafischen Darstellung sichtbar:

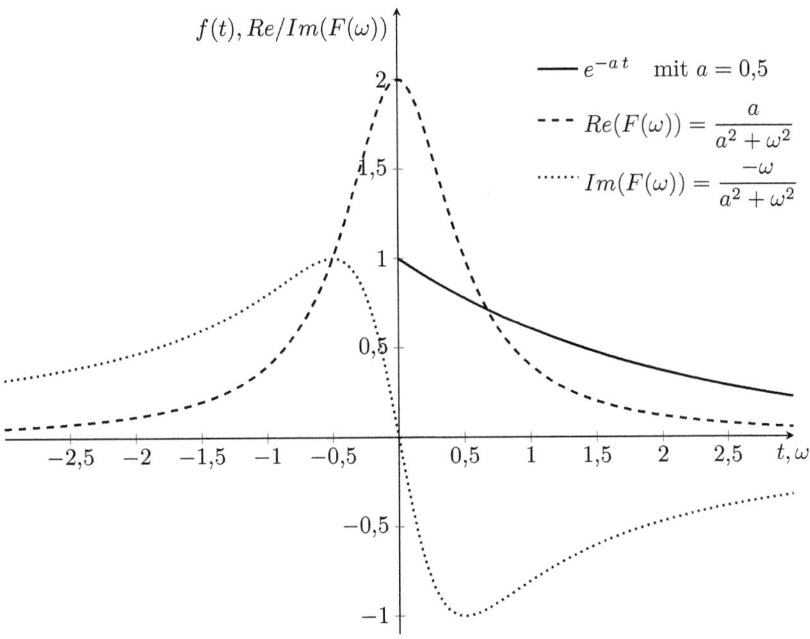

Abb. 7.4: Gerade Zeitfunktion $f(t)$ und ihre Spektralfunktion $F(\omega)$.
Der reellen unsymmetrischen Zeitfunktion entspricht eine Spektralfunktion mit geradem Real- und ungeradem Imaginärteil.

7.3.2 Beispiel einer geraden reellen Spektralfunktion

Im zweiten Beispiel betrachten wir die konstante (und damit gerade) Spektralfunktion

$$F(\omega) = \begin{cases} A & \text{für} \quad -\omega_0 \leq \omega \leq \omega_0 \\ 0 & \text{sonst} \end{cases}$$

Gemäß der vorhergehenden Überlegungen erwarten wir hier eine zugehörige reelle, gerade Zeitfunktion. Auch diese kann über die Definition leicht berechnet werden, wobei wir die Symmetrie in ω zur Halbierung des Integrationsintervalls nutzen:

$$f(t) = \frac{1}{\pi} \int_{-\infty}^{\infty} Re(F(\omega)) \cos(\omega t)\, d\omega$$

$$= \frac{A}{\pi} \int_{0}^{\omega_0} \cos(\omega t)\, d\omega = \frac{A}{\pi} \frac{\sin(\omega t)}{t} \Big|_{0}^{\omega_0} = \frac{A}{\pi} \frac{\sin(\omega_0 t)}{t} \,, \quad t \in \mathbb{R} \setminus \{0\}$$

Im Ursprung ist die Zeitfunktion nicht definiert, kann aber (mit Hilfe der Regel l'Hospital) stetig fortgesetzt werden:

$$\lim_{t\to 0} \frac{A}{\pi} \frac{\sin(\omega_0 t)}{t} = \frac{A}{\pi} \lim_{t\to 0} \frac{\omega_0 \cos(\omega_0 t)}{1} = \frac{A\omega_0}{\pi}$$

Wie erwartet zeigt die grafische Darstellung eine gerade, rein reelle Zeitfunktion, was auf den ersten Blick vielleicht zunächst verwirrt, aber da $\sin(\omega_0 t)$ als ungerade Funktion durch die ebenfalls ungerade Funktion t geteilt wird, ist das Ergebnis am Ende gerade.

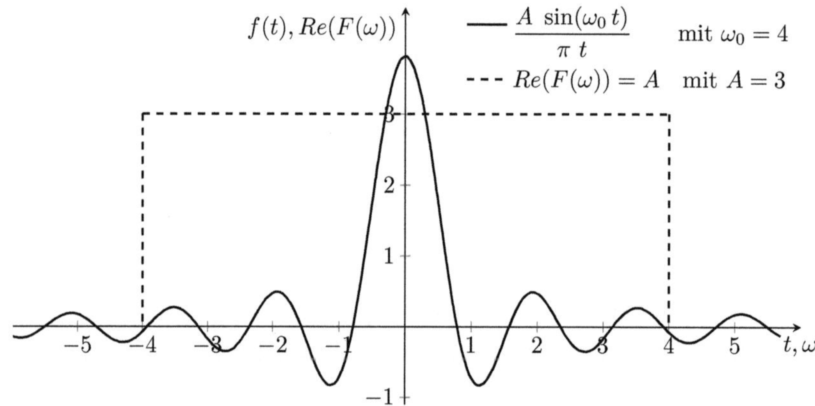

Abb. 7.5: Gerade, reelle Spektralfunktion $F(\omega)$ und ihre Zeitfunktion $f(t)$. Der rein reellen, geraden Spektralfunktion entspricht eine gerade Zeitfunktion.

7.3.3 Beispiel einer ungeraden imaginären Spektralfunktion

Als letztes Beispiel schauen wir uns noch die Funktion

$$F(\omega) = \begin{cases} -jA & \text{für} & -\omega_2 \leq \omega \leq -\omega_1 \\ jA & \text{für} & \omega_1 \leq \omega \leq \omega_2 \\ 0 & \text{sonst} \end{cases} \quad , \qquad A \in \mathbb{R}$$

an. Die zugehörige Zeitfunktion sollte also rein reell und ungerade sein. Bei ihrer Berechnung über die Definition des Fourierintegrals beachten wir, dass sich der Imaginärteil zu Null ergibt, da der erste Teil des Integranden aufgrund des fehlenden Realteils von $F(\omega)$ Null ist und der zweite Term eine ungerade Funktion in ω ist, die über ein symmetrisches Intervall integriert wird, was wiederum Null ergibt. Beachten wir weiterhin wieder die Halbierung des Integrationsintervalls aufgrund der geraden Symmetrie des Integranden, erhalten wir schließlich

$$f(t) = -\frac{1}{\pi} \int\limits_{0}^{\infty} Im(F(\omega)) \sin(\omega t)\, d\omega$$

$$= -\frac{A}{\pi} \int\limits_{\omega_1}^{\omega_2} \sin(\omega t)\, d\omega = \frac{A}{\pi} \frac{\cos(\omega_2 t) - \cos(\omega_1 t)}{t}$$

Die Zeitfunktion ist also aufgrund des t im Nenner, wie erwartet eine ungerade Funktion, wie die grafische Darstellung bestätigt:

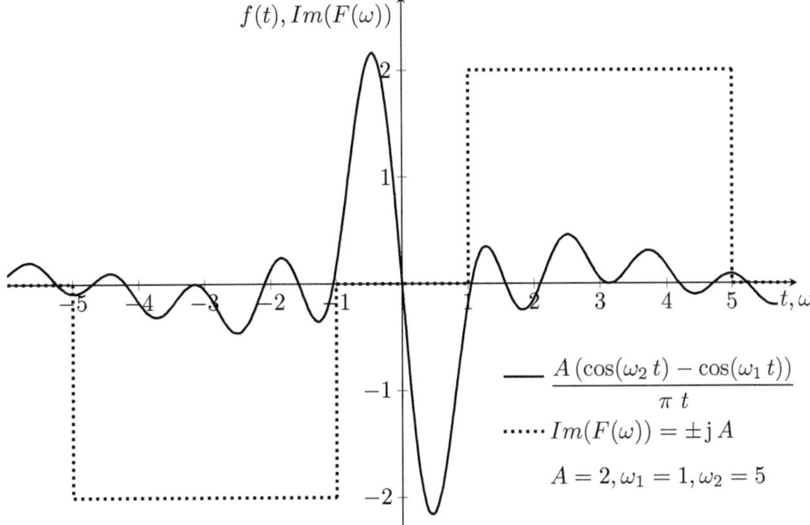

Abb. 7.6: Ungerade, imaginäre Spektralfunktion $F(\omega)$ und ihre Zeitfunktion $f(t)$. Der rein imaginären, ungeraden Spektralfunktion entspricht eine ungerade Zeitfunktion. Die Spektralfunktion ist nur in den im Text bezeichneten Intervallen von Null verschieden.

8 Fouriertransformation

Durch das Fourierintegral, wie wir es im vorherigen Kapitel kennengelernt haben, wird einer Zeitfunktion $f(t)$ eine Spektralfunktion $F(\omega)$ zugeordnet. Man kann diese Zuordnung auch als eine Art "Funktion" auffassen, deren Argument eine Funktion ist und die selbst wiederum eine andere Funktion als Rückgabewert hat. Man nennt eine derartige "Funktion" auch *Funktional*, eine Abbildung aus einem Funktionsraum in einen anderen.

Im Fall des Fourierintegrals erfolgt die Zuordnung über eine Integrationsvorschrift, weshalb man auch von einer *Integraltransformation* spricht. Wie wir gleich im ersten Abschnitt dieses Kapitels sehen werden, ist das Fourierintegral schon die sogenannte *Fouriertransformierte*. Im nachfolgenden Kapitel werden wir dann noch eine Erweiterung des Integranden kennenlernen, die von der Fourier- zur Laplacetransformation führt.

Transformationen werden bei der mathematischen Beschreibung von Zusammenhängen insbesondere dann eingesetzt, wenn sich dadurch Berechnungen vereinfachen lassen.

So wechselt man durch eine Fouriertransformation von der Zeit-Domäne t in die Frequenz-Domäne ω, d. h. die Zeitfunktion, also z. B. das Signal $f(t)$, wird mathematisch "anders" beschrieben, als eine Funktion $F(\omega)$ der Frequenzen, die in dem Signal enthalten sind. An der Funktion $F(\omega)$ lassen sich dann viele Fakten sehr leicht ablesen: welche Frequenzen sind dominant bzw. überhaupt in dem Signal enthalten? Gibt es Störanteile im Signal, z. B. typische Frequenzanteile bei 50 Hz, oder ein Grundrauschen?

Aber es geht noch viel weiter: so lässt sich z. B. eine Hoch- oder Tiefpaß-Filterung des Signals in der Frequenzdomäne sehr einfach umsetzen, in dem man dort einfach die entsprechenden Amplitudenwerte reduziert oder gar zu Null setzt.

Beide Darstellungen, egal ob Zeit- oder Frequenzfunktion, sollten dabei natürlich ein und denselben realen Zusammenhang beschreiben. Deshalb ist es neben der *Eindeutig der Transformation* auch notwendig, dass es eine entsprechende Rücktransformation gibt, welche der Frequenzfunktion wieder der ursprünglichen Zeitfunktion zuordnet. Dies sind dann die *inverse* Fourier- bzw. Laplacetransformation[1]. Nur so lässt sich z. B. nach einer Filterung im Frequenzbereich eine Aussage treffen, wie sich das Signal dadurch in der Zeitdomäne verändert hat.

In gleicher Weise werden bei der Laplacetransformation Berechnungen in der Zeit-Domäne in die s-Domäne verlagert. Dadurch werden z. B. Differentialgleichungen

---

[1] Hinweis: Auf die Bedingungen für die Existenz und Eindeutigkeit der Hin- und Rücktransformationen gehen wir hier nicht weiter ein, sondern nehmen diese zunächst als gegeben an. Eine kleine Ergänzung dazu erfolgt am Anfang des Kapitels 9 zur Laplacetransformation

(DGL) der Zeit in algebraische Gleichungen in der neuen Variablen s transformiert, deren Lösung sich i.A. wesentlich einfacher finden lassen. Die Rücktransformation in die Zeitdomäne ergibt dann die gesuchte Lösung der DGL.

Diese Zusammenhänge veranschaulicht das folgenden Schaubild nochmals. Dabei werden bereits die Notationen verwendet, wie sie im Folgenden noch eingeführt werden.

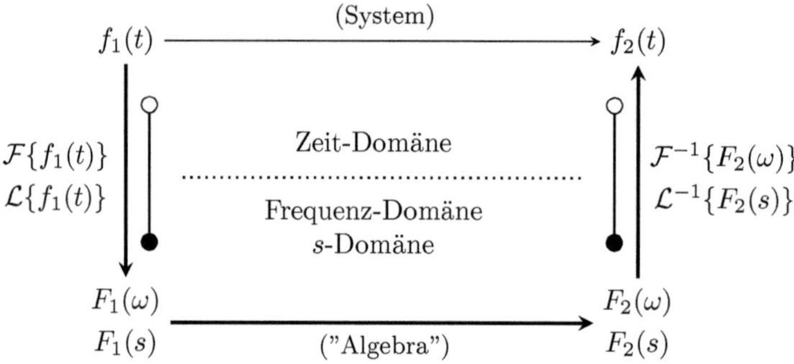

Abb. 8.1: Dargestellt ist der Zusammenhang zwischen der Zeitfunktion $f_1(t)$ und ihrer Fourier- bzw. Laplacetransformierten, $F_1(\omega)$ bzw. $F_1(s)$ und der durch das System veränderten Zeitfunktion $f_2(t)$ und deren Transformierter $F_2(\omega)$ bzw. $F_2(s)$.

In der "Realität" wird das Signal $f_1(t)$ durch das System zu $f_2(t)$ verändert. Der Weg der mathematischen Beschreibung führt entlang der dicken Pfeile: die Fourier-/Laplacetransformierte von $f_1(t)$ wird bestimmt. Diese wird durch algebraische Operationen zu der Funktion F_2, deren Rücktransformierte dann die Funktion $f_2(t)$ ergibt.
Der Weg der mathematischen Behandlung des Systems führt damit zu einem Domänen-Wechsel von der Zeit- in die Frequenz- bzw. s-Domäne.

Für den Rückweg in die Zeit-Domäne ist es notwendig, dass zwischen den Zeit- und den sogenannten Bildfunktionen mathematisch eindeutige Beziehungen bestehen. Dies sind die *Korrespondenzen*, welche durch die verbundenen Kreissymbole ausgedrückt werden.

In den kommenden Abschnitten werden nun die grundsätzlichen mathematischen Zusammenhänge und Rechenregeln der Fouriertransformation behandelt und immer wieder mit kleinen Beispielen verdeutlicht.

Die grundsätzlichen Überlegungen und Regeln können dann im nachfolgenden Kapitel leicht auf die Laplacetransformation übertragen und dort um deren spezifischen Eigenschaften erweitert werden.

8.1 Die Fouriertransformierte und ihre Inverse

Definition 8.1.1 (Fouriertransformierte)

Durch die Gleichung

$$F(\omega) = \int\limits_{-\infty}^{\infty} f(t)\, e^{-j\omega t}\, dt = \mathcal{F}\{f(t)\}$$

ist die **Fouriertransformation** definiert.

Der **Originalfunktion** $f(t)$ wird dadurch eine **Bildfunktion**, die **Fourier-transformierte** $F(\omega)$, zugeordnet. Diese heißt auch **Spektralfunktion** zu $f(t)$.

Die Menge der Originalfunktionen, für die eine so definierte Spektralfunktion existiert, heißt **Originalbereich** der Fouriertransformierten.

Dies sind die stückweise stetigen, absolut integrierbaren Funktionen,

für die also gilt: $\qquad \int\limits_{-\infty}^{\infty} |f(t)|\, dt < \infty$

Definition 8.1.2 (Inverse Fouriertransformation)

Durch die Gleichung

$$f(t) = \frac{1}{2\pi} \int\limits_{-\infty}^{\infty} F(\omega)\, e^{j\omega t} d\omega = \mathcal{F}^{-1}\{F(\omega)\}$$

ist die **inverse Fouriertransformierte** definiert.

Sie weist einer Spektralfunktion (Fouriertransformierten) eine entsprechende Originalfunktion (Zeitfunktion) zu.

Definition 8.1.3 (Korrespondenz)

In Anlehnung an die DIN-Norm 5487 stellt man den Zusammenhang zwischen Bild- und Originalfunktion (hier: Spektral- und Zeitfunktion) symbolisch wie folgt dar:

$$F(\omega) \;\bullet\!\!-\!\!\circ\; f(t)$$

Dabei steht der ausgefüllte Kreis stets auf der Seite der Bildfunktion.

Das Symbol zwischen den Funktionen wird nach dem deutschen Mathematiker Gustav Doetsch auch *Doetsch-Symbol genannt*.

Mit den Definitionen 8.1.1 und 8.1.2 ist die Integraltransformation nach Fourier gemäß Abbildung 8.1 vollständig beschrieben. Über die Schreibweise der entsprechenden Korrespondenz gemäß Definition 8.1.3 besteht eine eindeutige Zuordnung von Original- und Bildfunktion zueinander.

Für die praktische Anwendung führt man häufig auftretende Funktionenpaare in einer Liste zusammen. Ein Beispiel einer solchen **Koorespondenztabelle** findet sich im Anhang (Tab. B.8.1). Man verwendet diese Korrespondenztabellen dann ähnlich wie die Integraltafeln einer Formelsammlung, in denen man die Stammfunktion zu einer bekannten Integrandenfunktion einfach nachschlägt.

Im Fall von Korrespondenztabellen sucht man die ursprüngliche Zeitfunktion in der entsprechenden Spalte auf und findet daneben die zugehörige Spektralfunktion, ggf. mit ergänzenden Informationen zu deren Gültigkeit. Nachdem die mathematischen Manipulationen im Bildbereich durchgeführt wurden, sucht man das Ergebnis der Spektralfunktion in der Tabelle auf und findet nun die zugehörige Zeitfunktion in der entsprechenden Spalte. Damit wäre der Weg, wie er in Abbildung 8.1 mit den dicken Pfeilen dargestellt ist, beschritten und die Fragestellung bearbeitet.

Wie bei den Integraltafeln auch, können Korrespondenztabellen nicht *jede beliebige* Zeitfunktion und ihre Korrespondenz abbilden. Aber zum Glück gibt es auch hier eine Reihe von recht einfachen Regeln oder Sätzen, mit deren Hilfe sich aus einer bekannten Korrespondenz weitere bestimmen lassen. So werden in einer Korrespondenztabelle in der Regel *typische* Funktionsverläufe aus der Praxis aufgeführt, wodurch die Tabellen dann auch eine endliche Länge haben.

Bevor wir uns die einzelnen Sätze konkret anschauen und beispielhaft anwenden, ermitteln wir im Folgenden zunächst exemplarisch einige Korrespondenzen.

Das **Fourierintegral**, wie es im Kapitel 7.2 eingeführt und behandelt wurde, ist nach Definition 8.1.1 schon die **Fouriertransformierte** der entsprechenden Zeitfunktion und ergibt deren Spektralfunktion. Wir können deshalb zunächst Beispiel 7.3.1 entsprechend aufbereiten und in unsere Korrespondenztabelle B.8.1 im Anhang aufnehmen.

8.1.1 Fouriertransformierte einer fallenden e-Funktion

Die fallende e-Funktion

$$f(t) = e^{-at}\,\sigma(t) = \begin{cases} e^{-at} & \text{für} \quad t \geq 0 \\ 0 & \text{für} \quad t < 0 \end{cases}, \quad a \in \mathbb{R}^+$$

diente im Kapitel 7 als Beispiel der Berechnung des Fourierintegrals einer unsymmetrischen reellen Zeitfunktion. Ihre Spektralfunktion wurde im Beispiel 7.3.1 ermittelt. In der Notation der Fouriertransformierten lautet das Ergebnis:

$$\mathcal{F}\{f(t)\} = \frac{1}{a + j\,\omega} = \frac{a}{a^2 + \omega^2} + j\,\frac{-\omega}{a^2 + \omega^2} \qquad \text{bzw.} \qquad e^{-at}\,\sigma(t) \;\circ\!\!-\!\!\bullet\; \frac{1}{a + j\,\omega}$$

Die Kurvenverläufe mit den entsprechenden Symmetrien wurden bereits in Abbildung 7.4 dargestellt.

8.1.2 Fouriertransformierte "des" Rechteckimpulses

Bevor wir mit der Berechnung beginnen, ist es wichtig genau zu schauen, *welcher* Rechteckimpuls gemeint ist, bzw. wie die verwendete Definition aussieht. Wir betrachten hier den Rechteckimpuls $\text{rect}_{2T}(t) = \text{rect}\left(\frac{t}{2T}\right) = \sigma(t+T) - \sigma(t-T)$ gemäß Definition 5.3.1[2]. Dieser hat eine Breite von $2T$, eine Höhe von 1 und damit eine Fläche von $F_{\text{rect}_{2T}} = 2T$. Er liegt symmetrisch zur y-Achse und stellt damit eine gerade Funktion dar.

Die Spektralfunktion bzw. Fouriertransformierte berechnet sich unter Berücksichtigung der Ausblendeigenschaft der Sprungfunktion (s. Seite 79) recht einfach:

$$F(\omega) = \int\limits_{-\infty}^{\infty} \left[\sigma(t+T) - \sigma(t-T)\right] e^{-j\omega t}\, dt = \int\limits_{-T}^{T} e^{-j\omega t}\, dt = -\frac{1}{j\,\omega} e^{-j\omega t}\,\bigg|_{-T}^{T}$$

$$= -\frac{1}{j\,\omega}\left(e^{-j\omega T} - e^{j\omega T}\right) = -\frac{1}{j\,\omega}\left(-2j\,\sin(\omega T)\right) = \frac{2T}{\omega\,T}\sin(\omega T) = 2T\,\text{si}\,(\omega T)$$

Wir erhalten damit die Korrespondenz zwischen "dem" Rechteckimpuls und dem (nicht normierten) *Kardinalsinus*, wie er auf Seite 86 definiert ist:

$$\boxed{\mathcal{F}\{\text{rect}_{2T}(t)\} = 2T\,\text{si}\,(\omega T) \qquad \text{bzw.} \quad \text{rect}_{2T}(t) = \text{rect}\left(\frac{t}{2T}\right) \; \circ\!\!-\!\!\bullet \; 2T\,\text{si}\,(\omega T)}$$

Die Breite des Impulses bestimmt Amplitude und Frequenz der Spektralfunktion: je breiter der Impuls, desto höher die Amplitude und umso schneller die Schwingung.

In der Grafik wird wieder die Symmetrie zwischen gerader Zeitfunktion und geradem Realteil der Spektralfunktion, deren Imaginärteil verschwindet, deutlich[3].

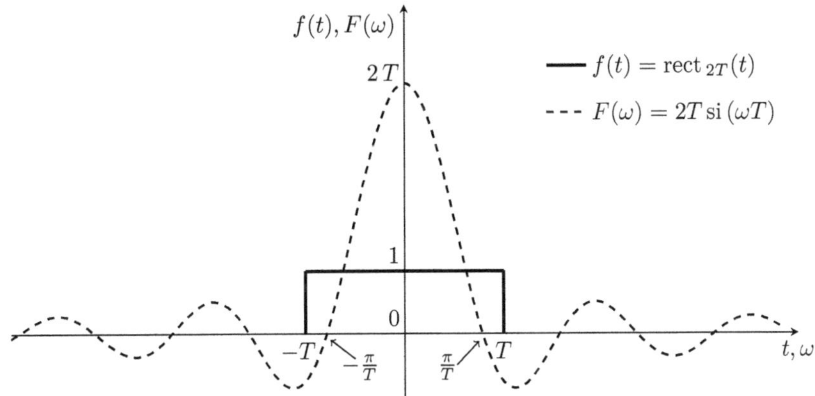

Abb. 8.2: Der "klassische" Rechteckimpuls $f(t) = \text{rect}\left(\frac{t}{2T}\right)$ korrespondiert mit dem Kardinalsinus $F(\omega) = \mathcal{F}\{\text{rect}_{2T}(t)\} = 2T\,\text{si}\,(\omega T)$.

---

[2]in den Übungsaufgaben werden anders definiterte "Rechteckimpulse" vorkommen, die einen anderen Kurvenverlauf mit einem anderen Symmetrieverhalten haben.

[3]Hinweis: zur besseren Darstellung sind die Achsen unterschiedlich skaliert.

8.1.3 Fouriertransformierte einer Gaußkurve

Eine weitere wichtige Fouriertransformierte ist die Spektralfunktion einer Gaußkurve

$$f(t) = \frac{1}{\sigma\sqrt{2\pi}}\, e^{-\frac{1}{2}(t/\sigma)^2}$$

Diese Gaußkurve mit der Breite 2σ ist um den Ursprung zentriert und wegen des
t^2 gerade. Ihre Fouriertransformierte bestimmt sich wiederum relativ einfach:

$$\mathcal{F}\{f(t)\} = \frac{1}{\sigma\sqrt{2\pi}} \int\limits_{-\infty}^{\infty} e^{-\frac{1}{2}(t/\sigma)^2}\, e^{-\mathrm{j}\omega t}\, dt = \frac{1}{\sigma\sqrt{2\pi}} \int\limits_{-\infty}^{\infty} \exp\left(-\frac{1}{2}\frac{t^2}{\sigma^2} - \mathrm{j}\omega t\right) dt$$

Der Exponent wird nun mit *quadratischer Ergänzung* umgewandelt:

$$-\frac{1}{2\sigma^2}\left[t^2 + 2\,t\,\mathrm{j}\omega\sigma^2\right] = -\frac{1}{2\sigma^2}\left[\left(t+\mathrm{j}\omega\sigma^2\right)^2 - (\mathrm{j}\omega\sigma^2)^2\right] = -\frac{1}{2\sigma^2}\left(t+\mathrm{j}\omega\sigma^2\right)^2 - \frac{\omega^2\sigma^2}{2}$$

Ins Integral eingesetzt ergibt sich

$$F(\omega) = \frac{1}{\sigma\sqrt{2\pi}} \int\limits_{-\infty}^{\infty} \exp\left(-\frac{1}{2\sigma^2}\left(t+\mathrm{j}\omega\sigma^2\right)^2\right)\, \exp\left(-\frac{\omega^2\sigma^2}{2}\right) dt$$

$$= \frac{1}{\sigma\sqrt{2\pi}} \exp\left(-\frac{\omega^2\sigma^2}{2}\right) \int\limits_{-\infty}^{\infty} \exp\left(-\frac{1}{2\sigma^2}\left(t+\mathrm{j}\omega\sigma^2\right)^2\right) dt$$

Mit der *Substitution* $z := t + \mathrm{j}\omega\sigma^2$ und $dt = 1\,dz$ folgt dann schon die Lösung:

$$F(\omega) = \exp\left(-\frac{\omega^2\sigma^2}{2}\right) \underbrace{\frac{1}{\sigma\sqrt{2\pi}} \int\limits_{-\infty}^{\infty} \exp\left(-\frac{1}{2}\frac{z^2}{\sigma^2}\right) dz}_{=1} = \exp\left(-\frac{\omega^2\sigma^2}{2}\right)$$

Das letzte Integral ist genau die Definition einer auf 1 normierten Gaußfunktion in
der Variablen z. Das Ergebnis ist also die Korrespondenz

$$\boxed{\frac{1}{\sigma\sqrt{2\pi}}\, e^{-\frac{1}{2}(t/\sigma)^2} \quad \circ\!\!-\!\!\bullet \quad e^{-\frac{1}{2}(\omega\sigma)^2}}$$

Im Fall der auf 1 normierten Standardnormalverteilung $N(0;1)$ ist $\sigma = 1$ und
man erkennt, dass sich die Standardnormalverteilung bei der Fouriertransformation
selbst reproduziert[4].

---

[4]Hinweis: der Vorfaktor $\dfrac{1}{\sqrt{2\pi}}$ folgt aus der hier konsequent beibehaltenen Normierung der Fouriertransformierten. Er kann in anders normierten Darstellungen ggf. auch fehlen.

Der Varianzparameter σ^2 beschreibt ja die Breite einer Gaußkurve. Betrachten wir die erhaltene Korrespondenz, wird ein wichtiger Zusammenhang zwischen den beiden Parametern σ_t und σ_ω deutlich: sie stehen in einem reziproken Verhältnis zueinander: je schmaler das Signal ist, desto breiter ist das Spektrum und umgekehrt. Faktisch gilt der Zusammenhang $\sigma_t^2 \cdot \sigma_\omega^2 = 1$, der manchmal auch **Fourier-Gegensätzlichkeit** oder einfach **Unschärfe** genannt wird. Er besagt, dass zwei Fourier-komplementäre Gauß-Signale niemals beide gleichzeitig, beliebig genau bestimmt werden können[5].

Die grafische Darstellung zeigt neben den unterschiedlichen Breiten auch wieder die gerade Symmetrie der rein reellen Spektralfunktion:

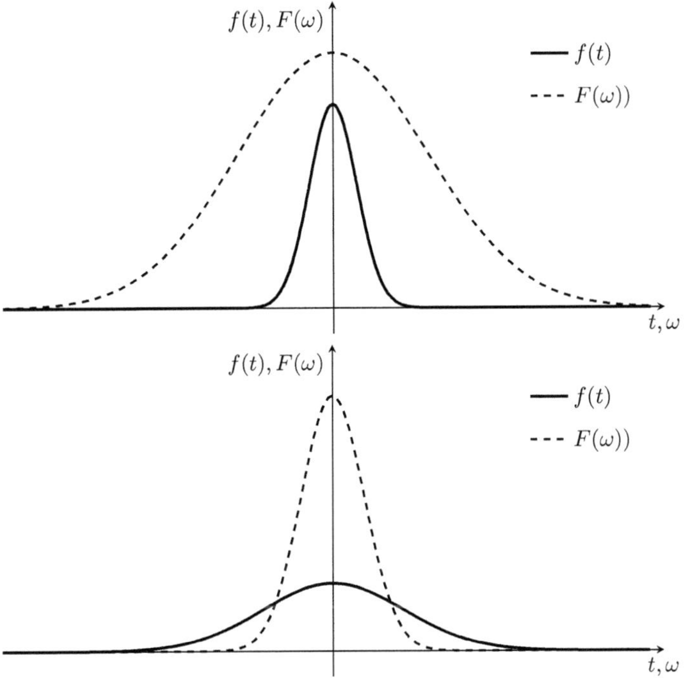

Abb. 8.3: Dargestellt sind die auf 1 normierte Gaußfunktion und ihre Fouriertransformierte, oben für $\sigma = 0{,}5$, unten für $\sigma = 1{,}5$.

$$ f(t) = \frac{1}{\sigma\sqrt{2\pi}} \exp\left(-\frac{1}{2}\left(\frac{t}{\sigma}\right)^2\right) \qquad \text{und} \qquad F(\omega) = \exp\left(-\frac{1}{2}(\sigma\omega)^2\right) $$

Je schmaler das Signal $f(t)$ wird, desto breiter wird das Spektrum $F(\omega)$, d. h. je lokalisierter das Signal, desto mehr Frequenzen sind beteiligt.

---

[5]faktisch ist diese Beziehung eng mit der Quantenmechanik und der dort definierten *Heisenbergschen Unschärferelation* $\Delta x \cdot \Delta p \geq \hbar/2$ zwischen Ort und Impuls geknüpft. Dort kann man zeigen, dass die Aussage allgemeiner als $\sigma_t^2 \cdot \sigma_\omega^2 \geq 1$ gilt und die Gaußschen Funktionen die Klasse minimaler Unschärfe bilden.

8.1.4 Fouriertransformierte grundlegender Distributionen

Einige der wichtigsten in der Praxis der Signaltheorie vorkommenden Korrespondenzen beziehen sich auf **Distributionen**, also nicht reguläre, komplexe Funktionen. Beispiele sind die Dirac-Delta- und die Einheits-Sprung-Funktion, da diese in der Modellierung von Signalen aufgrund der damit verbundenen Vereinfachungen eine große Rolle spielen. Deshalb sollen deren grundlegenden Korrespondenzen hier bestimmt werden.

Fouriertransformierte der Dirac-Deltafunktion

Die Bestimmung der Fouriertransformierten von $\delta(t)$ gestaltet sich denkbar einfach:

$$\mathcal{F}\{\delta(t)\} = \int\limits_{-\infty}^{\infty} \delta(t)\,\mathrm{e}^{-\mathrm{j}\omega t}\,dt = \mathrm{e}^0\,\Big|_{-\infty}^{\infty} = 1$$

dabei wurde der Ausdruck $\delta(t)\,\mathrm{e}^{-\mathrm{j}\omega t}$ gemäß der Definition 5.2.1 der Dirac-Deltafunktion rein "formal ausgewertet".

Wie in Kapitel 5.2 ausgeführt, kann die Dirac-Deltafunktion unter anderem auch als Grenzwert einer Folge von Rechteckimpulsen dargestellt werden. Auf diesem Wege lässt sich ihre Fouriertransformierte dann analytisch bestimmen[6]:

Um nicht auf die Fouriertransformierte der Sprungfunktion angewiesen zu sein, nutzen wir die Darstellung als Folge von Rechtecken der Höhe $\frac{1}{T}$ mit der Breite T:

$$\delta(t) = \lim_{T\to 0} \begin{cases} \frac{1}{T} & \text{für } -\frac{T}{2} < t < \frac{T}{2} \\ 0 & \text{sonst} \end{cases}$$

Damit können wir die Fouriertransformierte direkt bestimmen. Das doppelte uneigentliche Integral wird damit zu einem Integral mit einfachen Grenzen:

$$\mathcal{F}\{\delta(t)\} = \lim_{T\to 0} \int\limits_{-\frac{T}{2}}^{\frac{T}{2}} \frac{1}{T}\,\mathrm{e}^{-\mathrm{j}\omega t}\,dt = \lim_{T\to 0} \frac{1}{T}\,\frac{-1}{\mathrm{j}\omega}\mathrm{e}^{-\mathrm{j}\omega t}\Big|_{-\frac{T}{2}}^{\frac{T}{2}}$$

$$= \lim_{T\to 0} \frac{1}{T}\,\frac{-1}{\mathrm{j}\omega}\underbrace{\left(\mathrm{e}^{\mathrm{j}\omega\frac{T}{2}} - \mathrm{e}^{-\mathrm{j}\omega\frac{T}{2}}\right)}_{-2\mathrm{j}\,\sin\left(\frac{\omega T}{2}\right)} = \lim_{T\to 0} \frac{1}{T}\,\frac{2}{\omega}\sin\left(\frac{\omega T}{2}\right)$$

$$\overset{\text{(l'Hospital)}}{=} \lim_{T\to 0} \frac{2}{\omega}\,\frac{\omega}{2}\cos\left(\frac{\omega T}{2}\right) = 1$$

Letztlich hätten wir das Ergebnis auch mit Hilfe der Korrespondenz zum Rechteckimpuls aus Abschnitt 8.1.2 erhalten können, wenn wir diesen mit der entsprechenden Höhe $\frac{1}{2T}$ multipliziert und den Grenzwert des Kardinalsinus bestimmt hätten.

---

[6]diese Rechnung dient als Beispiel für die Auswertung von Distributionen über eine geeignete Darstellungen als Grenzwert einer Funktionenfolge.

Für die vollständige Korrespondenz braucht es auch die Rücktransformierte

$$\mathcal{F}^{-1}\{1\} = \frac{1}{2\pi} \int\limits_{-\infty}^{\infty} 1 \cdot e^{j\omega t}\, d\omega = \lim_{\omega \to \infty} \frac{1}{2\pi t\, j} \left(e^{j\omega t} - e^{-j\omega t}\right) = \lim_{\omega \to \infty} \frac{1}{\pi t} \sin(\omega t)$$

Doch dieses Integral ist unbestimmt, es konvergiert nicht, d. h. die Rücktransformierte kann nicht so einfach bestimmt werden[7].

In Übereinstimmung mit der später in Abschnitt 8.3.8 behandelten Dualitätseigenschaft der Fouriertransformation wird deshalb die entsprechende Korrespondenz "gesetzt":

$$\boxed{\mathcal{F}\{\delta(t)\} = 1 \qquad \text{bzw.} \quad \delta(t) \circ\!\!-\!\!\bullet\, 1}$$

Diese Relation besagt, dass zur Darstellung eines beliebig kurzen und hohen Impulses <u>alle</u> Frequenzen benötigt werden, also z. B. in einem Knall quasi alle Frequenzen enthalten sind.

In analoger Weise wird auch die Rücktransformierte einer Dirac-Deltafunktion im Frequenzbereich bestimmt:

$$\mathcal{F}^{-1}\{\delta(\omega)\} = \frac{1}{2\pi} \int\limits_{-\infty}^{\infty} \delta(\omega)\, e^{-j\omega t}\, d\omega = \ldots = \frac{1}{2\pi}$$

und man erhält die entsprechende Korrespondenz:

$$\boxed{\mathcal{F}\{1\} = 2\pi\, \delta(\omega) \qquad \text{bzw.} \quad 1 \circ\!\!-\!\!\bullet\, 2\pi\, \delta(\omega)}$$

Fouriertransformierte der Signumfunktion

Die Signum- oder Vorzeichenfunktion $\operatorname{sgn}(t)$ weist jeder Zahl $t \in \mathbb{R}$ je nach deren Vorzeichen den Wert -1 oder $+1$ zu[8]:

$$\operatorname{sgn}(t) := \begin{cases} -1 & \text{für } t < 0 \\ +1 & \text{für } 0 \leq t \end{cases}$$

Ihre Fouriertransformierte soll nun bestimmt werden. Gemäß Def. 8.1.1 soll eine Funktion absolut integrierbar sein, damit die Formel für die Fouriertransformierte angewendet werden kann. Man sieht leicht, dass dies für die Signumfunktion nicht

---

[7]im Rahmen der *Distributionstheorie* kann eine entsprechende Berechnung durchgeführt werden, doch führt das hier zu weit und wir folgen dem üblichen Vorgehen der "Setzung" des Ergebnisses und nehmen es als gegeben hin.

[8]bitte beachten: es gibt andere Definitionen, die den Wert für $t = 0$ als 0 oder -1 festlegen. In diesem Buch wird immer die o.g. Definition verwendet.

gegeben ist:

$$\int\limits_{-\infty}^{\infty} |\mathrm{sgn}\,(t)|\; dt = \int\limits_{-\infty}^{\infty} 1\, dt = \infty$$

Das Integral repräsentiert die Fläche eines Rechtecks unendlicher Breite mit Höhe 1 und konvergiert damit nicht. Ihre Fouriertransformierte kann aber über einen kleinen Umweg gewonnen werden. Dazu nutzen wir den Zusammenhang mit der Sprungfunktion $\sigma(t)$ aus Kap. 5.1

$$\mathrm{sgn}\,(t) = \sigma(t) - \sigma(-t)$$

Die Signumfunktion ist damit bei $t = 0$ immer noch unstetig, kann aber über eine geeignete Darstellung der Sprungfunktion wiederum als Grenzwert einer Funktionenfolge geschrieben werden:

$$\mathrm{sgn}\,(t) = \begin{cases} \sigma(-t) = \lim\limits_{a \to 0} -\mathrm{e}^{a\,t}\,\sigma(-t) & \text{für } t < 0 \\[2mm] \sigma(t) = \lim\limits_{a \to 0} \mathrm{e}^{-a\,t}\,\sigma(t) & \text{für } 0 \leq t \end{cases} \qquad \text{mit} \quad a > 0$$

bzw.

$$\mathrm{sgn}\,(t) = \lim\limits_{a \to 0} \left[\mathrm{e}^{-a\,t}\,\sigma(t) - \mathrm{e}^{a\,t}\,\sigma(-t)\right]$$

Wir machen nun einen kleinen Vorgriff auf den *Additionssatz* (s. Kap. 8.3.1) und berechnen die Fouriertransformierte der Summe als Summe der beiden Fouriertransformierten.

Aus unserem ersten Beispiel für eine Fouriertransformierte in Kap. 8.1.1 kennen wir die Korrespondenz $e^{-at}\,\sigma(t) \;\circ\!\!\!-\!\!\!-\!\!\bullet\; \dfrac{1}{a + \mathrm{j}\,\omega}$ und können damit den ersten Teil der Spektralfunktion angeben. Für den zweiten Teil $\mathrm{e}^{a\,t}\,\sigma(-t)$ erhalten wir durch kleine Anpassungen der Rechnung in Kap. 7.3.1 [9] die Korrespondenz $e^{at}\,\sigma(-t) \;\circ\!\!\!-\!\!\!-\!\!\bullet\; \dfrac{1}{a - \mathrm{j}\,\omega}$ und können damit die Spektralfunktion zur Signumfunktion vollständig bestimmen:

$$\mathcal{F}\{\mathrm{sgn}\,(t)\} = \lim\limits_{a \to 0} \int\limits_{-\infty}^{\infty} \left[\mathrm{e}^{-a\,t}\,\sigma(t) - \mathrm{e}^{a\,t}\,\sigma(-t)\right]\, dt$$

$$= \lim\limits_{a \to 0} \left[\frac{1}{a + \mathrm{j}\,\omega} - \frac{1}{a - \mathrm{j}\,\omega}\right] = \lim\limits_{a \to 0} \frac{-2\mathrm{j}\,\omega}{a^2 + \omega^2} = \frac{2}{\mathrm{j}\,\omega}$$

Unser Ergebnis

$$\boxed{\;\mathcal{F}\{\mathrm{sgn}\,(t)\} = \frac{2}{\mathrm{j}\,\omega} \qquad \text{bzw.} \quad \mathrm{sgn}\,(t) \;\circ\!\!\!-\!\!\!-\!\!\bullet\; \frac{2}{\mathrm{j}\,\omega}\;}$$

können wir im nächsten Schritt z. B. dazu benutzen, um die Fouriertransformierte der Sprungfunktion zu bestimmen, deren Berechnung mit diesen Vorarbeiten vergleichsweise einfach von der Hand geht...

---

[9]dies sei Ihnen als kleine Gedankenübung zum Nachvollziehen überlassen

Fouriertransformierte der Sprungfunktion

Der Versuch, die Fouriertransformierte der Sprungfunktion, wie sie in Kap. 5.1 definiert ist, über ihre Integraldefinition zu bestimmen, führt zu keiner Lösung:

$$\mathcal{F}\{\sigma(t)\} = \int\limits_{-\infty}^{\infty} \sigma(t)\,\mathrm{e}^{-\mathrm{j}\,\omega t}\,dt = \int\limits_{0}^{\infty} \mathrm{e}^{-\mathrm{j}\,\omega t}\,dt = \lim_{t\to\infty}\,\frac{1}{\mathrm{j}\,\omega}\left[1 - \mathrm{e}^{-\mathrm{j}\,\omega t}\right]$$

denn wie schon mehrfach erwähnt, existiert der Grenzwert $\lim\limits_{t\to\infty}\mathrm{e}^{-\mathrm{j}\,\omega t}$ nicht, womit das Integral nicht konvergiert, also keine Lösung hat. Dies verwundert auch nicht, denn die Sprungfunktion erfüllt ebenso wie die Signumfunktion, mit der sie ja eng verbunden ist, die Bedingung der *absoluten Integrierbarkeit* nicht:

$$\int\limits_{-\infty}^{\infty} |\sigma(t)|\,dt = \int\limits_{0}^{\infty} 1\,dt = \infty$$

womit das Integral der Fouriertransformierten nicht ausgewertet werden kann.

Der Weg zur Lösung von Integralen über Distributionen führt entweder über recht aufwendige Rechnungen und Beweise der Distributionstheorie[10], oder über "Umwege" geeigneter Darstellungen und Zusammenhänge zum Ergebnis. So auch hier...

Vergleicht man die beiden Kurvenverläufe von $\sigma(t)$ und $\mathrm{sgn}\,(t)$ in der folgenden Abbildung

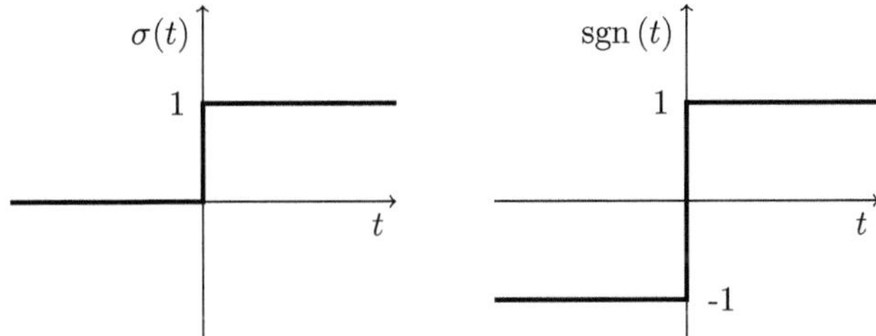

Abb. 8.4: Vergleich von Sprung- und Vorzeichen-Funktion.

kann man direkt die Beziehung $\sigma(t) = \frac{1}{2}\left[1 + \mathrm{sgn}\,(t)\right]$ bzw. $\mathrm{sgn}\,(t) = 2\sigma(t) - 1$ ablesen. Mit erneutem Vorgriff auf den *Additionssatz* und den von uns bereits bestimmten Korrespondenzen $1 \circ\!\!-\!\!\bullet 2\pi\,\delta(\omega)$ und $\mathrm{sgn}\,(t) \circ\!\!-\!\!\bullet \frac{2}{\mathrm{j}\,\omega}$ folgt das Ergebnis unmittelbar:

$$\mathcal{F}\{\sigma(t)\} = \frac{1}{2}\left[2\pi\delta(\omega) + \frac{2}{\mathrm{j}\,\omega}\right] = \pi\delta(\omega) + \frac{1}{\mathrm{j}\,\omega}$$

also

$$\boxed{\;\mathcal{F}\{\sigma(t)\} = \pi\delta(\omega) + \frac{1}{\mathrm{j}\,\omega} \qquad \text{bzw.} \qquad \sigma(t) \circ\!\!-\!\!\bullet \pi\delta(\omega) + \frac{1}{\mathrm{j}\,\omega}\;}$$

---

[10]diese gehen über die Mathematik dieses Buches hinaus und finden deshalb keine Anwendung

8.2 Fouriertransformierte und Symmetrie

Die Aussagen zur Symmetrie des Fourierintegrals in Abschnitt 7.2.2 gelten aufgrund der Identität von *Fourierintegral* und *Fouriertransformierter* natürlich in gleicher Weise auch für die Fouriertransformierte und ihre Spektralfunktion.

Wegen der Bedeutung der Symmetrien für die Bewertung von Zeit- und Spektralfunktionen bzw. als Grundlage für "Plausi-Checks" eigener Berechnungen, sollen die Symmetrien hier im Kontext der Fouriertransformierten deshalb nochmals formuliert und dargestellt werden.

Durch die Fouriertransformation nach Definition 8.1.1 wird einer Originalfunktion $f(t)$ eine Bildfunktion $F(\omega)$ zugeordnet[11]. Die beiden Funktionen sind zunächst komplexwertig und nur dadurch eingeschränkt, dass für die Konvergenz des Integrals die Originalfunktion stückweise stetig und *absolut integrierbar* sein soll[12].

In den uns betreffenden Anwendungsfällen ist $f(t)$ ein reales Signal und damit eine reellwertige Zeitfunktion. Mit der Euler-Relation ergibt sich deshalb

$$\mathcal{F}\{f(t)\} = F(\omega) = \int_{-\infty}^{\infty} f(t)\, e^{-j\omega t}\, dt = \int_{-\infty}^{\infty} f(t)\, \cos(\omega t)\, dt - j \int_{-\infty}^{\infty} f(t)\, \sin(\omega t)\, dt$$

Der Realteil der Spektralfunktion wird auch als Kosinus- und der Imaginärteil als (negative) Sinus-Transformierte der Zeitfunktion bezeichnet[13]:

$$Re\,(F(\omega)) = \underbrace{\int_{-\infty}^{\infty} f(t)\, \cos(\omega t)\, dt}_{\textbf{Kosinus-Transformierte}} \quad,\quad Im\,(F(\omega)) = -j \underbrace{\int_{-\infty}^{\infty} f(t)\, \sin(\omega t)\, dt}_{\textbf{Sinus-Transformierte}}$$

Da die Kreisfrequenz ω nur in den Winkelfunktionen auftritt, bestimmen diese die Symmetrie der Anteile der Spektralfunktion: der Realteil ist folglich eine gerade, der Imaginärteil eine ungerade Funktion in ω.

Ist $f(t)$ ihrerseits nun eine gerade Funktion in der Zeit, haben wir also ein Signal, dessen Graph symmetrisch zur y-Achse ist, ist der Imaginärteil der Spektralfunktion Null, weil das Integral der Sinus-Transformierten eine ungerade Funktion über ein, um die y-Achse symmetrisches, Intervall integriert.

Analog verhält es sich, wenn die Zeitfunktion ungerade ist. Dann wird der Integrand des Realteils ungerade und damit verschwindet die Kosinus-Transformierte.

Nur im Fall einer unsymmetrischen Zeitfunktion erhalten wir auch eine voll komplexe Spektralfunktion d. h. sind Kosinus- und Sinus-Transformierte und damit Real- und Imaginärteil der Spektralfunktion von Null verschieden.

---

[11]der Term $e^{-j\omega t}$ heißt in der Mathematik auch (Integral-)**Kern** der Fouriertransformation.

[12]in der Literatur wird man finden, dass dies eine *hinreichende* aber nicht *notwendige* Bedingung für die Existenz des Integrals ist. Diese mathematischen Details ignorieren wir hier aber.

[13]man findet deshalb manchmal auch die Schreibweise: $\mathcal{F}\{f(t)\} = \mathcal{COS}\{f(t)\} - j\, \mathcal{SIN}\{f(t)\}$.

Diese Zusammenhänge lassen sich natürlich auch aus der inversen Fouriertransformierten ablesen. Gemäß Definition 8.1.2, der Euler-Relation und der Aufteilung der Spektralfunktion in Real- und Imaginärteil gilt:

$$2\pi\, f(t) = 2\pi\, \mathcal{F}^{-1}\{F(\omega)\} = \int\limits_{-\infty}^{\infty} \left[Re(F(\omega))\cos(\omega t) - Im(F(\omega))\sin(\omega t) \right]\, d\omega$$

$$+\, \mathrm{j} \int\limits_{-\infty}^{\infty} \left[Re(F(\omega))\sin(\omega t) + Im(F(\omega))\cos(\omega t) \right]\, d\omega$$

Die beiden Summanden im zweiten Integral sind bezüglich der Integrationsvariablen ω ungerade. Wegen der Integration über die komplette ω-Achse ergibt das Integral immer Null. Damit ist die Zeitfunktion $f(t)$ wieder rein reell[14].

Im verbleibenden Integral des Realteils steht die Variable t nur in den Winkelfunktionen, wodurch diese die Symmetrie der Summanden bzgl. der Zeit bestimmen.

Soll die Zeitfunktion nun eine gerade Funktion bezüglich der Zeit t sein, muss der Sinusanteil im Integranden verschwinden. Das bedeutet, der Imaginärteil der Spektralfunktion muss Null sein.

Analoge Überlegung für eine ungerade Zeitfunktion führen zu dem Schluss, dass dann der Realteil der Spektralfunktion verschwinden muss.

Eine unsymmetrische Zeitfunktion bedeutet, dass sowohl der Real- wie auch der Imaginärteil der Spektralfunktion nicht verschwinden dürfen, $F(\omega)$ also eine vollkomplexe Funktion sein muss.

Damit schließt sich der Kreis der Argumentation zu den Symmetrien und wir fassen diese wichtigen Zusammenhänge in folgendem Satz zusammen:

Satz 8.2.1 (Symmetrien in der Fouriertransformation)

Für die Fouriertransformierte $F(\omega)$ einer reellwertigen Zeitfunktion $f(t)$ gilt:

- der Realteil ist eine gerade Funktion in ω:
  $$Re(F(\omega)) = Re(F(-\omega))$$

- der Imaginärteil ist eine ungerade Funktion in ω:
  $$Im(F(\omega)) = -Im(F(-\omega))$$

- Ist $f(t)$ gerade, ist die $F(\omega)$ rein reell:
  $$f(t) = f(-t) \quad \Leftrightarrow \quad Im(F(\omega)) = 0$$

- Ist $f(t)$ ungerade, ist $F(\omega)$ rein imaginär:
  $$f(t) = -f(-t) \Leftrightarrow Re(F(\omega)) = 0$$

- Ist $f(t)$ unsymmetrisch, ist $F(\omega)$ komplex:
  $$f(t) \neq \pm f(-t) \Leftrightarrow Re(F(\omega)) \neq 0 \,\wedge\, Im(F(\omega)) \neq 0$$

Eine tabellarische Zusammenfassung findet sich im Anhang B.6 auf Seite 289.

---

[14]dies war ja auch die Voraussetzung für die Herleitung der Symmetrie der Anteile der Spektralfunktion, muss hier folglich auch wieder herauskommen.

8.3 Hilfssätze

Auf den vorangegangenen Seiten haben wir bereits einige Transformierte ausgerechnet. Grundsätzlich könnte man alle notwendigen Korrespondenzen auf diese Weise berechnen. Doch ist das z.T. sehr umständlich, oder führt gar nicht zum Ziel, da die Integrale sich nicht so einfach lösen lassen. Dies gilt insbesondere für *Distributionen*, also d. h. für nicht differenzierbare Funktionen mit Sprungstellen.

Mit den Symmetrien der Fouriertransformierten haben wir schon eine Hilfe kennengelernt. Mit ihnen lassen sich Ergebnisse auf Plausibilität überprüfen, manches Mal auch einfacher berechnen, wenn das komplexe Integral sich aufgrund einer Symmetrie auf die Sinus- oder Kosinus-Transformierte und reelle Integrale reduziert.

Eine ganz wesentliche Hilfe zur Bestimmung von Transformierten sind aber die **Hilfssätze**, um die es nun gehen soll. Die Fouriertransformation basiert als *Integral*transformation auf Integralen und ihren Eigenschaften. So lassen sich die nachfolgenden Sätze im Allgemeinen auch direkt aus bekannten Integral-Eigenschaften und -Regeln herleiten.

So können viele Korrespondenzen mit Hilfe der Sätze aus bereits bekannten Korrespondenzen hergeleitet oder aus diesen zusammengesetzt werden. Über das Dualitätsprinzip, das es nur hier bei der Fouriertransformation gibt, folgt darüber hinaus aus jeder Korrespondenz auch immer eine zweite.

Auf diese Weise erfolgt die Bestimmung Fouriertransformierter nicht mehr zwangsläufig über die explizite Berechnung der Integrale. Vielmehr kann oft durch Anwendung der Hilfssätze auf Basis bereits bestehende Korrespondenzen die Lösung schneller bestimmt werden. Eine geeignete Modellierung der zugrundeliegenden Funktion ist dabei entscheidend für den Erfolg.

Doch schauen wir uns zunächst die wichtigsten Sätze zur Fouriertransformation an. Diese gelten dann, mit wenigen Ausnahmen, in angepasster Notation später auch für die Laplacetransformation.

Hinweis: wir gehen im Folgenden immer davon aus, dass die Funktionen die notwendigen Bedingungen für die Existenz der Fouriertransformierten bzw. deren Inverser erfüllen, also z. B. absolut integrierbar sind. Dies ist in realen Anwendungsfällen der Signaltheorie eigentlich immer gegeben und wir ersparen uns die tiefergehenden mathematischen Erläuterungen, welche den Rahmen dieser Darstellung unnötig erweitern würden.

8.3.1 Additionssatz

Satz 8.3.1 (Additionssatz)

Für zwei beliebige Originalfunktionen $f(t)$ und $g(t)$ mit den Bildfunktionen $F(\omega)$ und $G(\omega)$ und zwei (komplexe) Zahlen $\alpha, \beta \in \mathbb{C}$ gilt

$$\mathcal{F}\{\alpha\, f(t) + \beta\, g(t)\} = \alpha\, F(\omega) + \beta\, G(\omega)$$

Der Satz besagt, dass die Fouriertransformation ein *lineares Funktional* ist: die Transformierte einer Linearkombination von Zeitfunktionen entspricht der gleichen Linearkombination ihrer Spektralfunktionen.

Er ist absolut grundlegend und kommt bei so gut wie jeder Berechnung von Korrespondenzen zur Anwendung[15].

Diese Eigenschaft folgt direkt aus der Linearität des Integrals[16] im Allgemeinen und muss hier deshalb wohl nicht weiter "hergeleitet" werden.

Dieser Satz kann auch auf Distributionen (z. B. die behandelte Dirac-Delta-, Sprung- oder Signumfunktion) angewendet werden.

8.3.2 Verschiebungssatz

Satz 8.3.2 (Verschiebungssatz)

Hat die Originalfunktion $f(t)$ die Fouriertransformierte $F(\omega)$, so kann die Bildfunktion der verschobenen Funktion $f(t - t_0)$ sofort über

$$\mathcal{F}\{f(t - t_0)\} = \mathrm{e}^{-\mathrm{j}\omega t_0} F(\omega)$$

bestimmt werden. Oder in Kurzform:

$$f(t) \circ\!\!-\!\!\bullet\, F(\omega) \quad \Rightarrow \quad f(t - t_0) \circ\!\!-\!\!\bullet\, \mathrm{e}^{-\mathrm{j}\omega t_0} F(\omega)$$

Der Nachweis erfolgt über eine einfache Substitution:

$$\mathcal{F}\{f(t - t_0)\} = \int\limits_{-\infty}^{\infty} \mathrm{e}^{-\mathrm{j}\omega t} f(t - t_0)\, dt$$

mit $t - t_0 = \tau$ und $\frac{dt}{d\tau} = \frac{d}{d\tau}(\tau + t_0) = 1$ folgt:

$$\mathcal{F}\{f(t - t_0)\} = \int\limits_{-\infty}^{\infty} \mathrm{e}^{-\mathrm{j}\omega \tau} \mathrm{e}^{-\mathrm{j}\omega t_0} f(\tau)\, d\tau = \mathrm{e}^{-\mathrm{j}\omega t_0}\, \mathcal{F}\{f(t)\}$$

Eine symmetrische Funktion verliert im Allgemeinen durch die Verschiebung ihre Symmetrie. Im Bildbereich bedeutet dies, dass eine vormals rein reelle oder imaginäre Spektralfunktion zu einer vollkomplexen Funktion wird.

Umgekehrt kann durch eine entsprechende Verschiebung u. U. eine symmetrische Zeitfunktion entstehen, zu der sich die Fouriertransformierte leichter bestimmen lässt. Durch eine anschließende Rückverschiebung erhält man dann die Spektralfunktion zur ursprünglichen Funktion.

---

[15]Eine Anwendung haben wir schon auf Seite 148 bei der Berechnung der Fouriertransformierten der Signumfunktion gesehen.

[16]das Integral einer Summe von Funktionen ist die Summe der Integrale, konstante Vorfaktoren eingeschlossen.

8.3.3 Ähnlichkeitssatz (Zeitskalierung)

Satz 8.3.3 (Ähnlichkeitssatz)

Hat die Originalfunktion $f(t)$ die Fouriertransformierte $F(\omega)$ und ist $a \in \mathbb{R} \setminus \{0\}$, so kann die Bildfunktion von $g(t) = f(a\,t)$ sofort angegeben werden:

$$\mathcal{F}\{g(t)\} = G(\omega) = \mathcal{F}\{f(a\,t)\} = \frac{1}{|a|}\, F\left(\frac{\omega}{a}\right)$$

Oder in Kurzform:

$$f(t) \circ\!\!-\!\!\bullet\, F(\omega) \quad \Rightarrow \quad f(a\,t) \circ\!\!-\!\!\bullet\, \frac{1}{|a|}\, F\left(\frac{\omega}{a}\right)$$

Auch hier erfolgt der Nachweis über eine einfache Substitution. Sei zunächst $a > 0$:

$$\mathcal{F}\{f(a\,t)\} = \int\limits_{-\infty}^{\infty} e^{-j\omega t} f(a\,t)\, dt$$

mit $\tau = a\,t$ und $\frac{dt}{d\tau} = \frac{1}{a}$ folgt:

$$\mathcal{F}\{f(a\,t)\} = \int\limits_{-\infty}^{\infty} e^{-j\frac{\omega}{a}\tau} f(\tau)\, \frac{1}{a}\, d\tau = \frac{1}{a}\, F\left(\frac{\omega}{a}\right)$$

Für $a < 0$ ergibt sich mit $a \to -a$ ein Vorzeichen in dem Vorfaktor $\frac{1}{a}$, aber gleichzeitig drehen sich die Integralgrenzen um. Die beiden Vorzeichen kompensieren sich und man erhält den gleichen Ausdruck wie vorher ohne Vorzeichen. Dies wird durch den Betrag abgebildet (siehe auch Nachweis des Zeitumkehrsatzes auf Seite 155, der nur den Spezialfall für $a = -1$ darstellt).

Das reziproke Verhältnis der Zeit- zur Frequenzskalierung bedeutet:

- Eine Streckung des Signals in der Zeit ($a > 0$) entspricht einer Stauchung der Spektralfunktion mit gleichzeitiger Amplitudendämpfung um den Faktor $\frac{1}{a}$.
- Eine Stauchung des Signals in der Zeit ($a < 0$) entspricht einer Streckung der Spektralfunktion mit gleichzeitiger Amplitudenerhöhung um den Faktor $|a|$.

d. h. ein kürzeres Signal hat ein breiteres Spektrum[17] und umgekehrt. Der grundsätzliche Verlauf des Spektrums bleibt aber gleich.

Dieses Verhalten führt auch zur Definition des **Zeit-Bandbreite-Produkts**[18], einer Kenngröße, die nur von der Signalform, nicht aber von der Signalskalierung abhängt.

---

[17]erinnern wir uns an die Aussage, dass das Spektrum eines "Knalls", also der Dirac-Deltafunktion, alle Frequenzen enthält. Die Dirac-Deltafunktion ist als Grenzwert quasi die maximale Stauchung/Verkürzung einer Funktion und korrespondiert deshalb mit einem maximal breiten Spektrum.

[18]weitere Informationen und Beispiel dazu siehe [FB08, Stichwort "Zeit-Bandbreite-Produkt"].

8.3.4 Zeitumkehrsatz

Satz 8.3.4 (Zeitumkehr)

Ist die Korrespondenz $f(t) \circ\!\!-\!\!\bullet F(\omega)$ bekannt, gilt für das in der Zeit umgekehrte Signal die Korrespondenz $f(-t) \circ\!\!-\!\!\bullet F(-\omega)$.

Die Korrespondenz $f(t) \circ\!\!-\!\!\bullet F(\omega)$ sei gegeben. Wir rechnen dazu die Transformierte $f(-t)$ aus:

$$\mathcal{F}\{f(-t)\} = \int\limits_{-\infty}^{\infty} f(-t)\, e^{-j\omega t}\, dt$$

Mit der Substitution

$$-t =: \tau \quad \Rightarrow \quad dt = -d\tau \quad \text{und} \quad t \to \pm\infty \ \Rightarrow \ \tau \to \mp\infty$$

folgt daraus:

$$\mathcal{F}\{f(-t)\} = \int\limits_{\infty}^{-\infty} f(\tau)\, e^{j\omega\tau}\, (-1)\, d\tau$$

Wir nutzen das Vorzeichen, um die Integralgrenzen wieder umzudrehen und fügen im Exponenten das fehlende Minuszeichen ein, das wir gleich wieder kompensieren und erhalten so das gesuchte Ergebnis

$$\mathcal{F}\{f(-t)\} = \int\limits_{-\infty}^{\infty} f(\tau)\, e^{-j(-\omega)\tau}\, d\tau = F(-\omega)$$

Damit ist dieser durchaus nützliche Zusammenhang bewiesen.

Der Satz zur Zeitumkehr ist eigentlich nur ein Spezialfall des vorangegangenen Ähnlichkeitssatzes für $a = -1$.

8.3.5 Frequenzverschiebungssatz

Satz 8.3.5 (Frequenzverschiebungssatz)

Besteht die Korrespondenz $f(t) \circ\!\!-\!\!\bullet F(\omega)$, so existiert auch die Korrespondenz $e^{j\omega_0 t}\, f(t) \circ\!\!-\!\!\bullet F(\omega-\omega_0)$ für die in der Frequenz verschobene Spektralfunktion.

Auch hier gelingt der Nachweis wiederum über eine einfache Substitution:

$$f(t) = \mathcal{F}^{-1}\{F(\omega - \omega_0)\} = \frac{1}{2\pi} \int\limits_{-\infty}^{\infty} F(\omega - \omega_0)\, e^{j\omega t}\, d\omega$$

Mit $\tilde{\omega} := \omega - \omega_0$, $\frac{d\tilde{\omega}}{d\omega} = 1$ und $\omega \to \pm\infty \Rightarrow \tilde{\omega} \to \pm\infty$ folgt

$$\frac{1}{2\pi} \int_{-\infty}^{\infty} F(\tilde{\omega})\, \mathrm{e}^{\mathrm{j}(\tilde{\omega}+\omega_0)t}\, d\tilde{\omega} = \mathrm{e}^{\mathrm{j}\omega_0 t}\, \underbrace{\frac{1}{2\pi} \int_{-\infty}^{\infty} F(\tilde{\omega})\, \mathrm{e}^{\mathrm{j}\tilde{\omega}t}\, d\tilde{\omega}}_{=f(t)} = \mathrm{e}^{\mathrm{j}\omega_0 t}\, f(t)$$

8.3.6 Differentiationssatz (Ableitung der Zeitfunktion)

Satz 8.3.6 (Differentiationssatz)

Hat die Zeitfunktion $f(t)$ die Fouriertransformierte $F(\omega)$, so lautet die Spektralfunktion der n-ten Ableitung von $f(t)$ (sofern sie existiert)
$\mathcal{F}\{f^{(n)}(t)\} = (\mathrm{j}\omega)^n\, F(\omega)$.

Oder in Kurzform

$$f(t) \;\circ\!\!-\!\!\bullet\; F(\omega) \qquad \Rightarrow \qquad f^{(n)}(t) \;\circ\!\!-\!\!\bullet\; (\mathrm{j}\omega)^n\, F(\omega)$$

Der Nachweis erfolgt zunächst für die erste Ableitung:

$$\mathcal{F}\{f'(t)\} = \int_{-\infty}^{\infty} \mathrm{e}^{-\mathrm{j}\omega t}\, f'(t)\, dt \overset{\text{part.Int.}}{=} \underbrace{\mathrm{e}^{-\mathrm{j}\omega t} f(t)\Big|_{-\infty}^{\infty}}_{=0} - \int_{-\infty}^{\infty} (-\mathrm{j}\omega)\mathrm{e}^{-\mathrm{j}\omega t} f(t)\, dt = \mathrm{j}\omega\, F(\omega)$$

Die n-fache Anwendung, also $\mathcal{F}\{f''(t) = (f'(t))'\} = (\mathrm{j}\omega)\mathcal{F}\{f'(t)\} = (\mathrm{j}\omega)^2 F(\omega)$ usw. ergibt dann die o.g. Formel.

8.3.7 Multiplikationssatz (Ableitung der Spektralfunktion)

Satz 8.3.7 (Multiplikationssatz)

Wird die Zeitfunktion $f(t)$ mit einer natürlichen Potenz der Zeit t^n multipliziert, ergibt sich die neue Spektralfunktion $\mathcal{F}\{t^n\, f(t)\}$ aus der n-ten Ableitung der ursprünglichen Bildfunktion $F(\omega)$:

$$\mathcal{F}\{t^n\, f(t)\} = \mathrm{j}^n F^{(n)}(\omega)$$

Oder in Kurzform:

$$f(t) \;\circ\!\!-\!\!\bullet\; F(\omega) \qquad \Rightarrow \qquad t^n\, f(t) \;\circ\!\!-\!\!\bullet\; \mathrm{j}^n\, F^{(n)}(\omega)$$

Auch hier erfolgt der Nachweis zunächst für $n = 1$:

$$F'(\omega) = \frac{d}{d\omega} F(\omega) = \frac{d}{d\omega} \int\limits_{-\infty}^{\infty} \mathrm{e}^{-\mathrm{j}\omega t} f(t)\, dt = -\mathrm{j} \underbrace{\int\limits_{-\infty}^{\infty} t\, f(t)\, \mathrm{e}^{-\mathrm{j}\omega t}\, dt}_{=\mathcal{F}\{t\, f(t)\}} = -\mathrm{j}\, \mathcal{F}\{t\, f(t)\}$$

Der entscheidende Schritt ist hier die Vertauschung von Ableitung und Integration. Die n-fache Anwendung ergibt wiederum die Formel für die n-te Ableitung der Spektralfunktion.

Auch wenn der Name es mit Blick auf den Additionssatz nahelegt, geht es hier nicht um die Multiplikation zweier Zeitfunktionen. Das beschreibt der Faltungssatz weiter unten.

8.3.8 Dualitätssatz (Symmetrie)

> **Satz 8.3.8 (Dualitätssatz)**
>
> Zwischen der Original- und der Bildfunktion besteht bei der Fouriertransformation ein einfacher Zusammenhang:
>
> $$f(t) \circ\!\!-\!\!\bullet\, F(\omega) \qquad \Leftrightarrow \qquad F(t) \,\circ\!\!-\!\!\bullet\, 2\pi\, f(-\omega)$$

Diese Eigenschaft der Fouriertransformation wird manchmal auch als **Symmetrie** bezeichnet. Mit ihr gibt es zu jeder Korrespondenz eine "Partner-Korrespondenz".

Diesen Satz gibt es so bei der später behandelten Laplacetransformation nicht. Dies ist später leicht einzusehen: bei Laplace wird in der Signaltheorie im Allgemeinen die einseitige (rechtsseitige) Transformation benutzt, wodurch die beiden Transformationsintegrale unterschiedliche Grenzen haben[19]. Die Dualität bei Fourier liegt aber in der "Strukturgleichheit" der beiden Integraldefinitionen für die Transformierte und ihrer Inverse. Stellen wir die beiden Definitionen einander gegenüber

$$F(\omega) = \int\limits_{-\infty}^{\infty} f(t)\, \mathrm{e}^{-\mathrm{j}\omega t}\, dt \qquad \text{vs.} \qquad f(t) = \frac{1}{2\pi} \int\limits_{-\infty}^{\infty} F(\omega)\, \mathrm{e}^{\mathrm{j}\omega t}\, d\omega$$

erkennt man, dass ein einfacher Austausch $t \to -\omega$ und $\omega \to t$ und Verschiebung des Faktors 2π die Rollen der Bezeichner f und F tauscht. Formal kann man dies durch eine doppelte Substitution darstellen:

$$\mathcal{F}\{f(t)\} = F(\omega) \quad \Rightarrow \quad f(t) = \mathcal{F}^{-1}\{F(\omega)\} = \frac{1}{2\pi} \int\limits_{-\infty}^{\infty} F(\omega)\, \mathrm{e}^{\mathrm{j}\omega t}\, d\omega$$

---

[19]das Stichwort sind die "kausalen Zeitfunktionen".

Variablensubstitution: $t \to -\hat{t} \quad \Rightarrow \quad f(-\hat{t}) = \dfrac{1}{2\pi} \displaystyle\int\limits_{-\infty}^{\infty} F(\omega)\, \mathrm{e}^{-\mathrm{j}\omega\hat{t}} d\omega$

Tauschen der Variablen: $\hat{t} \leftrightarrow \omega \quad \Rightarrow \quad f(-\omega) = \dfrac{1}{2\pi} \displaystyle\int\limits_{-\infty}^{\infty} F(\hat{t})\, \mathrm{e}^{-\mathrm{j}\omega\hat{t}} d\hat{t}$

Mit $\hat{t} = t$ ergibt sich dann das Ergebnis:

$$2\pi f(-\omega) = \mathcal{F}\{F(t)\} \qquad \text{oder} \qquad 2\pi f(-\omega) \;\bullet\!\!-\!\!\circ\; F(t)$$

Dies bedeutet also, dass man die Funktionsausdrücke von $f(t)$ und $F(\omega)$ beibehält und darin jeweils nur die Variablen wie angegeben austauscht und die Korrespondenz auf beiden Seiten mit dem Faktor 2π multipliziert.

8.3.9 Faltungssatz (Multiplikation von Bildfunktionen)

Satz 8.3.9 (Faltungssatz)

Für zwei Originalfunktionen $f_1(t)$ und $f_2(t)$ mit den zugehörigen Bildfunktionen $F_1(\omega)$ und $F_2(\omega)$ gelten für die Faltungsprodukte im Zeit- bzw. Bildbereich:

$$f_1(t) * f_2(t) = \int\limits_{-\infty}^{\infty} f_1(\tau)\, f_2(t-\tau)\, d\tau \;\circ\!\!-\!\!\bullet\; F_1(\omega) \cdot F_2(\omega)$$

$$f_1(t) \cdot f_2(t) \;\circ\!\!-\!\!\bullet\; \frac{1}{2\pi}\left[F_1(\omega) * F_2(\omega)\right]$$

Der Nachweis gelingt wiederum über Substitution:

$$\mathcal{F}\{f_1(t) * f_2(t)\} = \int\limits_{-\infty}^{\infty} \left(f_1(t) * f_2(t)\right)\, \mathrm{e}^{-\mathrm{j}\omega t}\, dt$$

$$= \int\limits_{-\infty}^{\infty} \left(\int\limits_{-\infty}^{\infty} f_1(\tau)\, f_2(t-\tau)\, d\tau\right) \mathrm{e}^{-\mathrm{j}\omega t}\, dt$$

Der Faktor $\mathrm{e}^{-\mathrm{j}\omega t}$ ist unabhängig von τ und kann damit in das Integral gezogen werden.

Mit $\lambda := t - \tau \;\Rightarrow\; t = \tau + \lambda, dt = d\lambda$ und $t \to \pm\infty \;\Rightarrow\; \lambda \to \pm\infty$ folgt dann:

$$\mathcal{F}\{f_1(t) * f_2(t)\} = \int\limits_{-\infty}^{\infty} \int\limits_{-\infty}^{\infty} f_1(\tau)\, f_2(t - \tau)\, e^{-j\omega t}\, d\tau\, dt$$

$$= \int\limits_{-\infty}^{\infty} \int\limits_{-\infty}^{\infty} f_1(\tau)\, f_2(\lambda)\, e^{-j\omega\tau}\, e^{-j\omega\lambda}\, d\tau\, d\lambda$$

$$= \underbrace{\int\limits_{-\infty}^{\infty} f_1(\tau)\, e^{-j\omega\tau}\, d\tau}_{=F_1(\omega)} \cdot \underbrace{\int\limits_{-\infty}^{\infty} f_2(\lambda)\, e^{-j\omega\lambda}\, d\lambda}_{=F_2(\omega)}$$

Der Nachweis für das Faltungsprodukt der beiden Zeitfunktionen folgt in analoger Weise, wobei der Vorfaktor $(2\pi)^{-1}$ besonders zu berücksichtigen ist.

8.3.10 Modulationssatz (Amplitudenmodulation des Signals)

Satz 8.3.10 (Modulationssatz)

Wird die Zeitfunktion $f(t)$ mit einer Sinus- oder Kosinusfunktion fester Frequenz ω_0 multipliziert, ergibt sich die Fouriertransformierte als Mittelwert der Summe oder Differenz ihrer nach links und rechts verschobenen Spektralfunktion

$$\cos(\omega_0 t)\, f(t) \;\circ\!\!-\!\!\bullet\; \frac{1}{2}\left[F(\omega - \omega_0) + F(\omega + \omega_0)\right]$$

$$\sin(\omega_0 t)\, f(t) \;\circ\!\!-\!\!\bullet\; \frac{1}{2j}\left[F(\omega - \omega_0) - F(\omega + \omega_0)\right]$$

Der Nachweis erfolgt durch einfaches Einsetzen der Euler-Darstellung der trigonometrischen Funktion, hier am Beispiel des Kosinus vorgeführt:

$$\mathcal{F}\{\cos(\omega_0 t)\, f(t)\} = \int\limits_{-\infty}^{\infty} \frac{1}{2}\left(e^{j\omega_0 t} + e^{-j\omega_0 t}\right) f(t)\, e^{-j\omega t}\, d\omega$$

$$= \frac{1}{2}\left[\int\limits_{-\infty}^{\infty} f(t)\, e^{-j(\omega - \omega_0)t}\, d\omega + \int\limits_{-\infty}^{\infty} f(t)\, e^{-j(\omega + \omega_0)t}\, d\omega\right]$$

$$= \frac{1}{2}\left[F(\omega - \omega_0) + F(\omega + \omega_0)\right]$$

Für die Sinus-Modulation geht das ganz analog.

8.4 Beispiele

In den folgenden Beispielen werden einige grundlegende Vorgehensweisen und typische Schritte bei der Berechnung einer Fouriertransformierten bzw. ihrer Inversen vorgeführt. In dem anschließenden Abschnitt gibt es dann eine Vielzahl von Aufgaben, über die das Wissen und die Techniken vertieft werden sollten. Deshalb gibt es dazu im umfangreichen Anhang immer ausführliche Lösungen, in denen gelegentlich auch verschiedene Wege zur Lösung aufgezeigt und verglichen werden.

In allen diesen Rechnungen wird z. B. der Satz von Euler an verschiedenen Stellen immer wieder auftreten, ebenso wie die Technik der partiellen Integration, Symmetrien von Funktionen usw. Die grafische Veranschaulichung des Signals ist dabei oft eine große Hilfe, um dieses in geeigneter Weise zu modellieren. Denn meistens gibt es mehrere korrekte Wege zum Ergebnis, jedoch unterscheiden die sich je nach Modellierung des Signals in Aufwand und Komplexität.

Insbesondere die Verwendung von "uneigentlichen (oder erweiterten) Funktionen", den Distributionen, in Form der Dirac-Delta-, Einheitssprung- oder Signumfunktion macht eine direkte Berechnung oft unmöglich, weil man auf undefinierte Ausdrücke stösst. Die Anwendung bereits bekannter Korrespondenzen stellt nicht selten einen Ausweg dar.

Die unterschiedlichen Sätze aus dem vorangegangenen Abschnitt werden bei den Rechnungen in unterschiedlicher Häufigkeit zur Anwendung kommen. Geradezu unverzichtbar sind der Additions-, der Verschiebungs- und der Ähnlichkeitssatz, aber auch auf die anderen Sätze wird an geeigneter Stelle eingegangen.

8.4.1 Beispiel - Additions- und Verschiebungssatz

Gesucht ist die Fouriertransformierte zu $f(t) = \delta(t + t_0) + \delta(t - t_0)$. Wir kennen die Korrespondenz $\delta(t) \circ\!\!-\!\!\bullet 1$ aus Kap. 8.1.4.

Der Verschiebungssatz ergibt für die in der Zeit um t_0 nach rechts bzw. links verschobene Dirac-Deltafunktion $\delta(t - t_0) \circ\!\!-\!\!\bullet \mathrm{e}^{-\mathrm{j}\omega t_0}$ bzw. $\delta(t + t_0) \circ\!\!-\!\!\bullet \mathrm{e}^{\mathrm{j}\omega t_0}$.

Der Additionssatz erlaubt uns nun die Bestimmung des Endergebnisses:

$$\mathcal{F}\{\delta(t + t_0) + \delta(t - t_0)\} = \mathrm{e}^{\mathrm{j}\omega t_0} + \mathrm{e}^{-\mathrm{j}\omega t_0} = 2\cos(\omega t_0)$$

Wir haben damit einen weiteren Eintrag für die Korrespondenztabelle im Anhang:

$$\boxed{\delta(t + t_0) + \delta(t - t_0) \circ\!\!-\!\!\bullet 2\cos(\omega t_0)}$$

8.4.2 Beispiel - Ähnlichkeitssatz (Zeitskalierung)

Wir wollen den Rechteckimpuls, dessen Fouriertransformierte wir schon auf Seite 143 berechnet haben, mit dem Faktor a skalieren und die Wirkung auf die zugehörige Spektralfunktion untersuchen.

Das geht über den Ähnlichkeitssatz sehr einfach, weil die Korrespondenz der mit $a = 1$ skalierten Zeitfunktion bekannt ist: $\text{rect}\left(\dfrac{t}{2T}\right) \circ\!\!-\!\!\bullet\; 2T\,\text{si}\,(\omega T) = 2\,\dfrac{\sin(\omega T)}{\omega}$.

Der Ähnlichkeitssatz mit $a \neq 0$ ergibt für das Rechtecksignal dann schon das Endergebnis:

$$\text{rect}\left(\frac{a\,t}{2T}\right) \circ\!\!-\!\!\bullet\; \frac{2T}{a}\,\text{si}\left(\frac{\omega T}{a}\right) = \frac{2}{\omega}\,\sin\left(\frac{\omega T}{a}\right)$$

Wir schauen uns das einmal in einem konkreten Beispiel an: seien $T = 4$ und $a = 2$. Damit ergeben sich die beiden Korrespondenzen

$$\text{rect}\left(\frac{t}{8}\right) \circ\!\!-\!\!\bullet\; 2\,\frac{\sin(4\omega)}{\omega} \quad\xrightarrow{(t\,\to\,2\,t)}\quad \text{rect}\left(\frac{t}{4}\right) \circ\!\!-\!\!\bullet\; 2\,\frac{\sin(2\omega)}{\omega}$$

In der Grafik wird die Wirkung der Zeitskalierung dann sehr deutlich:

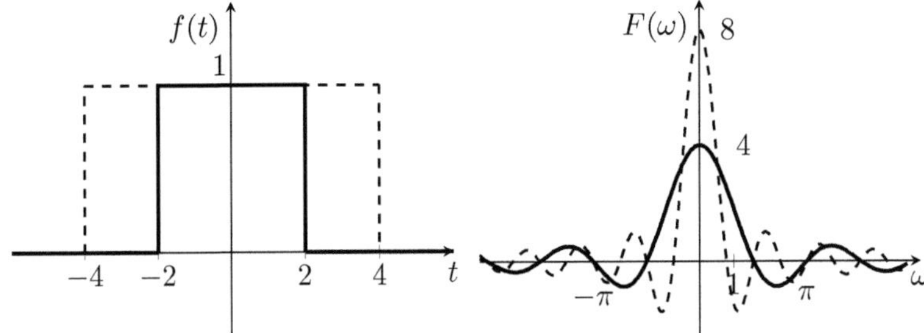

Abb. 8.5: Wirkung der Zeitskalierung auf ein Rechtecksignal.
Auf der linken Seite ist die Zeitdomäne mit den Rechteckfunktionen dargestellt, rechts die zugehörigen Spektralfunktionen. Die ursprünglichen Funktionen sind gestrichelt, während die mit dem Faktor $a = 2$ in der Zeit skalierten Funktionen als durchgezogene Linien dargestellt sind.

Die Skalierung der Zeitachse mit dem Faktor $a = 2$ bewirkt, dass das Signal weniger lange dauert und damit schmaler wird. Die Höhe und der Kurvenverlauf sind nicht verändert. Im Gegensatz dazu wird die Spektralfunktion breiter und in der Höhe um die Faktor $1/a = 1/2$ reduziert. Die Kurvenform ist aber auch im Frequenzbereich grundsätzlich erhalten geblieben.

Dass ein schmaleres Signal ein breiteres Spektrum "braucht" ist anschaulich nachvollziehbar: es muss in kürzer Zeit seine Kurve durchlaufen, dazu benötigt es höherfrequente Anteile, muss anschaulich gesprochen "schneller sein".

8.4.3 Beispiel - Multiplikationssatz

Wir suchen die Fouriertransformierte zu $f(t) = t\,e^{-at}\sigma(t)$ mit $a > 0$.

Die Funktion $f(t) = e^{-at}\sigma(t)$ haben wir bereits auf den Seiten 134 und 142 behandelt mit dem Ergebnis $e^{-at}\,\sigma(t) \circ\!\!-\!\!\bullet \dfrac{1}{a+\mathrm{j}\,\omega}$. Der Multiplikationssatz liefert:

$$\mathcal{F}\{t\,e^{-at}\sigma(t)\} = \mathrm{j}\,\frac{d}{d\omega}\frac{1}{a+\mathrm{j}\,\omega} = \frac{1}{(a+\mathrm{j}\omega)^2} = \frac{a^2 - \omega^2}{(a^2+\omega^2)^2} - \mathrm{j}\frac{2a\omega}{(a^2+\omega^2)^2}$$

und damit eine weitere Korrespondenz für unsere Tabelle im Anhang:

$$\boxed{\quad t\,e^{-at}\sigma(t) \circ\!\!-\!\!\bullet \frac{1}{(a+\mathrm{j}\omega)^2} \qquad \text{mit } a \in \mathbb{R}^+ \quad}$$

8.4.4 Beispiel - verschobene Dirac-Deltafunktion

Wir bestimmen die Fouriertransformierte der Sinus-Funktion $f(t) = \sin(\omega_0 t)$.

Zunächst versuchen wir es mit einfachem Ausrechnen:

$$\mathcal{F}\{\sin(\omega_0 t)\} = \int\limits_{-\infty}^{\infty} \sin(\omega_0 t)\,e^{-\mathrm{j}\,\omega t}\,dt = \int\limits_{-\infty}^{\infty} \sin(\omega_0 t)\,\cos(\omega t)\,dt - \mathrm{j}\int\limits_{-\infty}^{\infty} \sin(\omega_0 t)\,\sin(\omega t)\,dt$$

Mit $\sin(\omega_0 t)\,\sin(\omega t) = \frac{1}{2}\left[\cos((\omega - \omega_0)t) - \cos((\omega + \omega_0)t)\right]$ folgt für das zweite Integral z. B. der Ausdruck

$$\int\limits_{-\infty}^{\infty} \sin(\omega_0 t)\,\sin(\omega t)\,dt = \frac{1}{2}\left[\int\limits_{-\infty}^{\infty} \cos((\omega - \omega_0)t)\,dt - \int\limits_{-\infty}^{\infty} \cos((\omega + \omega_0)t)\,dt\right]$$

$$= \frac{1}{2}\left[\frac{1}{\omega - \omega_0}\sin((\omega - \omega_0)t) - \frac{1}{\omega + \omega_0}\sin((\omega + \omega_0)t)\right]_{-\infty}^{\infty}$$

Und damit wird klar, dass dieser Weg nicht zum Ziel führen kann, da die Grenzwerte für $t \to \pm\infty$ nicht existieren. Auch für das erste Integral ergibt sich ein undefinierter Ausdruck.

Der Verschiebungssatz verhilft uns hier zu einer schnellen und einfachen Lösung:

In Übung 8.6 wird der Dualitätssatz genutzt, um die Korrespondenz der verschobenen Dirac-Funktion im Frequenzbereich $e^{\mathrm{j}\omega_0 t} \circ\!\!-\!\!\bullet 2\pi\,\delta(\omega - \omega_0)$ herzuleiten.

Wir nutzen diese Korrespondenz und wenden sie hier auf die Sinus-Funktion in ihrer Darstellung über die Eulerbeziehung als $\sin(\omega_0 t) = \frac{1}{2\mathrm{j}}\left(e^{\mathrm{j}\omega_0 t} - e^{-\mathrm{j}\omega_0 t}\right)$ an.

Wir erhalten so mit

$$\mathcal{F}\{\sin(\omega_0 t)\} = \frac{1}{2j} \left[\mathcal{F}\{e^{j\omega_0 t}\} - \mathcal{F}\{e^{-j\omega_0 t}\}\right]$$

$$= \frac{1}{2j}\, 2\pi \left[\delta(\omega - \omega_0) - \delta(\omega + \omega_0)\right]$$

$$= j\,\pi \left[\delta(\omega + \omega_0) - \delta(\omega - \omega_0)\right]$$

eine weitere grundlegende Korrespondenz für unsere Tabelle im Anhang:

$$\boxed{\sin(\omega_0 t) \;\circ\!\!-\!\!\bullet\; j\,\pi \left[\delta(\omega + \omega_0) - \delta(\omega - \omega_0)\right]}$$

8.4.5 Beispiel - Anwendung des Differentiationssatzes

Die Fouriertransformierte der abgebildeten Funktion soll bestimmt werden.

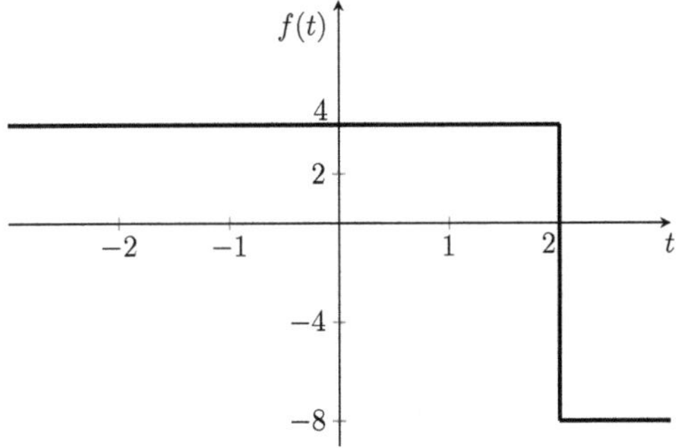

Bei einer abschnittsweise definierten Funktion mit wenigen Abschnitten (hier ja geradezu die minimal mögliche Anzahl von Abschnitten), liegt es nahe, das Integral der Fouriertransformierten aufzustellen, die beiden sich ergebenden Integrale zu lösen und deren Ergebnisse zur Gesamtlösung zusammenzusetzen.
Das geht hier aber leider nicht so einfach wie es aussieht:

$$F(\omega) = \int_{-\infty}^{2} 4\, e^{-j\omega t}\, dt - \int_{2}^{\infty} 8\, e^{-j\omega t}\, dt$$

$$= \frac{-4}{j\omega}\left[e^{-j\omega 2} - \underbrace{\lim_{t\to-\infty} e^{-j\omega t}}_{undef.}\right] + \frac{8}{j\omega}\left[\underbrace{\lim_{t\to\infty} e^{-j\omega t}}_{=0} - e^{-j\omega 2}\right]$$

$$= -\frac{12}{j\omega}\, e^{-j\omega 2} + \frac{4}{j\omega}\, \underbrace{\lim_{t\to-\infty} e^{-j\omega t}}_{undef.}$$

Die mit "undef." bezeichneten Grenzwerte existieren für $\omega \in \mathbb{R} \setminus \{0\}$ nicht.

Es gibt aber andere Wege zum Ergebnis, die oft "eleganter" und mit weniger Rechenaufwand verbunden sind. Hier soll das anhand des Differentiationssatzes aufgezeigt werden[20].

Betrachten wir die Funktion, ist ihre Ableitung überall 0, mit Ausnahme der Sprungstelle bei $t = 2$. Als Kurvenverlauf für die Ableitung $f'(t)$ ergibt sich

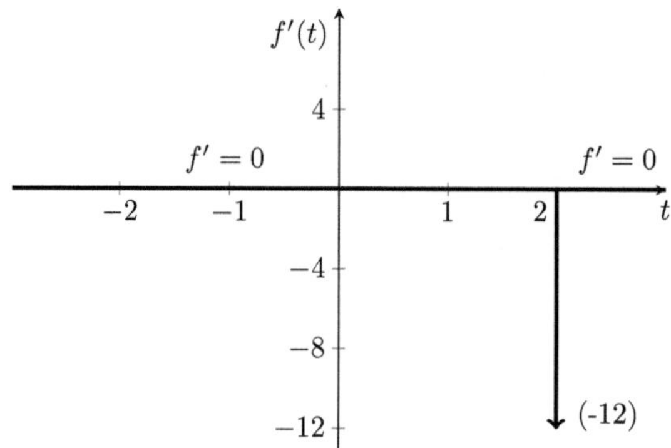

Die Ableitungsfunktion ist also nur der kurze Ausdruck $f'(t) = -12\,\delta(t-2)$. Damit folgt gemäß Differentiationssatz und der Korrespondenz der Dirac-Deltafunktion

$$f^k(t) \circ\!\!-\!\!\bullet (\mathrm{j}\,\omega)^k\, F(\omega)$$

$$f'(t) = -12\,\delta(t-2) = f^1(t) \circ\!\!-\!\!\bullet (\mathrm{j}\,\omega)^1\, F(\omega)$$

und die Fouriertransformierte ergibt sich zu

$$\mathcal{F}\{-12\,\delta(t-2)\} = -12\,\mathrm{e}^{-\mathrm{j}\,\omega 2} = \mathrm{j}\,\omega\, F(\omega) \qquad \Rightarrow \qquad F(\omega) = -\frac{12}{\mathrm{j}\,\omega}\,\mathrm{e}^{-\mathrm{j}\omega 2}$$

Das war schon sehr einfach. Aber sind wir damit auch fertig?

Die Antwort lautet **nein**, denn wir haben noch einen grundsätzlichen Fehler gemacht. Wir haben nicht beachtet, dass die Ableitung einer Konstante immer Null ergibt und damit dieser Anteil in der Ableitung "fehlt", bei der Bestimmung der Transformierten also fehlt.

Das bedeutet, die Kurve von $f(t)$ könnte beliebig auf der y-Achse verschoben werden und das Ergebnis wäre immer das gleiche, also $f(t) + f_0 \circ\!\!-\!\!\bullet F(\omega)\ \forall\ f_0 \in \mathbb{R}$ und das ist augenfällig nicht richtig.

Wir sprechen hier vom sogenannten **Gleichanteil** des Signals.

Dazu ein kleiner Exkurs…

Gemäß DIN-Norm 40110 liegt eine sogenannte **Wechselgröße** vor, wenn der arithmetische Mittelwert über eine Periode Null ergibt. Ist dies nicht der Fall, kann das **Mischsignal** immer in eine Summe aus **Gleichanteil** plus **Wechselgröße** zerlegt werden.

---

[20]weitere Wege werden in den Übungsaufgaben 8.9 und 8.11 behandelt.

Erinnern wir uns: in der Fourierreihe ist der führende Term $\frac{1}{2}a_0$ genau dieser Mittelwert. Die Summe der Sinus- und Kosinusanteile ist der schwingende Teil, die *Wechselgröße*. Im Übergang zum Fourierintegral entspricht der c_0-Koeffizient dem Mittelwert und er wird als Integral der Zeitfunktion über die gesamte Zeitachse berechnet.

Daraus folgt für uns hier und die Anwendung des Differentiationssatzes zur Bestimmung der Fouriertransformierten im Allgemeinen:

> Durch Anwendung des Differentiationssatzes erhalten wir (nur) die Transformierte der Wechselgröße. Für das vollständige Ergebnis müssen wir immer auch den Gleichanteil bestimmen und ebenfalls transformieren.

In unserem Beispiel hier ergibt sich der Gleichanteil zu $f_0 = \dfrac{4 + (-8)}{2} = -2$. Damit folgt für die gesuchte Fouriertransformierte

$$\mathcal{F}\{f(t)\} = -\frac{12}{\mathrm{j}\,\omega}\,\mathrm{e}^{-\mathrm{j}\,\omega 2} + \mathcal{F}\{-2\} = -\frac{12}{\mathrm{j}\,\omega}\,\mathrm{e}^{-\mathrm{j}\,\omega 2} - 4\pi\delta(\omega) = F(\omega)$$

Dabei haben wir die bekannte Korrespondenz $1 \circ\!\!-\!\!\bullet 2\pi\,\delta(\omega)$ benutzt.

$F(\omega)$ ist die vollständige Fouriertransformierte zu der abgebildeten Sprungfunktion.

8.4.6 Beispiel - Dualitätssatz

Wir bestimmen die Fouriertransformierte zu $f(t) = \dfrac{1}{a + \mathrm{j}\,t}$ mit $a > 0$.

Wir kennen die Korrespondenz $\mathrm{e}^{-at}\sigma(t) \circ\!\!-\!\!\bullet \dfrac{1}{a + \mathrm{j}\,\omega}$ aus dem ersten Beispiel einer Fouriertransformierten auf Seite 142. Ersetzen wir gemäß des Dualitätssatzes also $t \to -\omega$ und $\omega \to t$ und berücksichtigen dabei den Faktor 2π, so erhalten wir

$$\boxed{\ \frac{1}{a + \mathrm{j}\,t} \circ\!\!-\!\!\bullet 2\pi\,\mathrm{e}^{a\,\omega}\,\sigma(-\omega) \quad , a > 0\ }$$

8.4.7 Beispiel - Faltung mit der Dirac-Deltafunktion

Das kurze Beispiel der Faltung eines Signals mit der Dirac-Deltafunktion an der Stelle T zeigt ein interessantes Ergebnis:

Die Dirac-Deltafunktion $\delta(t)$ korrespondiert mit der Frequenzfunktion $F(\omega) = 1$. Mit dem Verschiebungssatz erhalten wir daraus $\delta(t - T) \circ\!\!-\!\!\bullet \mathrm{e}^{-\mathrm{j}\omega T}$.

Der Faltungssatz ergibt für die Faltung zweier Zeitfunktionen als Korrespondenz das Produkt ihrer Fouriertransformierten: $f(t) * \delta(t - T) \circ\!\!-\!\!\bullet F(\omega) \cdot \mathrm{e}^{-\mathrm{j}\omega T}$.

Diese Spektralfunktion korrespondiert wiederum mit einer um den Faktor T auf der Zeitachse nach rechts verschobenen Zeitfunktion $f(t - T)$. Und damit ergibt sich der interessante Zusammenhang

$$\boxed{\ f(t) * \delta(t - T) \ = \ f(t - T)\ }$$

8.4.8 Beispiel - Integral des Kardinalsinus

Auf Seite 147 haben wir die Korrespondenz der Signumfunktion $\operatorname{sgn}(t) \circ\!\!-\!\!\bullet \frac{2}{j\omega}$ ermittelt. Setzen wir dies nun in die Integraldefinition der inversen Fouriertransformierten ein, erhalten wir:

$$\operatorname{sgn}(t) = \frac{1}{2\pi} \int\limits_{-\infty}^{\infty} \frac{2}{j\omega}\, e^{j\omega t}\, d\omega = \frac{1}{\pi} \int\limits_{-\infty}^{\infty} \frac{1}{j\omega}\, e^{j\omega t}\, d\omega$$

Die Signumfunktion ist eine ungerade Funktion, woraus folgt:

$$\operatorname{sgn}(t) = \frac{1}{2}(\operatorname{sgn}(t) - \operatorname{sgn}(-t)) = \frac{1}{2\pi} \int\limits_{-\infty}^{\infty} \frac{1}{j\omega} \underbrace{\left(e^{j\omega t} - e^{-j\omega t}\right)}_{=2j\,\sin(\omega t)} d\omega = \frac{1}{\pi} \int\limits_{-\infty}^{\infty} \frac{\sin(\omega t)}{\omega} d\omega$$

Für den Spezialfall $t = 1$ folgt daraus die Lösung des häufig auftretenden, aber nicht trivialen Integrals:

$$\boxed{\int\limits_{-\infty}^{\infty} \frac{\sin(\omega)}{\omega}\, d\omega = \int\limits_{-\infty}^{\infty} \operatorname{si}(\omega)\, d\omega = \pi}$$

Hier hat also die Fouriertransformation einmal dazu beigetragen, ein reelles Integral zu lösen, dessen Lösung auf "herkömmlichen Weg" deutlich schwieriger zu bestimmen ist.

8.4.9 Beispiel - Inverse Fouriertransformierte berechnen

Wir wollen die Zeitfunktion zu der gegebenen Spektralfunktion

$$F(\omega) = \frac{a}{a + j\,\omega} \cdot \frac{1}{j\,\omega}$$

bestimmen. Hierzu gibt es mindestens zwei recht unterschiedliche Wege: einerseits den Weg über eine geeignete Partialbruchzerlegung, oder andererseits über den Faltungssatz der Fouriertransformation.

<u>Weg 1: Partialbruchzerlegung</u>

Nach Zusammenfassen der beiden Faktoren zu einem gemeinsamen Bruch kann man die beiden einfachen Nullstellen $\omega_1 = 0$ und $\omega_2 = ja$ direkt ablesen und den Ansatz für die Partialbrüche nach dem bekannten Schema wählen[21]:

$$\frac{a}{a + j\,\omega} \cdot \frac{1}{j\,\omega} = \frac{a}{\omega\,(ja - \omega)} = \frac{A}{\omega} + \frac{B}{\omega - ja}$$

---

[21]hier wurde für den zweiten Nenner die klassische Schreibweise (Variable-Nullstelle) gewählt. Beachtet man den zugehörigen Linearfaktor in der Funktion, ergibt sich ein Vorzeichen, das sich in der zu bestimmenden Konstanten B wiederfindet.

Die unbekannten Zählerkoeffizienten A und B können wie üblich auf den drei bekannten Wegen bestimmt werden:

Zunächst erfolgt wieder das Auflösen der Brüche durch Multiplikation der Gleichung mit dem faktorisierten Nenner[22]:

$$-a = A\,(\omega - \mathrm{j}a) + B\,\omega = (A+B)\,\omega - \mathrm{j}aA$$

Und dann der Koeffizientenvergleich:

$$0 = A + B \quad \Leftrightarrow \quad A = -B$$
$$-a = -\mathrm{j}aA \quad \Leftrightarrow \quad A = -\mathrm{j} \quad \Rightarrow B = \mathrm{j}$$

Oder die Einsetzungsmethode:

$$\omega = \omega_1 = 0 \quad \Rightarrow \quad -a = -\mathrm{j}aA \quad \Rightarrow A = -\mathrm{j}$$
$$\omega = \omega_2 = \mathrm{j}a \quad \Rightarrow \quad -a = \mathrm{j}aB \quad \Rightarrow B = \mathrm{j}$$

Oder die Residuenberechnung[23]:

$$A = \lim_{\omega \to 0} \omega \cdot \frac{a}{\omega\,(\mathrm{j}a - \omega)} = \frac{1}{\mathrm{j}} = -\mathrm{j}$$
$$B = \lim_{\omega \to \mathrm{j}a} (\omega - \mathrm{j}a) \cdot \frac{a}{\omega\,(\mathrm{j}a - \omega)} = \frac{-a}{\mathrm{j}a} = \mathrm{j}$$

In allen drei Fällen erhält man damit:

$$F(\omega) = \frac{-\mathrm{j}}{\omega} + \frac{\mathrm{j}}{\omega - \mathrm{j}a} = \frac{-\mathrm{j} \cdot \mathrm{j}}{\omega \cdot \mathrm{j}} + \frac{\mathrm{j} \cdot (-\mathrm{j})}{(\omega - \mathrm{j}a)\cdot(-\mathrm{j})} = \frac{1}{\mathrm{j}\,\omega} - \frac{1}{a + \mathrm{j}\,\omega}$$

Über den Additionssatz und die bereits hergeleiteten und damit bekannten Korrespondenzen $\dfrac{1}{\mathrm{j}\,\omega} \circ\!\!-\!\!\bullet \dfrac{1}{2}\,\mathrm{sgn}\,(t)$ und $\dfrac{1}{a + \mathrm{j}\,\omega} \circ\!\!-\!\!\bullet \sigma(t)\,\mathrm{e}^{-at}$ erhält man zunächst das Ergebnis:

$$f(t) = \frac{1}{2}\mathrm{sgn}\,(t) - \sigma(t)\,\mathrm{e}^{-at}$$

Über die Verbindung von Signum- und Einheitssprungfunktion $\mathrm{sgn}\,(t) = 2\sigma(t) - 1$ von Seite 149 ergibt sich dann:

$$f(t) = \sigma(t) - \frac{1}{2} - \sigma(t)\,\mathrm{e}^{-at} = \sigma(t)\left(1 - \mathrm{e}^{-at}\right) - \frac{1}{2} = \sigma(t)\left(\frac{1}{2} - \mathrm{e}^{-at}\right)$$

Die letzte Umformung mag überraschen, aber bedenkt man, dass $a > 0$ gesetzt war, muss auch $t \geq 0$ sein, damit die Zeitfunktion absolut integrierbar ist und die Fouriertransformierte und deren Inverse existieren, die Korrespondenz gültig ist.

---

[22]hier ist wieder das Vorzeichen in dem Linearfaktor zu ω_2 zu beachten.
[23]hier ist bei der Berechnung von B wiederum das Vorzeichen des Linearfaktors zu beachten.

<u>Weg 2</u>: Faltungssatz

Laut Faltungssatz der Fouriertansformation gilt

$$\frac{a}{a+j\,\omega} \cdot \frac{1}{j\,\omega} \;\bullet\!\!-\!\!\circ\; \left[a\,\sigma(t)\,\mathrm{e}^{-at}\right] \;*\; \left[\frac{1}{2}\,\mathrm{sgn}\,(t)\right] = \left[a\,\sigma(t)\,\mathrm{e}^{-at}\right] \;*\; \left[\sigma(t) - \frac{1}{2}\right]$$

Das Faltungsintegral lässt sich mit den Eigenschaften der Sprungfunktion einfach bestimmen:

$$\left[a\,\sigma(t)\,\mathrm{e}^{-at}\right] \;*\; \left[\sigma(t) - \frac{1}{2}\right] = \int\limits_{-\infty}^{\infty} a\,\sigma(\tau)\,\mathrm{e}^{-a\tau} \cdot \left(\sigma(t-\tau) - \frac{1}{2}\right)\,d\tau$$

$$= a\int\limits_{-\infty}^{\infty} \underbrace{\sigma(\tau)\,\sigma(t-\tau)}_{=\sigma(\tau)-\sigma(\tau-t)}\,\mathrm{e}^{-a\tau}d\tau - \frac{a}{2}\int\limits_{-\infty}^{\infty} \sigma(t)\,\mathrm{e}^{-a\tau}d\tau$$

$$= a\int\limits_{0}^{t} \mathrm{e}^{-a\tau}d\tau - \frac{a}{2}\int\limits_{0}^{\infty} \mathrm{e}^{-a\tau}d\tau = -\mathrm{e}^{-a\tau}\Big|_{0}^{t} + \frac{1}{2}\mathrm{e}^{-a\tau}\Big|_{0}^{\infty}$$

$$= -(\mathrm{e}^{-at} - 1) + \frac{1}{2}(0-1) = \left(\frac{1}{2} - \mathrm{e}^{-at}\right)\sigma(t)$$

Im letzten Schritt wurde die Sprungfunktion $\sigma(t)$ hinzugefügt, damit absolute Integrierbarkeit der Zeitfunktion gegeben ist.

Wie wir sehen, führen beide Wege zum gleichen Ergebnis, wie es ja auch sein sollte.

Welchen Weg man wählt, hängt nicht zuletzt von den eigenen "Vorlieben" ab, bzw. der Rechenmethodik, in der man sich am sichersten fühlt. In beiden Fällen sind hier zur Lösung jedoch Kenntnisse vom Zusammenhang zwischen der Signum- und der Sprungfunktion erforderlich.

Die Berechnung des Faltungsintegrals ist hier recht ausführlich dargestellt und kann mit etwas Übung auf zwei Zeilen reduziert werden. So ist dies der hier "empfohlene Weg" zur Lösung, zumal damit der Stolperstein dieser Aufgabe mit dem Vorzeichen des Linearfaktors völlig umgangen wird.

Übungsaufgaben

Aufgabe 8.1

Mit dieser Aufgabe veranschaulichen Sie sich nochmals die Definition und Zusammenhänge der Rechteckfunktion, wie sie auf Seite 84 definiert wurde.

Berechnen Sie die Fouriertransformierte der Funktion $f(t) = f_1(t) + f_1(-t)$, wenn $f_1(t) = \text{rect}\left(t - \frac{1}{2}\right)$ gegeben ist.

Aufgabe 8.2

Bestimmen Sie die Fouriertransformierte der dargestellten Funktion $f(t)$.

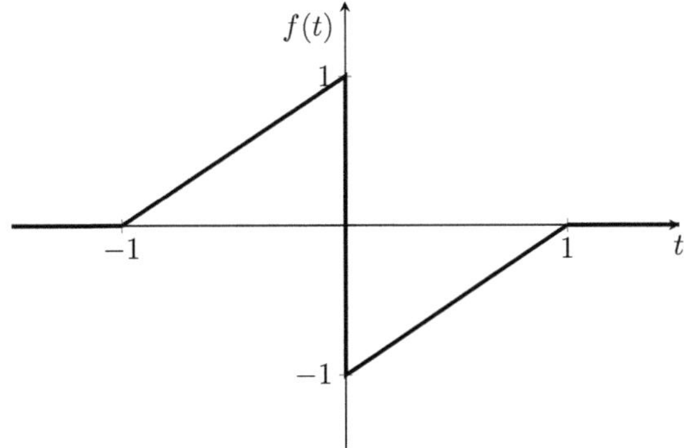

Aufgabe 8.3

Berechnen Sie die Fouriertransformierte der sogenannten *Tri- oder Dreiecks-Funktion* gemäß Definition 5.3.2 mit der Periode T:

$$\Lambda\left(\frac{|t|}{T}\right) = \begin{cases} 1 + \dfrac{t}{T} & \text{für } t \in [-T;0) \\[2mm] 1 - \dfrac{t}{T} & \text{für } t \in [0;T) \\[2mm] 0 & \text{sonst} \end{cases}$$

Machen Sie sich dazu zunächst mit dem Kurvenverlauf und ggf. vorhandenen Symmetrien vertraut.

Aufgabe 8.4

Bestimmen Sie die Fouriertransformierte von $f(t) = e^{-at^2}$ für $a \in \mathbb{R}^+$.

(Tipp: die direkte Rechnung ist nicht selbsterklärend. Schauen sich deshalb Abschnitt 8.1.3 vorher genauer an.)

Aufgabe 8.5

Es sei die Korrespondenz $f_1(t) \circ\!\!-\!\!\bullet F_1(\omega)$ bekannt. Wie lautet die entsprechende Korrespondenz für $f_1(2t - 3)$?

Aufgabe 8.6

Bestimmen Sie die Zeitfunktion zur in der Frequenz verschobenen Dirac-Deltafunktion $\delta(\omega - \omega_0)$.

Aufgabe 8.7

Bestimmen Sie die Fouriertransformierte zu $f(t) = \mathrm{e}^{-a\,|t|}$ mit $a > 0$.

Fertigen Sie zunächst eine Skizze des Kurvenverlaufs an und entscheiden Sie dann auf dieser Basis über den Rechenweg.

Prüfen Sie, ob die Eigenschaften der Ihrer Spektralfunktion zu der Zeitfunktion passen.

Aufgabe 8.8

Bestimmen Sie die Spektralfunktion zu $f(t)$ aus der Abbildung:

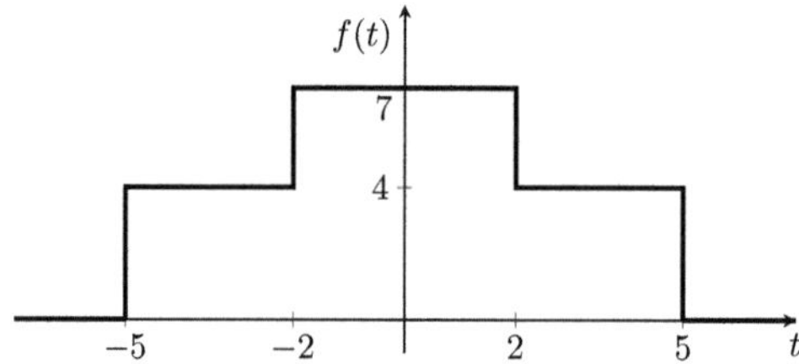

Aufgabe 8.9

Bestimmen Sie die Fouriertransformierte der abschnittsweise definierten Funktion

$$f(t) = \begin{cases} 4 & \text{für } t < 2 \\ -8 & \text{für } t > 2 \end{cases}$$

mit Hilfe der Korrespondenz der Signumfunktion $\mathrm{sgn}\,(t) \circ\!\!-\!\!\bullet \dfrac{2}{\mathrm{j}\,\omega}$.

Aufgabe 8.10

Zeigen Sie die Richtigkeit der Korrespondenz
$$\cos(\omega_0 t) \circ\!\!-\!\!\bullet \pi\left[\delta(\omega + \omega_0) + \delta(\omega - \omega_0)\right].$$

Aufgabe 8.11

Bestimmen Sie die Fouriertransformierte der abschnittsweise definierten Funktion

$$f(t) = \begin{cases} 4 & \text{für } t < 2 \\ -8 & \text{für } t > 2 \end{cases}$$

mit Hilfe der Korrespondenz der Sprungfunktion $\sigma(t) \; \circ\!\!-\!\!\bullet \; \dfrac{1}{j\omega}\, e^{-j\omega t} + \pi\,\delta(\omega)$.

Aufgabe 8.12

Bestimmen Sie die Fouriertransformierte der in der Abbildung dargestellten Funktion $f(t)$. Es ist der *Stoß* oder *Impuls der Stärke 1*. Im Grenzwert $\lim\limits_{T\to 0}$ geht dieser in die Dirac-Deltafunktion über.

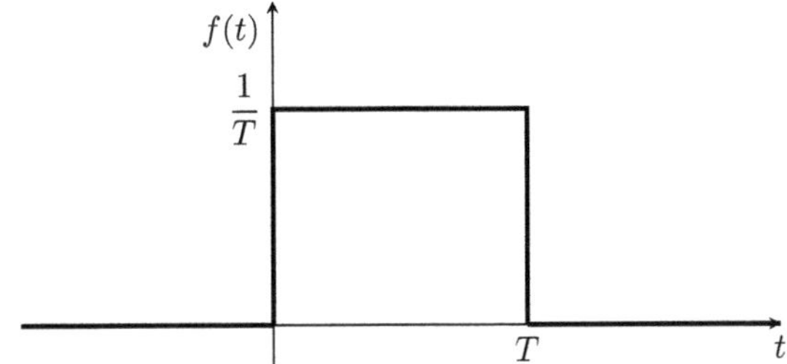

Aufgabe 8.13

Wir betrachten die Signal-Funktion $f(t) = e^{-a|t|}\,\text{sgn}\,(t)$ mit $a > 0$.
- Machen Sie eine Skizze des Signalverlaufs.
- Bestimmen Sie die zugehörige Spektralfunktion.
- Wie groß ist der Frequenzabstand der beiden Extremwerte von $F(\omega)$?
- Geben Sie die Werte für Maximum und Minimum von $F(\omega)$ an.
- Zeichnen Sie die Spektralfunktion.

Aufgabe 8.14

Bestimmen Sie die Fouriertransformierte der in der Abbildung dargestellten Funktion $f(t)$. Nutzen Sie dazu die Korrespondenz rect $\left(\frac{t}{2T}\right) \; \circ\!\!-\!\!\bullet \; 2T\,\text{si}\,(\omega t)$ und achten Sie dabei auf die Achsenbeschriftungen.

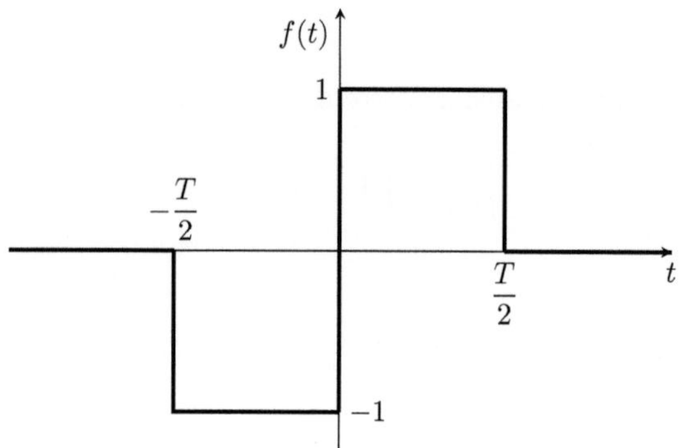

Aufgabe 8.15

Berechnen Sie das Signal zu der in der Abbildung dargestellten Spektralfunktion:

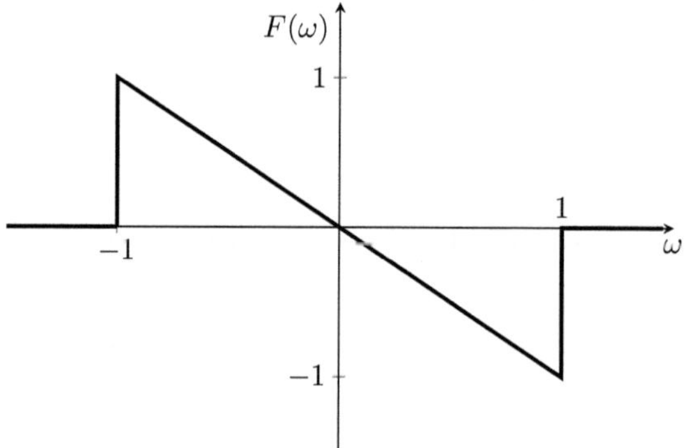

Schauen Sie sich den Verlauf der Spektralfunktion in den Intervallen $t \in [-7; 7]$ und $t \in [-40, 40]$ an. Interpretieren Sie den Verlauf der Einhüllenden.
(Nutzen Sie dazu z. B. Excel, Geogebra oder ein anderes geeignetes Programm.)

Aufgabe 8.16

Berechnen Sie die Fouriertransformierte der Funktion

$$f(t) = 4\,e^{-|t-6|}\,[\sigma(t-1) - \sigma(t-11)]$$

(Tipp: Durch Verschieben erhalten Sie eine Symmetrie, welche die Rechnung einfacher macht.)

9 Laplacetransformation

Bisher sind wir stillschweigend davon ausgegangen, dass die Fourierreihe bzw. das Fourierintegral und damit die Fouriertransformierte immer berechnet werden können. Wir haben uns nicht um notwendige Anforderungen an die Zeitfunktion $f(t)$ gekümmert, damit die Reihe bzw. das Integral konvergiert.

Dies war in sofern gerechtfertigt, dass die in den Anwendungsfällen auftretenden Zeitfunktionen die Bedingungen i.A. erfüllen und die Herleitung möglichst frei von "mathematischem Ballast" sein sollte[1].

Tatsächlich konvergiert die Fourierreihe für T-periodische Funktionen $f(t)$ immer, sofern diese die **Dirichlet-Bedingungen** erfüllen:

- $f(t)$ ist *beschränkt*.
  Sie wächst oder fällt also nicht beliebig.

- $f(t)$ hat in einem Periodenintervall *höchstens endlich viele Unstetigkeitsstellen*.
  Das sind dann Sprungstellen, aber keine Polstellen, da diese im Widerspruch zur ersten Bedingung stehen würden.

- Die Ableitung der Funktion $f'(t)$ ist in einem Periodenintervall bis auf höchstens endlich viele Stellen *stetig*.

Damit kann ein Periodenintervall dann in endlich viele Teilintervalle zerlegt werden, in denen die Funktion $f(t)$ jeweils monoton und stetig verläuft und an Unstetigkeitsstellen treten nur endliche Sprunghöhen auf.

Die Fourierreihe ist eine Darstellung periodischer Funktionen durch eine Kombination von Sinus- und Kosinus-Funktionen zu diskreten Frequenzen. Die Bedingungen für die Konvergenz der Reihe beziehen sich auf die Eigenschaften der Zeitfunktion innerhalb einer Periode, deren Muster sich dann unendlich fortgesetzt wiederholt.

Das Fourierintegral bezieht sich auf nicht-periodische Funktionen, die i.A. auf der gesamten Achse definiert sind. Die Bedingung für die Konvergenz des uneigentlichen Integrals zur Berechnung der Spektralfunktion

$$F(\omega) = \int\limits_{-\infty}^{\infty} f(t)\, e^{-\mathrm{j}\,\omega t}\, dt$$

bezieht sich damit auch auf das Verhalten der Zeitfunktion auf der gesamten Achse. Eine *hinreichende Bedingung* für die Konvergenz des Integrals und damit Existenz

---

[1] insbesondere gehen wir hier nicht näher auf die unterschiedlichen Formen der Konvergenz und ihre jeweiligen Anforderungen ein.

einer Spektralfunktion ist die **absolute Integrierbarkeit** der Funktion $f(t)$:

$$\int_{-\infty}^{\infty} |f(t)|\ dt < \infty$$

Die komplexe e-Funktion $e^{-j\omega t}$ spielt für die Konvergenz keine Rolle, da ihr Betrag immer gleich 1 ist. Die Funktion $f(t)$ muss also für sehr große und sehr kleine Werte von t ausreichend schnell zu Null gehen, damit das Integral einen endlichen Wert annimmt.

So hat die allgemeine Exponentialfunktion $f(t) = e^{\lambda t}$ nur dann eine Fouriertransformierte, wenn der Parameter $\lambda < 0$ ist, es also eine fallende e-Funktion ist.

Es gibt also nicht für jede real vorkommende Zeitfunktion auch eine entsprechende Fouriertransformierte. Wir werden im Folgenden aber sehen, dass die besondere Struktur der Laplacetransformation uns mit der *Konvergenzabzisse* eine Möglichkeit an die Hand gibt, für alle in der Praxis relevanten Zeitfunktionen die Konvergenz herzustellen, so dass für diese immer eine Laplacetransformmierte existiert.

Kausale Zeitfunktionen

Bevor wir mit der Definition der Laplacetransformation beginnen, sei darauf hingewiesen, dass wir uns im Folgenden im Sinne der Anwendungsfälle ausschließlich auf die sogenannten *kausalen Zeitfunktionen* beziehen.

Definition 9.0.1 (Kausale Zeitfunktion)

Eine Zeitfunktion $f(t)$ heißt **kausal**, wenn für sie gilt: $f(t < 0) = 0$.

Dies ist für die praktische Anwendung keine wirkliche Einschränkung, da wir den Zeitnullpunkt typischerweise mit dem Einschaltzeitpunkt gleichsetzen können. Es erleichtert aber die weiteren Betrachtungen deutlich.

Es sei ausdrücklich darauf hingewiesen, dass wir damit im Folgenden auch nur die *einseitige* bzw. *rechtsseitige Laplacetransformation* behandeln. Für die beidseitige Laplacetransformation, welche diese Einschränkung der Kausalität der Zeitfunktion nicht kennt, sehen die Formeln und Korrespondenzen anders aus, werden hier aber nicht behandelt[2].

---

[2]achten Sie deshalb bei der Nutzung anderer Quellen, Formelsammlung oder Internetseiten darauf, dass es sich dort auch um die **einseitige bzw. rechtsseitige Laplacetransformation** handelt.

9.1 Die Laplacetransformierte und ihre Inverse

Definition 9.1.1 (Laplacetransformierte)

Über die Gleichung

$$F(s) = \mathcal{L}\{f(t)\} = \int_0^\infty f(t)\, e^{-st}\, dt \qquad , \qquad s := \sigma + j\omega$$

ist die (einseitige) **Laplacetransformierte** der (kausalen) Zeitfunktion $f(t)$ definiert.

Da $f(t)$ per Definition eine **kausale** Zeitfunktion ist, läuft das Integral nur über die positive Zeitachse, woher sich auch der Begriff "ein- oder rechtsseitige" Laplacetransformation erklärt.

Der Unterschied zur Fouriertransformierten liegt damit nur im komplexen Exponenten der e-Funktion. Stellt man das entsprechend anders dar

$$\mathcal{L}\{f(t)\} = \int_0^\infty e^{-\sigma t}\, f(t)\, e^{-j\omega t}\, dt = \mathcal{F}\{e^{-\sigma t}\, f(t)\}$$

erkennt man: die Laplacetransformierte der Zeitfunktion $f(t)$ ist gleich der amplitudengedämpften Fouriertransformierten der Zeitfunktion $g(t) := e^{-\sigma t} f(t)$.

Konvergenzabzisse

Der Parameter $\sigma = Re(s)$ begründet die sogenannte **Konvergenzabzisse** $\beta > 0$: für alle Werte von σ mit $\beta < \sigma$ konvergiert das Integral und die Laplacetransformierte existiert. Da β stets groß genug gewählt werden kann, damit die Zeitfunktion ausreichend gedämpft wird[3], kann für alle in der Praxis relevanten Fälle eine Laplacetransformierte bestimmt werden. Dies ist bei der Fouriertransformierten nicht der Fall, weil dort die ggf. notwendige Dämpfung über den Term $e^{-\sigma t}$ fehlt.

Die Konvergenzabzisse β ist eine Senkrechte parallel zur imaginären Achse und teilt damit die komplexe s-Ebene in zwei "Hälften": in der **Konvergenzhalbebene** rechts von β, also für alle Werte von s mit $Re(s) > \beta$, konvergiert das Integral und die Laplacetransformierte existiert. In der anderen Hälfte kann man oft zwar formal eine Funktion bestimmen, jedoch ist diese dann keine Laplacetransformierte zur ursprünglichen Zeitfunktion $f(t)$. Dazu ein einfaches Beispiel:

Gesucht ist die Laplacetransformierte der linearen Zeitfunktion $f(t) = t$, $\forall\, 0 \le t$.

---

[3]zur Erinnerung: die e-Funktion wächst oder fällt schneller als jede Potenzfunktion.

Einfache Anwendung der Definition und partielle Integration liefern:

$$\mathcal{L}\{f(t)\} = F(s) = \int\limits_0^\infty t\,\mathrm{e}^{-st}\,dt \stackrel{\text{part.Int.}}{=} \underbrace{-\frac{t}{s}\mathrm{e}^{-st}\Big|_0^\infty}_{=0} + \int\limits_0^\infty \frac{1}{s}\mathrm{e}^{-st}\,dt = -\frac{1}{s^2}\mathrm{e}^{-st}\Big|_0^\infty = \frac{1}{s^2}$$

Die Funktion $F(s) = s^{-2}$ existiert mit Ausnahme des Punktes $s = 0$ für alle Punkte der komplexen Ebene: $s \in \mathbb{C} \setminus \{0\}$.
Aber in der Rechnung wurde die Existenz des Grenzwertes $\lim\limits_{t \to \infty} \mathrm{e}^{-st} = 0$ vorausgesetzt. Dies ist aber nur für $Re(s) = \sigma > 0$ der Fall (und nur da!). d. h. die Funktion $F(s)$ mag für $s \in \mathbb{C} \setminus \{0\}$ definiert sein, jedoch stellt sie nur für $Re(s) > 0$ die Laplacetransformierte der Zeitfunktion $f(t) = t$ dar. Wir haben damit auch gleich unsere erste Korrespondenz bestimmt:

$$f(t) = t \; \circ\!\!-\!\!\bullet \; \frac{1}{s^2} = F(s) \qquad \text{mit} \quad s = \sigma + \mathrm{j}\omega \,,\, \sigma > 0$$

Die Festlegung der Konvergenzabzisse wird insbesondere bei der Bestimmung der ursprünglichen Zeitfunktion aus einer gebrochenrationalen Laplacetransformierten noch von Bedeutung sein. Sie muss stets größer als der Realteil aller Polstellen gewählt werden, damit die (Rück-)Transformierte auch existiert. Aber dazu kommen wir gleich noch…

Zunächst leiten wir uns die Formel für die **Inverse Laplacetransformierte** her.

Aus dem Zusammenhang der Laplacetransformierten als Fouriertransformierte der Zeitfunktion $g(t) = \mathrm{e}^{-\sigma t} f(t)$ erhalten wir die Gleichung zur Bestimmung der Originalfunktion zu einer gegebenen Laplacetransformierten. Aus

$$\mathrm{e}^{-\sigma t} f(t) = \mathcal{F}^{-1}\{F(s)\} = \frac{1}{2\pi} \int\limits_{-\infty}^\infty F(s)\,\mathrm{e}^{\mathrm{j}\omega t}d\omega$$

ergibt sich dann

$$f(t) = \mathcal{L}^{-1}\{F(s)\} = \frac{1}{2\pi} \int\limits_{-\infty}^\infty F(s) \; \underbrace{\mathrm{e}^{\sigma t}\,\mathrm{e}^{\mathrm{j}\omega t}}_{=\mathrm{e}^{(\sigma+\mathrm{j}\omega)t}=\mathrm{e}^{st}} \; d\omega = \frac{1}{2\pi} \int\limits_{-\infty}^\infty F(s)\,\mathrm{e}^{st}\,d\omega$$

Dem Integrationsweg kommt hier eine besondere Bedeutung zu: Integriert wird über den Imaginärteil ω von s. Der Realteil σ muss dabei nur so gewählt sein, dass die Laplacetransformierte existiert, also $\sigma_0 > \beta$.

Die Punkte $s_u = -\infty$ und $s_o = \infty$ werden damit für $\lim\limits_{\omega \to \infty} \sigma_0 \mp \mathrm{j}\omega$ erreicht.

Mit $\dfrac{ds}{d\omega} = \mathrm{j}$ erhält man schließlich die Definition…

> **Definition 9.1.2 (Inverse Laplacetransformierte)**
> Die Umkehrformel für die Laplacetransformation lautet
>
> $$f(t) = \mathcal{L}^{-1}\{F(s)\} = \frac{1}{2\pi\mathrm{j}} \int\limits_{\sigma_0-\mathrm{j}\infty}^{\sigma_0+\mathrm{j}\infty} F(s)\, \mathrm{e}^{st} ds \qquad , \quad \sigma_0 > \beta$$
>
> $f(t) = \mathcal{L}^{-1}\{F(s)\}$ ist die **inverse Laplacetransformierte** von $F(s)$ und β die **Konvergenzabzisse** für die Funktion $f(t)$. Das Integral findet sich in der Literatur auch unter dem Namen **Bromwich-Integral**.

Residuensatz

In der Signaltheorie erhält man in der s-Ebene häufig gebrochenrationale Funktionen. Zur Berechnung der zugehörigen Zeitfunktionen, also der entsprechenden inversen Laplacetransformierten, ist deshalb eine Domäne des Residuensatzes.

Damit dieser angewendet werden kann, muss es sich um ein Gebietsintegral handeln. Hier haben wir es jedoch zunächst nur mit einem Linienintegral auf einer Geraden parallel zur imaginären Achse zu tun. Doch auch in diesem Fall kann der Integrationsweg, wie schon in Kapitel 4.4, geschlossen werden, ohne den Wert des Integrals zu ändern. Schauen wir uns dazu die folgende Grafik an:

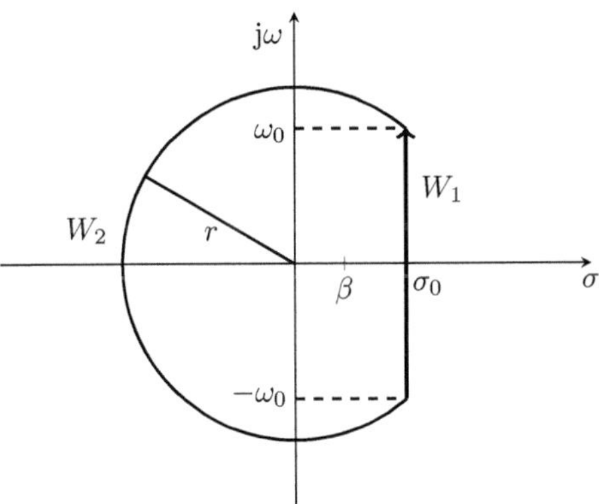

Abb. 9.1: Integrationsweg zur Bestimmung der inversen Laplacetransformierten. Der Weg W_1 ist die Gerade von $P_1 = (\sigma_0; -\omega_0)$ bis $P_2 = (\sigma_0; \omega_0)$. Der Weg W_2 ist der Abschnitt des Kreises mit Radius r, der die beiden Punkte P_1 und P_2 durchläuft. β ist der Wert der Konvergenzabzisse.

Die Abbildung ist quasi eine Momentaufnahme. Wie oben erwähnt ist der "eigentliche" Integrationsweg die Gerade von $(\sigma_0; -\infty)$ nach $(\sigma_0; \infty)$. Hier haben wir den Grenzwert $\lim\limits_{\omega\to\infty}$ noch nicht ausgeführt, sondern den Vorgang beim Punkt ω_0 "angehalten". Das ist der Weg W_1. Dieser wird nun durch einen Kreis mit dem Radius

r geschlossen, der Bogen ist der Weg W_2. Damit ergibt sich eine geschlossene Kurve. Im Grenzwertprozess werden ω und der Radius des Kreises immer größer, bis schlußendlich die komplexe s-Ebene in zwei Hälften geteilt ist.

Für das Integral der inversen Laplacetansformierten ergibt sich damit:

$$\mathcal{L}^{-1}\{F(s)\} = \frac{1}{2\pi\mathrm{j}} \lim_{\omega,r\to\infty} \oint_{W_1+W_2} F(s)\,\mathrm{e}^{st}\,ds$$

$$= \frac{1}{2\pi\mathrm{j}} \left[\lim_{\omega\to\infty} \underbrace{\int_{\sigma_0-\mathrm{j}\omega}^{\sigma_0+\mathrm{j}\omega} F(s)\,\mathrm{e}^{st}\,ds}_{W_1} + \lim_{r\to\infty} \int_{W_2} F(s)\,\mathrm{e}^{st}\,ds \right]$$

$$= \sum_{k=1}^{n} Res_{s_k}\left\{F(s)\,\mathrm{e}^{st}\right\}$$

Die Summe läuft über alle Pole von $F(s)\,\mathrm{e}^{st}$, die innerhalb des von $W_1 + W_2$ umschlossenen Gebietes liegen. Für diese gilt: $Re(s_k) < \sigma_0$.

Das Integral über den Weg W_1 entspricht dem Bromwich-Integral in der Definition der inversen Laplacetransformierten.

Das letzte Gleichheitszeichen gilt aber offensichtlich nur dann, wenn das Kurvenintegral über den hinzugefügten Weg W_2 verschwindet. Das ist zum Glück der Fall: Zunächst betrachten wir gemäß der Vorgabe der kausalen Zeitfunktion nur Werte von $t > 0$. Der Betrag des Faktors $\mathrm{e}^{st} = \mathrm{e}^{\sigma t}\,\mathrm{e}^{\mathrm{j}\omega t}$ ist beschränkt, denn $|\mathrm{e}^{\mathrm{j}\omega t}| = 1$ [4] und für negative Werte von σ stellt die Funktion $\mathrm{e}^{\sigma t}$ eine fallende e-Funktion dar, die gegen Null läuft je größer der Betrag von σ wird. Ist σ positiv, ist die Funktion nach oben beschränkt, da gemäß Konstruktion $\sigma < \sigma_0$.

Wenn nun noch gilt, dass die Funktion $F(s)$ im Grenzwert unendlich großer s-Werte im Betrag gegen Null geht, also $\lim_{s\to\infty} |F(s)| \to 0$, dann ergibt das Integral über W_2 immer Null. Dies ist in der Tat der Fall, jedoch sparen wir uns den expliziten Nachweis hier, da er aufwendiger ist und für unseren Zusammenhang keinen Mehrwert bietet [5].

Betrachtet man typische s-Funktionen, wie sie in der Signaltheorie vorkommen, so ist das Grenzwertverhalten meist direkt ersichtlich, da die Funktionen mindestens mit $1/s$ gegen Null gehen (vgl. dazu die Korrespondenztabelle für die Laplacetransformation auf Seite 294). Das soll uns hier als Plausibilität genügen.

Da das Bromwich-Integral nicht mit einfachen Integrationsmethoden gelöst werden kann, ist der Weg über den Residuensatz ein elementar wichtiger Schritt für die Berechnung der inverser Laplacetransformierter.

Wir fassen das Ergebnis deshalb im folgendem Satz zusammen:

---

[4]Stichwort: trigonometrischer Pythagoras
[5]der Nachweis kann mit unterschiedlichen Wegverläufen geführt werden und findet sich in der Literatur meist mit dem Hinweis auf das sogenannte **Jordan'sche Lemma.**, z. B. in [Föl11].

> **Satz 9.1.1 (Inverse Laplacetransformierte über Residuensatz)**
>
> Die Laplacetransformierte $F(s)$ zu der kausalen Zeitfunktion $f(t)$ habe endliche viele singuläre Punkte $s_1, \ldots, s_n$ in der komplexen Halbebene, die durch $\beta \leq \sigma_0$ definiert ist, wenn β die Konvergenzabzisse darstellt
>
> Dann gilt für die **inverse Laplacetransformierte**
>
> $$f(t) = \mathcal{L}^{-1}\{F(s)\} = \sum_{k=1}^{n} Res_{s_k}\left\{F(s)\,\mathrm{e}^{st}\right\} \quad \text{mit} \quad Re(s_k) < \sigma_0 \in \mathbb{R}.$$

Damit haben wir die grundsätzlichen Kenntnisse, um erste Inverse Laplacetransformierte berechnen zu können:

9.1.1 Beispiele

Beispiel 1 $F(s) = \dfrac{1}{s-a}$

Überprüfung der Bedingung: $\lim\limits_{s \to \infty} |F(s)| = 0$ ist erfüllt. Damit kann die Zeitfunktion über den Residuensatz berechnet werden.

$s = a$ ist der einzige und einfache Pol. Damit folgt:

$$f(t) = Res_{s=a}\left\{\frac{1}{s-a}\mathrm{e}^{st}\right\} = \mathrm{e}^{at}$$

bzw.

$$\mathrm{e}^{at} \circ\!\!-\!\!\bullet \frac{1}{s-a}$$

Die Konvergenzebene ist durch die Bedingung $a < \beta$ festgelegt.

Beispiel 2 $F(s) = \dfrac{1}{s^2}$

Überprüfung der Bedingung: $\lim\limits_{s \to \infty} |F(s)| = 0$ ist erfüllt und die Zeitfunktion kann wiederum über Satz 9.1.1 bestimmt werden. $s = 0$ ist die einzige und doppelte Polstelle. Damit folgt:

$$f(t) = Res_{s=0}\left\{\frac{1}{s^2}\mathrm{e}^{st}\right\} = t\,\mathrm{e}^{st}\Big|_{s=0} = t$$

bzw.

$$t \circ\!\!-\!\!\bullet \frac{1}{s^2}$$

und es gilt: $0 < \beta$.

Beispiel 3 $F(s) = \dfrac{1}{s^2 + 1}$

Die Funktion fällt wie $1/s^2$ gegen Null ab und die Bedingung ist damit wiederum erfüllt, so dass der Residuensatz zum Einsatz kommen kann. Die vollständige Faktorisierung des Nenners von $F(s)$ ergibt $(s^2 + 1) = (s - \mathrm{j})(s + \mathrm{j})$. Damit gibt es ein Paar konjugiert komplexer einfacher Pole: $s_1 = \mathrm{j}$ und $s_2 = -\mathrm{j}$ und für die Berechnung der Residuen folgt mit dem Satz von Euler:

$$f(t) = Res_{s=-\mathrm{j}} \left\{ \frac{1}{s^2 + 1} \mathrm{e}^{st} \right\} + Res_{s=\mathrm{j}} \left\{ \frac{1}{s^2 + 1} \mathrm{e}^{st} \right\}$$

$$= \frac{\mathrm{e}^{-\mathrm{j}t}}{-2\mathrm{j}} + \frac{\mathrm{e}^{\mathrm{j}t}}{2\mathrm{j}} = \frac{1}{2\mathrm{j}} \left(\mathrm{e}^{\mathrm{j}t} - \mathrm{e}^{-\mathrm{j}t} \right) = \sin(t)$$

bzw.

$$\sin(t) \; \circ\!\!-\!\!\bullet \; \frac{1}{s^2 + 1}$$

mit $0 < \beta$.

Beispiel 4 $F(s) = \dfrac{s}{s^2 + 1}$

Die Funktion fällt zwar für $\lim\limits_{s \to \infty}$ nur noch mit $1/s$ zu Null ab, aber die Bedingung ist damit natürlich weiterhin erfüllt. Die Polstellen sind die gleichen wie im vorhergehenden Beispiel und auch die Rechnung sieht ähnlich aus:

$$f(t) = Res_{s=-\mathrm{j}} \left\{ \frac{s}{s^2 + 1} \mathrm{e}^{st} \right\} + Res_{s=\mathrm{j}} \left\{ \frac{s}{s^2 + 1} \mathrm{e}^{st} \right\}$$

$$= \frac{-\mathrm{j}\,\mathrm{e}^{-\mathrm{j}t}}{-2\mathrm{j}} + \frac{\mathrm{j}\,\mathrm{e}^{\mathrm{j}t}}{2\mathrm{j}} = \frac{1}{2} \left(\mathrm{e}^{\mathrm{j}t} + \mathrm{e}^{-\mathrm{j}t} \right) = \cos(t)$$

bzw.

$$\cos(t) \; \circ\!\!-\!\!\bullet \; \frac{s}{s^2 + 1}$$

wiederum mit $0 < \beta$.

Diese Beispiele machen deutlich, wie einfach es sein kann, Zeitfunktionen aus einer Bildfunktion $F(s)$ zu bestimmen, wenn diese die Bedingung $\lim\limits_{s \to \infty} |F(s)| = 0$ erfüllt und man den Residuensatz anwenden kann.

Es ist in diesen Fällen überhaupt nicht nötig "klassisch" Stammfunktionen zu bestimmen, sondern man kommt mit einfachem Einsetzen von Funktionswerten in bekannte Funktionen aus.

Aber es geht oftmals noch einfacher. Dazu benötigen wir aber analog zur Fouriertransformation grundlegende Sätze, die es uns erlauben, die Integrandenfunktion in bekannte Bestandteile zu zerlegen und mit Hilfe vorhandener Korrespondenzen das Ergebnis zusammenzusetzen. Deshalb schauen wir uns als nächstes die entsprechenden Hilfssätze für die Laplacetransformation an.

9.2 Hilfssätze und Beispiele

Wie wir bei der Definition der Laplacetransformation gesehen haben, kann sie quasi als Fouriertransformation einer "gedämpften" Zeitfunktion interpretiert werden (siehe Seite 175). Sie beruht also letztlich auf einer analogen Integraltransformation wie die Fouriertransformation, so dass wir hier auf die Wiederholung der Herleitungen der einzelnen Sätze, wie sie in Kapitel 8.3 angegeben sind, verzichten können.

Da wir nur mit kausalen Zeitfunktionen und damit mit der einseitigen Laplacetransformation arbeiten, entfällt naturgemäß der **Zeitumkehrsatz**[6]. Aus gleichem Grund entfällt auch der **Dualitätssatz**, denn wie ein Vergleich der beiden Definitionen von Laplacetransformierter und ihrer Inversen zeigt, haben die beiden Integrale nicht mehr die gleiche Struktur: die Integralgrenzen und -Wege sind unterschiedlich.

Dafür gibt es bei der Laplacetransformation einen **2. Verschiebungssatz**, den es so bei Fourier nicht gibt. Den werden wir uns natürlich wieder plausibel machen.

Im Sinne der Übersichtlichkeit werden wir uns zu jedem Satz direkt ein Beispiel ansehen. In diesem Sinne...

(Hinweis: wir gehen im Folgenden wieder davon aus, dass die Funktionen die notwendigen Bedingungen für die Existenz der Laplacetransformierten bzw. deren Inverser erfüllen.)

9.2.1 Additionssatz

Satz 9.2.1 (Additionssatz)

Mit $f(t) \circ\!\!-\!\!\bullet F(s)$ und $g(t) \circ\!\!-\!\!\bullet G(s)$ folgt:

$$\mathcal{L}\{\alpha\, f(t) + \beta\, g(t)\} = \alpha\, F(s) + \beta\, G(s)$$

oder allgemeiner: mit $f_i(t) \circ\!\!-\!\!\bullet F_i(s)$ folgt auch:

$$\sum_{i=1}^{n} a_i f_i(t) \quad \circ\!\!-\!\!\bullet \quad \sum_{i=1}^{n} a_i F_i(s)$$

Die Laplacetransformierte einer Linearkombination von Zeitfunktionen ergibt sich aus der gleichen Linearkombination der Laplacetransformierten der einzelnen Zeitfunktionen.

Beispiel

Die Laplacetransformierten der Sinus- und Kosinusfunktion haben wir bereits bestimmt. Nach dem Satz von Euler entspricht die komplexwertige e-Funktion e^{jt}

---

[6]links vom Zeitnullpunkt gibt es ja per Definition kein Signal.

einer einfachen Linearkombination von $\sin(t)$ und $\cos(t)$. Damit können wir ihre Laplacetransformierte nach dem Additionssatz bestimmen:

$$\mathcal{L}\left\{e^{jt}\right\} = \mathcal{L}\left\{\cos(t) + j\,\sin(t)\right\} = \frac{s}{s^2+1} + j\,\frac{1}{s^2+1}$$

$$= \frac{s+j}{s^2-j^2} = \frac{s+j}{(s-j)(s+j)} = \frac{1}{s-j}$$

Dies entspricht der auf Seite 179 hergeleiteten Korrespondenz $e^{at} \circ\!\!-\!\!\bullet \dfrac{1}{s-a}$ mit $a = j$, so dass diese Korrespondenz hier nur ein Spezialfall ist, der mit $Re(j) = 0$ für alle $0 < s$ gilt.

9.2.2 Verschiebungssatz

Satz 9.2.2 (Verschiebungssatz)

Aus $f(t) \circ\!\!-\!\!\bullet F(s)$ folgt für die um t_0 nach rechts verschobene kausale Zeitfunktion $\hat{f}(t) = f(t - t_0)\,\sigma(t - t_0)$:

$$\hat{f}(t) = f(t - t_0)\,\sigma(t - t_0) \quad \circ\!\!-\!\!\bullet \quad F(s)\,e^{-s\,t_0}$$

Da in der Praxis Zeitfunktionen oftmals auf der Zeitachse verschoben werden, wird dieser Satz entsprechend häufig angewendet und gehört, wie auch der Additionssatz, ohne den so gut wie keine Korrespondenz berechnet wird, zu dem "elementar notwendigen Grundwissen".

Beispiel - zeitlich verschobenes Sinus-Signal

Eine um t_0 in der Zeit nach rechts verschobene einfache Sinuskurve $\sin(t - t_0)$ korrespondiert mit

$$\mathcal{L}\left\{\sin(t - t_0)\right\} = \frac{e^{-s\,t_0}}{s^2+1}$$

Hinweis: Formal vollständig müsste man die Zeitfunktion mit $f(t) = \sin(t - t_0)\,\sigma(t - t_0)$ angeben, um die Kausalität formal korrekt abzubilden. Wenn aus dem Zusammenhang eindeutig erkennbar ist, dass es sich um eine kausale Zeitfunktion handelt, wird diese oft jedoch nur verkürzt geschrieben, ohne die Angabe der ausblendenden Sprungfunktion.

Beispiel - periodisch fortgesetzte Funktion

Sei

$$f_0(t) = \begin{cases} \text{definiert} & \text{für} \quad 0 \le t \le T \\ 0 & \text{sonst} \end{cases} \qquad \text{mit} \quad f_0(t) \circ\!\!-\!\!\bullet F_0(s)$$

Wird nun $f_0(t)$ mit der Periode T fortgesetzt, entsteht eine periodische Zeitfunktion für $t > 0$:

$$f(t) = f_0(t) + f_0(t - T)\,\sigma(t - T) + f_0(t - 2T)\,\sigma(t - 2T) + \cdots$$

Aus dem Verschiebungssatz folgt dann für die Laplacetransformierte:

$$\mathcal{L}\{f(t)\} = F(s) = F_0(s)\left[1 + \mathrm{e}^{-sT} + \mathrm{e}^{-s2T} + \cdots\right]$$

$$= F_0(s)\left[1 + (\mathrm{e}^{-sT})^1 + (\mathrm{e}^{-sT})^2 + \cdots\right]$$

In der eckigen Klammer steht eine geometrische Reihe

$$\sum_{n=0}^{\infty} q^n \quad\text{mit } q := \mathrm{e}^{-sT}$$

und wegen $\sigma > 0$ folgt für den Betrag von q

$$|q| = \left|\mathrm{e}^{-sT}\right| = \mathrm{e}^{-\sigma T}\left|\mathrm{e}^{-\mathrm{j}\omega t}\right| < 1$$

Damit konvergiert die Reihe gegen

$$\sum_{n=0}^{\infty} q^n = \frac{1}{1 - q}$$

Für eine T-periodische kausale Zeitfunktion gilt damit die Korrespondenz:

$$f(t) \circ\!\!\!-\!\!\!\bullet \frac{F_0(s)}{1 - \mathrm{e}^{-sT}}$$

9.2.3 Ähnlichkeitssatz

Satz 9.2.3 (Ähnlichkeitssatz)

Sei die Korrespondenz $f(t) \circ\!\!\!-\!\!\!\bullet F(s)$ gegeben. Dann folgt:

$$\mathcal{L}\{f(a\,t)\} = \frac{1}{a}\,F\left(\frac{s}{a}\right) \qquad \text{mit}\quad a > 0$$

oder

$$f(a\,t) \circ\!\!\!-\!\!\!\bullet \frac{1}{a}\,F\left(\frac{s}{a}\right)$$

Eine Streckung auf der Zeitachse führt mit $a < 1$ damit zu einer Stauchung der Funktion in der s-Ebene und eine Erhöhung der Amplitude von $F(s)$.

Analog führt eine Stauchung auf der Zeitachse mit $1 < a$ zu einer Streckung auf der s-Funktion und einer Verringerung der Amplitude der Funktion $F(s)$.

Der Fall mit $a < 0$ spielt hier keine Rolle, da er eine Zeitumkehr bedeutet und dies der Forderung nach einer kausalen Zeitfunktion widersprechen würde.

Beispiel - getreckte/getauchte Sinus- oder Kosinusfunktion

$$\sin(t) \;\circ\!\!-\!\!\bullet\; \frac{1}{s^2+1} \quad \Rightarrow \quad \sin(at) \;\circ\!\!-\!\!\bullet\; \frac{1}{a}\,\frac{1}{\left(\frac{s}{a}\right)^2+1} = \frac{a}{s^2+a^2}$$

Analog gilt für den Kosinus:

$$\cos(t) \;\circ\!\!-\!\!\bullet\; \frac{s}{s^2+1} \quad \Rightarrow \quad \cos(at) \;\circ\!\!-\!\!\bullet\; \frac{1}{a}\,\frac{s/a}{\left(\frac{s}{a}\right)^2+1} = \frac{s}{s^2+a^2}$$

Diese beiden Korrespondenzen sollte man unbedingt auswendig wissen, da sie sehr häufig in den Rechnungen vorkommt, wie z. B. im nächsten Beispiel.

Beispiel - Additions- und Ähnlichkeitssatz

Eine typische Aufgabenstellung: gesucht ist die Zeitfunktion zu $F(s) = \dfrac{3s+8}{s^2+16}$.
Zunächst ist es wichtig, die Funktion in geeignete Anteile zu zerlegen, deren inverse Transformierte man kennt. Im Nenner erkennt man eine Summe aus s^2 und einer Zahl a^2 mit $a = 4$. Das erinnert an die Korrespondenzen der zeitlich skalierten Sinus- und Kosinusfunktion. Deshalb zerlegt man den Bruch entsprechend in Brüche mit diesen Nennern:

$$F(s) = \frac{3s+8}{s^2+16} = 3\frac{s}{s^2+4^2} + 2\frac{4}{s^2+4^2}$$

Die Anwendung des Additionssatzes liefert dann schon das Endergebnis:

$$f(t) = \mathcal{L}^{-1}\{F(s)\} = 3\cos(4t) + 2\sin(4t)$$

Durch einfachen "Mustervergleich" erhält man daraus die verallgemeinerte Korrespondenz:

$$\alpha\cos(a\,t) + \beta\sin(a\,t) \quad \circ\!\!-\!\!\bullet \quad \frac{\alpha\,s + \beta\,a}{s^2+a^2}$$

9.2.4 Multiplikationssatz

Satz 9.2.4 (Multiplikationssatz)

Hat die Originalfunktion $f(t)$ die Bildfunktion $F(s)$, so gilt für die Funktionen $\hat{f}_k(t) = t^k\,f(t)$ mit $k = 1,2,\dots \in \mathbb{N}$

$$\mathcal{L}\{t^k\,f(t)\} = (-1)^k F^{(k)}(s)$$

oder

$$t^k\,f(t) \quad \circ\!\!-\!\!\bullet \quad (-1)^k F^{(k)}(s) \qquad \text{mit} \quad k \in \mathbb{N}$$

$F^{(k)}(s)$ bezeichnet dabei die k-te Ableitung der Funktion $F(s)$.

Beispiel - fallende e-Funktion

$$\mathrm{e}^{-at} \circ\!\!-\!\!\bullet \; \frac{1}{s+a} \qquad \Rightarrow \qquad t\,\mathrm{e}^{-at} \;\circ\!\!-\!\!\bullet\; -\frac{-1}{(s+a)^2} = \frac{1}{(s+a)^2}$$

9.2.5 Differentiationssatz

Satz 9.2.5 (Differentiationssatz)

Mit $f^{(k)}(t)$ als k. Ableitung der Zeitfunktion und $f_0^{(n)} = f^{(n)}(+0)$ als rechtsseitigem Grenzwert der n. Ableitung von $f(t)$ für $t \to 0$ gilt:

$$\mathcal{L}\{f^{(k)}(t)\} = s^k F(s) - \sum_{n=0}^{k-1} s^{k-1-n} f_0^{(n)}$$

oder

$$f^{(k)}(t) \;\circ\!\!-\!\!\bullet\; s^k F(s) - \sum_{n=0}^{k-1} s^{k-1-n} f_0^{(n)}$$

Beispiel - Kosinusfunktion

Aus $\sin(\omega t) \;\circ\!\!-\!\!\bullet\; \dfrac{\omega}{s^2 + \omega^2}$ folgt:

$$\cos(\omega t) = \frac{1}{\omega} \sin'(\omega t) \;\circ\!\!-\!\!\bullet\; \frac{1}{\omega}\left(s\frac{\omega}{s^2+\omega^2} - \sin(0) \right) = \frac{s}{s^2+\omega^2}$$

Diese Korrespondenz hatten wir auf anderem Weg bereits erhalten. Das erinnert uns daran: es gibt verschiedene Wege, um eine Korrespondenz zu berechnen.

9.2.6 Dämpfungssatz (2.Verschiebungssatz)

Satz 9.2.6 (Dämpfungssatz)

Die Laplacetransformierte einer in der Amplitude gedämpften kausalen Zeitfunktion $\hat{f}(t) = \mathrm{e}^{-at} f(t)$ ergibt sich als verschobene Laplacetransformierte der ungedämpften Zeitfunktion $f(t)$:

$$\mathcal{L}\{\mathrm{e}^{-at} f(t)\} = F(s+a) \quad , \quad a \in \mathbb{C}$$

oder

$$\mathrm{e}^{-at} f(t) \;\circ\!\!-\!\!\bullet\; F(s+a) \quad , \quad a \in \mathbb{C}$$

Der Dämpfungsfaktor e^{-at} im Zeitbereich bedingt eine Verschiebung im Bildbereich, deshalb heißt der Satz oft auch **2.Verschiebungssatz**.

Wir werden in späteren Beispielen sehen, dass dieser Satz insbesondere bei der Bestimmung der Zeitfunktion aus einer s-Funktion häufig angewendet wird.

Beispiel - Bestimmung der Laplacetransformierten

Gesucht ist die Laplacetransformierte der Zeitfunktion $f(t) = \mathrm{e}^{-3t}\sin(2t)$.

Mit $\sin(2t) \circ\!\!-\!\!\bullet \dfrac{2}{s^2 + 4}$ ergibt sich:

$$\mathrm{e}^{-3t}\sin(2t) \quad \circ\!\!-\!\!\bullet \quad \frac{2}{(s+3)^2 + 4} = \frac{2}{s^2 + 6s + 13}$$

Beispiel - Bestimmung der Zeitfunktion

Gesucht ist die Originalfunktion zu $F(s) = \dfrac{s+5}{s^2 + 2s + 10}$.

Mit
$$\frac{s+5}{s^2 + 2s + 10} = \frac{s+5}{(s+1)^2 + 9} = \frac{s+1}{(s+1)^2 + 3^2} + \frac{4}{3}\frac{3}{(s+1)^2 + 3^2}$$

ergibt sich
$$f(t) = \left[\cos(3t) + \frac{4}{3}\sin(3t)\right]\mathrm{e}^{-t}$$

Hier wird schon deutlich, dass es bei der Bestimmung inverser Laplacetransformierter ganz wesentlich darauf ankommt, die gegebene Funktion "geeignet" in Bestandteile zu zerlegen, so dass mit Hilfe vom Additions-, Ähnlichkeits- und/oder einem der Verschiebungssätze, angewandt auf bekannte Korrespondenzen, das Ergebnis leicht zusammengesetzt werden kann.

9.2.7 Faltungssatz

Satz 9.2.7 (Faltungssatz)

Mit $f(t) \circ\!\!-\!\!\bullet F(s)$ und $g(t) \circ\!\!-\!\!\bullet G(s)$ folgt:

$$\mathcal{L}\{f(t) * g(t)\} = F(s) \cdot G(s) \quad \text{bzw.} \quad f(t) * g(t) \quad \circ\!\!-\!\!\bullet \quad F(s) \cdot G(s)$$

$$f(t) \cdot g(t) \circ\!\!-\!\!\bullet \int\limits_{\sigma - \mathrm{j}\infty}^{\sigma + \mathrm{j}\infty} F(\xi)\,G(s - \xi)\,d\xi = F(s) * G(s)$$

Der Faltungssatz wird häufiger genutzt, um die Originalfunktion zu einer Bildfunktion $F(s)$ zu bestimmen, wenn diese sich als Produkt zweier Funktionen schreiben lässt, deren Korrespondenz man kennt. Dabei ist dann allerdings im Allgemeinen noch das Faltungsintegral in der Zeitdomäne zu berechnen[7].

---

[7]Im Vergleich zum Faltungssatz der Fouriertransformation fehlt hier aufgrund der unterschiedlichen Definition der Rücktransformierten der Faktor $(2\pi)^{-1}$. Das Faltungsintegral der Bildfunktion ist komplex und z. B. über den Residuensatz auszuwerten. σ ist dabei im gemeinsamen Konvergenzgebiet von $F(s)$ und $G(s)$ zu wählen. In der Praxis wird diese Formel wegen des zum Teil erheblichen Rechenaufwands seltener genutzt.

Beispiel - Laplacetransformierte der Sprungfunktion

Für die Berechnung der Laplacetransformierten der Einheitssprungfunktion $\sigma(t)$ wird der Faltungssatz nicht benötigt, aber umgekehrt wird das Ergebnis im nachfolgenden Beispiel bei der Anwendung des Faltungssatzes benötigt.

Da wir nur die rechtsseitige Laplacetransformation betrachten, also nur kausale Zeitfunktionen eine Rolle spielen, gilt für den relevanten Zeitbereich: $\sigma(t) = 1$ und für die Transformierte ergibt sich

$$\int\limits_0^\infty \sigma(t)\, \mathrm{e}^{-st}\, dt = \int\limits_0^\infty \mathrm{e}^{-st}\, dt = -\frac{1}{s}\mathrm{e}^{-st)\,dt}\Big|_0^\infty = 0 + \frac{1}{s} = \frac{1}{s}$$

und die Korrespondenz lautet: $\sigma(t) \circ\!\!-\!\!\bullet \dfrac{1}{s}$ bzw. $1 \circ\!\!-\!\!\bullet \dfrac{1}{s}$.

Beispiel - Laplacetransformierte der Rampenfunktion

Die **Rampenfunktion** $f(t) := \sigma(t)\, t$ ist das Faltungsprodukt der Sprungfunktion mit sich selbst:

$$\sigma(t) * \sigma(t) = \int\limits_0^t \sigma(\tau)\sigma(t-\tau)\, d\tau = \int\limits_0^t \sigma(t) \cdot 1\, d\tau = \sigma(t)\tau\Big|_0^t = \sigma(t)\, t$$

Ihre Laplacetransformierte ergibt sich dann gemäß des Faltungssatzes zu

$$\mathcal{L}\{\sigma(t)\, t\} = \mathcal{L}\{\sigma(t)\} \cdot \mathcal{L}\{\sigma(t)\} = \frac{1}{s} \cdot \frac{1}{s} = \frac{1}{s^2}$$

Dieses Ergebnis hatten wir bereits auf unterschiedlichen Wegen vorher erhalten, siehe Seiten 176 und 179. So wird deutlich, dass oftmals mehrere Wege zum selben Ergebnis führen. Man wähle denjenigen, der einem am leichtesten fällt.

Beispiel - Bestimmung der Originalfunktion

Gesucht ist die Originalfunktion zu $F(s) = \dfrac{1}{s(s^2+1)}$.

Mit den bereits ermittelten Korrespondenzen $1 \circ\!\!-\!\!\bullet \dfrac{1}{s}$ und $\sin(t) \circ\!\!-\!\!\bullet \dfrac{1}{s^2+1}$ ergibt sich:

$$\mathcal{L}^{-1}\left\{\frac{1}{s(s^2+1)}\right\} = 1 * \sin(t) = \int\limits_0^t \sin(\tau) \cdot 1\, d\tau = -\cos(\tau)\Big|_0^t = 1 - \cos(t)$$

und man erhält die Korrespondenz $1 - \cos(t) \circ\!\!-\!\!\bullet \dfrac{1}{s(s^2+1)}$.

9.3 Gebrochenrationale Bildfunktionen

In diesem Abschnitt widmen wir uns dem besonderen Fall gebrochenrationaler Bildfunktionen wie sie in der Signaltheorie häufig vorkommen. Es wird sich zeigen, dass
es in diesen Fällen schon ausreicht, die Polstellen der Bildfunktion zu kennen, um
qualitativ vollständige und z.T. auch quantitative Aussagen zu den korrespondierenden Zeitfunktionen zu machen, ohne dass man diese explizit bestimmen muss.

Gehen wir zunächst davon aus, dass die Bildfunktion eine echt gebrochenrationale
Funktion mit rein reellen Polynomkoeffizienten ist:

$$F(s) = \frac{Z_n(s)}{N_m(s)} = \frac{a_n s^n + a_{n-1} s^{n-1} + \cdots + a_1 s + a_0}{b_m s^m + b_{m-1} s^{m-1} + \cdots + b_1 s + b_0}$$

mit $n < m$ und $a_n, b_m \in \mathbb{R}$. Gemeinsame Linearfaktoren von Zähler und Nenner
seien gekürzt, so dass alle m Nullstellen des Nenners Polstellen von $F(s)$ sind.
Dann erhalten wir[8]:

$$F(s) = \frac{Z_n(s)}{b_m(s - s_1)(s - s_2) \cdots (s - s_m)}$$

Gemäß der in Kapitel 4.3 besprochenen Regeln führt man im Allgemeinen eine
Partialbruchzerlegung durch, bestimmt die Rücktransformierten zu den einzelnen
Brüchen und fügt diese über den Additionssatz zur gesuchten Zeitfunktion zusammen. Dabei beachtet man noch die Kausalitätsanforderung, d. h. die Multiplikation
mit der Einheitssprungfunktion $\sigma(t)$ und erhält so das gesuchte Endergebnis.

Da wir es hier nur mit reellen Polynomkoeffizienten zu tun haben, sind die Polstellen
entweder rein reell, oder treten als komplex konjugierte Paare auf. Damit ergeben
sich grundsätzlich vier mögliche Konstellationen:

- einfache reelle Polstellen
- mehrfache reelle Polstellen
- einfache komplexe Polstellen-Paare
- mehrfache komplexe Polstellen-Paare

Letztere treten in der Praxis nicht auf und werden deshalb nicht weiter behandelt.

9.3.1 Bildfunktionen mit nur einfachen reellen Polen

Sind alle Polstellen der Bildfunktion $s_{k, k=1,\dots,m}$ einfach und rein reell, ergibt sich
für die Partialbruchdarstellung:

$$F(s) = \frac{A_1}{s - s_1} + \frac{A_2}{s - s_2} + \cdots + \frac{A_m}{s - s_m}$$

wobei die A_k konstante reelle Zahlen sind. Gemäß Kapitel 4.3.4 entsprechen sie
den Residuen der jeweiligen Polstellen und sind nach Tabelle 4.1 auf Seite 59 durch
einfache Polynomauswertung zu bestimmen.

---

[8]Die Bestimmung der Nullstellen stellt wie üblich ein gewisses Problem dar, aber wir gehen im
Folgenden davon aus, dass die Nullstellen (ggf. numerisch) bestimmt worden sind.

Mit $e^{at} \circ\!\!-\!\!\bullet \dfrac{1}{s-a}$ und dem Additionssatz ergibt sich dann der...

Satz 9.3.1 (Heaviside'scher Entwicklungssatz)

Ist die Bildfunktion $F(s)$ eine echt gebrochenrationale Funktion mit nur einfachen reellen Polen $s_{k,k=1,\ldots,m}$ gilt für die Zeitfunktion

$$f(t) = \sum_{k=1}^{m} A_k \, e^{s_k\, t}$$

wobei die A_k die Zähler der Partialbruchzerlegung von $F(s)$ sind, d.h. die Residuen von $F(s)$ an den Polstellen.

Aus der verwendeten Korrespondenz folgt, dass die Konvergenzabzisse mit $\beta > \max(s_k)$ definiert sein muss, damit die Partialbruchzerlegung auch die Laplace-transformierte der erhaltenen Zeitfunktion ist. Oder anders ausgedrückt:

$$f(t) = \sum_{k=1}^{m} A_k \, e^{s_k\, t} \circ\!\!-\!\!\bullet F(s) = \frac{A_1}{s-s_1} + \cdots + \frac{A_m}{s-s_m} \quad \text{für } s > \max(s_{k,k=1,\ldots,m})$$

Die Bestimmung der Zeitfunktion zu einer Laplace-Transformierten, also der inversen Laplacetransformierten, läuft im Falle ausschließlich einfacher, reeller Polstellen der Bildfunktion schlicht darauf hinaus, die Nullstellen des Nenners s_k, also die Polstellen der Bildfunktion, und die zugehörigen Residuen A_k der Funktion $F(s)$ zu bestimmen.

Sind die Polstellen bekannt, können die Residuen über die Formel

$$A_k = \lim_{s \to s_k} (s - s_k) F(s) = [(s - s_k) F(s)]_{s=s_k} = \left[(s - s_k) \frac{Z(s)}{N(s)} \right]_{s=s_k}$$

einfach bestimmt werden. Bei vorliegender vollständiger Faktorisierung des Nennerpolynoms $N(s)$ kann der Linearfaktor $(s - s_k)$ herausgekürzt werden und die Berechnung besteht nur noch in der Auswertung des restlichen Polynombruches an der Polstelle.

Mit $F(s) = \dfrac{Z(s)}{N(s)}$ folgt daraus auch der Zusammenhang $A_k = \lim\limits_{s \to s_k} \dfrac{Z(s)}{\left(\frac{N(s)}{(s-s_k)} \right)}$. Und

da sowohl $N(s)$ wie auch $(s - s_k)$ für $s = s_k$ Null werden, erhält man mit der Regel

l'Hospital $\lim\limits_{s \to s_k} \dfrac{N(s)}{(s - s_k)} = \left[\dfrac{dN(s)}{ds} \right]_{s=s_k}$ und damit $A_k = \dfrac{Z(s_k)}{\left[\frac{dN(s)}{ds} \right]_{s=s_k}}$.

Die Berechnung der Resdiuen A_k besteht hier also in der Auswertung des Zählerpolynoms und der Ableitung des Nennerpolynoms jeweils an der Polstelle s_k.

In beiden Fällen ist Rechnung unkompliziert, wohingegen die klassische Partialbruchzerlegung mit Koeffizientenvergleich oder Einsetzungsmethode deutlich aufwendiger wäre.

Beispiel 1

Die Bildfunktion $F(s) = \dfrac{1}{s(s-1)}$ hat zwei einfache reelle Pole bei $s_1 = 0$ und $s_2 = 1$. Ihre Partialbruchzerlegung lautet damit:

$$F(s) = \frac{A_1}{s} + \frac{A_2}{s-1}$$

Mit

$$A_1 = \lim_{s \to 0} s \, \frac{1}{s(s-1)} = -1 \qquad \text{und} \qquad A_2 = \lim_{s \to 1}(s-1)\frac{1}{s(s-1)} = 1$$

wird daraus

$$F(s) = -\frac{1}{s} + \frac{1}{s-1}$$

Mit den beiden bekannten Korrespondenzen $\dfrac{1}{s} \;\bullet\!\!-\!\!\circ\; 1$ und $\dfrac{1}{s-1} \;\bullet\!\!-\!\!\circ\; \mathrm{e}^t$ erhalten wir damit die Zeitfunktion und das Endergebnis[9]

$$\left(-1 + \mathrm{e}^t\right) \sigma(t) \;\circ\!\!-\!\!\bullet\; \frac{1}{s(s-1)}$$

Beispiel 2

Zu der Bildfunktion $F(s) = \dfrac{2s^2 + 3s - 1}{s^3 - s}$ soll die Zeitfunktion angegeben werden. Zunächst sind die drei Polstellen zu bestimmen:

$$s^3 - s = s(s^2 - 1) = s(s-1)(s+1) \overset{!}{=} 0$$

Damit ergeben sich drei rein reelle einfache Polstellen: $s_1 = 0, s_2 = -1$ und $s_3 = 1$. Für die Bestimmung Residuen benutzen wir die eben über die Regel l'Hospital hergeleitete Formel. Mit $\dfrac{dN(s)}{ds} = 3s^2 - 1$ und $A_k = \dfrac{2s_k^2 + 3s_k - 1}{3s_k^2 - 1}$ mit $k = 1,2,3$ ergeben sich: $A_1 = 1, A_2 = -1$ und $A_3 = 2$. Aus

$$F(s) = \frac{1}{s} - \frac{1}{s+1} + \frac{2}{s-1}$$

folgt mit den Korrespondenzen aus Beispiel 1 das Endergebnis der Zeitfunktion

$$1 - \mathrm{e}^{-t} + 2\mathrm{e}^t \;\circ\!\!-\!\!\bullet\; \frac{2s^2 + 3s - 1}{s^3 - s}$$

---

[9]beachte die Multiplikation mit der Einheitssprungfunktion $\sigma(t)$, damit die Zeitfunktion kausal wird. Im folgenden lassen wir diese Multiplikation weg, da es allgemein bekannt ist und in Korrespondenztabellen zur besseren Übersichtlichkeit i.A. auch nicht angegeben wird.

9.3.2 Bildfunktionen mit mehrfachen reellen Polen

Wie in Kapitel 4.3.1 besprochen, führt eine k-fache reelle Polstelle s_0 zu k Partialbrüchen:

$$\frac{B_k}{(s - s_0)^k} + \frac{B_{k-1}}{(s - s_0)^{k-1}} + \cdots + \frac{B_1}{(s - s_0)}$$

Die unbekannten Zähler sind wiederum reelle Zahlen und können über die Residuenformel (vgl. Seite 59) bestimmt werden[10]:

$$B_n = \frac{1}{(k - n)!} \left[\frac{d^{(k-n)}}{ds^{(k-n)}} \left\{ (s - s_0)^k F(s) \right\} \right]_{s=s_0} \qquad n = 1, \ldots, k$$

Der Ausdruck sieht vielleicht ein wenig kompliziert aus, ist es aber nicht unbedingt. Zum einen hat man es in der Praxis meist nur mit Polstellen niedriger Ordnung zu tun und zum anderen handelt es sich um einfache Ableitungen von Polynomen oder Polynombrüchen, die an der Polstelle ausgewertet werden.

Für $n = k$ ergibt sich die bereits im vorherigen Abschnitt benutzte Formel für die einfachen Polstelle. Für $n = k - 1, k - 2, \ldots, 1$ müssen die $1., 2., \ldots, (k - 1)$-ste Ableitung von $F(s)$ berechnet werden, nachdem der Linearfaktor $(s - s_0)^k$ im Nenner gekürzt wurde. Wie die nachfolgenden Beispiele zeigen werden, ist dies nicht allzu aufwendig. Aufgrund der Abhängigkeiten der Ableitungen geht man pragmatisch so vor, dass man die B_n in absteigender Reihenfolge bestimmt, also $B_k, B_{k-1}, \ldots, B_1$, dabei werden die Ableitungen dann in aufsteigender Ordnung berechnet.

Nun benötigen wir noch die Inverse Laplacetransformierte für Ausdrücke der Form $F(s) = s^{-n}$ mit $n > 1$, dabei ist $s = 0$ der einzige und ein n-facher Pol von $F(s)$. Gemäß Satz 9.1.1 und mit Hilfe der Formel für die Berechnung von Residuen mehrfacher Polstellen aus Satz 3.2.5 ergibt sich deshalb:

$$\frac{1}{s^n} \; \bullet\!\!-\!\!\circ \; Res\left\{ \frac{1}{s^n}\, e^{st} \right\} = \frac{1}{(n - 1)!} \frac{d^{(n-1)}}{ds^{(n-1)}} e^{st} = \frac{t^{n-1}}{(n - 1)!}$$

In den vorliegenden Partialbrüchen sieht der Nenner jedoch nicht ganz so einfach aus. Dort steht der Ausdruck $(s - s_0)$ im Nenner. Er bedeutet eine Verschiebung in der s-Ebene und führt entsprechend des Dämpfungssatzes (vgl. Seite 185) zu einem Faktor $e^{s_0 t}$ in der Zeitfunktion $f(t)$.

Damit erhalten wir für jeden der Partialbrüche die Korrespondenz

$$\frac{B_n}{(s - s_0)^n} \; \bullet\!\!-\!\!\circ \; B_n \frac{t^{n-1}}{(n - 1)!}\, e^{s_0 t}$$

Damit haben wir jetzt alles beieinander und fassen unser Ergebnis in dem folgendem Satz zusammen:

---

[10]zu beachten ist, dass per Definition $0! = 1$ und $d^{(n-k)}$ die $(n - k)$-fache Ableitung bedeutet.

> **Satz 9.3.2 (Anteil der Zeitfunktion eines mehrfachen reellen Pols)**
>
> Eine k-fache reelle Polstelle s_0 der Bildfunktion bedingt im Zeitbereich den Anteil
>
> $$f(t) = e^{s_0 t} \sum_{n=1}^{k} B_n \frac{t^{n-1}}{(n-1)!}$$
>
> mit den Koeffizienten
>
> $$B_n = \frac{1}{(k-n)!} \left[\frac{d^{(k-n)}}{ds^{(k-n)}} \left\{ (s-s_0)^k F(s) \right\} \right]_{s=s_0}$$

In der Praxis hat die Bildfunktion im Allgemeinen nicht nur eine Polstelle. Deshalb besteht der pragmatische Lösungsweg darin, die Bildfunktion $F(s)$ aufzuteilen in einen Teil $F_0(s)$ mit allen einfachen reellen Polstellen und jeweils einen Teil $F_i(s)$ für jede mehrfache reelle Polstelle: $F(s) = F_0(s) + F_i(s)$.

Anschließend wird für jeden Anteil mit Hilfe der Sätze 9.3.1 und 9.3.2 der Zeitanteil separat bestimmt. Die Summe der Ergebnisse ist dann gemäß Additionssatz die gesuchte Zeitfunktion.

Beispiel 1

Die Bildfunktion $F(s) = \dfrac{3s^2 - 7s + 6}{(s-1)^3}$ hat offensichtlich eine 3-fache Polstelle bei $s_0 = 1$. Die Partialbruchzerlegung hat damit die Form

$$F(s) = \frac{B_3}{(s-1)^3} + \frac{B_2}{(s-1)^2} + \frac{B_1}{(s-1)}$$

Gemäß der Formel für die B_n aus Satz 9.3.2 ergeben sich diese zu[11]:

$$B_3 = \left[3s^2 - 7s + 6 \right]_{s=1} = 2$$

$$B_2 = \left[\frac{d}{ds}(3s^2 - 7s + 6) \right]_{s=1} = [6s - 7]_{s=1} = -1$$

$$B_1 = \frac{1}{2!} \left[\frac{d^2}{ds^2}(3s^2 - 7s + 6) \right]_{s=1} = \frac{1}{2}[6]_{s=1} = 3$$

Damit folgt nach Satz 9.3.2 für die Zeitfunktion

$$f(t) = \left(t^2 - t + 3\right) e^t \ \circ\!\!-\!\!\bullet \ \frac{3s^2 - 7s + 6}{(s-1)^3} = F(s)$$

---

[11] hier kann man eine kleine Merkregel gut ablesen: der Index des Zählers und der Grad der zugehörigen Ableitung ergeben zusammen immer die Ordnung der Polstelle: $3+0 = 3, 2+1 = 3, 1+2 = 3$

Beispiel 2

Die Funktion $F(s) = \dfrac{s^2 - s - 3}{(s+1)(s+2)^2}$ hat eine einfache Polstelle bei $s_0 = -1$ und eine doppelte Polstelle bei $s_1 = -2$.

Deshalb teilen wir die Partialbruchzerlegung in zwei Anteile auf:

$$F(s) = \underbrace{\frac{A_1}{s+1}}_{=F_0(s)} + \underbrace{\frac{B_2}{(s+2)^2} + \frac{B_1}{s+2}}_{=F_1(s)}$$

Die Bestimmung der Zählerkoeffizienten geschieht wieder mit den bekannten Formeln:

$$A_1 = \left[\frac{s^2 - s - 3}{(s+2)^2}\right]_{s=-1} = -1$$

$$B_2 = \left[\frac{s^2 - s - 3}{(s+1)}\right]_{s=-2} = -3$$

$$B_1 = \left[\frac{d}{ds}\frac{s^2 - s - 3}{(s+1)}\right]_{s=-2} = \left[\frac{(2s-1)(s+1) - (s^2 - s - 3)}{(s+1)^2}\right]_{s=-2} = 2$$

Die vollständige Partialbruchzerlegung

$$F(s) = -\frac{1}{s+1} - \frac{3}{(s+2)^2} + \frac{2}{s+2}$$

führt aufgrund der beiden unterschiedlicher Verschiebungen um 1 und 2 im Zeitbereich zu zwei e-Funktionen mit unterschiedlichen Exponenten:

$$-\mathrm{e}^{-t} + (2 - 3t)\,\mathrm{e}^{-2t} \circ\!\!-\!\!\bullet\ \frac{s^2 - s - 3}{(s+1)(s+2)^2}$$

9.3.3 Bildfunktionen mit Paaren einfacher komplex konjugierter Pole

Komplexe Polstellen treten in einer reellwertigen Bildfunktion immer als konjugiert komplexe Paare auf. Mit $s_0 = a + \mathrm{j}\,b$ ist immer auch $s_0^* = a - \mathrm{j}\,b$ Polstelle von $F(s)$.

Diese führen gemäß der Rechnung auf Seite 51 in der Partialbruchzerlegung der Bildfunktion zu einem Anteil

$$F_2(s) = \frac{C_1 s + C_0}{s^2 - 2as + a^2 + b^2} = \frac{C_1 s + C_0}{(s-a)^2 + b^2}$$

Die Unbekannten C_1 und C_0 können aus der einfachen Polstelle s_0 und deren Residuum $A = \lim\limits_{s \to s_0}(s - s_0)F(s)$ bestimmt werden:

$$C_1 = 2Re(A) = 2Re\left(\lim\limits_{s \to s_0}(s - s_0)F(s)\right)$$

$$C_0 = -2\left(a\,Re(A) + b\,Im(A)\right)$$

$$= -2\left[a\,Re\left(\lim_{s \to s_0}(s - s_0)F(s)\right) + b\,Im\left(\lim_{s \to s_0}(s - s_0)F(s)\right)\right]$$

Mit den bekannten Korrespondenzen für die Sinus- und Kosinus-Funktion und dem Verschiebungssatz kann die korrespondierende Zeitfunktion leicht bestimmt werden. Wir erhalten den Satz

---

Satz 9.3.3 (Anteil der Zeitfunktion für ein Paar konj. kompl. Pole)

Ein Paar einfacher konjugiert komplexer Polstellen $s_0 = a + j\,b$ und $s_0^* = a - j\,b$ einer reellwertigen Bildfunktion führt in deren Partialbruchzerlegung zu dem Term

$$F_2(s) = \frac{C_1 s + C_0}{(s - a)^2 + b^2}$$

Dieser ergibt in der korrespondierenden Zeitfunktion den Ausdruck

$$\mathrm{e}^{at}\left[C_1 \cos(bt) + \frac{aC_1 + C_0}{b}\sin(bt)\right] \circ\!\!-\!\!\bullet \frac{C_1 s + C_0}{(s - a)^2 + b^2}$$

Die Unbekannten C_1 und C_0 im Zähler werden über

$$C_1 = 2Re\left(\lim_{s \to s_0}(s - s_0)F(s)\right)$$

und

$$C_0 = -2\left[a\,Re\left(\lim_{s \to s_0}(s - s_0)F(s)\right) + b\,Im\left(\lim_{s \to s_0}(s - s_0)F(s)\right)\right]$$

bestimmt.

Wie man sieht, bestimmt der Realteil der Polstellen die Einhüllende der Schwingung (die Amplitudenmodulation): je nach Vorzeichen handelt es sich um eine exponentiell steigende oder fallende Funktion. Und der Imaginärteil der Polstelle entspricht der Frequenz der Schwingung.

Diese Zusammenhänge werden im nachfolgenden Kapitel noch ausführlicher beleuchtet. Doch vorher schauen wir uns auch hier wieder zwei Beispiele an.

Beispiel 1

Die Bildfunktion

$$F(s) = \frac{4s^2 + 25s + 45}{(s + 1)(s^2 + 6s + 13)}$$

hat einen einfachen Pol bei $s_0 = -1$ und ein Paar einfacher konjugiert komplexer Pole bei $s_1 = -3 + 2\mathrm{j}$ und $s_2 = s_1^* = -3 - 2\mathrm{j}$.

Die Partialbruchzerlegung hat damit die Form

$$F(s) = \underbrace{\frac{A_0}{s+1}}_{=F_0(s)} + \underbrace{\frac{C_1 s + C_0}{s^2 + 6s + 13}}_{=F_2(s)}$$

Der Koeffizient A_0 ergibt sich wie gewohnt als Residuum eines einfachen Pols:

$$A_0 = \left[\frac{4s^2 + 25s + 45}{s^2 + 6s + 13} \right]_{s=-1} = 3$$

Die Koeffizienten C_1 und C_0 werden mit der Formel als Satz 9.3.3 bestimmt. Mit

$$A := Res_{s=s_1} \{F(s)\} = \left[\frac{4s^2 + 25s + 45}{(s+1)(s-(-3-2\mathrm{j}))} \right]_{s=(-3+2\mathrm{j})}$$

$$= \frac{4(5-12\mathrm{j}) - 75 + 50\mathrm{j} + 45}{(-2+2\mathrm{j})((-3+2\mathrm{j}) - (-3-2\mathrm{j}))} = \frac{-10 + 2\mathrm{j}}{(-2+2\mathrm{j})(4\mathrm{j})}$$

$$= \frac{16 - 24\mathrm{j}}{32} = \frac{1}{2} - \frac{3}{4}\mathrm{j}$$

folgt

$$C_1 = 2\,Re(A) = 1 \quad \text{und} \quad C_0 = -[2(-3)\,Re(A) + 2(2)\,Im(A)] = 6$$

Die Partialbruchzerlegung lautet damit:

$$F(s) = \frac{3}{s+1} + \frac{s+6}{s^2 + 6s + 13}$$

Nach geeigneter Umformung

$$F(s) = \frac{3}{s+1} + \frac{s+6}{s^2 + 6s + 13} = \frac{3}{s+1} + \frac{s+3}{(s+3)^2 + 2^2} + \frac{3}{2} \frac{2}{(s+3)^2 + 2^2}$$

erkennt man die bekannten Korrespondenzen von e-Funktion, Sinus und Kosinus. Mit Additions- und Verschiebungssatz ergibt sich die Zeitfunktion zu

$$f(t) = 3\,\mathrm{e}^{-t} + \mathrm{e}^{-3t}\left[\cos(2t) + \frac{3}{2}\sin(2t)\right]$$

oder als Korrespondenz geschrieben:

$$3\,\mathrm{e}^{-t} + \mathrm{e}^{-3t}\left[\cos(2t) + \frac{3}{2}\sin(2t)\right] \circ\!\!-\!\!\bullet \frac{4s^2 + 25s + 45}{(s+1)(s^2 + 6s + 13)}$$

Beispiel 2

Die Bildfunktion

$$F(s) = \frac{s^2 + 2s + 3}{(s^2 + 2s + 2)(s^2 + 2s + 5)}$$

hat zwei Paare einfacher konjugiert komplexer Polstellen: $s_1 = -1 + \text{j}$, $s_1^* = -1 - \text{j}$ und $s_2 = -1 + 2\text{j}$, $s_2^* = -1 - 2\text{j}$.

Damit lautet der Ansatz für die Partialbruchzerlegung:

$$F(s) = \frac{As + B}{s^2 + 2s + 2} + \frac{Cs + D}{s^2 + 2s + 5}$$

Zur Erinnerung verwenden wir zur Bestimmung der unbekannten Zählerkoeffizienten mal wieder die Einsetzungsmethode.

Zunächst wird die Gleichung mit dem gemeinsamen Nenner multipliziert

$$s^2 + 2s + 3 = (As + B)(s^2 + 2s + 5) + (Cs + D)(s^2 + 2s + 2)$$

Dann wird für jeden der Faktoren im Nenner eine der komplexen Nullstellen eingesetzt:

$$s = s_1 = -1 + \text{j} \quad \Rightarrow \quad 1 = 3\left[A(-1 + \text{j}) + B\right] = -3A + 3B + 3A\text{j}$$

Gleichsetzen der Real- bzw. Imaginärteile beider Seiten ergibt:

$$0\,\text{j} = 3A\,\text{j} \quad \Rightarrow \quad A = 0 \quad \text{und damit} \quad 1 = 3B \quad \Rightarrow \quad B = \frac{1}{3}$$

Und für den zweiten Faktor:

$$s = s_2 = -1 + 2\text{j} \quad \Rightarrow \quad -2 = -3\left[C(-1 + 2\text{j}) + D\right] = 3C - 3D - 6C\text{j}$$

und wiederum Gleichsetzen von Real- und Imaginärteilen

$$0\,\text{j} = -6C\,\text{j} \quad \Rightarrow \quad C = 0 \quad \text{und damit} \quad -2 = -3D \quad \Rightarrow \quad D = \frac{2}{3}$$

Die Partialbruchzerlegung lautet damit

$$F(s) = \frac{1}{3}\frac{1}{(s + 1)^2 + 1} + \frac{2}{3}\frac{1}{(s + 1)^2 + 2^2}$$

und es folgt "wie gewohnt"

$$\frac{1}{3}\,\text{e}^{-t}\left[\sin(t) + \sin(2t)\right] \circ\!\!-\!\!\bullet \frac{s^2 + 2s + 3}{(s^2 + 2s + 2)(s^2 + 2s + 5)}$$

An diesem Beispiel sieht man, dass die Einsetzungsmethode manchmal etwas weniger Rechenaufwand bedeutet. Die Auswertung der beiden Ausdrücke

$$\left.\frac{s^2 + 2s + 3}{(s - (-1 - j))(s^2 + 2s + 5)}\right|_{-1+j} \quad \text{und} \quad \left.\frac{s^2 + 2s + 3}{(s - (-1 - 2j))(s^2 + 2s + 2)}\right|_{-1+2j}$$

bei der Residuenmethode birgt etwas mehr "Gefahr, sich zu verrechnen".

Beispiel 3 - Faltungssatz statt PBZ

Auch wenn wir konjugiert komplexe Paare mehrfacher Polstellen wegen ihrer untergeordneten praktischen Bedeutung vernachlässigt haben, soll das folgende Beispiel zeigen, dass die Methode der Partialbruchzerlegung dort auch nicht zum Ziel führt. Die Lösung zur Berechnung der inversen Laplacetransformierten ist dann der Weg über den Faltungssatz, der hier am Beispiel wiederholt wird. Die Bildfunktion

$$F(s) = \frac{as}{(s^2 + a^2)^2}$$

hat mit $s_{1,2} = \pm ja$ ein doppelt auftretendes Paar konjugiert komplexer Polstellen. Der entsprechende Ansatz der Patialbruchzerlegung

$$\frac{as}{(s^2 + a^2)^2} = \frac{As + B}{s^2 + ps + q} + \frac{Cs + D}{(s^2 + ps + q)^2}$$

führt beim Koeffizientenvergleich mit $A = B = D = 0$, $C = a$ zu keiner Lösung. Selbst wenn man die Zählerkoeffizienten bestimmen könnte, blieben noch aufwendige, im Allgemeinen rekursive Integralformeln für die Stammfunktionen zu verwenden, weshalb wir diesen Weg nicht weiter verfolgen.

Deutlich einfacher wird es, wenn die Funktion als Produkt geschrieben wird:

$$F(s) = \frac{a}{(s^2 + a^2)} \cdot \frac{s}{(s^2 + a^2)}$$

Für beide Faktoren kennen wir die jeweilige Korrespondenz: $\sin(at) \circ\!\!-\!\!\bullet \dfrac{a}{(s^2 + a^2)}$

bzw. $\cos(at) \circ\!\!-\!\!\bullet \dfrac{s}{(s^2 + a^2)}$. Der Faltungssatz liefert damit

$$f(t) = \sin(at) * \cos(at) = \int\limits_0^t \cos(a\tau) \sin(a(t - \tau))\, d\tau$$

Jetzt brauchen wir "nur noch" die Stammfunktion des Faltungsintegrals. Aufgrund der unterschiedlichen Argumente der beiden trigonometrischen Funktionen wären hier das Additionstheorem für $\sin(at - a\tau)$ und Integrale über Produkte trigonometrischer Funktionen notwendig. Einfacher geht es mit der Formel (vgl. [Pap17])

$$\sin(x) \cos(y) = \frac{1}{2} \left[\sin(x - y) + \sin(x + y)\right]$$

$$f(t) = \frac{1}{2} \int\limits_0^t \sin(at - a\tau - a\tau) + \sin(a\tau + at - a\tau)\, d\tau$$

$$= \frac{1}{2} \int\limits_0^t \sin(at - 2a\tau) + \sin(at)\, d\tau = \underbrace{\frac{1}{4a} \cos(at - 2a\tau)\Big|_0^t}_{=0} + \frac{1}{2}\, t \sin(at)$$

Das Ergebnis lautet also: $\dfrac{1}{2}\, t \sin(at) \circ\!\!-\!\!\bullet \dfrac{as}{(s^2 + a^2)^2}$.

9.3.4 Pol-/Nullstellenplan

Zum Abschluss der Betrachtung gebrochenrationaler Funktionen in der Laplacetransformation stellen wir noch einige sehr nützliche Überlegungen an. Es wird sich zeigen, dass keinerlei Rechnungen erforderlich sind, um qualitative und zum Teil auch quantitative Aussagen zu den Zeitfunktionen gegebener gebrochenrationaler Bildfunktionen machen zu können.

Sind die Nullstellen $s_{N_i}(i = 1,\dots,n)$ und Pole $s_{P_k}(k = 1,\dots,m)$ einer echt gebrochenrationalen Bildfunktion mit reellen Koeffizienten

$$F(s) = C\,\frac{(s - s_{N_1})(s - s_{N_2})\cdots(s - s_{N_n})}{(s - s_{P_1})(s - s_{P_2})\cdots(s - s_{P_m})}$$

bekannt, sind damit sowohl die Bildfunktion $F(s)$ wie auch die Originalfunktion $f(t)$ bis auf eine Konstante C vollständig bestimmt. Über die Sätze 9.3.1, 9.3.2 und 9.3.3 kann die Zeitfunktion bereits aus den Polstellen der Bildfunktion und ihren Residuen vollständig berechnet werden. Oftmals reicht es jedoch bereits aus, den Kurvenverlauf von Bestandteilen der Zeitfunktion zu kennen, ohne dass deren exakte algebraische Darstellung bestimmt wurde. Dies soll im Folgenden etwas ausführlicher beleuchtet werden.

Zeichnet man die Nullstellen und Polstellen der gebrochenrationalen Bildfunktion in der komplexen Ebene ein, entsteht der sogenannte **Pol-Nullstellenplan**. Für die nachfolgenden Betrachtungen ist der folgende Satz hilfreich, der sich direkt aus der Eigenschaft von Polynomen mit rein reellen Koeffizienten ergibt:

Satz 9.3.4 (Symmetrie des Pol-Nullstellenplans)

Der Pol-Nullstellenplan einer echt gebrochenrationalen Bildfunktion mit reellen Koeffizienten ist symmetrisch zur reellen Achse.

Für die weiteren Überlegungen sind nur die Polstellen der Bildfunktion von Bedeutung. Je nach deren Charakter (reell, komplex, einfach oder mehrfach) ergeben sich entsprechende Anteile der korrespondierenden Zeitfunktion mit charakteristischem Verlauf.

Wir untersuchen die folgenden drei Fälle:

- einfache reelle Pole
- mehrfache reelle Pole
- Paare einfacher konjugiert komplexer Pole

jeweils mit...

- ... negativem Realteil
- ... Realteil gleich Null
- ... positivem Realteil

Anschließend fassen wir die Erkenntnisse in einem Satz zusammen und betrachten dazu einige Beispiele.

Fall 1: Einfacher reeller Pol $(\alpha \in \mathbb{R}^+)$

...auf der negativen reellen Achse $(s_0 = -\alpha)$

Ein einfacher Pol auf der negativen reellen Achse ergibt in der Partialbruchzerlegung einen Term $F_0(s) = \dfrac{A}{s+\alpha}$. Dieser führt nach Satz 9.3.1 im Zeitbereich zu einem Anteil $f_0(t) = A\,e^{-\alpha t}$.

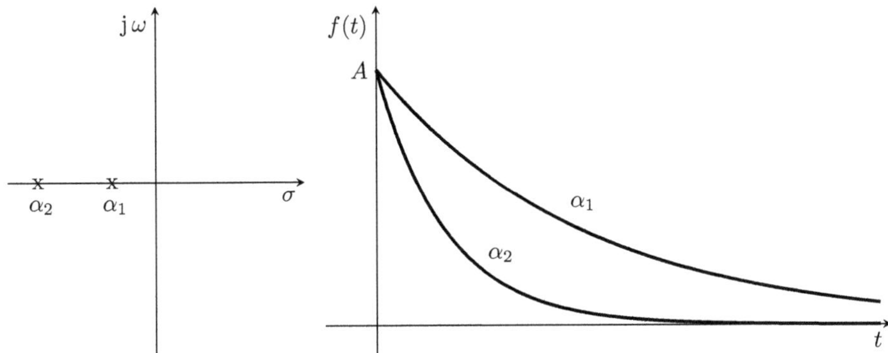

Abb. 9.2: Zeitfunktion einer einfachen Polstelle auf der negativen reellen Achse.

Eine einfache Polstelle auf der negativen reellen Achse entspricht im Zeitbereich einer abklingenden Exponentialfunktion, die umso schneller abfällt, je weiter links die Polstelle sich befindet.

...auf der imaginären Achse $(s_0 = \alpha = 0)$

Ein Pol im Ursprung der s-Ebene führt zu einem konstanten Term $f_0(t) = A$.

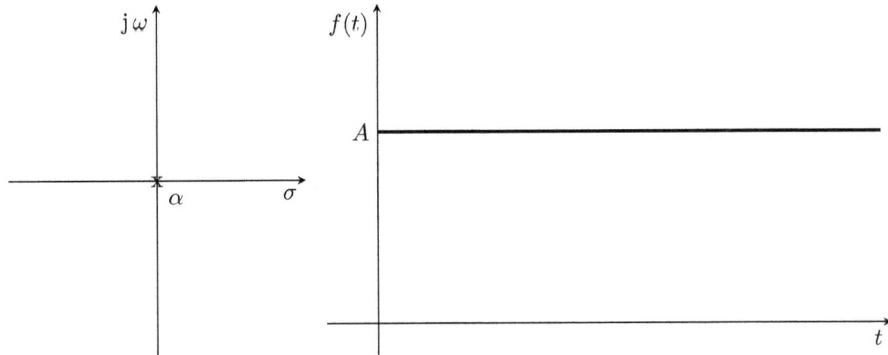

Abb. 9.3: Zeitfunktion einer einfachen Polstelle im Ursprung.

Eine einfache Polstelle im Ursprung ergibt eine Verschiebung des Signals auf der y-Achse. Je nach Vorzeichen des Faktors A nach oben oder nach unten.

...auf der positiven reellen Achse $(s_0 = \alpha)$

Ein einfacher Pol auf der positiven reellen Achse ergibt in der Partialbruchzerlegung einen Term $F_0(s) = \dfrac{A}{s - \alpha}$. Dieser führt nach Satz 9.3.1 im Zeitbereich zu einem Anteil $f_0(t) = A\,e^{\alpha t}$.

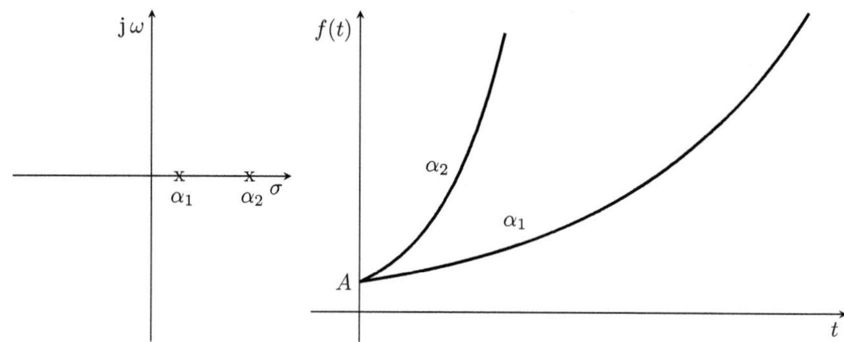

Abb. 9.4: Zeitfunktion einer einfachen Polstelle auf der positiven reellen Achse.

Eine einfache Polstelle auf der positiven reellen Achse entspricht im Zeitbereich einer wachsenden Exponentialfunktion, die umso schneller steigt, je weiter rechts die Polstelle sich befindet.

Fall 2: Ein k-facher Pol $(\alpha \in \mathbb{R}^+)$

...auf der negativen reellen Achse $(s_0 = -\alpha)$

Ein k-facher Pol auf der negativen reellen Achse führt nach Satz 9.3.2 zu den Anteilen

$$F_0(s) = \sum_{n=1}^{k} \frac{B_n}{(s + \alpha)^n} \qquad \text{und} \qquad f_0(t) = e^{-\alpha t} \sum_{n=1}^{k} \frac{B_n t^{n-1}}{(n - 1)!}$$

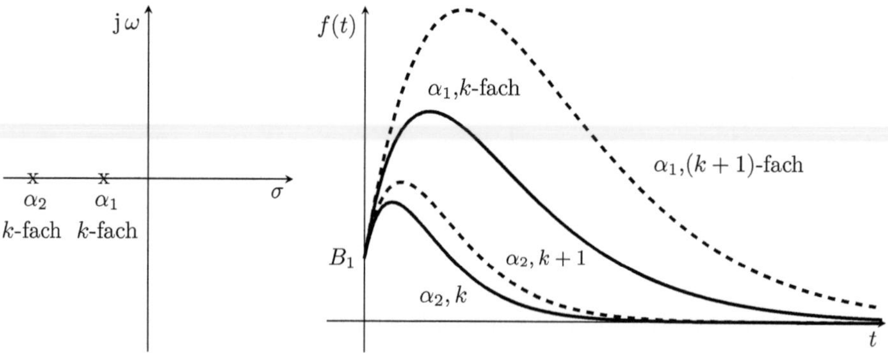

Abb. 9.5: Zeitfunktion einer k-fachen Polstelle auf der negativen reellen Achse.

Je weiter links der Pol liegt, desto dichter liegt das Maximum an der y-Achse und desto schneller klingt die Zeitfunktion ab. Die Ordnung des Pols bestimmt sowohl die zeitliche Lage als auch die Höhe des Maximums: je höher die Ordnung, desto höher das Maximum und desto später in der Zeit wird dieses erreicht.

... im Ursprung $(s_0 = 0)$

Ein k-facher Pol im Ursprung der s-Ebene führt im Signal zu einem Polynom, dessen Grad sich aus der Ordnung der Polstelle bestimmt:

$$f_0(t) = B_1 + B_2\, t + \frac{B_3}{2}\, t^2 + \cdots + \frac{B_k}{(k-1)!}\, t^{k-1}$$

Für diesen Fall ist eine grafische Darstellung wenig sinnvoll. Es kann nur festgestellt werden, dass alle Kurven im Punkt $(0; B_1)$ beginnen. Der weitere Kurvenverlauf hängt dann von der Ordnung der Polstelle und den Residuen B_n ab, so dass sich hier keine einfache "Merkregel" veranschaulichen lässt.

... auf der positiven reellen Achse $(s_0 = \alpha)$

Eine k-fache Polstelle auf der positiven reellen Achse führt entsprechend zu einem Polynom, welches mit einer wachsenden Exponentialfunktion multipliziert wird.

$$f_0(t) = \mathrm{e}^{\alpha t} \cdot \left(B_1 + B_2\, t + \frac{B_3}{2}\, t^2 + \cdots + \frac{B_k}{(k-1)!}\, t^{k-1} \right)$$

Je weiter rechts die Polstelle liegt, desto schneller steigt die Exponentialfunktion.

Auch hier kann kein allgemeiner Kurvenverlauf dargestellt werden, da dieser im wesentlichen von der Exponentialfunktion bestimmt wird.

Je nach Ordnung des Polynoms und Wert der Residuen B_n kann es zum Beispiel lokale Extremwerte in der Nähe der y-Achse geben. Jedoch wird der weitere Kurvenverlauf dann schnell von der Exponentialfunktion dominiert.

Das Vorzeichen von B_k bestimmt als höchster Koeffizient des Polynoms, ob die resultierende Funktion dann zu $+\infty$ oder $-\infty$ verläuft:

$$\lim_{t \to \infty} f_0(t) = \mathrm{sgn}\,(B_k) \cdot \infty$$

<u>Fall 3</u>: Ein Paar einfacher konjugiert komplexer Pole $(\alpha \in \mathbb{R}^+)$

... in der linken Halbebene $(Re(s_{1,2}) = -\alpha)$

Ein Paar konjugiert komplexer Pole $s_{1,2} = -\alpha \pm \mathrm{j}\omega_0$ in der linken Halbebene führt nach Satz 9.3.3 zu den Anteilen

$$F_0(s) = \frac{C_1 s + C_0}{(s+\alpha)^2 + \omega_0^2} \quad \text{und} \quad f_0(t) = \mathrm{e}^{-\alpha t}\left[C_1 \cos(\omega_0 t) + \frac{-\alpha C_1 + C_0}{\omega_0}\, \sin(\omega_0 t) \right]$$

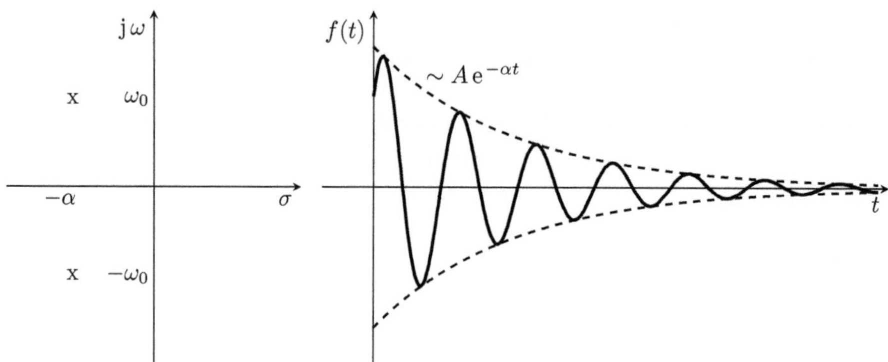

Abb. 9.6: Zeitfunktion eines einfachen Paares konj. kompl. Pole i. d. li. Halbebene.

Der Anteil im Signal ist damit eine exponentiell gedämpfte Schwingung. Je weiter links die Polstellen liegen, desto stärker wird die Amplitude der Schwingung gedämpft. Die Frequenz der Schwingung ist gleich dem Betrag des Imaginärteils der Polstellen. Die Phasenverschiebung φ resultiert aus der Überlagerung der Sinus- mit einer Kosinusschwingung (siehe Satz 9.3.3).

... auf der imaginären Achse $(Re(s_{1,2}) = 0)$

Ein Paar konjugiert komplexer Pole $s_{1,2} = \pm j\omega_0$ auf der imaginären Achse führt nach Satz 9.3.3 zu den Anteilen

$$F_0(s) = \frac{C_1 s + C_0}{s^2 + \omega_0^2} \qquad \text{und} \qquad f_0(t) = C_1 \cos(\omega_0 t) + \frac{C_0}{\omega_0} \sin(\omega_0 t)$$

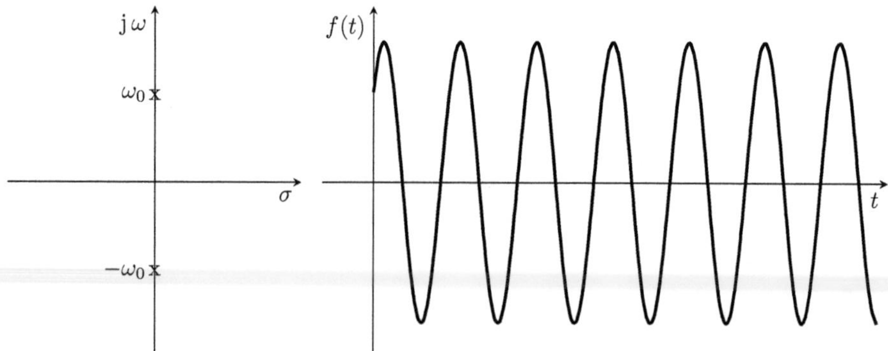

Abb. 9.7: Zeitfunktion eines einfachen Paares konj. kompl. Pole auf der imaginären Achse.

Da der Realteil der Polstellen Null ist, entfällt die exponentielle Dämpfung der Schwingung und das Ergebnis ist ein konstanter Schwinganteil im Signal (vgl. Satz 9.2.6).

... in der rechten Halbebene $(Re(s_{1,2}) = \alpha)$

Ein Paar konjugiert komplexer Pole $s_{1,2} = \alpha \pm j\omega_0$ in der rechten Halbebene führt nach Satz 9.3.3 zu den Anteilen

$$F_0(s) = \frac{C_1 s + C_0}{(s-\alpha)^2 + \omega_0^2} \qquad \text{und} \qquad f_0(t) = e^{\alpha t}\left[C_1 \cos(\omega_0 t) + \frac{\alpha C_1 + C_0}{\omega_0}\sin(\omega_0 t)\right]$$

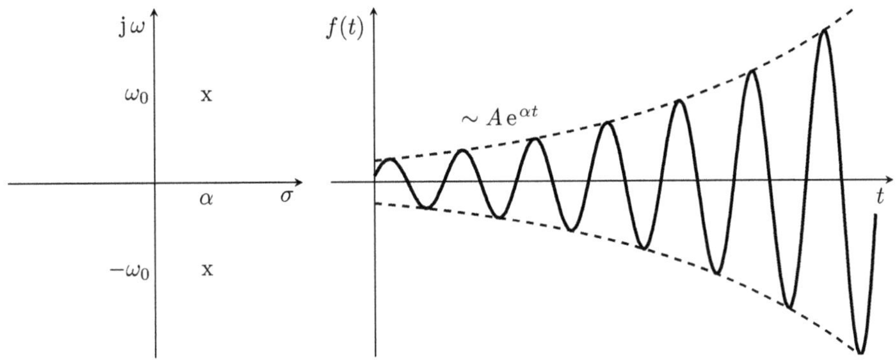

Abb. 9.8: Zeitfunktion eines einfachen Paares konj. kompl. Pole i. d. re. Halbebene.

Es ergibt sich ein Schwinganteil, dessen Amplitude jedoch exponentiell wächst.

Zusammenfassung

Die vorangegangenen Zeichnungen können die Zusammenhänge immer nur exemplarisch darstellen, da der genaue Kurvenverlauf jeweils von den konkreten Werten der Residuen B_n abhängt.

Dennoch können wir einige wichtige Erkenntnisse in dem folgenden Satz zusammenfassen:

Satz 9.3.5 (Polstellen der Bildfunktion, zugehöriges Zeitverhalten)

Sei s_0 ein Pol einer echt gebrochenrationalen Bildfunktion der Laplacetransformation. Dann bewirkt ein Realteil mit ...

- $Re(s_0) < 0$ einen zeitlich abklingenden (*flüchtigen*) Anteil
- $Re(s_0) = 0$ einen zeitlich konstanten (*stationären*) Anteil
- $Re(s_0) > 0$ einen zeitlich ansteigenden Anteil.

Je größer der Betrag des Realteils, desto stärker die Dämpfung bzw. der Anstieg der Amplitude.

Je größer der Betrag des Imaginärteils bei Paaren konjugiert komplexer Pole, desto schneller die Schwingung.

Diese Zusammenhänge zwischen der Lage der Polstellen und dem zeitlichen Verhalten der jeweils korrespondierenden Anteile der Zeitfunktion werden nur deutlich, wenn man sich die Partialbruchzerlegung der gebrochenrationalen Bildfunktion anschaut, oder zumindest deren Polstellen ermittelt hat. Bei ausschließlicher Nutzung einer Korrespondenztabelle ist dies nicht unbedingt erkennbar.

In der Praxis treten natürlich Kombinationen von Polstellen unterschiedlichen Charakters auf. Aus ihrer Kenntnis können direkt Aussagen über die Zusammensetzung des Signals aus konstanten, schwingenden oder gedämpften Anteilen getroffen werden. Aus dem zeitlichen Verlauf des Gesamtsignals, das sich als Kombination der Anteile ergibt, kann man die einzelnen Anteile im Allgemeinen nicht so einfach ablesen oder auf sie schließen.

In einigen der nachfolgenden Übungsaufgaben werden diese Zusammenhänge noch etwas näher beleuchtet.

Übungsaufgaben

Aufgabe 9.1

Bestimmen Sie die Laplace-Tansformierte der Zeitfunktion

$$f(t) = \sigma(t)\,(t^3 - 3t + 5) \circ\!\!-\!\!\bullet\ F(s) = \ ?$$

(Hinweis: $\sigma(t)$ stellt lediglich die Kausalität der Funktion $f(t)$ sicher.)

Leiten Sie aus dem Charakter der Zeitfunktion ab, welche Polstellenstruktur Sie gemäß des Polstellenplans erwarten und überprüfen Sie ihre Vermutung später anhand des Ergebnisses.

Berechnen Sie die Transformierte über Lösen der entsprechenden Integrale und vergleichen Sie das Ergebnis anschließend mit einer entsprechenden Korrespondenztabelle.

Betrachten Sie die Gültigkeit der mathematischen Funktion $F(s)$ und geben Sie den kleinstmöglichen Wert für die Konvergenzabzisse β an, so dass gilt: $f(t) \circ\!\!-\!\!\bullet\ F(s)$.

Aufgabe 9.2

Gegeben ist die Korrespondenz

$$f(t) = \sigma(t)\,e^{a\,t} \circ\!\!-\!\!\bullet\ \frac{1}{s-a} = F(s) \quad \text{mit } a \in \mathbb{C}$$

Wie lautet die Bedingung für die Konvergenzabzisse? Begründen Sie dies.

Aufgabe 9.3

Die hyperbolischen Funktionen

$$\cosh(at) := \frac{1}{2}\left(\mathrm{e}^{at} + \mathrm{e}^{-at}\right) = \cos(\mathrm{j}at)$$

$$\sinh(at) := \frac{1}{2}\left(\mathrm{e}^{at} - \mathrm{e}^{-at}\right) = -\mathrm{j}\sin(\mathrm{j}at)$$

sind der gerade bzw. ungerade Anteil der Exponentialfunktion:

$$\mathrm{e}^{at} = \cosh(at) + \sinh(at)$$

Bestimmen Sie Laplacetransformierten der hyperbolischen Funktionen. Nutzen Sie dazu die verschiedenen Möglichkeiten, die sich aus ihrer Definition ergeben.

Aufgabe 9.4

Bestimmen Sie die kausale Zeitfunktion zur Laplace-Transformierten

$$F(s) = \frac{5s^2 + 22s + 60}{(s+2)(s^2 + 4s + 13)}$$

Formulieren Sie vorher die Erwartungen an die Signalfunktion nach Betrachtung der Polstellen.

Zeichnen Sie die Zeitfunktion und deren einzelne Anteile. Überzeugen Sie sich von der Richtigkeit Ihrer Erwartungen.

Aufgabe 9.5

Bestimmen Sie die kausale Zeitfunktion zu der Bildfunktion

$$F(s) = \frac{1}{s^2 + 2s + 2} + \frac{1}{s(s^2 + 2s + 1)}\,\mathrm{e}^{-2s}$$

Verwenden Sie dazu unter anderem die Residuenberechnung.

Aufgabe 9.6

Bestimmen Sie die kausale Zeitfunktion zur Laplace-Transformierten

$$F(s) = \frac{2s^2 - 4s + 13}{(s-4)(s^2 - 2s + 3)}$$

Aufgabe 9.7

Bestimmen Sie die kausale Zeitfunktion der Bildfunktion

$$F(s) = \frac{12s^2 + 8s + 76}{4s^3 + 16s^2 + 29s + 51}$$

Geben Sie nach Bestimmung der Polstellen die Struktur der Zeitfunktion an und bestimmen Sie anschließend die fehlenden Amplituden.

(Tipp: $s = -3$ ist eine Nullstelle des Nenners.)

Aufgabe 9.8

Bestimmen Sie die Laplacetransformierte der "Sägezahnwelle"

$$f(t) = \sum_{k=0}^{\infty} \left[\sigma(t - k) - \sigma(t - k - 1) \right] (t - k)$$

(Tipp: Diese ist die periodisch fortgesetzte Funktion zu $\tilde{f}(t) = t$ im Intervall $[0\,;1]$.)

Aufgabe 9.9

Bestimmen Sie die Laplacetransformierte zu der abgebildeten Signalfunktion

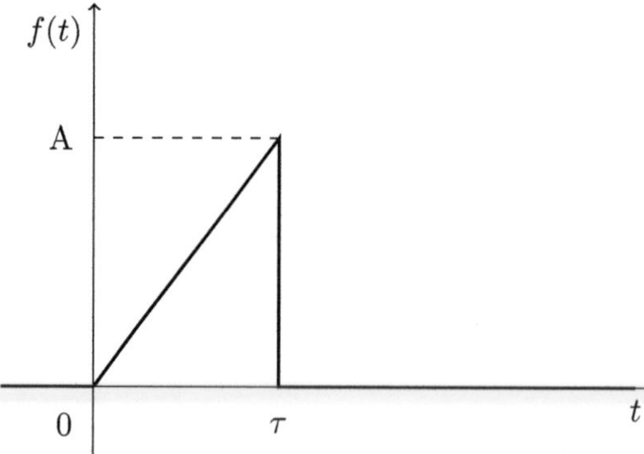

Aufgabe 9.10

Bestimmen Sie die Laplacetransformierte der Zeitfunktion $f(t) = (1 + t\,\mathrm{e}^{-t})^2$.
Nutzen Sie dabei möglichst bekannte Korrespondenzen.

Aufgabe 9.11

Gesucht ist die Zeitfunktion zu der Bildfunktion

$$F(s) = \ln\left(1 + \frac{1}{s^2}\right)$$

(Tipp: Wenden Sie den Multiplikationssatz in "umgekehrter Richtung" an.)

Aufgabe 9.12

Bestimmen Sie die Originalfunktion zu $F(s) = \left(\dfrac{1}{s} - \dfrac{1}{s+2}\right)(1 - e^{-s})$.

Aufgabe 9.13

Bestimmen Sie die Originalfunktion zu $F(s) = \dfrac{s^2}{(s^2 + 1)^2}$.

(Tipp: Faltungssatz.)

Aufgabe 9.14

Dargestellt sind Anteile $f_i(t)$ der Zeitfunktion $f(t)$ zu einer Laplacetransformierten $\mathcal{L}\{f(t)\}$:

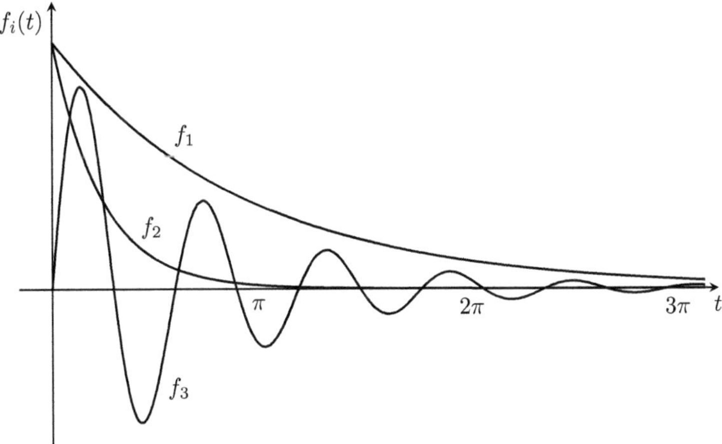

Kreuzen Sie in der Tabelle an, welche Polstelle(n) von $\mathcal{L}\{f(t)\}$ zu den jeweiligen Zeitfunktionen $f_i(t)$ führen.

Beachten Sie dabei die Skalierung der t-Achse, die Charakteristika der Kurvenverläufe und deren Relationen zueinander.

Polstelle	$f_1(t)$	$f_2(t)$	$f_3(t)$
$s_1 = -0{,}7 + 0\,\mathrm{j}$			
$s_2 = -0{,}9 + 3{,}4\,\mathrm{j}$			
$s_3 = -2{,}7 + 0\,\mathrm{j}$			
$s_4 = -0{,}9 - 3{,}4\,\mathrm{j}$			
$s_5 = 2{,}7 - 0\,\mathrm{j}$			

Aufgabe 9.15

Die Funktion $F(s)$ hat die folgenden Polstellen: $s_1 = -1{,}8, s_2 = -0{,}4$ und $s_3 = s_4 = -0{,}5$.

Skizzieren Sie den Kurvenverlauf der entsprechenden Anteile des korrespondierenden Signals.

Aufgabe 9.16

Betrachten Sie die Kurvenverläufe der drei Anteile eines Signals:

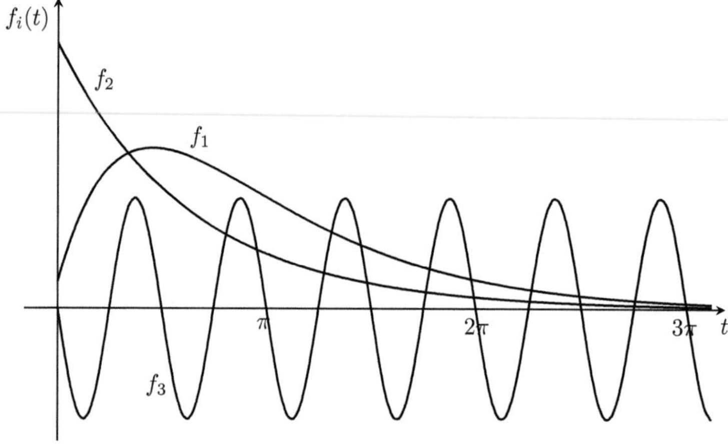

Geben Sie Polstellen der Bildfunktion an, die zu den Kurvenverläufen führen.

Beachten Sie insbesondere die Frequenz der Schwingung. Machen Sie unter der Annahme, dass es sich um eine reine Sinus-Kurve handelt, zusätzlich eine Aussage zum Amplitudenfaktor bzw. der Phasenverschiebung.

A Lösungen der Übungsaufgaben

Kapitel 2

Aufgabe 2.1

Alle drei Parametrierungen beschreiben gemäß Satz 2.3.1 einen Kreis um den Punkt $z_0 = 2$. Ein Vergleich von jeweils drei Punkten ergibt:

$$\gamma_a(0) = 2 + r \ , \ \gamma_a(\pi) = 2 + r \underbrace{\mathrm{e}^{-\mathrm{j}\pi}}_{=-1} = 2 - r \ \text{und} \ \gamma_a\left(\tfrac{\pi}{2}\right) = 2 + r \underbrace{\mathrm{e}^{-\mathrm{j}\frac{\pi}{2}}}_{=-\mathrm{j}} = 2 - \mathrm{j}\,r.$$

$$\gamma_b(-\pi) = 2 - r \underbrace{\mathrm{e}^{\mathrm{j}\pi}}_{=-1} = 2 + r \ , \ \gamma_b(0) = 2 - r \ \text{ und } \ \gamma_b\left(-\tfrac{\pi}{2}\right) = 2 - r \underbrace{\mathrm{e}^{\mathrm{j}\frac{\pi}{2}}}_{=\mathrm{j}} = 2 - \mathrm{j}\,r.$$

$$\gamma_c\left(-\tfrac{\pi}{2}\right) = 2 - r\,\mathrm{j} \underbrace{\mathrm{e}^{\mathrm{j}\frac{\pi}{2}}}_{=\mathrm{j}} = 2 + r \ , \ \gamma_c\left(\tfrac{\pi}{2}\right) 2 - r\,\mathrm{j} \underbrace{\mathrm{e}^{-\mathrm{j}\frac{\pi}{2}}}_{=-\mathrm{j}} = 2 - r \ \text{und} \ \gamma_c(0) = 2 - \mathrm{j}\,r.$$

Alle drei Parametrierungen beschreiben also den gleichen Weg.

Zum gleichen Ergebnis kommt man durch Umformung der Funktionsausdrücke, die sich jeweils durch lineare Koordinatentransformation auseinander ergeben:

$$\gamma_a(t + \pi) = 2 + r\,\mathrm{e}^{-\mathrm{j}(t+\pi)} = 2 + r \underbrace{\mathrm{e}^{-\mathrm{j}\pi}}_{=-1} \mathrm{e}^{-\mathrm{j}\,t} = 2 - r\,\mathrm{e}^{-\mathrm{j}\,t} = \gamma_b(t)$$

$$\gamma_a\left(t + \frac{\pi}{2}\right) = 2 + r\,\mathrm{e}^{-\mathrm{j}\left(t+\frac{\pi}{2}\right)} = 2 + r \underbrace{\mathrm{e}^{-\mathrm{j}\frac{\pi}{2}}}_{=-\mathrm{j}} \mathrm{e}^{-\mathrm{j}\,t} = 2 - \mathrm{j}\,r\,\mathrm{e}^{-\mathrm{j}\,t} = \gamma_c(t)$$

Dies sind also nur drei der beliebig vielen Möglichkeiten, den Weg zu beschreiben. Es wird deutlich, dass die Kenntnis der elementaren komplexen Ausdrücke aus Tabelle B.1 im Anhang hilfreich sein kann.

Aufgabe 2.2

Beide Zusammenhänge ergeben sich durch Einsetzen und Sortieren der Terme:

$$(z_a \pm z_b)^* = \left((x_a \pm x_b) - \mathrm{j}\,(y_a \pm y_b)\right) = \left((x_a - \mathrm{j}y_a) \pm (x_b - \mathrm{j}\,y_b)\right) = z_a^* \pm z_b^*$$

$$(z_a \cdot z_b)^* = \left((x_a + \mathrm{j}\,y_a) \cdot (x_b + \mathrm{j}\,y_b)\right)^* = \left((x_a x_b - y_a y_b) + \mathrm{j}\,(y_a x_b + y_b x_a)\right)^*$$

Vergleich mit der anderen Seite der Gleichung ergibt:

$$(z_a^* \cdot z_b^*) = \left((x_a - \mathrm{j}\,y_a)(x_b - \mathrm{j}\,y_b)\right) = \left((x_a x_b - y_a y_b) - \mathrm{j}\,(y_b x_a + y_a x_b)\right) = (z_a \cdot z_b)^*$$

© Der/die Herausgeber bzw. der/die Autor(en), exklusiv lizenziert an
Springer-Verlag GmbH, DE, ein Teil von Springer Nature 2026
H. Kohlhoff, *Integraltransformationen in der System- und Signaltheorie*,
https://doi.org/10.1007/978-3-662-73152-9

Aufgabe 2.3

Es soll gezeigt werden, dass komplexe Nullstellen eines Polynoms n. Ordnung mit rein reellen Koeffizienten immer als konjugiert komplexe Paare auftreten, d. h. dass für $z_0 \in \mathbb{C}$ und $a_i \in \mathbb{R}, i \in \mathbb{N}_0$ mit:

$a_0 + a_1 z_0 + \cdots + a_n z_0^n = 0$ immer auch gilt: $a_0 + a_1 z_0^* + \cdots + a_n \left(z_0^*\right)^n = 0$.

Dies kann durch einfache Überlegungen plausibel gemacht werden:

Ergibt ein komplexes Polynom den Wert Null, so sind auch Real- und Imaginärteil jeder für sich gleich Null, d. h. die Summe der Realteile der einzelnen Summanden muss Null ergeben und ebenso die Summe der Imaginärteile.

Mit $z \to z^*$ ändert sich nur das Vorzeichen vor den Imaginärteilen wie die Herleitung aus Aufgabe 2.2 gezeigt hat: $(z^2)^* = (z^*)^2$. Für die Koeffizienten $a_i \in \mathbb{R}$ gilt $(a_i)^* = a_i$ und damit ist $(a_0 + a_1 z_0 + a_2 z_0^2 + \cdots + a_n z_0^n)^* = 0^* = 0 = a_0 + a_1 z_0^* + a_2 \left(z_0^*\right)^2 + \cdots + a_n \left(z_0^*\right)^n$.

Mit z_0 ist immer auch z_0^* Nullstelle des Polynoms, d. h. es gibt eine Symmetrie zur reellen Achse. Diese kann man nutzen, um den Rechenaufwand bei der Bestimmung aller Nullstellen eines Polynoms zu reduzieren und/oder als Plausibilitätscheck, ob gefundene Nullstellen gemäß der Bedingung korrekt sind.

Aufgabe 2.4

$$f(z) = \frac{1}{z-1} = \frac{1}{x - 1 + \mathrm{j}\,y} = \frac{x - 1 - \mathrm{j}\,y}{(x - 1 + \mathrm{j}\,y)(x - 1 - \mathrm{j}\,y)}$$

$$= \underbrace{\frac{x - 1}{(x - 1)^2 + y^2}}_{= u(x,y)} + \mathrm{j}\,\underbrace{\frac{-y}{(x - 1)^2 + y^2}}_{= v(x,y)}$$

Der Betrag der Funktion ergibt sich (wie für jede komplexe Zahl) aus der Wurzel der Quadrate von Real- und Imaginärteil:

$$\left|f(z)\right| = \sqrt{\frac{(x - 1)^2 + y^2}{((x - 1)^2 + y^2)^2}} = \frac{1}{\sqrt{(x - 1)^2 + y^2}}$$

Aufgabe 2.5

Die Rechnung wird exemplarisch für den ersten Fall durchgeführt.

Es gilt $\mathrm{e}^{\mathrm{j}\,z} = \mathrm{e}^{\mathrm{j}(x + \mathrm{j}\,y)} = \mathrm{e}^{-y}\mathrm{e}^{\mathrm{j}\,x}$. Mit den Symmetrien des Sinus und Kosinus folgt:

$$2\,\mathrm{j}\,\sin(z) = \mathrm{e}^{\mathrm{j}\,z} - \mathrm{e}^{-\mathrm{j}\,z} = \mathrm{e}^{-y}\mathrm{e}^{\mathrm{j}\,x} - \mathrm{e}^{y}\mathrm{e}^{-\mathrm{j}\,x}$$

$$= \mathrm{e}^{-y}\Big(\cos(x) + \mathrm{j}\,\sin(x)\Big) - \mathrm{e}^{y}\Big(\cos(x) - \mathrm{j}\,\sin(x)\Big)$$

$$= \cos(x)\underbrace{(\mathrm{e}^{-y} - \mathrm{e}^{y})}_{=-2\sinh(y)} + \mathrm{j}\,\sin(x)\underbrace{(\mathrm{e}^{-y} + \mathrm{e}^{y})}_{=2\cosh(y)}$$

$$= -2\cos(x)\sinh(y) + \mathrm{j}\,2\sin(x)\cosh(y)$$

$$= 2\,\mathrm{j}\,\big(\mathrm{j}\cos(x)\sinh(y) + \sin(x)\cosh(y)\big)$$

Und damit ist der erste Zusammenhang: $\sin(z) = \sin(x)\cosh(y) + \mathrm{j}\,\cos(x)\sinh(y)$.

Die drei anderen Rechnungen funktionieren nach dem gleichen Schema, so dass hier nur noch die Ergebnisse angegeben werden:

$$\cos(z) \;=\; \cos(x)\cosh(y) \;-\; \mathrm{j}\,\sin(x)\sinh(y)$$

$$\sinh(z) \;=\; \sinh(x)\cos(y) \;+\; \mathrm{j}\,\cosh(x)\sin(y)$$

$$\cosh(z) \;=\; \cosh(x)\cos(y) \;+\; \mathrm{j}\,\sinh(x)\sin(y)$$

Kapitel 3

Aufgabe 3.1

Der Nachweis geschieht jeweils am einfachsten durch Anwenden der Definitionen auf beide Seiten der Beziehung.

Sei $f(z = x + \mathrm{j}\,y) = u + \mathrm{j}\,v$ mit den partiellen Ableitungen u_x, u_y, v_x und v_y. Dann gilt:

$$\frac{\partial f}{\partial z^*} = \tfrac{1}{2}\left(f_x + \mathrm{j}\,f_y\right) = \tfrac{1}{2}\left(u_x + \mathrm{j}\,v_x + \mathrm{j}\,u_y - v_y\right) = \left[\tfrac{1}{2}\left((u_x - v_y) + \mathrm{j}\,(u_y + v_x)\right)\right]$$

$$\frac{\partial f^*}{\partial z} = \tfrac{1}{2}\left(f_x^* - \mathrm{j}\,f_y^+\right) = \tfrac{1}{2}\left(u_x - \mathrm{j}\,v_x - \mathrm{j}\,u_y - v_y\right) = \left[\tfrac{1}{2}\left((u_x - v_y) - \mathrm{j}\,(u_y + v_x)\right)\right]$$

Der Vergleich der beiden Seiten zeigt, dass $f_{z^*} = \left(f_z^*\right)^*$.

$$\frac{\partial f}{\partial z} = \tfrac{1}{2}\left(f_x - \mathrm{j}\,f_y\right) = \tfrac{1}{2}\left(u_x + \mathrm{j}\,v_x - \mathrm{j}\,u_y + v_y\right) = \left[\tfrac{1}{2}\left((u_x + v_y) + \mathrm{j}\,(v_x - u_y)\right)\right]$$

$$\frac{\partial f^*}{\partial z^*} = \tfrac{1}{2}\left(f_x^* + \mathrm{j}\,f_y^*\right) = \tfrac{1}{2}\left(u_x - \mathrm{j}\,v_x + \mathrm{j}\,u_y + v_y\right) = \left[\tfrac{1}{2}\left((u_x + v_y) + \mathrm{j}\,(v_x - u_y)\right)\right]^*$$

Der Vergleich der beiden Seiten zeigt, dass $f_z = \left(f_{z^*}^*\right)^*$.

Aufgabe 3.2

Für die Anwendung der reellen Ableitungsformeln ist es notwendig, die Funktion jeweils in ihren Real- und Imaginärteil aufzuteilen (vgl. dazu Übungen 2.4 und 2.5). (Erinnerung: Die imaginäre Einheit j gehört <u>nicht</u> zum Imaginärteil!)

(1) $f(z) = z^2 = x^2 - y^2 + \mathrm{j}\, 2xy$

$$f'(z) = 2z$$
$$= u_x + \mathrm{j}\, v_x = 2x + 2y = 2z$$
$$= v_y - \mathrm{j}\, u_y = 2x - (-2y) = 2z$$
$$= \frac{1}{2}\left((u_x + \mathrm{j}\, v_x) - \mathrm{j}\,(u_y + \mathrm{j}\, v_y)\right) = \frac{1}{2}\left((2x + \mathrm{j}\, 2y) - \mathrm{j}\,(-2y + \mathrm{j}\, 2x)\right)$$
$$= \frac{1}{2}\left((2x + 2x) + \mathrm{j}\,(2y + 2y)\right) = 2z$$

Überprüfung 2.Wirtinger-Ableitung:

$$f_{z^*} = \frac{1}{2}\left((u_x + \mathrm{j}\, v_x) + \mathrm{j}\,(u_y + \mathrm{j}\, v_y)\right) = \frac{1}{2}\left((2x + \mathrm{j}\, 2y) + \mathrm{j}\,(-2y + \mathrm{j}\, 2x)\right)$$
$$= \frac{1}{2}\left((2x - 2x) + \mathrm{j}\,(2y - 2y)\right) = 0$$

(2) $f(z) = \mathrm{e}^{\mathrm{j}\, z} = \mathrm{e}^{-y}\,\mathrm{e}^{\mathrm{j}\, x} = \mathrm{e}^{-y}\left(\cos(x) + \mathrm{j}\, \sin(x)\right) = \mathrm{e}^{-y}\cos(x) + \mathrm{j}\, \mathrm{e}^{-y}\sin(x)$

$$f'(z) = \mathrm{j}\, \mathrm{e}^{\mathrm{j}\, z}$$
$$= u_x + \mathrm{j}\, v_x = -\mathrm{e}^{-y}\sin(x) + \mathrm{j}\, \mathrm{e}^{-y}\cos(x) = \mathrm{j}\, \mathrm{e}^{-y}(\cos(x) + \mathrm{j}\, \sin(x)) =$$
$$= \mathrm{j}\, \mathrm{e}^{-y}\mathrm{e}^{\mathrm{j}\, x} = \mathrm{j}\, \mathrm{e}^{\mathrm{j}\,(x+\mathrm{j}\, y)} = \mathrm{j}\, \mathrm{e}^{\mathrm{j}\, z}$$
$$= v_y - \mathrm{j}\, u_y = -\mathrm{e}^{-y}\sin(x) - \mathrm{j}\,(-\mathrm{e}^{-y}\cos(x)) = \mathrm{j}\, \mathrm{e}^{-y}(\cos(x) + \mathrm{j}\, \sin(x)) =$$
$$= \mathrm{j}\, \mathrm{e}^{-y}\mathrm{e}^{\mathrm{j}\, x} = \mathrm{j}\, \mathrm{e}^{-y+\mathrm{j}\, x} = \mathrm{j}\, \mathrm{e}^{\mathrm{j}\, z}$$
$$= \frac{1}{2}\left((u_x + \mathrm{j}\, v_x) - \mathrm{j}\,(u_y + \mathrm{j}\, v_y)\right) =$$
$$= \frac{1}{2}\left((-\mathrm{e}^{-y}\sin(x) + \mathrm{j}\, \mathrm{e}^{-y}\cos(x)) - \mathrm{j}\,(-\mathrm{e}^{-y}\cos(x) + \mathrm{j}\,(-\mathrm{e}^{-y}\sin(x)))\right) =$$
$$= \frac{1}{2}\mathrm{e}^{-y}\left((-2\sin(x)) + \mathrm{j}\, 2\cos(x)\right) = \mathrm{j}\, \mathrm{e}^{-y}(\cos(x) + \mathrm{j}\, \sin(x)) = \mathrm{j}\, \mathrm{e}^{-y+\mathrm{j}\, x} =$$
$$= \mathrm{j}\, \mathrm{e}^{\mathrm{j}\, z}$$

Überprüfung 2.Wirtinger-Ableitung:

$$f_{z^*} = \frac{1}{2}\left((u_x + \mathrm{j}\, v_x) + \mathrm{j}\,(u_y + \mathrm{j}\, v_y)\right) =$$
$$= \frac{1}{2}\left((-\mathrm{e}^{-y}\sin(x) + \mathrm{j}\, \mathrm{e}^{-y}\cos(x)) + \mathrm{j}\,(-\mathrm{e}^{-y}\cos(x) + \mathrm{j}\,(-\mathrm{e}^{-y}\sin(x)))\right) =$$
$$= \frac{1}{2}\mathrm{e}^{-y}\left((-\sin(x) + \sin(x)) + \mathrm{j}\,(\cos(x) - \cos(x))\right) = 0$$

$$(3)\ f(z) = \frac{1}{z} = \frac{1}{x + \mathrm{j}\,y} = \frac{x}{x^2 + y^2} - \mathrm{j}\,\frac{y}{x^2 + y^2}$$

$$f'(z) = -\frac{1}{z^2}$$

$$= u_x + \mathrm{j}\,v_x = \frac{(x^2 + y^2) - x(2x)}{(x^2 + y^2)^2} - \mathrm{j}\,\frac{-y(2x)}{(x^2 + y^2)^2} = \frac{y^2 - x^2 + \mathrm{j}\,2xy}{(x^2 + y^2)^2}$$

$$= \frac{(\mathrm{j}\,x + y)^2}{(x^2 + y^2)^2} = \frac{-(x - \mathrm{j}\,y)^2}{(x^2 + y^2)^2} = \frac{-(z^*)^2}{(z\,z^*)^2} = -\frac{1}{z^2}$$

$$= v_y - \mathrm{j}\,u_y = \frac{-((x^2 + y^2) - y(2y))}{(x^2 + y^2)^2} - \mathrm{j}\,\frac{-2yx}{(x^2 + y^2)^2} = \frac{-x^2 + y^2 + \mathrm{j}\,2xy}{(x^2 + y^2)^2} =$$

$$= \cdots \text{s.o.} \cdots = -\frac{1}{z^2}$$

$$= \frac{1}{2}\left((u_x + \mathrm{j}\,v_x) - \mathrm{j}\,(u_y + \mathrm{j}\,v_y)\right) = \frac{1}{2}\left[\left(\frac{(x^2 + y^2) - x(2x)}{(x^2 + y^2)^2} + \mathrm{j}\,\frac{2xy}{(x^2 + y^2)^2}\right)\right.$$

$$\left. -\mathrm{j}\left(\frac{-2xy}{(x^2 + y^2)^2} + \mathrm{j}\,\frac{-(x^2 + y^2) + y(2y)}{(x^2 + y^2)^2}\right)\right] =$$

$$= \frac{1}{2}\left[\frac{-x^2 + y^2 - x^2 + y^2}{(x^2 + y^2)^2} + \mathrm{j}\,\frac{2xy + 2xy}{(x^2 + y^2)^2}\right] = \frac{-x^2 + y^2 + \mathrm{j}\,2xy}{(x^2 + y^2)^2}$$

$$= \cdots \text{s.o.} \cdots = -\frac{1}{z^2}$$

Überprüfung 2.Wirtinger-Ableitung:

$$f_{z^*} = \frac{1}{2}\left((u_x + \mathrm{j}\,v_x) + \mathrm{j}\,(u_y + \mathrm{j}\,v_y)\right) = \frac{1}{2}\left[\left(\frac{(x^2 + y^2) - x(2x)}{(x^2 + y^2)^2} + \mathrm{j}\,\frac{2xy}{(x^2 + y^2)^2}\right)\right.$$

$$\left. +\mathrm{j}\left(\frac{-2xy}{(x^2 + y^2)^2} + \mathrm{j}\,\frac{-(x^2 + y^2) + y(2y)}{(x^2 + y^2)^2}\right)\right] =$$

$$= \frac{1}{2}\left[\frac{-x^2 + y^2 + x^2 - y^2}{(x^2 + y^2)^2} + \mathrm{j}\,\frac{2xy - 2xy}{(x^2 + y^2)^2}\right] = 0$$

Es wird deutlich, dass der Aufwand über die Wirtinger-Ableitungen deutlich größer ist, als die Anwendung der Cauchy-Riemannschen Differentialgleichungen. Ihre Bedeutung liegt vor allem in der direkten Verbindung von reeller zu komplexer Differenzierbarkeit, wie in der Herleitung dargestellt.

Wenn bekannt ist, dass eine Funktion holomorph ist, empfiehlt es sich ohnehin immer die Funktion "direkt" nach der komplexen Variablen abzuleiten.

Aufgabe 3.3

Die Lösung ergibt sich aus dem Standardschema zur Bestimmung der Taylorreihe einer Funktion um $z_0 = 0$:

$$f(z) \quad = \quad \frac{1}{1 + z^2} \quad , f(0) = 1$$

$$f'(z) \quad = \quad \frac{-2z}{(1 + z^2)^2} \quad , f'(0) = 0$$

$$f''(z) \quad = \quad \frac{-2(1 + z^2)^2 + 2z \cdot 4z(1 + z^2)}{(1 + z^2)^4} = \frac{6z^2 - 2}{(1 + z^2)^3} \quad , f''(0) = -2$$

$$f'''(z) \quad = \quad \frac{12z(1 + z^2)^3 - (6z^2 - 2)6z(1 + z^2)^2}{(1 + z^2)^6} = \frac{-24z^3 + 24z}{(1 + z^2)^4} \quad , f'''(0) = 0$$

$$f^{(4)}(z) \quad = \quad \frac{(-72z^2 + 24)(1 + z^2)^4 - (-24z^3 + 24z)8z(1 + z^2)^3}{(1 + z^2)^8}$$

$$= \quad \frac{120z^4 - 240z^2 + 24}{(1 + z^2)^5} \quad , f^{(4)}(0) = 24$$

Daraus folgt für die Taylorreihe:

$$f(z) = \frac{1}{1 + z^2} = 1 - \frac{2}{2!}z^2 + \frac{24}{4!}z^4 - + \cdots = 1 - z^2 + z^4 - + \ldots = \sum_{n=0}^{\infty}(-1)^n z^{2n}$$

Für den Konvergenzradius ergibt sich: $r = \lim\limits_{n \to \infty} \left| \dfrac{(-1)^n}{(-1)^{n+1}} \right| = 1$.

Dies ist auch durchaus plausibel, da die Punkte $z_{1,2} = \pm j$ Polstellen sind, und damit der maximale Radius um den Nullpunkt den Radius 1 hat.

Aufgabe 3.4

Die Lösung folgt wiederum dem allgemeinen Schema für Taylorreihen.
Mit $z_0 = 0$ und $c \in \mathbb{R}$ ergibt sich:

$$f(z) \quad = \quad \frac{1}{z - c} \qquad\qquad f(0) \quad = \quad -\frac{1}{c}$$

$$f'(z) \quad = \quad \frac{(-1)}{(z - c)^2} \qquad\qquad f'(0) \quad = \quad -\frac{1}{c^2}$$

$$f''(z) \quad = \quad \frac{(-1)^2 \cdot 2}{(z - c)^3} \qquad\qquad f''(0) \quad = \quad -\frac{2}{c^3}$$

$$f'''(z) \quad = \quad \frac{(-1)^3 \cdot 2 \cdot 3}{(z - c)^4} \qquad\qquad f'''(0) \quad = \quad -\frac{3!}{c^4}$$

Daraus folgt die Taylorreihe:

$$f(z) = \frac{1}{z - c} = \sum_{n=0}^{\infty} \frac{1}{n!} \frac{-n!}{c^{n+1}} z^n = - \sum_{n=0}^{\infty} \frac{1}{c^{n+1}} z^n$$

und für den Konvergenzradius folgt:

$$r = \lim_{n \to \infty} \left| \frac{c^{n+2}}{c^{n+1}} \right| = |c|$$

Die Reihe konvergiert also für $z \in (-|c|; |c|)$.

(Für den Konvergenz<u>bereich</u> müssten jetzt noch die Grenzen $z = \pm|c|$ untersucht werden, worauf hier aber aufgrund der Aufgabenstellung verzichtet wird.)

Aufgabe 3.5

Die Funktion $f(z) = \dfrac{1}{z - 2}$ ist im Gebiet $D := \{z \in \mathbb{C} \,|\, |z| > 2\}$ holomorph. Für die Koeffizienten der Laurentreihe gilt nach Satz 3.2.2 [1]

$$c_n = \frac{1}{2\pi\mathrm{j}} \oint_\gamma \frac{1}{(z - 2)\, z^{n+1}} \, dz \quad , \quad n \in \mathbb{Z}$$

Für alle negativen Werte von n hat der Integrand nur einen einfachen Pol bei $z_1 = 2$:

$$c_{(n<0)} = Res_{z=2} \left\{ \frac{1}{(z - 2)z^{n+1}} \right\} = \left(\frac{1}{z^{n+1}} \right)_{z=2} = \frac{1}{2^{n+1}}$$

Für alle $n \geq 0$ hat der Integrand zusätzlich einen Pol $(n + 1)$. Ordnung bei $z_2 = 0$:

$$c_{(n\geq 0)} = Res_{z=0} \left\{ \frac{1}{(z - 2)z^{n+1}} \right\} = \frac{1}{n!} \frac{d^{(n)}}{dz^{(n)}} \frac{1}{z - 2} = \frac{1}{n!} \left(\frac{(-1)^n \, n!}{(z - 2)^{n+1}} \right)_{z=0} = -\frac{1}{2^{n+1}}$$

Damit ergeben sich für $n \geq 0$ alle Koeffizienten zu Null:

$$c_{(n\geq 0)} = \underbrace{\frac{1}{2^{n+1}}}_{\text{aus } z_1 = 2} + \underbrace{\frac{-1}{2^{n+1}}}_{\text{aus } z_2 = 0} = 0$$

und die Laurentreihe besteht nur aus dem Hauptteil:

$$f(z) = \frac{1}{z - 2} = \sum_{n=-\infty}^{-1} \frac{1}{2^{n+1}} z^n = \sum_{n=-1}^{\infty} \frac{2^{n-1}}{z^n}$$

Dies Ergebnis lässt sich mit $2 \to c$ verallgemeinern (siehe Aufgabe 3.6).

---

[1] bedenken Sie, dass die Reihe um den Punkt $z_0 = 0$ entwickelt wird, dies aber <u>keine</u> Polstelle ist! Damit hat der Hauptteil auch unendlich viele Glieder, anders als in Satz 3.2.3 der 3.2.4.

Aufgabe 3.6

Als erstes bedarf es der Nullstellen des Nenners der Funktion $f(z) = \dfrac{3}{z^2 - z - 2}$

$$z^2 - z - 2 = 0 \quad , \quad z_{1,2} = \frac{1}{2} \pm \sqrt{\frac{1}{4} + \frac{8}{4}} \quad \Leftrightarrow \quad z_1 = -1 \quad \text{und} \quad z_2 = 2$$

Die Funktion $f(z) = \dfrac{3}{(z+1)(z-2)}$ hat damit zwei Polstellen: $z_1 = -1$ und $z_2 = 2$.

Damit wird die komplexe Ebene in drei Kreise/Ringe um den Ursprung geteilt:

Kreis $\quad \kappa(0,1,0) \quad |z| < 1 \qquad$ Keine Polstelle.

2.Ring $\quad \kappa(1,2,0) \quad 1 < |z| < 2 \quad$ Eine Polstelle: $z_1 = -1$.

3.Ring $\quad \kappa(2,\infty,0) \quad 2 < |z| \qquad$ Zwei Polstellen: $z_1 = -1$ und $z_2 = -2$.

Die einfache Partialbruchzerlegung (vgl. Abschnitte 4.3.1 und 4.3.2) ist für das weitere Vorgehen hilfreich, da dann auf das bereits in Aufgabe 3.4 berechnete Ergebnis zurückgegriffen werden kann.

$$f(z) = \frac{A}{(z+1)} + \frac{B}{(z-2)} \quad \Rightarrow \quad 3 = A(z-2) + B(z+1) = (A+B)z + B - 2A$$

Mit $A + B = 0 \Leftrightarrow A = -B$ und $B - 2A = 3B = 3 \Leftrightarrow B = 1$ folgt:

$$f(z) = \frac{-1}{z+1} + \frac{1}{z-2}$$

Im Bereich der gemeinsamen Konvergenz der Reihen der beiden Teilbrüche kann die Funktion jeweils als Summe der Reihendarstellungen der Brüche geschrieben werden. Damit sind nun zwei Fälle zu unterscheiden:

Fall 1: (vgl. Aufgabe 3.4)

$$\frac{1}{z-c} = -\sum_{n=0}^{\infty} \frac{1}{c^{n+1}} z^n$$

konvergiert für $|z| < |c|$. In dem Bereich gibt es keine Singularität, so dass die Taylor- gleich der Laurentreihe ist. Dies reicht für den inneren Kreis aus.

Fall 2: (vgl. Aufgabe 3.5)

In den beiden Kreisringen wird noch die Reihendarstellung für den Bereich $|z| > |c|$ benötigt, da dort eine oder beide Polstellen liegen:

$$\frac{1}{z-c} = \sum_{n=1}^{\infty} c^{n-1} \frac{1}{z^n}$$

konvergiert für $|z| > |c|$.

Jetzt brauchen die Reihen nur noch entsprechend der Polstellen in den drei Kreisringen "zusammengesetzt" werden:

$\kappa(0,1,0)$: Es gibt keine Polstellen, also sind beide Partialbrüche analytisch (holomorph) und es ergibt sich:

$$f(z) = \sum_{n=0}^{\infty} \frac{1}{(-1)^{n+1}} z^n - \sum_{n=0}^{\infty} \frac{1}{2^{n+1}} z^n = \sum_{n=0}^{\infty} \left((-1)^{n+1} - \frac{1}{2^{n+1}} \right) z^n$$

$\kappa(1,2,0)$: Es gibt eine Polstelle bei $z_1 = -1$. Der zweite Partialbruch ist wieder analytisch:

$$f(z) = -\sum_{n=0}^{\infty} (-1)^{n-1} \frac{1}{z^n} - \sum_{n=0}^{\infty} \frac{1}{2^{n+1}} z^n = -\sum_{n=-1}^{-\infty} (-1)^n z^n - \sum_{n=0}^{\infty} \frac{1}{2^{n+1}} z^n =$$

$$= -\sum_{n=-\infty}^{\infty} c_n z^n \quad \text{mit} \quad c_n = (-1)^n \text{ für } n < 0 \quad \text{und} \quad c_n = 2^{-(n+1)} \text{ für } n \geq 0$$

$\kappa(2,\infty,0)$: Im dritten Gebiet sind beide Polstellen enthalten und es ergibt sich:

$$f(z) = -\sum_{n=1}^{\infty} (-1)^{n-1} \frac{1}{z^n} + \sum_{n=1}^{\infty} 2^{n-1} \frac{1}{z^n} = \sum_{n=1}^{\infty} \left((-1)^n + 2^{n-1} \right) \frac{1}{z^n}$$

Es gibt damit drei unterschiedliche Darstellungen der Funktion $f(z)$, je nachdem welches Gebiet (= Teilmenge des Definitionsbereichs) man betrachtet.

Aufgabe 3.7

Die Funktion $f(z) = \dfrac{1}{(z-2)\, z^{k+1}}$ besitzt einen einfachen Pol bei $z_0 = 2$ und wegen $k > 0$ einen $(k+1)$-fachen Pol an der Stelle $z_0 = 0$.

$$\operatorname{Res}_{z=2} \left\{ \frac{1}{(z-2)\, z^{k+1}} \right\} = \left. \frac{1}{z^{k+1}} \right|_{z=2} = \frac{1}{2^{k+1}}$$

Das Residuum für den $(k+1)$-fachen Pol bei $z_0 = 0$ berechnet man mit der Ableitungsformel

$$\operatorname{Res}_{z=0} \left\{ \frac{1}{(z-2)\, z^{k+1}} \right\} = \frac{1}{k!} \frac{d^k}{dz^k} \left. \frac{1}{(z-2)} \right|_{z=0} = \frac{1}{k!} \left. \frac{(-1)^k\, k!}{(z-2)^{k+1}} \right|_{z=0}$$

$$= \frac{(-1)^k}{(-2)^{k+1}} = -\frac{1}{2^{k+1}}$$

Aufgabe 3.8

Für z_0 hat die Funktion $f(z) = \dfrac{z^2 + 4}{\sin(z)}$ einen einfachen Pol. Damit kann das Residuum über die Formel für einfache Pole bestimmt werden:

$$Res_{z=0}\left\{ \frac{z^2 + 4}{\sin(z)} \right\} = \left.\frac{z^2 + 4}{\cos(z)}\right|_{z=0} = 4$$

Aufgabe 3.9

Die n einfachen Pole der Funktion sind die n verschiedenen n-ten Wurzel aus 1:

$$z_k = \mathrm{e}^{\mathrm{j}\,2\pi\frac{k}{n}} \quad \text{mit} \quad k = 0,1,\dots(n-1)$$

Die Residuen ergeben sich wieder aus der Formel für die gebrochenen Funktionen

$$Res_{z=z_k}\left\{ \frac{z}{z^n - 1} \right\} = \left.\frac{z}{n\,z^{n-1}}\right|_{z_k} = \frac{z_k}{n\,z_k^{n-1}} = \frac{z_k^2}{n} = \frac{1}{n}\mathrm{e}^{\mathrm{j}4\pi\frac{k}{n}}$$

Für die Erweiterung des Bruches wurde ausgenutzt, dass $z_k \cdot z_k^{n-1} = z_k^n = 1$, weil z_k ja n-te Wurzel aus 1 ist.

Aufgabe 3.10

Die Funktion $f(z) = \dfrac{\mathrm{e}^{\mathrm{j}\,z}}{z(1 + z^2)^2}$ hat bei $z_0 = \mathrm{j}$ eine 2-fache Polstelle. Damit lautet die Faktorisierung des Nenners: $z(1+z^2)^2 = z(z-\mathrm{j})^2(z+\mathrm{j})^2$. Das gesuchte Residuum ergibt sich damit aus der Ableitungsformel:

$$Res_{z_0=\mathrm{j}}\left\{ \frac{\mathrm{e}^{\mathrm{j}z}}{z(z+\mathrm{j})^2} \right\} = \frac{1}{1!}\frac{d}{dz}\left.\frac{\mathrm{e}^{\mathrm{j}z}}{z(z+\mathrm{j})^2}\right|_{z=\mathrm{j}}$$

Mit der Ableitung

$$g'(z) = \frac{\mathrm{j}\,z(z+\mathrm{j})^2 - (z+\mathrm{j})^2 - 2z(z+\mathrm{j})^2}{z^2(z+\mathrm{j})^4}\mathrm{e}^{\mathrm{j}z}$$

folgt

$$g(\mathrm{j}) = \frac{4 + 4 + 4}{-16}\mathrm{e}^{-1} = -\frac{3}{4\,e}$$

Kapitel 4

Aufgabe 4.1

Zunächst ist der Weg γ zu parametrieren:

$$\gamma(t) = s + t \quad \text{mit} \quad t \in [0; \infty) \qquad \gamma'(t) = 1 \qquad f(z(t)) = \frac{1}{s+t} - \frac{1}{s+t+1}$$

Damit wird das Integral zum uneigentlichen Integral:

$$\int_\gamma f(z)\,dz = \int_0^\infty \left[\frac{1}{s+t} - \frac{1}{s+t+1}\right] dt = \lim_{\tau\to\infty} \int_0^\tau \frac{1}{s+t} - \frac{1}{s+t+1}\,dt$$

$$= \lim_{\tau\to\infty} \left(\ln(s+\tau) - \ln(s+1+\tau)\right) - \left(\ln(s) - \ln(s+1)\right)$$

$\ln(z)$ ist analytisch für alle $z \in \mathbb{C}$ mit $Re(z) > 0$. Damit folgt weiter:

$$\int_\gamma f(z)\,dz = \lim_{\tau\to\infty} \ln\left(\frac{s+\tau}{s+1+\tau}\right) + \ln\frac{s+1}{s}$$

$$= \underbrace{\lim_{\tau\to\infty} \ln\left(\frac{\frac{s}{\tau}+1}{\frac{s+1}{\tau}+1}\right)}_{=\ln(1)=0} + \ln\frac{s+1}{s} = \ln\left(\frac{s+1}{s}\right)$$

In diesem Fall hätte man auch direkt den Hauptsatz der Integralrechnung benutzen können, denn die Integration ist in der rechten Halbebene ($Re(s) > 0 \ \to \infty$) durchzuführen. Dort ist die Funktion aber holomorph, weil die Polstellen bei $z_1 = 0$ und $z_2 = -1$ liegen.
Damit kann man einfach die Stammfunktion bestimmen und das uneigentliche Integral auswerten:

$$\int_s^\infty \frac{1}{z} + \frac{1}{z+1}\,dz = \lim_{\lambda\to\infty} \int_s^\lambda \frac{1}{z} + \frac{1}{z+1}\,dz = \lim_{\lambda\to\infty} \ln(z) + \ln(z+1)\Big|_0^\lambda$$

$$= \ln(s+1) - \ln(s) = \ln\left(\frac{s+1}{s}\right)$$

Aufgabe 4.2

Auch hier muss zunächst der Weg parametriert werden:

$$\gamma(t) : [0;1] \to \mathbb{C}, t \to 1 - t + t\cdot\mathrm{j} = x(t) + \mathrm{j}y(t)$$

(a) Aus dem Hauptsatz der Integralrechnung folgt:

$$\int_1^{\mathrm{j}} f(z)\,dz = \int_1^{\mathrm{j}} \mathrm{e}^z\,dz = \mathrm{e}^z\Big|_1^{\mathrm{j}} = \mathrm{e}^{\mathrm{j}} - \mathrm{e}^1 = \cos(1) - e + \mathrm{j}\sin(1) \approx -2{,}1780 + 0{,}8415\,\mathrm{j}$$

(b) Das parametrierte Kurvenintegral lautet hier:

$$\int_\gamma f(z)\,dz = \int_0^1 (ux' - vy')\,dt + \mathrm{j}\int_0^1 (uy' + vx')\,dt$$

Mit $x(t) = 1 - t, x'(t) = -1$ und $y(t) = t, y'(t) = 1$, sowie der Darstellung der Funktion nach Euler $f(z) = \mathrm{e}^z = \underbrace{\mathrm{e}^x \cos(y)}_{=u(x,y)} + \mathrm{j} \underbrace{\mathrm{e}^x \sin(y)}_{=v(x,y)}$ folgt:

$$\int_\gamma f(z)\mathrm{d}z = \int_0^1 -\mathrm{e}^{x(t)}\left(\cos(y(t)) + \sin(y(t))\right) dt + \mathrm{j}\int_0^1 \mathrm{e}^{x(t)}\left(\cos(y(t)) - \sin(y(t))\right) dt$$

$$= -\int_0^1 \mathrm{e}^{1-t}(\sin(t) + \cos(t))\, dt + \mathrm{j}\int_0^1 \mathrm{e}^{1-t}(\cos(t) - \sin(t))\, dt$$

Für den Realteil der Stammfunktion ergibt sich:

$$Re(F(z)) = -e\left[\int_0^1 \frac{\sin(t)}{\mathrm{e}^t}\, dt + \int_0^1 \frac{\cos(t)}{\mathrm{e}^t}\, dt\right]$$

Mit den Integralen #322 und #324 aus [Pap17] ergibt sich weiter:

$$Re(F(z)) = -e\left[-\frac{1}{2}\mathrm{e}^{-t}(\sin(t) + \cos(t)) + \frac{1}{2}\mathrm{e}^{-t}(\sin(t) - \cos(t))\right]_0^1$$

$$= -e\left(-\mathrm{e}^{-t}\cos(t)\right)\Big|_0^1 = -e(-\mathrm{e}^{-1}\cos(1) + 1) = \cos(1) - e \approx -2{,}1780$$

Analog geht es für den Imaginärteil:

$$Im(F(z)) = \mathrm{j}\,e\left[\int_0^1 \frac{\cos(t)}{\mathrm{e}^t}\, dt - \mathrm{j}\int_0^1 \frac{\sin(t)}{\mathrm{e}^t}\, dt\right]$$

$$= \mathrm{j}\,e\left[\frac{1}{2}\mathrm{e}^{-t}(\sin(t) - \cos(t)) + \frac{1}{2}\mathrm{e}^{-t}(\sin(t) + \cos(t))\right]_0^1$$

$$= \mathrm{j}e\cdot\mathrm{e}^{-t}\sin(t)\Big|_0^1 = \mathrm{j}e(\mathrm{e}^{-1}\sin(1) - 0) = \mathrm{j}\sin(1) \approx 0{,}8415\,\mathrm{j}$$

Und damit hat man wieder das gleiche Ergebnis. Natürlich ist hier der Weg über die Stammfunktion einfacher und schneller. Jedoch ist nicht immer eine Stammfunktion so einfach auffindbar und der zweite Weg ergibt das gleiche Ergebnis.

Aufgabe 4.3

Da es sich um eine unrecht gebrochenrationale Funktion handelt, ist zunächst eine Polynomdivision durchzuführen:

$$f(z) = \frac{z^3 - z^2 - 5z + 8}{z^2 - 4z + 4} = z + 3 + \frac{3z - 4}{z^2 - 4z + 4}$$

Die Restfunktion hat bei $z = 2$ einen zweifachen Pol. Damit folgt für den Ansatz der Partialbrüche:

$$\frac{3z - 4}{z^2 - 4z + 4} = \frac{A}{z - 2} + \frac{B}{(z - 2)^2}$$

Nach Multiplikation der Gleichung mit dem faktorisierten Nenner $(z - 2)^2$ ergibt sich die Bestimmungsgleichung $3z - 4 = A(z - 2) + B$ und durch Einsetzen von $z = 2$ bzw. $z = 0$ erhält man: $B = 2$ und $A = 3$ und damit folgt für

$$f(z) = z + 3 + \frac{3}{z - 2} + \frac{2}{(z - 2)^2}$$

die Stammfunktion

$$\int f(z)\,dz = \frac{1}{2}z^2 + 3z - \frac{2}{z - 2} + 3\ln(z - 2)$$

Aufgabe 4.4

Mit dem Tipp $z_1 = 2$ als doppelte Polstelle kann direkt die Polynomdivision durchgeführt werden:

$$(z^4 - 8z^3 + 15z^2 + 4z - 20) : (z - 2)^2 = z^2 - 4z - 5$$

Mit der pq-Formel erhält man: $z_{2,3} = 2 \pm \sqrt{4 + 5}$ $z_2 = -1$ und $z_3 = 5$ und die vollständige Faktorisierung lautet:

$$z^4 - 8z^3 + 15z^2 + 4z - 20 = (z - 2)^2(z + 1)(z - 5)$$

Damit folgt der Ansatz für die Partialbruchzerlegung:

$$\frac{1}{z^4 - 8z^3 + 15z^2 + 4z - 20} = \frac{A}{z - 2} + \frac{B}{(z - 2)^2} + \frac{C}{z + 1} + \frac{D}{z - 5}$$

Nach Multiplikation der gesamten Gleichung mit dem faktorisierten Nenner ergibt sich die Gleichung für die Einsetzungsmethode:

$$1 = A(z - 2)(z + 1)(z - 5) + B(z + 1)(z - 5) + C(z - 2)^2(z - 5) + D(z - 2)^2(z + 1)$$

$$z = 2: \quad 1 = B \cdot (-3) \cdot 3 \quad \Rightarrow \quad B = -\frac{1}{9}$$

$$z = -1: \quad 1 = C \cdot 9 \cdot (-6) \quad \Rightarrow \quad C = -\frac{1}{54}$$

$$z = 5: \quad 1 = D \cdot 9 \cdot 6 \quad \Rightarrow \quad D = \frac{1}{54}$$

$$z = 0: \quad 1 = A \cdot 10 + \left(-\frac{1}{9}\right) \cdot (-5) - \frac{1}{54} \cdot (-20) + \frac{1}{54} \cdot 4 \quad \Rightarrow \quad A = 0$$

Damit lautet die Partialbruchzerlegung

$$\frac{1}{z^4 - 8z^3 + 15z^2 + 4z - 20} = -\frac{1}{9(z-2)^2} - \frac{1}{54(z+1)} + \frac{1}{54(z-5)}$$

Mit den bekannten Formeln für die Stammfunktionen der Partialbrüche folgt dann für die Lösung des Integrals:

$$\int \frac{1}{z^4 - 8z^3 + 15z^2 + 4z - 20}\, dz = \frac{1}{9(z-2)} - \frac{1}{54}\ln(z+1) + \frac{1}{54}\ln(z-5)$$

$$= \frac{1}{9(z-2)} + \frac{1}{54}\ln\left(\frac{z-5}{z+1}\right)$$

Aufgabe 4.5

Die erste Nullstelle wird geraten: $z_1 = -2$. Durch Abspalten des entsprechenden Linearfaktors ergibt sich:

$$z^3 + 6z^2 + 21z + 26 = (z+2)(z^2 + 4z + 13)$$

und damit die beiden komplexen Nullstellen $z_{2,3} = -2 \pm \sqrt{9}\,\mathrm{j}$, also $z_2 = -2 + 3\,\mathrm{j}$ und $z_3 = -2 - 3\,\mathrm{j}$.

Der Ansatz für die Partialbrüche lautet damit:

$$\frac{5z^2 + 22z + 60}{z^3 + 6z^2 + 21z + 26} = \frac{A}{z+2} + \frac{Bz+C}{z^2 + 4z + 13}$$

Nach Multiplikation mit dem faktorisierten Nenner ergibt sich die Gleichung für das Einsetzungsverfahren: $5z^2 + 22z + 60 = A\,(z^2 + 4z + 13) + (B\,z + C)(z+2)$.

$$z = -2: \quad 36 = 9A \qquad\qquad\qquad\qquad\qquad \Rightarrow \quad A = 4$$

$$z = 0: \quad 60 = 13A + 2C = 52 + 2C \qquad\qquad \Rightarrow \quad C = 4$$

$$z = 1: \quad 87 = 18A + 3B + 3C = 72 + 3B + 12 \quad \Rightarrow \quad B = 1$$

Und damit wird die Lösung des Integrals

$$\int \frac{4}{z+2} + \frac{z+4}{z^2 + 4z + 13}\, dz$$

$$= 4\ln(z+2) + \frac{1}{2}\ln(z^2 + 4z + 13) + \frac{8-4}{\sqrt{36}}\arctan\left(\frac{2z+4}{\sqrt{36}}\right)$$

$$= 4\ln(z+2) + \frac{1}{2}\ln(z^2 + 4z + 13) + \frac{2}{3}\arctan\left(\frac{z+2}{3}\right)$$

Aufgabe 4.6

Die Aufgabe sieht zunächst "harmlos" aus, benötigt dann zur Lösung aber doch viele verschiedene Aspekte komplexer Zahlen und Algebra.

Schritt 1: Nullstellenbestimmung

$$1 + z^4 = 0 \qquad \Leftrightarrow \qquad z_k = \sqrt[4]{-1} = e^{\frac{\pi + 2\pi k}{4}j} \quad k = 0,1,2,3$$

Es sind also die Werte:

$$z_0 = e^{\frac{\pi}{4}j} = \cos\left(\frac{\pi}{4}\right) + j\sin\left(\frac{\pi}{4}\right) = \frac{\sqrt{2}}{2} + j\frac{\sqrt{2}}{2} = \frac{1}{\sqrt{2}}(1+j)$$

$$z_1 = e^{\frac{3\pi}{4}j} = \cos\left(\frac{3\pi}{4}\right) + j\sin\left(\frac{3\pi}{4}\right) = -\frac{\sqrt{2}}{2} + j\frac{\sqrt{2}}{2} = \frac{1}{\sqrt{2}}(-1+j) = -z_0^*$$

$$z_2 = e^{\frac{5\pi}{4}j} = e^{\pi j} \cdot e^{\frac{\pi}{4}j} = -z_0 = z_1^*$$

$$z_3 = e^{\frac{7\pi}{4}j} = e^{\pi j} \cdot e^{\frac{3\pi}{4}j} = -z_1 = z_0^*$$

Die vier Nullstellen erfüllen die zu erwartende Symmetrie: z^4 ist ein gerades Polynom mit reellen Koeffizienten, aus dem eine gerade Wurzel gezogen wird. Damit treten die Nullstellen als konjugiert komplexe Paare mit einer zusätzlichen Symmetrie zur imaginären Achse auf.

Mit z_0 sind deshalb auch z_0^*, $-z_0$ und $-z_0^*$ Nullstellen. Man hätte sich bei Ausnutzen der Symmetrien nach der Bestimmung von z_0 die weitere Rechenarbeit also ersparen können.

Schritt 2: Partialbruchzerlegung

Die Nullstellen sind jeweils einfach, treten aber als zwei konjugiert komplexe Paare auf. Damit ergibt sich der Ansatz für die Partialbruchzerlegung zu

$$\frac{1}{1+z^4} = \underbrace{\frac{A_1}{z - z_0} + \frac{A_2}{z - z_0^*}} + \underbrace{\frac{A_3}{z + z_0} + \frac{A_4}{z + z_0^*}}$$

$$= \frac{A\,z + B}{(z - z_0)(z - z_0^*)} + \frac{C\,z + D}{(z + z_0)(z + z_0^*)}$$

Mit $z_0 = \frac{1}{\sqrt{2}}(1+j)$ ergibt sich:

$$(z - z_0)(z - z_0^*) = z^2 - z\underbrace{(z_0 + z_0^*)}_{=2Re(z_0)=\frac{2}{\sqrt{2}}} + \underbrace{z_0 z_0^*}_{=|z_0|^2=1} = z^2 - z\sqrt{2} + 1$$

und mit $z_1 = -z_0^* = \frac{1}{\sqrt{2}}(-1+j)$ folgt:

$$(z - z_1)(z - z_1^*) = (z + z_0)(z + z_0^*) = z^2 + z\underbrace{(z_0 + z_0^*)}_{=2Re(z_0)=\frac{2}{\sqrt{2}}} + \underbrace{z_0 z_0^*}_{=|z_0|^2=1} = z^2 + z\sqrt{2} + 1$$

Damit lautet die Struktur der Partialbruchzerlegung:

$$\frac{1}{1+z^4} = \frac{A\,z+B}{z^2 - z\,\sqrt{2}+1} + \frac{C\,z+D}{z^2 + z\,\sqrt{2}+1}$$

und es sind die Parameter A,B,C und D zu bestimmen. Dazu wird die Gleichung mit dem faktorisieren Nenner $(1+z^4) = (z-z_0)(z-z_0^*)(z+z_0)(z+z_0^*)$ multipliziert: (Hinweis: wegen der quadratischen Form im Nenner ist es einfacher mit den Linearfaktoren zu rechnen.)

$$1 = (A\,z + B)(z + z_0)(z + z_0^*) + (C\,z + D)(z - z_0)(z - z_0^*)$$

Durch Einsetzen der *geeigneten Werte* z_0 und $-z_0$ erhält man zwei Gleichungen:

$$(1) \qquad 1 = (A\,z_0 + B)(z_0 + z_0)(z_0 + z_0^*)$$

$$(2) \quad 1 = (-C\,z_0 + D)(-z_0 - z_0)(-z_0 - z_0^*)$$

Mit $(z_0 + z_0) = \sqrt{2}(1+\mathrm{j})$ und $(z_0 + z_0^*) = \sqrt{2}$ folgen damit aus (1)

$$1 = \left(A\frac{1}{\sqrt{2}}(1+\mathrm{j}) + B \right) 2\,(1+\mathrm{j}) = \sqrt{2}A + \sqrt{2}A\mathrm{j} + 2B + \sqrt{2}A\mathrm{j} - \sqrt{2}A + 2B\mathrm{j}$$

$$\Rightarrow \qquad (1') \qquad 1 = 2B + (2\sqrt{2}A + 2B)\,\mathrm{j}$$

und analog aus (2)

$$(2') \qquad 1 = \left(-C\frac{1}{\sqrt{2}}(1+\mathrm{j}) + D \right) 2(1+\mathrm{j}) = 2D + (2D - 2\sqrt{2}C)\,\mathrm{j}$$

Ein Koeffizientenvergleich ergibt die Bestimmungsgleichungen für die Parameter:

$$(1') \qquad 1 = 2B \quad \Leftrightarrow \quad B = \frac{1}{2} \quad , \qquad 0 = (2\sqrt{2}A + 2B)\,\mathrm{j} \quad \Leftrightarrow \quad A = -\frac{1}{2\sqrt{2}}$$

$$(2') \qquad 1 = 2D \quad \Leftrightarrow \quad D = \frac{1}{2} \quad , \qquad 0 = (2D - 2\sqrt{2}C)\,\mathrm{j} \quad \Leftrightarrow \quad C = \frac{1}{2\sqrt{2}}$$

Damit lautet die Partialbruchzerlegung:

$$\frac{1}{1+z^4} = \frac{-\dfrac{1}{2\sqrt{2}}\,z + \dfrac{1}{2}}{z^2 - z\,\sqrt{2}+1} + \frac{\dfrac{1}{2\sqrt{2}}\,z + \dfrac{1}{2}}{z^2 + z\,\sqrt{2}+1}$$

$$= \frac{z - \sqrt{2}}{2\sqrt{2}(-z^2 + z\,\sqrt{2} - 1)} + \frac{z + \sqrt{2}}{2\sqrt{2}(z^2 + z\,\sqrt{2} + 1)}$$

Schritt 3a: Integral berechnen

Da es sich bei dem zu lösenden Integral

$$\int\limits_{-\infty}^{\infty} \frac{z - \sqrt{2}}{2\sqrt{2}(-z^2 + z\sqrt{2} - 1)} + \frac{z + \sqrt{2}}{2\sqrt{2}(z^2 + z\sqrt{2} + 1)}\, dz = I_1 + I_2$$

um ein doppelt *uneigentliches Integral* handelt, wird zunächst die Stammfunktion bestimmt und diese dann über der Grenzübergang ausgewertet.

Schritt 3b: Stammfunktion bestimmen

Nachdem die Koeffizienten A,B,C,D der Partialbruchzerlegung bestimmt sind, folgt mit Gleichung (4.3) für die Stammfunktion

$$\int \frac{1}{1 + z^4}\, dz = -\frac{1}{2\sqrt{2}} \int \frac{z - \sqrt{2}}{z^2 - z\sqrt{2} + 1}\, dz + \frac{1}{2\sqrt{2}} \int \frac{z + \sqrt{2}}{z^2 + z\sqrt{2} + 1}\, dz$$

$$= \frac{1}{2\sqrt{2}} \left[\frac{1}{2} \ln(z^2 + z\sqrt{2} + 1) + \frac{2\sqrt{2} - \sqrt{2}}{\sqrt{4 - 2}} \arctan\left(\frac{2z + \sqrt{2}}{\sqrt{2}} \right) \right.$$

$$\left. - \left(\frac{1}{2} \ln(z^2 - z\sqrt{2} + 1) + \frac{-2\sqrt{2} + \sqrt{2}}{\sqrt{4 - 2}} \arctan\left(\frac{2z - \sqrt{2}}{\sqrt{2}} \right) \right) \right]$$

Mit ein wenig Algebra und der Logarithmen-Regel $\ln(a) - \ln(b) = \ln\left(\frac{a}{b}\right)$ folgt damit als Endergebnis für die Stammfunktion:

$$\int \frac{1}{1 + z^4}\, dz = \frac{1}{4\sqrt{2}} \left[\ln\left(\frac{z^2 + z\sqrt{2} + 1}{z^2 - z\sqrt{2} + 1} \right) + 2\arctan(1 + z\sqrt{2}) - 2\arctan(1 - z\sqrt{2}) \right]$$

Schritt 3c: Stammfunktion auswerten

Die Lösung des uneigentlichen Integrals ist der Grenzübergang zu machen:

$$\int\limits_{-\infty}^{\infty} \frac{1}{1 + z^4}\, dz = \lim_{u \to \infty} \int\limits_{-u}^{u} \frac{1}{1 + z^4}\, dz$$

d. h. die Stammfunktion ist einmal für $z = -\infty$ und einmal für $z = \infty$ auszuwerten.

Das Argument des Logarithmus wird im Grenzwert jeweils 1 und der Logarithmus von 1 ist 0.

Der Grenzwert der Arkustangens-Funktion ist $\lim\limits_{z \to \infty} \arctan(z) = \frac{\pi}{2}$. Und mit der ungeraden Symmetrie des Arkustangens folgt $\lim\limits_{z \to \infty} \arctan(-z) = -\frac{\pi}{2}$.

Damit ergibt sich für das Integral als Ganzes:

$$\int_{-\infty}^{\infty} \frac{1}{1+z^4}\, dz = \frac{1}{4\sqrt{2}}\left[\left(0 + 2\frac{\pi}{2} + 2\frac{\pi}{2}\right) - \left(0 - 2\frac{\pi}{2} - 2\frac{\pi}{2}\right)\right] = \frac{\pi}{\sqrt{2}}$$

Aufgabe 4.7

Zur Erinnerung: nach Satz 3.2.5 gibt es drei einfache Formeln (eigentlich zwei, da die erste nur ein Spezialfall der zweiten Formel ist):

1. Einfacher Pol von $f(z)$ bei z_0:

$$Res_{z=z_0}\{f(z)\} = (z - z_0) \cdot f(z)\Big|_{z=z_0}$$

2. m-facher Pol von $f(z)$ bei z_0:

$$Res_{z=z_0}\{f(z)\} = \frac{1}{(m-1)!}\left[\frac{d^{(m-1)}}{dz^{(m-1)}}(z - z_0)^m \cdot f(z)\right]_{z=z_0}$$

3. Einfacher Pol z_0 einer echt gebrochenrationalen Funktion $f(z) = \dfrac{g(z)}{h(z)}$

$$Res_{z=z_0}\{f(z)\} = \frac{g(z)}{h'(z)}\Big|_{z=z_0}$$

Damit lassen sich die drei Aufgaben leicht lösen:

(1) $Res_{z_0=j}\left\{\dfrac{1}{1+z^2}\right\} = \dfrac{1}{2z}\Big|_{z=j} = \dfrac{1}{2j} = -\dfrac{j}{2}$ (Formel 3)

Alternativ kann man auch die 1.Formel anwenden:

$$Res_{z_0=j}\left\{\frac{1}{1+z^2}\right\} = (z-j)\cdot\frac{1}{(z-j)(z+j)}\Big|_{z=j} = \frac{1}{2j} = -\frac{j}{2}$$

(2) $Res_{z_0=\alpha}\left\{\dfrac{\sin z}{(z-\alpha)^4}\right\}$ hat einen 4-fachen Pol bei $z = \alpha$. Mit Formel 2 folgt:

$$Res_{z_0=\alpha}\left\{\frac{\sin z}{(z-\alpha)^4}\right\} = \frac{1}{3!}\left[\frac{d^3}{dz^3}(z-\alpha)^4 \cdot \frac{\sin z}{(z-\alpha)^4}\right]_{z=\alpha} = -\frac{1}{3!}\cos(z)\Big|_{z=\alpha} = -\frac{\cos\alpha}{6}$$

(3) $Res_{z_0=0}\left\{\dfrac{\sin z}{z^6}\right\}$ hat einen 6-fachen Pol bei $z = 0$. Formel 2 ergibt:

$$Res_{z_0=0}\left\{\frac{\sin z}{z^6}\right\} = \frac{1}{5!}\left[\frac{d^5}{dz^5}(z)^6 \cdot \frac{\sin z}{(z)^6}\right]_{z=0} = \frac{1}{5!}\cos(z)\Big|_{z=0} = \frac{1}{5!}$$

Aufgabe 4.8

Es ist ein Integral über die gesamte reelle Achse. Die Funktion $f(z) = \dfrac{1}{1 + z^4}$ fällt für $z \to \pm\infty$ mit der 4.Potenz gegen Unendlich ab. Damit kann der Halbkreis über die obere Halbebene als zweiter Weg hinzugefügt werden, ohne den Wert des Integrals zu verändern und es ergibt sich ein Integral mit geschlossenem Weg, so dass der Residuensatz angewendet werden kann.

Die vier Nullstellen des Nenners sind die 4 komplexen Wurzeln aus -1. Da es sich um eine gerade Wurzel eines geraden Polynoms handelt, gelten sowohl eine Symmetrie bzgl. der reellen wie der imaginären Achse. Damit sind mit $z_0 = e^{\frac{\pi j}{4}}$ auch $z_0^*, -z_0, -z_0^*$ Nullstellen des Nenners.

Aber nur zwei davon liegen in der oberen Halbebene (dem vom Weg umschlossenen Gebiet) und müssen deshalb im Residuensatz berücksichtigt werden: z_0 und $-z_0^*$. Damit ergibt sich:

$$\int\limits_{-\infty}^{\infty} \frac{1}{1 + z^4}\, dz = 2\pi j \left(Res_{z_0} \left\{ \frac{1}{1 + z^4} \right\} + Res_{-z_0^*} \left\{ \frac{1}{1 + z^4} \right\} \right)$$

Da es sich um eine gebrochenrationale Funktion handelt, können die Residuen über die Ableitung des Nenners ermittelt werden

$$Res_{z_0} \left\{ \frac{1}{1 + z^4} \right\} = \frac{1}{4z_0^3} = \frac{1}{4e^{\frac{3\pi j}{4}}} \quad \text{und} \quad Res_{-z_0^*} \left\{ \frac{1}{1 + z^4} \right\} = \frac{1}{4(-z_0^*)^3} = \frac{1}{4e^{\frac{9\pi j}{4}}}$$

Damit ergibt sich das Integral zu

$$\int\limits_{-\infty}^{\infty} \frac{1}{1 + z^4}\, dz = \frac{\pi j}{2} \left(e^{\left(\frac{-3\pi j}{4}\right)} + e^{\left(\frac{-\pi j}{4}\right)} \right)$$

Unter Beachtung der Symmetrie der Winkelfunktionen ergeben sich die Zusammenhänge

$$e^{\frac{-3\pi j}{4}} = \cos\left(\frac{-3\pi}{4}\right) + j\sin\left(\frac{-3\pi}{4}\right) = \cos\left(\frac{3\pi}{4}\right) - j\sin\left(\frac{3\pi}{4}\right) = -\frac{\sqrt{2}}{2} - j\frac{\sqrt{2}}{2}$$

$$e^{\frac{-\pi j}{4}} = \cos\left(\frac{-\pi}{4}\right) + j\sin\left(\frac{-\pi}{4}\right) = \cos\left(\frac{\pi}{4}\right) - j\sin\left(\frac{\pi}{4}\right) = \frac{\sqrt{2}}{2} - j\frac{\sqrt{2}}{2}$$

Und damit folgt für den Wert des Integrals

$$\int\limits_{-\infty}^{\infty} \frac{1}{1 + z^4}\, dz = \frac{\pi j}{2} \left(-j\sqrt{2} \right) = \frac{\pi}{\sqrt{2}}$$

Hinweis:

Der Vergleich dieser Rechnung mit der Lösung zu Aufgabe 4.6, wo das gleiche Integral mit Hilfe der Partialbruchzerlegung berechnet wurde, zeigt, dass in diesem Fall der Residuensatz deutlich überlegen ist und mit wesentlich geringerem Aufwand (und damit weniger Gelegenheit für Rechenfehler) schneller zum gleichen Ergebnis führt.

Aufgabe 4.9

In allen drei Fällen ist der Grad des Nennerpolynoms mindestens um 2 größer als der Grad des Zählerpolynoms. Deshalb kann das Integral über die reelle Achse jeweils über einen Halbkreis um die obere komplexe Ebene geschlossen werden, so dass zur Berechnung des Integralwertes jeweils der Residuensatz angewendet werden kann.

Es sind jeweils die Pole in der oberen Halbebene zu bestimmen und zu diesen jeweils die Residuen. Deren Summe (multipliziert mit dem Wert $2\pi\mathrm{j}$) ergibt jeweils den Integralwert, da der Beitrag des hinzugefügten Halbkreises für $z \to \infty$ verschwindet.

$$(1) \quad \int\limits_{-\infty}^{\infty} \frac{x^2 - a^2}{x^4 + 1}\, dx = \oint \frac{x^2 - a^2}{x^4 + 1}\, dx = 2\pi\mathrm{j} \sum_k Res_{z_k}\{f(z)\}$$

Der Integrand hat vier Polstellen: die vier komplexen Wurzeln aus $z = -1 = \mathrm{j}$, von denen zwei in der oberen Halbebene liegen: $z_1 = \mathrm{e}^{\frac{\pi}{4}\mathrm{j}}$ und $z_2 = \mathrm{e}^{\frac{3\pi}{4}\mathrm{j}}$.

Die entsprechenden Residuen lauten:

$$Res_{z=z_1}\left\{\frac{z^2 - a^2}{z^4 + 1}\right\} = \left.\frac{z^2 - a^2}{4z^3}\right|_{z_1 = \mathrm{e}^{\frac{\pi}{4}\mathrm{j}}} = \frac{\mathrm{e}^{\frac{\pi}{2}\mathrm{j}} - a^2}{4\mathrm{e}^{\frac{3\pi}{4}\mathrm{j}}} = \frac{\mathrm{j} - a^2}{4\underbrace{\mathrm{e}^{\pi\mathrm{j}}}_{=-1}}\mathrm{e}^{\frac{\pi}{4}\mathrm{j}} = \frac{a^2 - \mathrm{j}}{4}\mathrm{e}^{\frac{\pi}{4}\mathrm{j}}$$

$$Res_{z=z_2}\left\{\frac{z^2 - a^2}{z^4 + 1}\right\} = \left.\frac{z^2 - a^2}{4z^3}\right|_{z_2 = \mathrm{e}^{\frac{3\pi}{4}}} = \frac{\mathrm{e}^{\frac{3\pi}{2}\mathrm{j}} - a^2}{4\underbrace{\mathrm{e}^{\frac{9\pi}{4}\mathrm{j}}}_{=\mathrm{e}^{\frac{\pi}{4}\mathrm{j}}}} = -\frac{a^2 + \mathrm{j}}{4}\mathrm{e}^{-\frac{\pi}{4}\mathrm{j}}$$

Damit folgt für das Integral

$$\int\limits_{-\infty}^{\infty} \frac{x^2 - a^2}{x^4 + 1}\, dx = 2\pi\mathrm{j}\left(\frac{a^2 - \mathrm{j}}{4}\mathrm{e}^{\frac{\pi}{4}\mathrm{j}} - \frac{a^2 + \mathrm{j}}{4}\mathrm{e}^{-\frac{\pi}{4}\mathrm{j}}\right)$$

Nun gibt es zwei Wege zum Ziel: entweder mit Euler-Formel die komplexe e-Funktion direkt auflösen, oder durch Umsortieren auf sin- und cos-Terme umformen. Zur Übung werden hier beide Wege angegeben:

(a) Mit der Euler-Formel ergibt sich:

$$\int\limits_{-\infty}^{\infty} \frac{x^2 - a^2}{x^4 + 1}\, dx = 2\pi\mathrm{j} \left\{ \frac{a^2 - \mathrm{j}}{4} \cos(\pi/4) - \frac{a^2 + \mathrm{j}}{4} \cos(\pi/4) \right.$$

$$\left. + \mathrm{j}\left(\frac{a^2 - \mathrm{j}}{4} \sin(\pi/4) + \frac{a^2 + \mathrm{j}}{4} \sin(\pi/4) \right) \right\}$$

$$= 2\pi\mathrm{j} \left\{ -\frac{\mathrm{j}}{2} \cos(\pi/4) + \frac{\mathrm{j}a^2}{2} \sin(\pi/4) \right\}$$

$$= \pi \underbrace{\cos(\pi/4)}_{= \frac{1}{\sqrt{2}}} - \pi a^2 \underbrace{\sin(\pi/4)}_{= \frac{1}{\sqrt{2}}}$$

$$= \frac{\pi}{\sqrt{2}}(1 - a^2)$$

(b) Mit den Formel für $\sin(z)$ und $\cos(z)$ ergibt sich:

$$\int\limits_{-\infty}^{\infty} \frac{x^2 - a^2}{x^4 + 1}\, dx = 2\pi\mathrm{j} \left\{ \frac{a^2}{4} \underbrace{\left(\mathrm{e}^{\frac{\pi}{4}\mathrm{j}} - \mathrm{e}^{-\frac{\pi}{4}\mathrm{j}}\right)}_{= 2\mathrm{j}\sin(\pi/4)} - \frac{-\mathrm{j}}{4} \underbrace{\left(\mathrm{e}^{\frac{\pi}{4}\mathrm{j}} + \mathrm{e}^{-\frac{\pi}{4}\mathrm{j}}\right)}_{= 2\cos(\pi/4)} \right\}$$

$$= 2\pi\mathrm{j} \left\{ \frac{a^2}{4} 2\mathrm{j}\sin(\pi/4) - \frac{-\mathrm{j}}{4} 2\cos(\pi/4) \right\}$$

$$= -\pi a^2 \sin(\pi/4) + \pi \cos(\pi/4)$$

$$= \frac{\pi}{\sqrt{2}}(1 - a^2)$$

(2) $\displaystyle\int\limits_{-\infty}^{\infty} \frac{dx}{(x^2 + a^2)(x^2 + b^2)}$. Wegen $a, b > 0$ und der Zerlegung

$$\frac{1}{(z^2 + a^2)(z^2 + b^2)} = \frac{1}{(z + \mathrm{j}a)(z - \mathrm{j}a)(z + \mathrm{j}b)(z - \mathrm{j}b)}$$

gibt es zwei Pole in der oberen Halbebene: $z_1 = \mathrm{j}a$ und $z_2 = \mathrm{j}b$. Zur Anwendung des Residuensatzes werden zunächst die beiden Residuen bestimmt:

(a) $\displaystyle Res_{z=\mathrm{j}a}\{f(z)\} = \left\{ \frac{1}{(z + \mathrm{j}a)(z + \mathrm{j}b)(z - \mathrm{j}b)} \right\}\Bigg|_{z=\mathrm{j}a} = \frac{1}{2a\mathrm{j}(b^2 - a^2)}$

(b) Wegen der Symmetrie zwischen a und b folgt damit:

$$Res_{z=b}\{f(z)\} = \frac{1}{2b\mathrm{j}(a^2 - b^2)}$$

Damit folgt für das Integral:

$$\int_{-\infty}^{\infty} \frac{dx}{(x^2+a^2)(x^2+b^2)} = 2\pi j \left(\frac{1}{2aj(b^2-a^2)} + \frac{1}{2bj(a^2-b^2)} \right)$$

$$= \pi \left(\frac{-b(a^2-b^2)+a(a^2-b^2)}{ab(a^2-b^2)^2} \right)$$

$$= \pi \left(\frac{a-b}{a\,b\,(a^2-b^2)} \right) = \frac{\pi}{a\,b\,(a+b)}$$

(3) $\int_{-\infty}^{\infty} \dfrac{x^2}{(x^2+a^2)^2}\, dx$. Mit $a > 0$ ergibt sich über $\dfrac{z^2}{(z^2+a^2)^2} = \dfrac{z^2}{(z-ja)^2(z+ja)^2}$

ein doppelter Pol in der oberen Halbebene bei $z = ja$ mit dem Residuum:

$$Res_{z=ja} \left\{ \frac{z^2}{(z^2+a^2)^2} \right\} = \frac{d}{dz} \frac{z^2}{(z+ja)^2} \bigg|_{z=ja} = \frac{2z(z+ja)^2 - z^2 2(z+ja)}{(z+ja)^4} \bigg|_{z=ja}$$

$$= \frac{2z(z+ja) - 2z^2}{(z+ja)^3} \bigg|_{z=ja} = \frac{2zaj}{(z+ja)^3} \bigg|_{z=ja} = \frac{1}{4ja}$$

Damit ergibt sich für das Integral:

$$\int_{-\infty}^{\infty} \frac{x^2}{(x^2+a^2)^2}\, dx = \frac{2\pi j}{4ja} = \frac{\pi}{2a}$$

Aufgabe 4.10

$$\int_0^{2\pi} \cos^2(x)\, dx = 2\pi Res_{z=0} \left\{ \frac{(z+z^{-1})^2}{4z} \right\}$$

$$= \frac{\pi}{2} Res_{z=0} \left\{ \frac{z^4 + 2z^2 + 1}{z^3} \right\} = \frac{\pi}{2} \frac{1}{2} \frac{d^2}{dz^2}(z^4 + 2z^2 + 1) \bigg|_{z=0}$$

$$= \frac{\pi}{4}(12z^2 + 4) \bigg|_{z=0} = \pi$$

Damit hat diese kleine "Fingerübung" das erwartete Ergebnis bestätigt.

Aufgabe 4.11

Das Vorgehen ist bei Aufgaben diesen Typs immer ähnlich:

- $\cos(2t)$ ersetzen durch $\cos^2(t) - \sin^2(t)$.
- sin- und cos-Terme durch die Ausdrücke in Eulerformeln ersetzen.
- Substitution im Integral $z := e^{jt}$ und $dt = \frac{1}{jz}\,dz$ und Grenzen von 0 zu 2π wird zum geschlossenen Weg des Einheitskreises $\gamma = \kappa(1;0)$.
- Anwenden des Residuensatzes.

Mit ein wenig Übung setzt man später direkt im Ursprungsintegral für $\cos(t)$ den Ausdruck $\frac{1}{2}(z+z^{-1})$, für $\sin(t)$ den Ausdruck $\frac{1}{2j}(z-z^{-1})$, und für dt den Ausdruck $\frac{1}{jz}\,dz$ ein und ersetzt dabei die Grenzen $(0, 2\pi)$ durch $\kappa(1;0)$.

$$I = \int_0^{2\pi} \frac{\cos(2t)}{\frac{5}{4} - \cos(t)}\,dt = \int_{\kappa(1;0)} \frac{4\left[\frac{1}{4}(z+z^{-1})^2 + \frac{1}{4}(z-z^{-1})^2\right]}{5 - 4 \cdot \frac{1}{2}(z+z^{-1})}\,\frac{1}{jz}\,dz$$

$$= \int_{\kappa(1;0)} \frac{z^2 + 2 + z^{-2} + z^2 - 2 + z^{-2}}{j(5z - 2z^2 - 2)}\,dz$$

$$= 2j \int_{\kappa(1;0)} \frac{z^4 + 1}{2z^4 - 5z^3 + 2z^2}\,dz$$

Bestimmen der Nullstellen des Nenners:

$$2z^4 - 5z^3 + 2z^2 = 2z^2\left(z^2 - \frac{5}{2}z + 1\right) = 2z^2\left(z - \frac{1}{2}\right)(z - 2)$$

$z_1 = 0$ ist doppelte Nullstelle, $z_2 = \frac{1}{2}$ und $z_3 = 2$ sind einfache Nullstellen. Nur z_1 und z_2 liegen innerhalb des Einheitskreises und für das Integral ergibt sich:

$$I = j \cdot 2\pi j \left(Res_{z_1=0}\left\{ \frac{z^4 + 1}{z^2\left(z - \frac{1}{2}\right)(z - 2)} \right\} + Res_{z_2=\frac{1}{2}}\left\{ \frac{z^4 + 1}{z^2\left(z - \frac{1}{2}\right)(z - 2)} \right\} \right)$$

Die Residuen berechnet man am besten einzeln:

$$Res_{z_2=\frac{1}{2}}\left\{ \frac{z^4 + 1}{z^2(z - \frac{1}{2})(z - 2)} \right\} = \frac{z^4 + 1}{z^2(z - 2)}\bigg|_{z_2=\frac{1}{2}} = \frac{\frac{1}{16} + 1}{\frac{1}{4}\left(-\frac{3}{2}\right)} = -\frac{17}{6}$$

$$Res_{z_1=0}\left\{ \frac{z^4 + 1}{z^2\left(z - \frac{1}{2}\right)(z - 2)} \right\} = \lim_{z \to 0}\left(\frac{d}{dz}\frac{z^4 + 1}{\left(z - \frac{1}{2}\right)(z - 2)} \right)$$

$$= \lim_{z \to 0}\left(\frac{d}{dz}\frac{z^4 + 1}{z^2 - \frac{5}{2}z + 1} \right) = \lim_{z \to 0} \frac{4z^3(z^2 - \frac{5}{2}z + 1) - (z^4 + 1)(2z - \frac{5}{2})}{(z^2 - \frac{5}{2}z + 1)^2} = \frac{5}{2}$$

Damit erhalten wir für den Integralwert:

$$I = -2\pi \left(\frac{5}{2} - \frac{17}{6} \right) = \frac{2}{3}\pi \approx 2{,}0944$$

Anmerkung: Die Stammfunktion wäre hier gewesen:

$$F(t) = -\frac{5}{2}x - 2\sin(x) + \frac{17}{3}\arctan\left(3\tan\left(\frac{x}{2} \right) \right) + c$$

Aufgabe 4.12

Vorgehen analog zu Aufgabe 4.11. Hier ist die Fallunterscheidung bei der Größe von p der entscheidende Schritt:

$$I = \int\limits_0^{2\pi} \frac{1}{1 - 2p\cos(t) + p^2}\, dt = \int\limits_{\kappa(1;0)} \frac{1}{1 - 2p\,\frac{1}{2}(z + z^{-1}) + p^2}\frac{1}{\mathrm{j}z}\, dz$$

$$= \mathrm{j} \int\limits_{\kappa(1;0)} \frac{1}{pz^2 - (1 + p^2)z + p}\, dz$$

Nullstellen des Nenners:

$$z^2 - \left(\frac{1 + p^2}{p} \right) z + 1 = 0 \quad \Rightarrow \quad z_{1,2} = \frac{1 + p^2}{2p} \pm \sqrt{\frac{(1 + p^2)^2}{4p^2} - 1} = \frac{1 + p^2}{2p} \pm \frac{p^2 - 1}{2p}$$

Daraus ergibt sich für den Nenner:

$$pz^2 - (1 + p^2)z + p = p(z - p)\left(z - \frac{1}{p} \right)$$

mit den beiden einfachen Polstellen $z_1 = p$ und $z_2 = \frac{1}{p}$.

Je nach Betrag von p liegt entweder z_1 oder z_2 im Einheitskreis und damit ergibt sich für das Integral über den Residuensatz:

$$I = \mathrm{j}\,2\pi\mathrm{j} \begin{cases} \operatorname{Res}_{z_1=p}\left\{ \dfrac{1}{p(z - p)(z - \frac{1}{p})} \right\} = \dfrac{1}{p(z - \frac{1}{p})}\Big|_{z=p} & \text{für } |p| < 1 \\[3ex] \operatorname{Res}_{z_2=\frac{1}{p}}\left\{ \dfrac{1}{p(z - p)(z - \frac{1}{p})} \right\} = \dfrac{1}{p(z - p)}\Big|_{z=\frac{1}{p}} & \text{für } |p| > 1 \end{cases}$$

Und damit lautet das Endergebnis in Abhängigkeit der Größe von p:

$$I = \begin{cases} \dfrac{2\pi}{1 - p^2} & \text{für } |p| < 1 \\[3ex] \dfrac{-2\pi}{1 - p^2} & \text{für } |p| > 1 \end{cases}$$

Aufgabe 4.13

Diese Aufgabe ist einfach und doch auch ein wenig "tricky".

Zunächst wieder Vorgehen wie in den Aufgaben 4.11 und 4.12:

$$I = \int\limits_0^{2\pi} e^{2\cos(x)}\, dx = \int\limits_{\kappa(1;0)} e^{z+z^{-1}} \frac{1}{jz}\, dz = -j \int\limits_{\kappa(1;0)} \frac{1}{z} e^z e^{1/z}\, dz$$

e^z ist holomorph für alle $z \in \mathbb{C}$. Für $e^{1/z}$ und $\frac{1}{z}$ ist $z = 0$ eine wesentliche Singularität und diese liegt im Einheitskreis. Wir brauchen also das Residuum an der Stelle $z = 0$.

Nun erinnern wir uns, dass es für die e-Funktion eine schöne Reihenentwicklung gibt, die absolut konvergent ist. Weiterhin erinnern wir uns, dass das Residuum einer Funktion gleich dem c_{-1}-Koeffizienten der Laurentreihe ist:

$$\frac{1}{z} e^z e^{1/z} = \frac{1}{z} \sum_{k=0}^{\infty} \frac{1}{k!} z^k \cdot \sum_{m=0}^{\infty} \frac{1}{m!} z^{-m} = \sum_{k,m=0}^{\infty} \frac{1}{k!}\frac{1}{m!} z^{k-m-1}$$

Der Term $\dfrac{1}{z-0}$ ist erreicht für $k = m$, also ergibt sich als Koeffizient:

$$c_{-1} = Res_{z=0}\left\{ \frac{1}{z} e^z e^{1/z} \right\} = \sum_{k=0}^{\infty} \frac{1}{(k!)^2}$$

Und damit lautet das Integral:

$$I = -j\, 2\pi j \sum_{k=0}^{\infty} \frac{1}{(k!)^2} = 2\pi \sum_{k=0}^{\infty} \frac{1}{(k!)^2} \approx 14{,}3231$$

Hinweis:
Die Summe konvergiert aufgrund der reziproken Fakultät sehr schnell, wie man sich leicht überzeugen kann. In der folgenden Tabelle sind die ersten Partialsummen S_n dargestellt. Darin wird deutlich mit $n = 4$ erreicht man schon eine Genauigkeit auf die 4. Nachkommastelle:

k	$1/(k!)$	$1/(k!)^2$	S_n
0	1	1	1
1	1	1	2
2	2	0,25	2,25
3	6	0,027777778	2,277777778
4	24	0,001736111	2,279513889
5	120	6,94444E-05	2,279583333
6	720	1,92901E-06	2,279585262
7	5040	3,93676E-08	2,279585302
8	40320	6,15119E-10	2,279585302

Die unendliche Summe ist übrigens die modifizierte Besselfunktion erster Ordnung $I_0(2)$, die u. a. bei Lösungen von speziellen Differentialgleichungen auftritt.

Kapitel 6

Aufgabe 6.1

Die Aufgabenstellung ist sehr ähnlich zu der Rechnung im Abschnitt 6.5.2 mit
dem Unterschied, dass das Signal $f(t)$ nun doppelt so breit und etwas nach links
verschoben ist, während die Filterfunktion $g(t)$ unverändert geblieben ist. Mit den
aktuellen Werten für die Rechtecke ergibt sich:

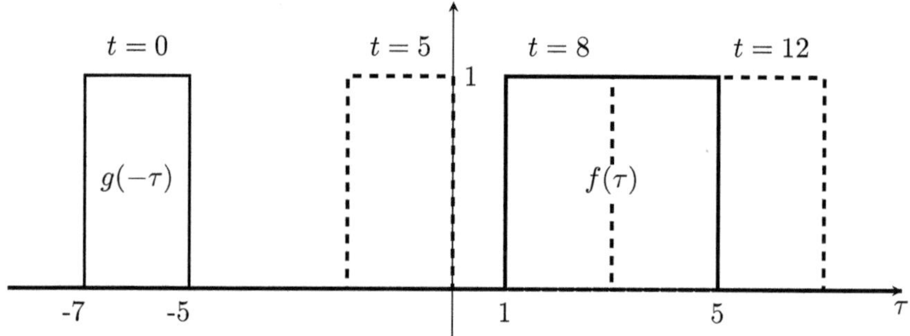

Zu berechnen ist das Ergebnis der Faltung

$$y(t) = f(t) * g(t) = \int\limits_{-\infty}^{\infty} [\sigma(\tau - 1) - \sigma(\tau - 5)] \, [\sigma(-\tau - 5 + t) - \sigma(-\tau - 7 + t)] \, d\tau$$

$$= \int\limits_{-\infty}^{\infty} [\sigma(\tau - 1) - \sigma(\tau - 5)] \, [\sigma(\tau + 7 - t) - \sigma(\tau + 5 - t)] \, d\tau$$

Veranschaulicht man sich wieder die verschiedenen Phasen, in denen sich die Funktion $g(t - \tau)$ mit steigendem t von links nach rechts auf der Zeitachse über die
Funktion $f(\tau)$ schiebt, ergibt sich das Bild auf der nächsten Seite:

Zunächst sind da wieder die beiden ersten Phasen wie in Abschnitt 6.5.2: erst haben
beide Funktionen keinen Überlapp, solange bis die rechte Kante von $g(t - \tau)$ mit
der linken Kante von $f(\tau)$ übereinstimmt. Dann beginnt Phase 2, in welcher der
Überlapp immer größer wird bis die linke Grenze von $g(t-\tau)$ mit der linken Grenze
von $f(\tau)$ übereinstimmt und der Maximalwert erreicht ist.

Da das Signal $f(t)$ in diesem Beispiel aber breiter ist als die Filterfunktion $g(t)$,
bleibt der Maximalwert des Überlapps nun solange erhalten, bis die rechte Kante
von $g(t - \tau)$ mit der rechten Kante von $f(\tau)$ zusammenfällt. Danach wird der
Überlapp wieder kontinuierlich kleiner, bis er schließlich bei Null ankommt und
dort konstant bleibt.

In der Grafik sieht das dann so aus:

$t \in \ldots$	Grafik	Faltungsintegral
$(-\infty; 6]$	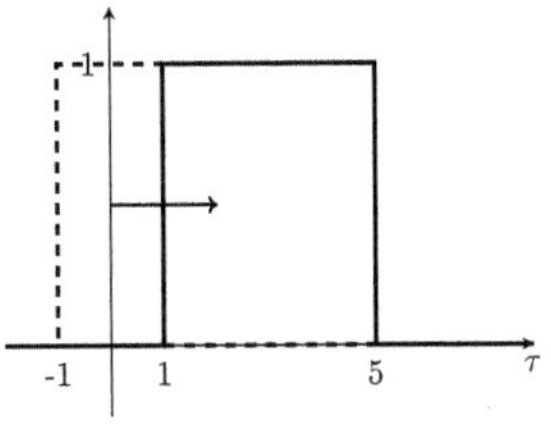	$\displaystyle\int_{-\infty}^{1} 0 \cdot 0 \, d\tau = 0$
$(6; 8]$	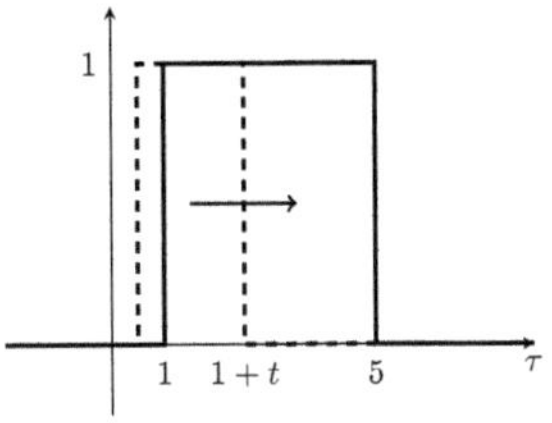	$\displaystyle\int_{1}^{1+t} 1 \cdot 1 \, d\tau = t$
$(8; 10]$	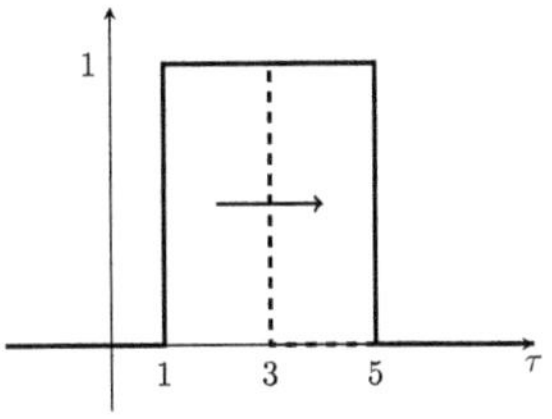	$\displaystyle\int_{1+t}^{3+t} 1 \cdot 1 \, d\tau = 2$
$(10; 12]$	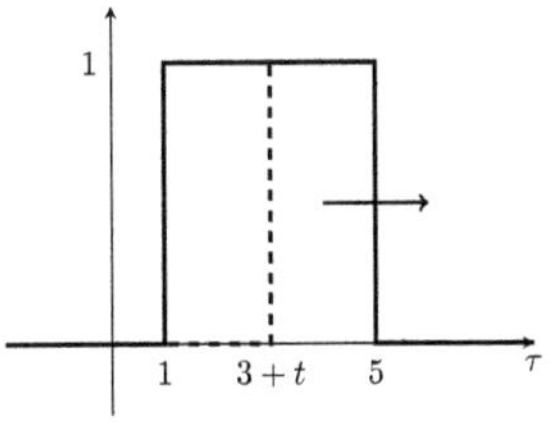	$\displaystyle\int_{3+t}^{5} 1 \cdot 1 \, d\tau = 2 - t$
$(12; \infty)$	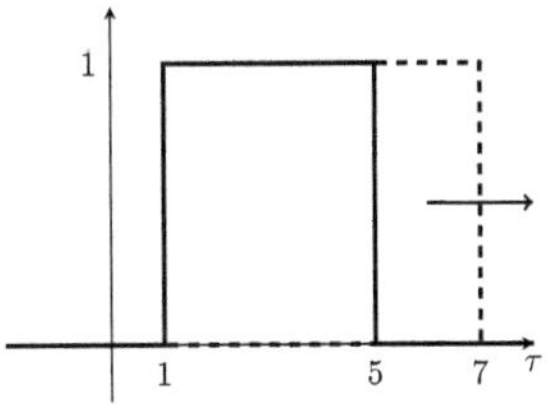	$\displaystyle\int_{5}^{\infty} 0 \cdot 0 \, d\tau = 0$

Daraus lässt sich nun wieder die abschnittsweise Beschreibung der Funktion $y(t)$ ablesen:

$$y(t) = \begin{cases} t - 6 & \text{für } 6 < t \le 8 \\ 2 & \text{für } 8 < t < 10 \\ 12 - t & \text{für } 10 < t \le 12 \\ 0 & \text{sonst} \end{cases}$$

Das Ergebnis zeigt damit eine "stumpfe Pyramide", also ein Dreieck mit Plateau in dem Bereich, für den sich die Funktion $g(\tau)$ vollständig über der Funktion $f(\tau)$ befindet:

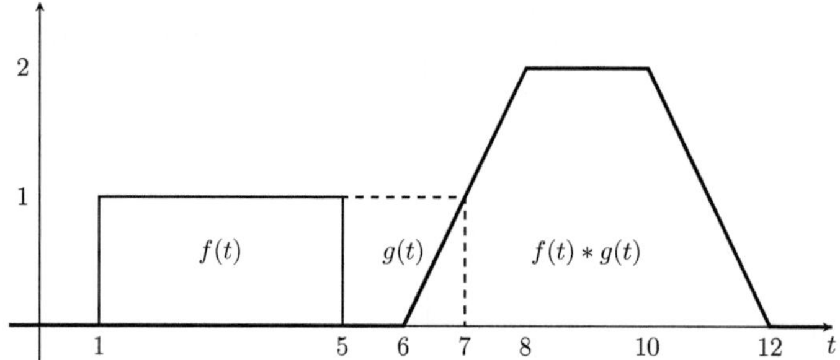

Die gleiche Lösung erhalten wir wiederum auch auf rein analytischen Weg durch Berechnung der Integrale: Das Faltungsintegral liest sich nach Spiegelung der Funktion $g(\tau)$ an der y-Achse und Verschiebung um t

$$y(t) = \int\limits_{-\infty}^{\infty} \left[\sigma(\tau - 1) - \sigma(\tau - 5)\right] \left[\sigma(\tau + 7 - t) - \sigma(\tau + 5 - t)\right] d\tau$$

$$= \int\limits_{-\infty}^{\infty} \sigma(\tau - 1)\,\sigma(\tau + 7 - t)\,d\tau - \int\limits_{-\infty}^{\infty} \sigma(\tau - 1)\,\sigma(\tau + 5 - t)\,d\tau$$

$$- \int\limits_{-\infty}^{\infty} \sigma(\tau - 5)\,\sigma(\tau + 7 - t)\,d\tau + \int\limits_{-\infty}^{\infty} \sigma(\tau - 5)\,\sigma(\tau + 5 - t)\,d\tau$$

Betrachten wir nun wieder die vier Integrale und die darin geltenden Verhältnisse:

	Produkt	Vergleich	Ergebnis nach Gl. (6.2)
(1)	$\sigma(\tau - 1)\,\sigma(\tau + 7 - t)$	$1 < t - 7$	$= \begin{cases} t \le 8 : & \sigma(\tau - 1) \\ 8 < t : & \sigma(\tau + 7 - t) \end{cases}$
(2)	$-\sigma(\tau - 1)\,\sigma(\tau + 5 - t)$	$1 < t - 5$	$= \begin{cases} t \le 6 : & -\sigma(\tau - 1) \\ 6 < t : & -\sigma(\tau + 5 - t) \end{cases}$
(3)	$-\sigma(\tau - 5)\,\sigma(\tau + 7 - t)$	$5 < t - 7$	$= \begin{cases} t \le 12 : & -\sigma(\tau - 5) \\ 12 < t : & -\sigma(\tau + 7 - t) \end{cases}$
(4)	$\sigma(\tau - 5)\,\sigma(\tau + 5 - t)$	$5 < t - 5$	$= \begin{cases} t \le 10 : & \sigma(\tau - 5) \\ 10 < t : & \sigma(\tau + 5 - t) \end{cases}$

Tragen wir nun die Ergebnisse für die unterschiedlichen Intervalle vom Parameter t über der Zeitachse auf:

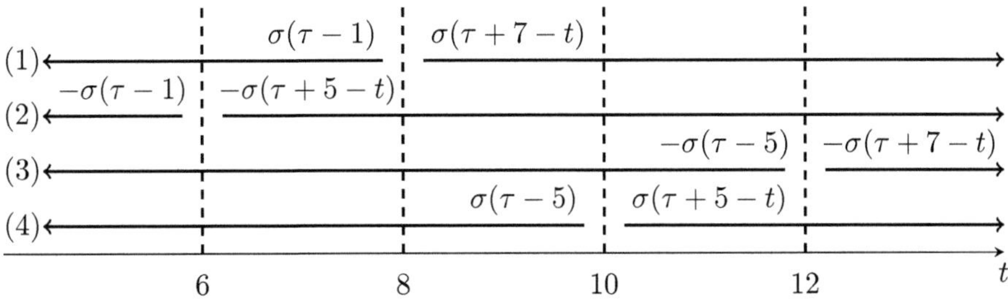

Für die beiden Intervalle $(-\infty; 6]$ und $[12; \infty)$ heben sich die Beiträge der unterschiedlichen Sprungfunktionen wieder auf, so dass das Faltungsintegral in diesen Bereichen stets Null ergibt. Bleiben die drei anderen Intervalle:

Intervall $(6; 8]$ mit $\sigma(\tau - 1) - \sigma(\tau + 5 - t)$

$$\sigma(\tau - 1) \le \sigma(\tau + 5 - t) = \begin{cases} \sigma(\tau - 1) & \text{für } t = 6 \\ \sigma(\tau - 3) & \text{für } t = 8 \end{cases}$$

Das Ergebnis ist eine Rechteckfunktion, deren Breite mit t von 0 auf 2 anwächst. Damit ergibt sich für $t \in (6; 8]$:

$$\int\limits_{2}^{2+t} 1\, d\tau = t$$

Intervall $(8; 10]$ mit $\sigma(\tau + 7 - t) - \sigma(\tau + 5 - t)$

$$\sigma(\tau+7-t) = \begin{cases} \sigma(\tau - 1) & \text{für } t = 8 \\ \sigma(\tau - 3) & \text{für } t = 10 \end{cases} \quad \text{und} \quad \sigma(\tau+5-t) = \begin{cases} \sigma(\tau - 3) & \text{für } t = 8 \\ \sigma(\tau - 5) & \text{für } t = 10 \end{cases}$$

Da sich hier beide Grenzen gleichmässig mit t verschieben, liegt zu jeden Zeitpunkt ein Rechteck der Höhe 1 mit der Breite 2 vor und das Integral ergibt immer den Wert 2.

Verbleibt das letzte Intervall $(10; 12]$ mit $\sigma(\tau + 7 - t) - \sigma(\tau - 5)$

$$\sigma(\tau - 5) \ge \sigma(\tau + 7 - t) = \begin{cases} \sigma(\tau - 3) & \text{für } t = 10 \\ \sigma(\tau - 5) & \text{für } t = 12 \end{cases}$$

Hier wächst nun die linke Grenze von 3 bis 5 mit t und es ergibt sich:

$$\int\limits_{3+t}^{5} 1\, d\tau = 2 - t$$

Das Gesamtergebnis ist wieder die stumpfe Pyramide aus der grafischen Betrachtung.

Aufgabe 6.2

Zunächst werden zwei Sprungfunktionen miteinander gefaltet:

$$\sigma(t) * \sigma(t) = \int_{-\infty}^{\infty} \sigma(t-\tau)\,\sigma(\tau)\,d\tau = \int_{0}^{t} \sigma(t-\tau)\,\sigma(\tau)\,d\tau = \int_{0}^{t} \sigma(t-\tau)\,d\tau = \int_{0}^{t} 1\,d\tau = t$$

Aus $\sigma(t) = 1$ für $t \geq 0$ ergibt sich die untere Integralgrenze und $\sigma(t-\tau) = 0$ für $\tau > t$ begrenzt das Integral nach oben. Die restliche Rechnung ergibt sich trivial. Für die nächste Faltung ergibt sich in gleicher Weise:

$$\sigma(t) * \sigma(t) * \sigma(t) = t * \sigma(t) = \int_{-\infty}^{\infty} \tau\,\sigma(t-\tau)\,d\tau = \int_{0}^{t} \tau\,d\tau = \frac{1}{2}\,t^2$$

Durch fortgesetzte Rechnung ergibt sich damit die sogenannte $(n+1)$-*fache Faltungspotenz von* $\sigma(t)$, also die Faltung von $(n+1)$ Einheitssprungfunktionen miteinander, zu $\dfrac{t^n}{n!}$.

Aufgabe 6.3

Der auf 1 normierte Rechteckimpuls, der symmetrisch um die y-Achse liegt, hat die Form

$$f(t) = \frac{1}{T_1}\text{rect}\left(\frac{t}{T_1}\right) = \frac{1}{T_1}\left(\sigma\left(t + \frac{T_1}{2}\right) - \sigma\left(t - \frac{T_1}{2}\right)\right)$$

Für das Faltungsintegral ergibt sich damit:

$$y(t) := f(t) * h(t) = \int_{-\infty}^{\infty} \frac{1}{T_1}\text{rect}\left(\frac{\tau}{T_1}\right) \frac{1}{T_2} e^{-\frac{t-\tau}{T_2}}\,d\tau$$

Ausmultipliziert ergibt sich daraus:

$$T_1 T_2\, y(t) = \int_{-\infty}^{\infty} \sigma\left(t + \frac{T_1}{2}\right) e^{-\frac{t-\tau}{T_2}}\,d\tau - \int_{-\infty}^{\infty} \sigma\left(t - \frac{T_1}{2}\right) e^{-\frac{t-\tau}{T_2}}\,d\tau$$

Die unteren Integralgrenzen werden durch die Sigma-Funktionen bestimmt und mit $e^{-(t-\tau)/T_2} = e^{-t/T_2} \cdot e^{\tau/T_2}$ folgt:

$$T_1 T_2\, y(t)\, e^{t/T_2} = \int_{-\frac{T_1}{2}}^{t} e^{\tau/T_2}\,d\tau - \int_{\frac{T_1}{2}}^{t} e^{\tau/T_2}\,d\tau$$

Für $t < -\frac{T_1}{2}$ sind beide Integrale Null und es gilt $T_1 T_2\, y(t)\, \mathrm{e}^{t/T_2} = 0$.

Für $-\frac{T_1}{2} \le t \le \frac{T_1}{2}$ ist das erste Integral ungleich Null, während das zweite Integral weiterhin Null ergibt und es folgt:

$$T_1\, y(t)\, \mathrm{e}^{t/T_2} = \mathrm{e}^{\tau/T_2}\Big|_{-T_1/2}^{t} = \mathrm{e}^{t/T_2} - \mathrm{e}^{-T_1/2T_2}$$

Für $\frac{T_1}{2} < t$

$$T_1\, y(t)\, \mathrm{e}^{t/T_2} = \mathrm{e}^{\tau/T_2}\Big|_{-T_1/2}^{t} - \mathrm{e}^{\tau/T_2}\Big|_{T_1/2}^{t} = \mathrm{e}^{T_1/2T_2} - \mathrm{e}^{-T_1/2T_2}$$

Damit ergibt sich für die drei unterschiedlichen Zeitbereiche:

$$y(t) = \begin{cases} 0 & \text{für } t < -\frac{T_1}{2} \\[2mm] \dfrac{1}{T_1}\left(1 - \mathrm{e}^{-(2t+T_1)/(2T_2)}\right) & \text{für } -\frac{T_1}{2} \le t \le \frac{T_1}{2} \\[2mm] \dfrac{1}{T_1}\left(\mathrm{e}^{T_1/(2T_2)} - \mathrm{e}^{-T_1/(2T_2)}\right)\mathrm{e}^{-t/T_2} & \text{für } \frac{T_1}{2} < t \end{cases}$$

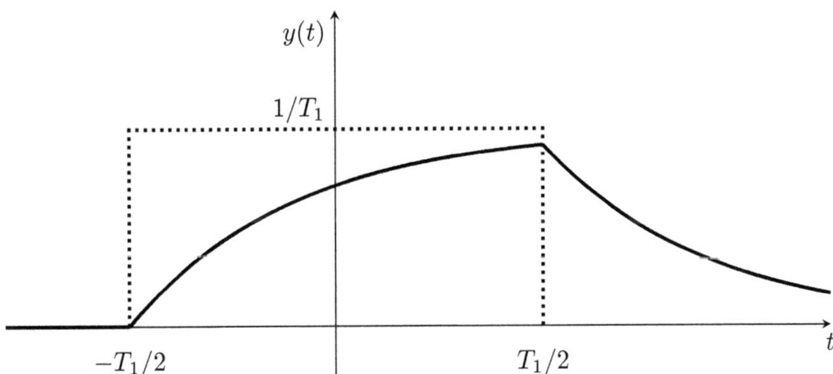

Die grafische Darstellung macht deutlich, dass das Ausgangssignal $y(t)$ im Bereich des Rechteckimpulses einer Sättigungskurve und im weiteren Verlauf einer exponentiell fallenden e-Funktion entspricht.

Aufgabe 6.4

Mit Hilfe der Merkregel von Seite 116 können die Abschnitte leicht bestimmt werden:

- Die beiden Rechtecke haben eine unterschiedliche Breite. Folglich ergibt sich eine stumpfe Pyramide.
- Die relevanten Punkte auf der Zeitachse sind: $t_1 = 0, t_2 = 2, t_3 = 4$ und $t_4 = 6$
- Der Anstieg bzw. Abfall der linearen Abschnitte erfolgt mit der Steigung $\pm 2 \cdot 3 = \pm 6$.
- Das Plateau hat die Breite $B = 4 - 2 = 2$.

Damit ergibt sich die folgende Abbildung:

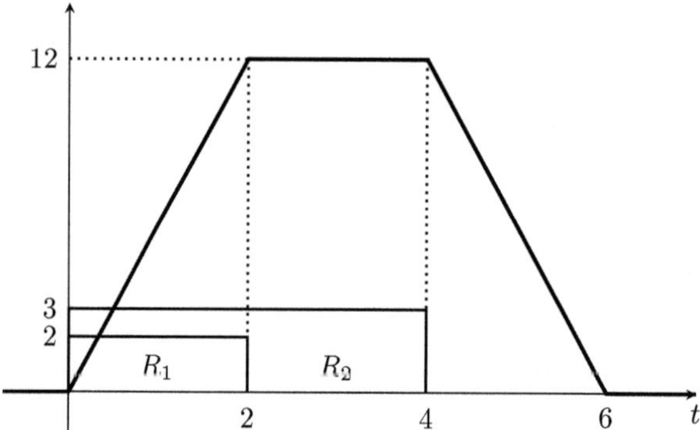

Mit den Werten für $h_1 = 2, h_2 = 3$ und den Werten für t_1 bis t_4 kann man den analytischen Ausdruck nach der Merkregel auf Seite 117 direkt hinschreiben:

$$R_1(t) * R_2(t) = 6\left[t\,\sigma(t) - (t-2)\,\sigma(t-2) - (t-4)\,\sigma(t-4) + (t-6)\,\sigma(t-6)\right]$$

Kapitel 8

Aufgabe 8.1

Zunächst machen wir uns nochmals mit der Definition 5.3.1 der Rechteckfunktion und ihrer Notation vertraut:

$$\text{rect}\,(t) = \text{rect}\,\left(\frac{t}{2\frac{1}{2}}\right) = \text{rect}\,_1(t) = \sigma\left(t + \frac{1}{2}\right) - \sigma\left(t - \frac{1}{2}\right)$$

ist ein um die y-Achse symmetrisches Rechteck der Breite 1 und der Höhe 1. Dieses ist hier nun um $t_0 = \frac{1}{2}$ nach rechts verschoben, liegt also auf der t-Achse im Bereich von 0 bis 1. Wie so oft, gibt es auch hier wieder verschiedene Wege zum Ergebnis:

Weg 1: direktes Ausrechnen

Wir kennen die Korrespondenz der unverschobenen Rechteckfunktion

$$\text{rect}\,_{2T}(1) \circ\!\!-\!\!\bullet\, 2\,T\,\text{si}\,(\omega T)$$

Mit $T = \frac{1}{2}$ und dem Verschiebungssatz ergibt sich daraus

$$\text{rect}\,\left(t - \frac{1}{2}\right) \circ\!\!-\!\!\bullet\, \mathrm{e}^{-\mathrm{j}\frac{\omega}{2}}\,\text{si}\,\left(\frac{\omega}{2}\right)$$

Damit wäre der erste Teil der Spektralfunktion bestimmt. Der zweite Teil $f_1(-t)$ kann mit dem Satz zur Zeitumkehr (siehe Aufgabe 8.3.4) leicht gelöst werden:

$$f(t)\circ\!\!-\!\!\bullet F(\omega) \;\Rightarrow\; f(-t)\circ\!\!-\!\!\bullet F(-\omega) \quad \text{ergibt hier} \quad f_1(-t)\circ\!\!-\!\!\bullet\mathrm{e}^{\mathrm{j}\frac{\omega}{2}}\,\text{si}\,\left(\frac{\omega}{2}\right)$$

dabei wurde die gerade Symmetrie des Kardinalsinus ausgenutzt: $\text{si}\,\left(-\frac{\omega}{2}\right) = \text{si}\,\left(\frac{\omega}{2}\right)$. Jetzt müssen die beiden Teile gemäß Additionssatz nur noch zusammengefügt werden:

$$\begin{aligned}
\mathcal{F}\{f_1(t) + f_1(-t)\} &= \mathrm{e}^{-\mathrm{j}\frac{\omega}{2}}\,\text{si}\,\left(\frac{\omega}{2}\right) + \mathrm{e}^{\mathrm{j}\frac{\omega}{2}}\,\text{si}\,\left(\frac{\omega}{2}\right) \\
&= \text{si}\,\left(\frac{\omega}{2}\right)\,\underbrace{(\mathrm{e}^{\mathrm{j}\frac{\omega}{2}} + \mathrm{e}^{-\mathrm{j}\frac{\omega}{2}})}_{2\cos(\frac{\omega}{2})} = 2\,\text{si}\,\left(\frac{\omega}{2}\right)\,\cos\left(\frac{\omega}{2}\right) \\
&= 2\,\frac{\sin(\frac{\omega}{2})\cos\left(\frac{\omega}{2}\right)}{\frac{\omega}{2}} = \frac{4}{\omega}\frac{1}{2}\sin(\omega) = 2\,\text{si}\,(\omega)
\end{aligned}$$

Weg 2: Signal aufbereiten ("Nachdenken")

Nachdem man sich die Zeitverschiebung klar gemacht hat, geht man einen Schritt weiter und schaut sich an, was die Zeitumkehr hier bedeutet. Sie entspricht ja einer Spiegelung der y-Achse. Spiegelt man also das Rechteck aus dem Bereich $t \in [0;1]$, erhält man ein zweites Rechteck im Bereit $t \in [-1;0]$ und die Addition der beiden liefert ein Rechteck im Bereich $t \in [-1;1]$.

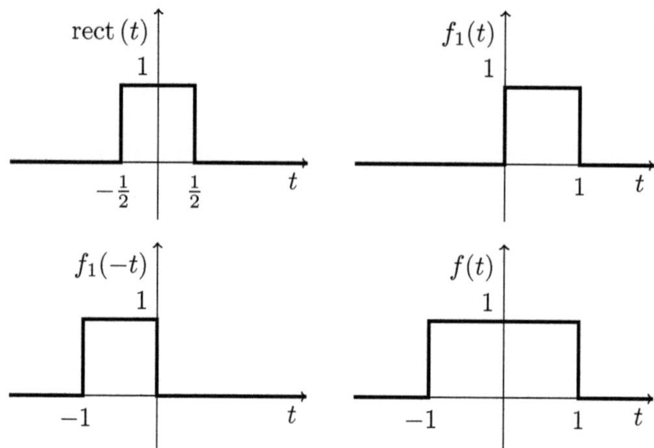

Und dies ist genau die "Standard"-Rechteckfunktion aus der Korrespondenztabelle. Damit liest man ab:

$$f(t) = \text{rect}\left(t - \frac{1}{2}\right) + \text{rect}\left(-t + \frac{1}{2}\right) \circ\!\!-\!\!\bullet\ 2\,\text{si}\,(\omega)$$

Der zweite Weg führt hier offenbar deutlich schneller zum Ziel und ist weniger anfällig für Rechenfehler. Er macht auch deutlich, dass es oft eine gute Idee ist, sich das Signal und den Kurvenverlauf zu Beginn der Auswertung genauer anzuschauen und daraus ggf. einen vereinfachten, alternativen Weg zum Ergebnis abzuleiten. So kann oft eine aufwendige und zeitraubende Rechnung verkürzt oder ganz vermieden werden.

Aufgabe 8.2

Wir schreiben uns zunächst die abschnittsweise Definition der Funktion auf:

$$f(t) = \begin{cases} t + 1 =: f_1(t) & \text{für } -1 \leq t \leq 0 \\ t - 1 =: f_2(t) & \text{für } 0 < t \leq 1 \\ 0 & \text{sonst} \end{cases}$$

Damit wird deutlich, dass wir zwei Integrale zu lösen haben:

$$\mathcal{F}\{f(t)\} = \int\limits_{-1}^{0} (t + 1)\,e^{-j\omega t}\,dt + \int\limits_{0}^{1} (t - 1)\,e^{-j\omega t}\,dt$$

Beide Integrale zerfallen ihrerseits wiederum in zwei Integrale, von denen eines trivial ist und das andere mit partieller Integration gelöst werden muss.

"Ein wenig leichter" können wir es uns aber machen, wenn wir das Signal etwas anders modellieren und den Satz zur Zeitumkehr nutzen, denn es gilt $f_1(t) =$

$-f_2(-t)$ und damit folgt

$$\mathcal{F}\{f(t) = f_1(t) + f_2(t)\} = \mathcal{F}\{-f_2(-t) + f_2(t)\} = -F_2(-\omega) + F_2(\omega)$$

Wir berechnen nun $F_2(\omega)$:

$$\mathcal{F}\{f_2(t) = t - 1\} = \int\limits_0^1 (t-1)\,\mathrm{e}^{-\mathrm{j}\omega t}\,dt = \underbrace{\int\limits_0^1 t\,\mathrm{e}^{-\mathrm{j}\omega t}\,dt}_{=:I_1} - \underbrace{\int\limits_0^1 \mathrm{e}^{-\mathrm{j}\omega t}\,dt}_{=:I_2}$$

Das eine Integral lässt sich elementar lösen:

$$I_2 = \int\limits_0^1 \mathrm{e}^{-\mathrm{j}\omega t}\,dt = -\frac{1}{\mathrm{j}\omega}\,\mathrm{e}^{-\mathrm{j}\omega t}\Big|_0^1 = -\frac{1}{\mathrm{j}\omega}\,\mathrm{e}^{-\mathrm{j}\omega} + \frac{1}{\mathrm{j}\omega} = \frac{1}{\mathrm{j}\omega}\left(1 - \mathrm{e}^{-\mathrm{j}\omega}\right)$$

Das zweite Integral lösen wir mit partieller Integration:

$$I_1 = \int\limits_0^1 t\,\mathrm{e}^{-\mathrm{j}\omega t}\,dt = t\,\frac{-1}{\mathrm{j}\omega}\mathrm{e}^{-\mathrm{j}\omega t}\Big|_0^1 - \int\limits_0^1 \frac{-1}{\mathrm{j}\omega}\mathrm{e}^{-\mathrm{j}\omega t}\,dt$$

$$= -\frac{1}{\mathrm{j}\omega}\mathrm{e}^{-\mathrm{j}\omega} + \frac{1}{\mathrm{j}\omega}\left(-\frac{1}{\mathrm{j}\omega}\right)\mathrm{e}^{-\mathrm{j}\omega t}\Big|_0^1 = -\frac{1}{\mathrm{j}\omega}\mathrm{e}^{-\mathrm{j}\omega} - \frac{1}{(\mathrm{j}\omega)^2}\cdot\left(\mathrm{e}^{-\mathrm{j}\omega} - 1\right)$$

$$= \frac{1}{(\mathrm{j}\omega)^2} - \frac{1}{\mathrm{j}\omega}\mathrm{e}^{-\mathrm{j}\omega} - \frac{1}{(\mathrm{j}\omega)^2}\mathrm{e}^{-\mathrm{j}\omega}$$

Damit ergibt sich für die Gesamtlösung des Integrals:

$$F_2(\omega) = I_1 + I_2 = \frac{1}{(\mathrm{j}\omega)^2} - \frac{1}{\mathrm{j}\omega}\mathrm{e}^{-\mathrm{j}\omega} - \frac{1}{(\mathrm{j}\omega)^2}\mathrm{e}^{-\mathrm{j}\omega} - \frac{1}{\mathrm{j}\omega}\left(1 - \mathrm{e}^{-\mathrm{j}\omega}\right)$$

$$= -\frac{1}{\omega^2} - \frac{1}{\mathrm{j}\omega} + \frac{1}{\omega^2}\mathrm{e}^{-\mathrm{j}\omega}$$

Und damit folgt für die Gesamtlösung:

$$F(\omega) = -F_2(-\omega) + F_2(\omega) = -\left(-\frac{1}{\omega^2} + \frac{1}{\mathrm{j}\omega} + \frac{1}{\omega^2}\mathrm{e}^{\mathrm{j}\omega}\right) + \left(-\frac{1}{\omega^2} - \frac{1}{\mathrm{j}\omega} + \frac{1}{\omega^2}\mathrm{e}^{-\mathrm{j}\omega}\right)$$

$$= -\frac{2}{\mathrm{j}\omega} - \frac{1}{\omega^2}\left(\mathrm{e}^{\mathrm{j}\omega} - \mathrm{e}^{-\mathrm{j}\omega}\right) = \frac{2\mathrm{j}}{\omega}\left(1 - \frac{1}{\omega}\sin(\omega)\right) = \frac{2\mathrm{j}}{\omega}(1 - \mathrm{si}\,(\omega))$$

Aufgabe 8.3

Es gibt zwei Wege zur Berechnung der Fouriertransformierten der Tri-Funktion,
die zum Vergleich beide gezeigt werden...

<u>Weg 1</u>: "einfach durchrechnen"
Zu berechnen ist das Integral

$$I = \int\limits_{-T}^{T} \mathrm{e}^{-\mathrm{j}\omega t}\, dt + \int\limits_{-T}^{0} \frac{t}{T}\mathrm{e}^{-\mathrm{j}\omega t}\, dt - \int\limits_{0}^{T} \frac{t}{T}\mathrm{e}^{-\mathrm{j}\omega t}\, dt$$

Durch partielle Integration (oder eine Formelsammlung) erhält man:

$$\int\limits_{a}^{b} \frac{t}{T}\mathrm{e}^{-\mathrm{j}\omega t}\, dt = -\left.\frac{t}{\mathrm{j}\omega T}\mathrm{e}^{-\mathrm{j}\omega t}\right|_{a}^{b} + \frac{1}{\mathrm{j}\omega T}\int\limits_{a}^{b} \mathrm{e}^{-\mathrm{j}\omega t}\, dt = \left.\left(\frac{\mathrm{j}t}{T\omega} + \frac{1}{T\omega^2}\right)\mathrm{e}^{-\mathrm{j}\omega t}\right|_{a}^{b}$$

Die einzelnen Integralanteile sind:

$$\int\limits_{-T}^{T} \mathrm{e}^{-\mathrm{j}\omega t}\, dt = \left.\frac{\mathrm{j}}{\omega}\mathrm{e}^{-\mathrm{j}\omega t}\right|_{-T}^{T} = -\frac{\mathrm{j}}{\omega}\left(\mathrm{e}^{\mathrm{j}\omega T} - \mathrm{e}^{-\mathrm{j}\omega T}\right) = \frac{2}{\omega}\sin(\omega T)$$

$$\int\limits_{-T}^{0} \frac{t}{T}\mathrm{e}^{-\mathrm{j}\omega t}\, dt = \frac{1}{T\omega^2} - \left(\frac{-\mathrm{j}T}{T\omega} + \frac{1}{T\omega^2}\right)\mathrm{e}^{\mathrm{j}\omega T}$$

$$\int\limits_{0}^{T} \frac{t}{T}\mathrm{e}^{-\mathrm{j}\omega t}\, dt = \left(\frac{\mathrm{j}T}{T\omega} + \frac{1}{T\omega^2}\right)\mathrm{e}^{-\mathrm{j}\omega T} - \frac{1}{T\omega^2}$$

Zusammengefaßt ergibt sich

$$I = \frac{2}{\omega}\sin(\omega T) + \frac{1}{T\omega^2} - \left(\frac{-\mathrm{j}T}{T\omega} + \frac{1}{T\omega^2}\right)\mathrm{e}^{\mathrm{j}\omega T} - \left(\frac{\mathrm{j}T}{T\omega} + \frac{1}{T\omega^2}\right)\mathrm{e}^{-\mathrm{j}\omega T} + \frac{1}{T\omega^2}$$

$$= \frac{2}{\omega}\sin(\omega T) + \underbrace{\frac{\mathrm{j}}{\omega}\underbrace{\left(\mathrm{e}^{\mathrm{j}\omega T} - \mathrm{e}^{-\mathrm{j}\omega T}\right)}_{=2\mathrm{j}\sin(\omega T)}}_{=0} + \frac{1}{T\omega^2}\left(2 - \underbrace{\left(\mathrm{e}^{\mathrm{j}\omega T} + \mathrm{e}^{-\mathrm{j}\omega T}\right)}_{=2\cos(\omega T)}\right)$$

$$= \frac{2}{T\omega^2}\underbrace{\left(1 - \cos(\omega T)\right)}_{2\sin^2\left(\frac{\omega T}{2}\right)} = T\left(\frac{2}{T\omega}\right)^2\sin^2\left(\frac{\omega T}{2}\right) = T\,\mathrm{si}^2\left(\frac{\omega T}{2}\right)$$

Weg 2: "Ausnutzen der Symmetrie-Eigenschaften"
Die Tri-Funktion ist eine reelle, gerade Funktion. Damit ist auch ihre Spektralfunktion rein reell und gerade (siehe Kapitel 7 und Tabelle B.6 im Anhang) und kann direkt aus dem Integral der Kosinus-Transformierten bestimmt werden:

$$F(\omega) = 2 \int_0^T \left(1 - \frac{t}{T}\right) \cos(\omega\,t)\,dt$$

$$= \frac{2}{\omega} \sin(\omega\,t)\Big|_0^T - \frac{2}{T} \int_0^T t\,\cos(\omega\,t)\,dt \quad , \text{ mit z.\,B. } \#232 \text{ aus [Pap17] folgt}$$

$$= \frac{2}{\omega} \sin(\omega\,T) - \frac{2}{T} \left[\frac{\omega t \sin(\omega\,t) + \cos(\omega\,t)}{\omega^2}\right]_0^T$$

$$= \frac{2}{\omega} \sin(\omega\,t) - \frac{2}{T\omega^2} \left(\omega\,T \sin(\omega\,T) + \cos(\omega\,T) - 1\right)$$

$$= \frac{2}{T\omega^2} \left(1 - \cos(\omega\,T)\right) \quad , \text{ mit } 1 - \cos(x) = 2\sin^2\left(\frac{x}{2}\right) \text{ folgt}$$

$$= \frac{4}{T\omega^2} \sin^2\left(\frac{\omega\,T}{2}\right) = T\,\text{si}^2\left(\frac{\omega\,T}{2}\right)$$

Es wird deutlich, wie hilfreich es ist, Symmetrien zu beachten, um den Rechenaufwand zu verringern.

Es soll noch darauf hingewiesen werden, dass es noch einen ganz anderen Ansatz zur Lösung der Aufgabe gibt: den Weg über die Faltung.

Die Tri-Funktion geht aus der Faltung der Rechteckfunktion mit sich selbst (der sogenannten **Autokorrelation** der Rechteckfunktion) hervor:

$$T \cdot \Lambda\left(\frac{|t|}{T}\right) = \text{rect}\left(\frac{|t|}{T}\right) * \text{rect}\left(\frac{|t|}{T}\right)$$

Wichtig ist es, dabei die Definition der rect- und der Λ-Funktion mit deren Normierung zu beachten (siehe Kap. 5.3).

Für die Fouriertransformierte einer Faltung gilt:

$$\mathcal{F}(g * h) = \mathcal{F}(g) \cdot \mathcal{F}(h)$$

Mit der Korrespondenz $\text{rect}\left(\dfrac{|t|}{T}\right) \circ\!\!-\!\!\bullet\; T\,\text{si}\left(\dfrac{\omega T}{2}\right)$ folgt (unter Beachtung der Normierung der Λ-Funktion) damit das gesuchte Ergebnis:

$$\Lambda\left(\frac{|t|}{T}\right) \circ\!\!-\!\!\bullet\; T\,\text{si}^2\left(\frac{\omega T}{2}\right)$$

In der Darstellung $F(\omega) = \dfrac{4}{T\omega^2} \sin^2\left(\frac{\omega T}{2}\right)$ erkennt man: ähnlich wie bei der Rechteckfunktion bestimmt die Breite der Basis der Dreiecksfunktion die Amplitude und die Frequenz der Schwingung: je breiter die Dreiecksfunktion, desto niedriger die Amplitude[2] und desto schneller schwingt sie.

Die folgende grafische Darstellung stellt den Zusammenhang dar:

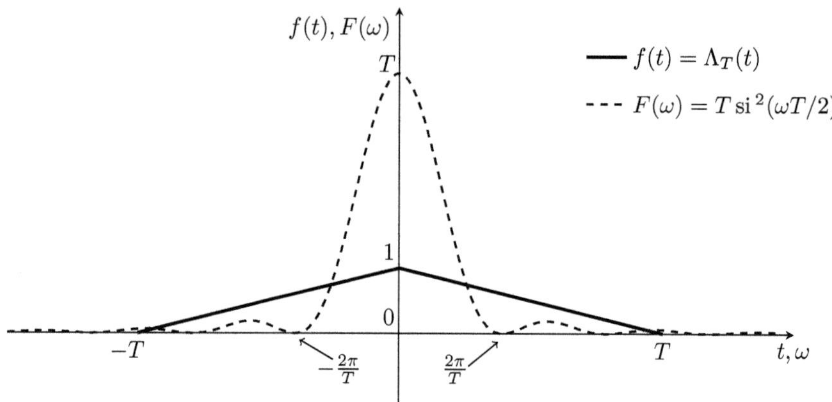

Aufgabe 8.4

Wir rechnen die Spektralfunktion zunächst einfach aus:

$$\mathcal{F}\{e^{-at^2}\} = F(\omega) = \int_{-\infty}^{\infty} e^{-at^2}\, e^{-\mathrm{j}\omega}\, dt = \int_{-\infty}^{\infty} e^{-(at^2 + \mathrm{j}\omega)}\, dt$$

Nun kommt eine Umformung, auf die man selbst nicht so einfach kommt:

$$at^2 + \mathrm{j}\,\omega t =: p^2 + 2pq + q^2 - q^2 \quad \Rightarrow \quad p = t\sqrt{a}\;,\; q = \frac{\mathrm{j}\,\omega t}{2t\sqrt{a}} = \frac{\mathrm{j}\,\omega}{2\sqrt{a}}\;,\; q^2 = -\frac{\omega^2}{4a}$$

Daraus ergibt sich

$$at^2 + \mathrm{j}\,\omega t = \left(t\sqrt{a} + \frac{\mathrm{j}\,\omega}{2\sqrt{a}}\right)^2 + \frac{\omega^2}{4a}$$

und die Spektralfunktion lautet damit

$$F(\omega) = \int_{-\infty}^{\infty} \exp\left(-\left[t\sqrt{a} + \frac{\mathrm{j}\,\omega}{2\sqrt{a}}\right]^2 - \frac{\omega^2}{4a}\right) dt$$

---

[2]hier muss man aufpassen: der Wert für $F(\omega = 0) = T$ steigt mit der Breite des Dreiecks, aber die restlichen Amplituden werden geringer. Denken Sie daran, dass der Wert für $\omega \to 0$ mit der Regel l'Hospital bestimmt werden muss, die in diesem Fall dazu doppelt angewendet wird.

Mit der Substitution

$$t\sqrt{a} + \frac{j\,\omega}{2\sqrt{a}} =: \alpha \quad \Rightarrow \quad d\alpha = \sqrt{a}\,dt \quad \text{und} \quad t \to \pm\infty \ \Rightarrow \ \alpha \to \pm\infty$$

ergibt sich

$$F(\omega) = \int\limits_{-\infty}^{\infty} e^{-\alpha^2}\, e^{-\frac{\omega^2}{4a}}\, \frac{1}{\sqrt{a}}\, d\alpha = \frac{1}{\sqrt{a}}\, e^{-\frac{\omega^2}{4a}} \int\limits_{-\infty}^{\infty} e^{-\alpha^2}\, d\alpha$$

Nun weiss man aus der allgemeinen Integralrechnung, dass das Gaußsche Fehlerintegral in der letzen Zeile keine direkte Stammfunktion hat, aber sein Wert mit $\sqrt{\pi}$ bekannt ist, und man erhält die Lösung:

$$F(\omega) = \sqrt{\frac{\pi}{a}}\, e^{-\frac{\omega^2}{4a}}$$

Es ergibt sich also die Korrespondenz

$$\boxed{\ \mathcal{F}\{e^{-at^2}\} = \sqrt{\frac{\pi}{a}}\, e^{-\frac{\omega^2}{4a}} \qquad \text{bzw.} \quad e^{-at^2} \circ\!\!-\!\!\bullet\ \sqrt{\frac{\pi}{a}}\, e^{-\frac{\omega^2}{4a}} \qquad , \quad a > 0\ }$$

Nun ist dieser Weg sicher kaum jemanden "einfach von der Hand gegangen". Deshalb schauen wir uns die Aufgabenstellung nochmals genauer an:

Die Funktion $f(t) = e^{-at^2}$ ist eine Gaußsche Kurve. Sie entspricht der Gaußschen Normalverteilung mit dem Parameter $\sigma = \frac{1}{\sqrt{2a}}$ und einem Vorfaktor:

$$\frac{1}{\sigma\sqrt{2\pi}}\, e^{-\frac{1}{2}(t/\sigma)^2} \quad \longrightarrow \quad \sigma \overset{!}{=} \frac{1}{\sqrt{2a}} \quad \longrightarrow \quad \frac{\sqrt{2a}}{\sqrt{2\pi}} e^{-at^2} = \sqrt{\frac{a}{\pi}} e^{-at^2}$$

Mit der in Kap. 8.1.3 hergeleiteten Korrespondenz $\dfrac{1}{\sigma\sqrt{2\pi}}\, e^{-\frac{1}{2}(t/\sigma)^2} \circ\!\!-\!\!\bullet\ e^{-\frac{1}{2}(\omega\sigma)^2}$ ergibt sich unter Berücksichtigung des Vorfaktors die Lösung

$$\mathcal{F}\{e^{-at^2}\} = \sqrt{\frac{\pi}{a}}\, e^{-\frac{1}{2}(\omega\sigma)^2}\bigg|_{\sigma=\frac{1}{\sqrt{2a}}} = \sqrt{\frac{\pi}{a}}\, e^{-\frac{\omega^2}{4a}}$$

An der Definition von σ wird auch deutlich, dass $a > 0$ hier eine zwingende Bedingung der Funktion ist.

Aufgabe 8.5

Dies ist eine recht allgemeine Aufgabe, die sich auf gegebene inhaltlich gefüllte Korrespondenzen anwenden lässt.

Zunächst behandeln wir die Verschiebung auf der Zeitachse um 3 Einheiten nach rechts indem wir den Verschiebungssatz anwenden:

$$t \to t - 3 \quad \Rightarrow \quad F_1(\omega) \to \mathrm{e}^{-\mathrm{j}\,\omega 3}\, F_1(\omega) =: \tilde{F}_1(\omega)$$

Die Streckung auf der Zeitachse um den Faktor 2 berücksichtigen wir über den Ähnlichkeitssatz und erhalten das Endergebnis:

$$t \to 2t \quad \Rightarrow \quad \tilde{F}_1(\omega) \to \frac{1}{2}\,\tilde{F}_1\left(\frac{\omega}{2}\right) = \frac{1}{2}\,\mathrm{e}^{-\mathrm{j}\,\omega 3}\, F_1\left(\frac{\omega}{2}\right)$$

Aufgabe 8.6

Auch diese Aufgabe ist extrem einfach und kurz zu beantworten, wenn man die grundlegende Korrespondenz $1 \circ\!\!-\!\!\bullet\ 2\pi\,\delta(\omega)$ kennt, denn hier muss lediglich die Verschiebung in der Frequenz berücksichtigt werden und diese erzeugt nach dem Dualitätsprinzip einen Faktor $\mathrm{e}^{\mathrm{j}\omega_0 t}$ im Zeitbereich. Der Faktor 2π wird entsprechend des Additionssatzes auf die andere Seite gebracht und das Ergebnis ist:

$$\boxed{\ \mathcal{F}\{\mathrm{e}^{\mathrm{j}\omega_0 t}\} = 2\pi\,\delta(\omega - \omega_0) \quad \text{bzw.} \quad \mathrm{e}^{\mathrm{j}\omega_0 t} \circ\!\!-\!\!\bullet\ 2\pi\,\delta(\omega - \omega_0)\ }$$

Aufgabe 8.7

Die Funktion $f(t) = \mathrm{e}^{-a\,|t|}$ ist gerade. Dies sieht man bereits am Betrag, da dieser das Vorzeichen von t eliminiert.

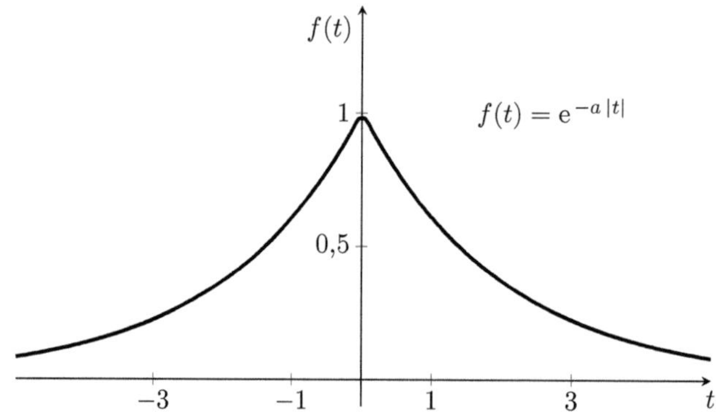

Der Kurvenverlauf legt aber den einfachsten Weg zur Lösung nahe:

Wir erinnern uns an die Korrespondenz $\mathrm{e}^{-at}\,\sigma(t) \circ\!\!-\!\!\bullet\ \frac{1}{a+\mathrm{j}\,\omega}$. Dies gilt für den Kurvenverlauf auf der positiven Zeitachse. Die Kurve auf der negativen Zeitachse entsteht daraus durch Spiegelung an der y-Achse. Die Spiegelung entspricht der Zeitumkehr, für die nach Satz 8.3.4 gilt: $f(t) \circ\!\!-\!\!\bullet\ F(\omega) \Rightarrow f(-t) \circ\!\!-\!\!\bullet\ F(-\omega)$. Damit können wir die Lösung ganz einfach über den Additionssatz bestimmen:

$$\mathcal{F}\{\mathrm{e}^{-a\,|t|}\} = \frac{1}{a + \mathrm{j}\,\omega} + \frac{1}{a - \mathrm{j}\,\omega} = \frac{2a}{a^2 + \omega^2}$$

Dies erhält man etwas aufwendiger natürlich auch durch "einfach ausrechnen":

$$\mathcal{F}\{\mathrm{e}^{-a\,|t|}\} = \int_{-\infty}^{0} \mathrm{e}^{a\,t}\,\mathrm{e}^{-\mathrm{j}\,\omega t}\,dt \;+\; \int_{0}^{\infty} \mathrm{e}^{-a\,t}\,\mathrm{e}^{-\mathrm{j}\,\omega t}\,dt$$

$$= \int_{-\infty}^{0} \mathrm{e}^{(a-\mathrm{j}\,\omega)t}\,dt \;+\; \int_{0}^{\infty} \mathrm{e}^{-(a+\mathrm{j}\,\omega)t}\,dt$$

$$= \left.\frac{\mathrm{e}^{(a-\mathrm{j}\,\omega)t}}{a-\mathrm{j}\,\omega}\right|_{-\infty}^{0} \;+\; \left.\frac{\mathrm{e}^{-(a+\mathrm{j}\,\omega)t}}{-(a+\mathrm{j}\,\omega)}\right|_{0}^{\infty}$$

$$= \frac{1}{a-\mathrm{j}\,\omega}(1-0) \;+\; \frac{-1}{a+\mathrm{j}\,\omega}(0-1)$$

$$= \frac{1}{a+\mathrm{j}\,\omega} + \frac{1}{a-\mathrm{j}\,\omega} = \frac{2a}{a^2+\omega^2}$$

Für unsere Korrespondenztabelle haben wir damit einen neuen Eintrag:

$$\boxed{\;\mathcal{F}\{\mathrm{e}^{-a|t|}\} = \frac{2a}{a^2+\omega^2} \quad \text{bzw.} \quad \mathrm{e}^{-a|t|} \;\circ\!\!-\!\!\bullet\; \frac{2a}{a^2+\omega^2}\;}$$

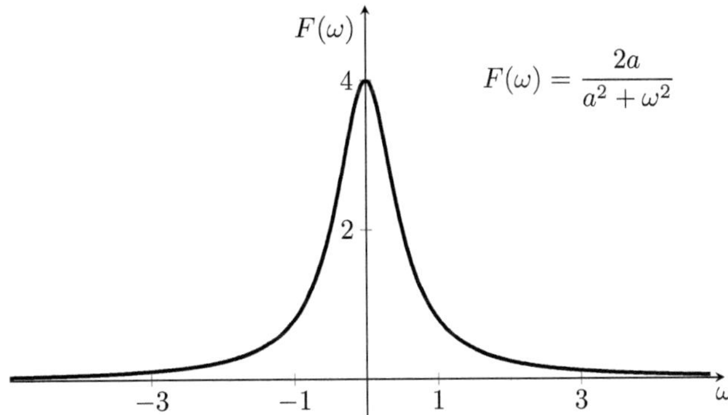

Die Spektralfunktion ist in ω eine gerade Funktion und sie ist rein reell. Ihr Maximum liegt bei $F_{max}(\omega) = 2/a$, hier mit $a = 0{,}5$ bei 4.

Das stimmt mit den allgemeinen Überlegungen zu den Symmetrien der Fouriertransformierten überein, dass eine reelle, gerade Zeitfunktion mit einer rein reellen, geraden Spektralfunktion korrespondiert und der Imaginärteil verschwindet.

Aufgabe 8.8

Eine Möglichkeit besteht natürlich darin, das Integral der Fouriertransformierten aufzustellen und auf Basis der abschnittsweise definierten Funktion

$$f(t) = \begin{cases} 0 & \text{für } t < -5 \\ 4 & \text{für } t \in [-5; -2] \\ 7 & \text{für } t \in (-2; 2] \\ 4 & \text{für } t \in (2; 5] \\ 0 & \text{für } t > 5 \end{cases}$$

in einzelne Integrale aufzuteilen, diese dann zu lösen und deren Ergebnisse zur Gesamtlösung zusammenzusetzen. Dieser "direkte Weg" wird funktionieren, ist aber etwas länglich.

Man gelangt bedeutend schneller zum Ergebnis, wenn man sich zunächst den Kurvenverlauf ansieht und untersucht, ob er sich aus bekannten Teilen zusammensetzen lässt. Hier ist es besonders einfach, denn die Funktion $f(t)$ entsteht als Summe von zwei einfachen Rechteckfunktionen $f_1(t) = 4\,\text{rect}_{10}(t)$ und $f_2(t) = 3\,\text{rect}_4(t)$.

Mit der bekannten Korrespondenz $\text{rect}_{2T}(t/(2T)) \circ\!\!-\!\!\bullet\ 2T\,\text{si}\,(\omega T)$ ergibt sich über den Additionssatz schon das Endergebnis:

$$\mathcal{F}\{f(t)\} = 4 \cdot 2 \cdot 5\,\text{si}\,(5\omega) + 3 \cdot 2 \cdot 2\,\text{si}\,(2\omega) - \frac{8\sin(5\omega) + 6\sin(2\omega)}{\omega}$$

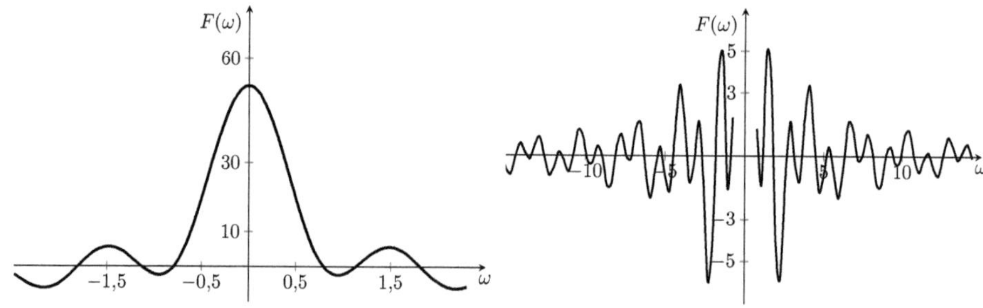

Die Spektralfunktion ist, wie aus der Symmetrie des Signals erwartet, wieder eine reelle, gerade Funktion. Sie ist hier mit zwei unterschiedlichen Maßstäben dargestellt, um ihr Verhalten besser einschätzen zu können. Die scheinbare Polstelle bei $\omega = 0$ kann über die Regel l'Hospital mit dem Grenzwert $F(\omega \to 0) = 52$ gehoben werden.

Diese Aufgabe soll erneut deutlich machen, wie wichtig es ist, sich den Kurvenverlauf des Signals genauer anzusehen, um darin möglichst bekannte Formen zu erkennen, deren Korrespondenzen bekannt sind. Oftmals kann wie hier die Lösung dann über die verschiedenen Sätze leicht zusammengesetzt und ohne große Rechnung angegeben werden.

Aufgabe 8.9

Wir haben diese Funktion auch schon auf Seite 163 als Beispiel für die Anwendung des Differentiationssatzes kennengelernt. Auch dort wurde ihre Spektralfunktion berechnet.

Hier soll die Fouriertransformierte mit Hilfe der Signumfunktion bestimmt werden. Dieser Weg führt wieder über die grafische Veranschaulichung des Kurvenverlaufs:

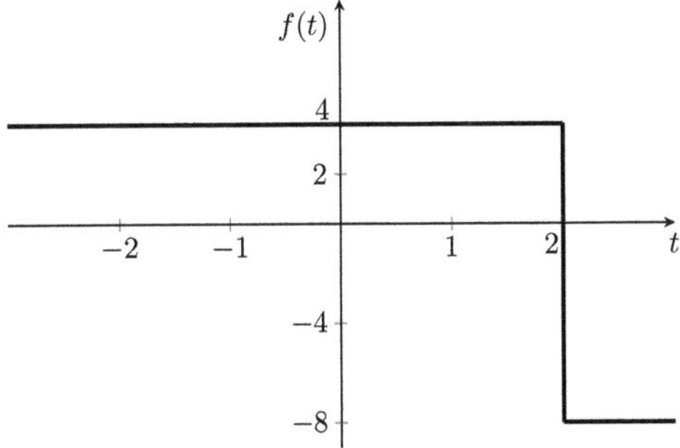

Der Kurvenverlauf erinnert nämlich an eine Signumfunktion, die...

- an der t-Achse gespiegelt und

- mit dem Faktor 6 multipliziert wurde und

- um $t_0 = 2$ nach rechts verschoben und

- um 2 Einheiten der y-Achse nach oben verschoben wurde.

Multipliziert man $\operatorname{sgn}(t)$ also mit -6, verschiebt sie um 2 Einheiten nach unten und um $t_0 = 2$ auf der t-Achse nach rechts, erhält man $f(t)$:

$$f(t) = -6\operatorname{sgn}(t - 2) - 2$$

und kann die bekannten Korrespondenzen $\operatorname{sgn}(t)$ $\circ\!\!-\!\!\bullet$ $2/(j\,\omega)$ und 1 $\circ\!\!-\!\!\bullet$ $2\pi\,\delta(\omega)$ nutzen und erhält über Verschiebungs- und Additionssatz das Ergebnis

$$\mathcal{F}\{f(t)\} = -6 \cdot \mathrm{e}^{-\mathrm{j}\,\omega 2}\,\frac{2}{\mathrm{j}\,\omega} - 2 \cdot 2\pi\,\delta(\omega)$$

$$= -4\pi\,\delta(\omega) - \frac{12}{\omega}\,[\sin(2\omega) + \mathrm{j}\,\cos(2\omega)]$$

$$= \underbrace{-\frac{12}{\omega}\,\sin(2\omega) - 4\pi\,\delta(\omega)}_{Re(F(\omega))} + \mathrm{j}\,\underbrace{\frac{-12}{\omega}\,\cos(2\omega)}_{Im(F(\omega))}$$

Auch wenn das Signal einen sehr einfachen Verlauf hat, ist die zugehörige Spektralfunktion durchaus nicht ganz so simpel.

Das reelle Signal hat keine Symmetrie, folglich ist die Spektralfunktion komplex. Der Realteil ist gerade, der Imaginärteil ungerade in Bezug auf ω. Die Symmetriebedingungen sind damit erfüllt.

Dieses Beispiel zeigt, dass es oftmals unterschiedliche Wege zum Ziel gibt. Dabei ist der Rechenaufwand im Allgemeinen unterschiedlich hoch. In allen Fällen ist eine gute Kenntnis vorhandener Korrespondenzen eine grundlegende Notwendigkeit.

Aufgabe 8.10

Der Nachweis gelingt mit der Vorgehensweise von Beispiel 8.4.4 ganz einfach über die Eulerdarstellung des Kosinus und die bekannte Korrespondenz zu $\mathrm{e}^{\mathrm{j}\omega_0 t}$:

$$\mathcal{F}\{\cos(\omega_0 t)\} = \frac{1}{2}\left(\mathcal{F}\{\mathrm{e}^{\mathrm{j}\omega_0 t}\} + \mathcal{F}\{\mathrm{e}^{-\mathrm{j}\,\omega_0 t}\}\right) = \frac{1}{2}\,2\pi\,(\delta(\omega + \omega_0) + \delta(\omega - \omega_0))$$

Für unsere Korrespondenztabelle haben wir damit einen neuen Eintrag:

$$\boxed{\cos(\omega_0 t) \;\circ\!\!-\!\!\bullet\; \pi\,(\delta(\omega + \omega_0) + \delta(\omega - \omega_0))}$$

Aufgabe 8.11

Diese Fouriertransformierte wurde auch schon auf Seite 163 mit Hilfe des Differentiationssatzes und in Aufgabe 8.9 über die Signumfunktion berechnet.

Hier soll die Fouriertransformierte nun mit Hilfe der Sprungfunktion bestimmt werden. Dieser Weg führt wieder über die grafische Veranschaulichung des Kurvenverlaufs (siehe Bild zur Lösung von Aufgabe 8.9).

Der erste und wichtigste Schritt ist die korrekte Modellierung des Signals über die gewählte Funktion, hier also die Sprungfunktion.

Es ist zu beachten: der Sprung ist um $t_0 = 2$ nach rechts verschoben und es gibt unterschiedliche Sprunghöhen von 4 und -8. Für $t < 2$ haben wir eine in der Zeit invertierte Sprungfunktion. Für den Bereich $t > 2$ ist die Sprungfunktion an der t-Achse gespiegelt.

Berücksichtigt man alles dies, erhält man für die Zeitfunktion die Darstellung:

$$f(t) = 4\,\sigma(-t+2) - 8\,\sigma(t-2)$$

Mit der Korrespondenz der Sprungfunktion aus der Aufgabenstellung, dem Verschiebungssatz und dem Satz zur Zeitumkehr (siehe Seite 155) erhalten wir damit für die Fouriertransformierte:

$$\mathcal{F}\{f(t)\} = 4\left[\frac{-1}{j\,\omega} + \pi\,\delta(-\omega)\right]e^{-j\,\omega 2} - 8\left[\frac{1}{j\,\omega} + \pi\,\delta(\omega)\right]e^{-j\,\omega 2}$$

$$= \frac{1}{j\,\omega}e^{-j\,\omega 2}(-4-8) \;+\; \pi\,\delta(\omega)(4-8)\,e^{-j\,\omega 2}$$

$$= -\frac{12}{j\,\omega}e^{-j\,\omega 2} - 4\pi\,\delta(\omega)$$

Zur besseren Nachvollziehbarkeit: es wurden folgende Zusammenhänge benutzt:

- $\sigma(t) \circ\!\!-\!\!\bullet \dfrac{1}{j\,\omega} + \pi\,\delta(\omega) \quad \Rightarrow \quad \sigma(-t) \circ\!\!-\!\!\bullet \dfrac{-1}{j\,\omega} + \pi\,\delta(-\omega) = \dfrac{-1}{j\,\omega} + \pi\,\delta(\omega)$
- $\delta(-\omega) = \delta(\omega)$ (die Dirac-Funktion ist eine gerade Funktion)
- $\sigma(-t+2) = \sigma(-(t-2))$
- $\mathcal{F}\{\sigma(-(t-2))\} = \left(\dfrac{-1}{j\,\omega} + \pi\,\delta(\omega)\right)e^{-j\,\omega 2}$
- $\delta(\omega)\,e^{-j\,\omega 2} = \delta(\omega)$

Der letzte Zusammenhang resultiert aus der Tatsache, dass die Dirac-Deltafunktion nur an der Stelle $\omega = 0$ von Null verschieden ist und dort der Exponentialanteil als e^0 gleich 1 ist, das ist die Ausblendeigenschaft $g(\omega)\delta(\omega) = g(0)\delta(\omega)$.

Aufgabe 8.12

Auch in dieser Aufgabe gibt es wieder mehrere Möglichkeiten zur Lösung, je nach Modellierung des Signals. Wir wollen hier zwei davon aufzeigen:

Modellierung über die Sprungfunktion $\sigma(t)$:

Die Funktion kann sehr einfach über die Sprungfunktion dargestellt werden:

$$f(t) = \frac{1}{T}\,[\sigma(t) - \sigma(t-T)]$$

Mit der Korrespondenz der Sprungfunktion, dem Verschiebungs-, dem Additionssatz und etwas Algebra erhalten wir:

$$\mathcal{F}\{f(t)\} = \frac{1}{T}\left[\frac{1}{j\,\omega} + \pi\,\delta(\omega) - \left(\frac{1}{j\,\omega} + \pi\,\delta(\omega)\right)e^{-j\,\omega T}\right]$$

$$= \frac{1}{j\,\omega T}\left(1 - e^{-j\,\omega T}\right) + \underbrace{\frac{\pi}{T}\delta(\omega)\left(1 - e^{-j\,\omega T}\right)}_{=0}$$

Die Tatsache, dass der rechte Term Null ergibt, folgt aus der Eigenschaft der Dirac-Deltafunktion: sie ist nur für $\omega = 0$ von Null verschieden. An dieser Stelle ergibt die e-Funktion aber 1 und die runde Klammer addiert sich damit zu Null.

Die Korrespondenz lautet damit:

$$\frac{1}{T}\,[\sigma(t) - \sigma(t-T)] \;\circ\!\!-\!\!\bullet\; \frac{1}{j\,\omega T}\left(1 - e^{-j\,\omega T}\right)$$

Modellierung über die klassische Rechteckfunktion rect$_T(t)$:

Bei der Rechteckfunktion muss man immer etwas länger überlegen, wie die Notation zu verstehen ist. Deshalb bauen wir uns hier die Modellierung ein Mal beispielhaft Stück für Stück zusammen:

$$\text{rect}\left(\frac{t}{2T}\right) \;\circ\!\!-\!\!\bullet\; 2T\,\text{si}\,(\omega T)$$

Übergang $T \to \dfrac{T}{2}$

$$\text{rect}\left(\frac{t}{T}\right) \;\circ\!\!-\!\!\bullet\; T\,\text{si}\left(\frac{\omega T}{2}\right)$$

Verschiebung um $\dfrac{T}{2}$ nach rechts

$$\text{rect}\left(\frac{t}{T} - \frac{T}{2}\right) \;\circ\!\!-\!\!\bullet\; T\,e^{-j\,\omega \frac{T}{2}}\,\text{si}\left(\frac{\omega T}{2}\right)$$

Skalierung auf die Impulshöhe $\frac{1}{T}$

$$\frac{1}{T}\,\text{rect}\left(\frac{t}{T} - \frac{T}{2}\right) \;\circ\!\!-\!\!\bullet\; e^{-j\,\omega \frac{T}{2}}\,\text{si}\left(\frac{\omega T}{2}\right)$$

Wenn beide Modellierungen und Rechnungen richtig sind, müssen wir noch zeigen, dass die beiden Fouriertransformierten in der Tat identisch sind, denn dies ist auf den ersten Blick nicht klar.

Mit ein wenig Algebra, trigonometrischen Funktionen und dem Satz von Euler ergibt sich:

$$e^{-j\omega\frac{T}{2}}\,\text{si}\left(\frac{\omega T}{2}\right) = \left[\cos\left(\frac{\omega T}{2}\right) - j\,\sin\left(\frac{\omega T}{2}\right)\right]\frac{2}{\omega T}\,\sin\left(\frac{\omega T}{2}\right)$$

$$= \frac{2}{\omega T}\left[\underbrace{\cos\left(\frac{\omega T}{2}\right)\sin\left(\frac{\omega T}{2}\right)}_{=\frac{1}{2}\,\sin(\omega T)} - j\,\underbrace{\sin^2\left(\frac{\omega T}{2}\right)}_{=\frac{1}{2}(1-\cos(\omega T))}\right]$$

$$= \frac{1}{\omega T}\left[\sin(\omega T) - j + j\,\cos(\omega T)\right]$$

$$= \frac{1}{j\,\omega T}\left[1 - \left(\underbrace{\cos(\omega T) - j\,\sin(\omega T)}_{=e^{-j\,\omega T}}\right)\right]$$

$$= \frac{1}{j\,\omega T}\left(1 - e^{-j\,\omega T}\right)$$

Und damit ist der Nachweis erbracht, dass beide Wege letztlich zum gleichen Ergebnis führen. Es wird aber auch deutlich, wie wichtig es ist, "elementare Umformungen im Komplexen" sauber durchführen zu können. - Hier hilft nur Üben, Üben, ...

Für die Korrespondenztabelle ergibt sich damit der Eintrag

$$\boxed{\mathcal{F}\left\{\frac{1}{T}\left[\sigma(t) - \sigma(t-T)\right]\right\} = \mathcal{F}\left\{\frac{1}{T}\,\text{rect}\left(\frac{t}{T} - \frac{T}{2}\right)\right\} = \frac{1}{j\,\omega T}\left(1 - e^{-j\,\omega T}\right)}$$

bzw.

$$\boxed{\frac{1}{T}\left[\sigma(t) - \sigma(t-T)\right] = \frac{1}{T}\,\text{rect}\left(\frac{t}{T} - \frac{T}{2}\right)\ \circ\!\!-\!\!\bullet\ \frac{1}{j\,\omega T}\left(1 - e^{-j\,\omega T}\right)}$$

Aufgabe 8.13

Die Korrespondenz $e^{-a|t|}\ \circ\!\!-\!\!\bullet\ \dfrac{2a}{a^2 + \omega^2}$ wurde bereits in Aufgabe 8.7 bestimmt und gilt für $f(t)$ mit $t > 0$. Sie kann aber für $t < 0$ nicht so einfach angewendet werden: für Werte von $t < 0$ ändert sich die e-Funktion nicht, wird aber durch die Signumfunktion an der t-Achse gespiegelt. Gleichzeitig findet eine Zeitumkehr statt, deshalb schreiben wir die Funktion in der Form

$$f(t) = e^{-a|t|}\,\text{sgn}\,(t) = e^{-a\,t}\,\sigma(t) + (-1)\cdot e^{a\,t}\,\sigma(-t)$$

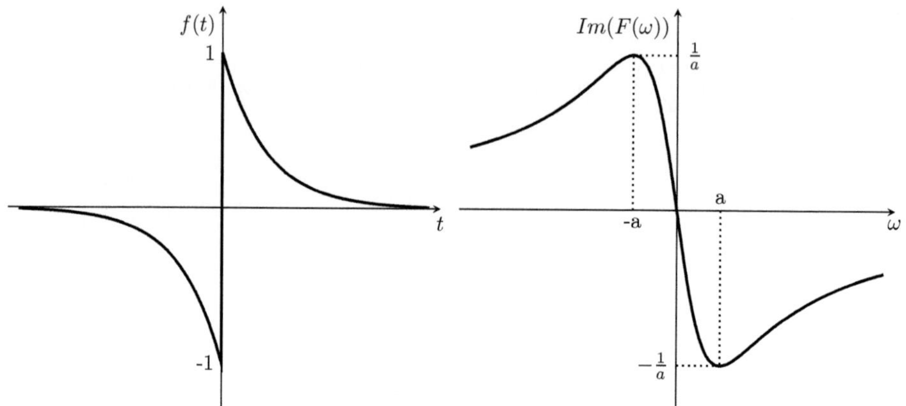

Die Signal-Funktion ist reell und ungerade in der Zeit, weshalb wir eine rein imaginäre, ungerade Spektralfunktion erwarten. Diese Erwartung erfüllt die ebenfalls dargestellte Spektralfunktion, die wir wie folgt berechnen:

Mit der Korrespondenz $e^{-at}\,\sigma(t) \circ\!\!-\!\!\bullet \dfrac{1}{a+j\,\omega}$ aus Kapitel 8.1.1 und der Regel zur Zeitumkehr lautet der Ansatz

$$F(\omega) = \mathcal{F}\left\{e^{-a\,t}\,\sigma(t) + (-1)\cdot e^{a\,t}\,\sigma(-t)\right\} = \frac{1}{a+j\omega} - \frac{1}{a-j\omega} = \frac{-j\,2\omega}{a^2+\omega^2}$$

Die Bestimmung der Extremwerte erfolgt wie üblich:

$$F'(\omega) = -2\,j\frac{a^2+\omega^2-2\omega\,2\omega}{(a^2+\omega^2)^2} = j\,2\frac{\omega^2-a^2}{(a^2+\omega^2)^2}$$

Aus $F'(\omega) \stackrel{!}{=} 0$ folgt $\omega_{1,2} = \pm a$. Dies sind beides Extremwerte wie die 2.Ableitung zeigt:

$$F''(\omega) = j\,\frac{4\omega(a^2+\omega^2)^2 - 2(\omega^2-a^2)2(a^2+\omega^2)2\omega}{(a^2+\omega^2)^4} = \cdots = \frac{12\omega^3 - 4\omega a^2}{(a^2+\omega^2)^3}$$

Mit $F''(a) = \dfrac{j}{a^3}$ folgt $F''(\omega_1 = -a) < 0$ und $F''(\omega_2 = a) > 0$.

Das Maximum der Spektralfunktion liegt also bei $\left(-a; j\frac{1}{a}\right)$ und ihr Minimum (schon aufgrund der Symmetrie) bei $\left(a; -j\frac{1}{a}\right)$.

Der Frequenzabstand der beiden Extremwerte beträgt damit $2a$.

Aufgabe 8.14

Rechteckfunktionen sind im Allgemeinen leicht "direkt" zu transformieren, da sich die Integrale sehr einfach lösen lassen, so auch hier:

$$\mathcal{F}\{f(t)\} = -\int_{-\frac{T}{2}}^{0} e^{-j\omega t}\, dt + \int_{0}^{\frac{T}{2}} e^{-j\omega t}\, dt = -\frac{1}{-j\omega}\, e^{-j\omega t}\Big|_{-\frac{T}{2}}^{0} + \frac{1}{-j\omega}\, e^{-j\omega t}\Big|_{0}^{\frac{T}{2}}$$

$$= -\frac{1}{j\omega}\left(e^{-j\omega\frac{T}{2}} - 1 - 1 + e^{j\omega\frac{T}{2}}\right) = \frac{1}{j\omega}\left(2 - \underbrace{\left(e^{-j\omega\frac{T}{2}} + e^{j\omega\frac{T}{2}}\right)}_{=2\cos\left(\frac{\omega T}{2}\right)}\right)$$

$$= \frac{2}{j\omega}\left(1 - \cos\left(\frac{\omega T}{2}\right)\right)$$

Damit haben wir schon ein Ergebnis, aber zur Übung sollte hier laut Aufgabenstellung die Korrespondenz der Rechteckfunktion genutzt werden. Der entscheidende Teil ist hier wieder die korrekte Modellierung des Signals.

Die ungerade Signalfunktion setzt sich aus zwei Teilen zusammen. Der Teil links der y-Achse ergibt sich als Spiegelung des rechten Teils an beiden Achsen, d.h. $f_2(t) = -f_1(-t)$.

Der Signalanteil $f_1(t)$ auf der positiven t-Achse sieht zwar aus wie die Grafik aus Aufgabe 8.12, entspricht diesem aber aufgrund der unterschiedlichen Breite und Höhe nicht wirklich. Es ist ein Standard-Rechteckimpuls der Breite $T/2$, der um die Hälfte seiner Breite nach rechts verschoben wurde. Damit ergibt sich:

$$f_1(t) = \text{rect}\left(\frac{2t}{T} - \frac{T}{4}\right) \quad \text{für } t \geq 0 \quad , \quad f_2(t) = -\text{rect}\left(\frac{-2t}{T} + \frac{T}{4}\right) \quad \text{für } t < 0$$

Mit der angegebenen Korrespondenz und dem Satz für die Transformierte bei Zeitumkehr ergibt sich damit[3]:

$$\mathcal{F}\{f_1(t) + f_2(t)\} = \frac{T}{2}\, e^{-j\omega\frac{T}{4}}\,\text{si}\left(\omega\frac{T}{4}\right) - \frac{T}{2}\, e^{j\omega\frac{T}{4}}\,\text{si}\left(\omega\frac{T}{4}\right)$$

$$= \frac{T}{2}\,\text{si}\left(\omega\frac{T}{4}\right)\underbrace{\left(-e^{j\omega\frac{T}{4}} + e^{-j\omega\frac{T}{4}}\right)}_{=-2j\sin\left(\frac{\omega T}{4}\right)} = -j\, T\,\text{si}\left(\omega\frac{T}{4}\right)\sin\left(\frac{\omega T}{4}\right)$$

$$= -j\,\frac{T\,4}{\omega T}\,\underbrace{\sin^2\left(\frac{\omega T}{4}\right)}_{=\frac{1}{2}\left(1-\cos\left(\frac{\omega T}{2}\right)\right)} = \frac{2}{j\omega}\left(1 - \cos\left(\frac{\omega T}{2}\right)\right)$$

Das Ergebnis stimmt "natürlich" mit der direkten Rechnung überein.

---

[3]bedenken Sie, dass der Kardinalsinus $\text{si}\,(\omega t)$ eine gerade Funktion in ω ist, so dass das Minus-Vorzeichen der Zeitumkehr beim ω entfällt.

Aufgabe 8.15

Die Spektralfunktion kann als einfache Gerade einfach modelliert werden:

$$F(\omega) := -\mathrm{j}\,\omega \qquad \text{für} \quad \omega \in [-1;1] \quad \text{und 0 sonst.}$$

Die Zeitfunktion ergibt sich dann direkt aus der Anwendung der Definition der inversen Fouriertransformierten von Seite 141 und partieller Integration:

$$f(t) = \frac{1}{2\pi} \int\limits_{-\infty}^{\infty} -\mathrm{j}\,\omega\,\mathrm{e}^{\mathrm{j}\omega t}\,d\omega$$

$$2\pi\mathrm{j}\,f(t) = \int\limits_{-1}^{1} \omega\,\mathrm{e}^{\mathrm{j}\omega t}\,d\omega \quad \overset{\text{part.Int.}}{=} \quad \omega\,\frac{1}{\mathrm{j}\,t}\,\mathrm{e}^{\mathrm{j}\omega t}\Bigg|_{-1}^{1} - \frac{1}{\mathrm{j}\,t} \int\limits_{-\infty}^{\infty} \mathrm{e}^{\mathrm{j}\omega t}\,d\omega$$

$$= \frac{1}{\mathrm{j}\,t}\underbrace{\left(\mathrm{e}^{\mathrm{j}t} + \mathrm{e}^{-\mathrm{j}t}\right)}_{=\,2\cos(t)} - \frac{1}{(\mathrm{j}\,t)^2}\underbrace{\left(\mathrm{e}^{\mathrm{j}t} - \mathrm{e}^{-\mathrm{j}t}\right)}_{=\,2\mathrm{j}\sin(t)} = \frac{2}{\mathrm{j}\,t^2}\,(t\,\cos(t) - \sin(t))$$

$$\Rightarrow \quad f(t) = \frac{1}{\pi\,t^2}\,(\sin(t) - t\,\cos(t))$$

In der grafischen Darstellung sehen wir die Aussagen zur Symmetriebedingungen zwischen Signal- und Spektralfunktion bestätigt: $F(\omega)$ ist eine rein imaginäre, ungerade Funktion. Sie korrespondiert mit einer rein reellen, ungeraden Zeitfunktion:

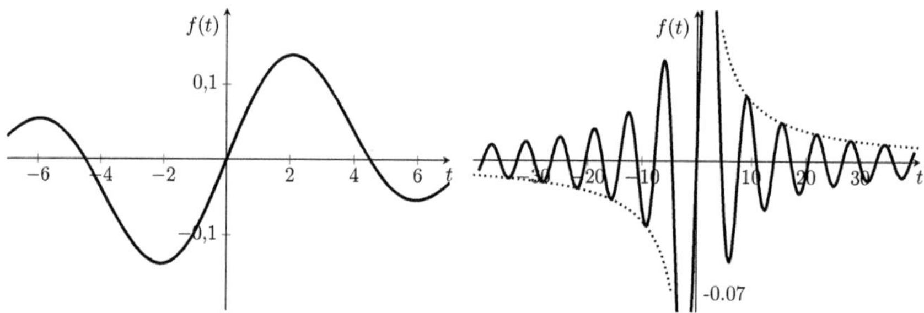

Auf der linken Seite ist es in einem kleinen Massstab und rechts für ein deutlich größeres Zeitintervall gezeigt. Zusätzlich ist die Funktion $f_1(t) = \frac{1}{\pi\,t}$ als dünne, gepunktete Linie dargestellt. Sie entspricht der Einhüllenden des Kosinus-Anteils. Der Sinus-Anteil mit der Einhüllenden $f_2(t) = \frac{1}{\pi\,t^2}$ ist deutlich stärker gedämpft und trägt nur wenig zum Signal bei.

Ausgedrückt als Korrespondenz haben wir damit erhalten:

$$\frac{1}{\pi\, t^2}\,(\sin(t) - t\,\cos(t)) \quad\circ\!\!-\!\!\bullet\quad -\mathrm{j}\,\omega \quad \text{für} \quad \omega \in [-1; 1] \quad \text{und 0 sonst.}$$

Diese nehmen wir aber nicht in die Korrespondenztabelle im Anhang auf, da es einer von vielen Anwendungsfällen ist und in der Tabelle nur grundlegende oder häufig auftretende Korrespondenzen gelistet werden.

Aufgabe 8.16

Man erkennt: die Funktion

$$f(t) = 4\,e^{-|t-6|}\,[\sigma(t - 1) - \sigma(t - 11)]$$

ist auf der Zeitachse um 6 Einheiten nach rechts verschoben $(t - 6)$. Diese wird mit einer Rechteckfunktion, gebildet aus den beiden Sprungfunktionen, multipliziert. Damit ist die Funktion nur im Bereich $t \in [1; 11]$ von Null verschieden. Ihre maximale Höhe beträgt $f(t = 6) = 4$. Aufgrund des Betrages ist die Funktion symmetrisch zu einer Parallelen zur y-Achse bei $t = 6$, was auch genau in der Mitte des Rechtecks liegt.

Damit ergibt sich der Rechenweg zur Berechnung der Fouriertransformmierten: die Funktion wird in den Ursprung verschoben. Damit wird sie zu einer geraden Funktion, womit sich die Fouriertransformierte auf die Kosinus-Transformierte reduziert, d. h. ihr Imaginärteil ist Null: $Im\ \mathcal{F}\{f(T)\} = 0\,\forall t$.

Damit ergibt sich mit $T := t - 6$ die Funktion $\hat{f}(T) = 4\,e^{-|T|}[\sigma(T + 5) - \sigma(T - 5)]$.

Die Fouriertransformierte lautet damit:

$$\hat{F}(\omega) = \mathcal{F}\{\hat{f}(T)\} = 2 \int\limits_{0}^{\infty} f(T) \cdot \cos(\omega T)\ dT = 8 \int\limits_{0}^{5} e^{-T} \cos(\omega T)\ dT$$

Mit Hilfe einer Formelsammlung (z. B. [Pap17, # 324]) erhält man :

$$\hat{F}(\omega) = 8 \left[\frac{e^{-T}}{1 + \omega^2}\,(-\cos(\omega T) + \omega \sin(\omega T)) \right]_{0}^{5} = \frac{8\,e^{-5}}{1 + \omega^2}\,[\omega \sin(5\omega) - \cos(5\omega) + e^5]$$

Man muss die Verschiebung wieder rückgängig machen und erhält mit dem Verschiebungssatz die gesuchte Fouriertransformierte der ursprünglichen Funktion $f(t)$:

$$F(\omega) = \mathcal{F}\{f(t)\} = e^{-\mathrm{j}6\omega} \mathcal{F}\{\hat{f}(T)\} = e^{-\mathrm{j}6\omega} \hat{F}(\omega)$$

$$= e^{-\mathrm{j}6\omega} \frac{8\,e^{-5}}{1 + \omega^2}\,[\omega \sin(5\omega) - \cos(5\omega) + e^5]$$

$$= \frac{8\,e^{-5}}{1 + \omega^2}\,[\omega \sin(5\omega) - \cos(5\omega) + e^5]\,(\cos(6\omega) - \mathrm{j}\,\sin(6\omega))$$

Die Lösung besteht also aus einer komplexen Spektralfunktion, deren Realteil gerade und deren Imaginärteil ungerade in ω ist. Genau dies ist auch zu erwarten gewesen, da die Zeitfunktion $f(t)$ rein reell und unsymmetrisch ist. Die Lösung ist also plausibel.

<u>Variante 2</u>
Sollte die Verschiebung einem nicht eingefallen sein, kann die Berechnung der Fouriertransformierten auch auf direktem Wege durchgeführt werden - aber es ist wesentlich aufwendiger...

$$F(\omega) = 4 \left[\underbrace{\int\limits_{1}^{\infty} \mathrm{e}^{-|t-6|}\, \mathrm{e}^{-\mathrm{j}\omega t}\, dt}_{=:F_1(\omega)} - \underbrace{\int\limits_{11}^{\infty} \mathrm{e}^{-t+6}\, \mathrm{e}^{-\mathrm{j}\omega t}\, dt}_{=:F_2(\omega)} \right]$$

Hier wurde bereits beachtet, dass der Betrag im Exponenten für Werte von $t \geq 11$ entfallen kann, weil die Werte immer größer als Null sind. Im ersten Integral muss allerdings noch eine Fallunterscheidung getroffen werden.

$$F_1(\omega) = \int\limits_{1}^{6} \mathrm{e}^{t-6}\, \mathrm{e}^{-\mathrm{j}\omega t}\, dt + \int\limits_{6}^{\infty} \mathrm{e}^{-t+6}\, \mathrm{e}^{-\mathrm{j}\omega t}\, dt = \mathrm{e}^{-6} \int\limits_{1}^{6} \mathrm{e}^{(1-\mathrm{j}\omega)t}\, dt + \mathrm{e}^{6} \int\limits_{6}^{\infty} \mathrm{e}^{-(1+\mathrm{j}\omega)t}\, dt$$

$$= \frac{\mathrm{e}^{-6}}{1-\mathrm{j}\omega} \mathrm{e}^{(1-\mathrm{j}\omega)t} \Big|_{1}^{6} - \frac{\mathrm{e}^{6}}{1+\mathrm{j}\omega} \mathrm{e}^{-(1+\mathrm{j}\omega)t} \Big|_{6}^{\infty}$$

$$= \frac{\mathrm{e}^{-6}}{1-\mathrm{j}\omega} \left[\mathrm{e}^{(1-\mathrm{j}\omega)6} - \mathrm{e}^{1-\mathrm{j}\omega} \right] - \frac{\mathrm{e}^{6}}{1+\mathrm{j}\omega} \left[0 - \mathrm{e}^{-(1+\mathrm{j}\omega)6} \right]$$

$$= \frac{1}{1-\mathrm{j}\omega} \left[\mathrm{e}^{-\mathrm{j}\omega 6} - \mathrm{e}^{-5-\mathrm{j}\omega} \right] + \frac{1}{1+\mathrm{j}\omega} \mathrm{e}^{-\mathrm{j}\omega 6}$$

$$F_2(\omega) = \int\limits_{11}^{\infty} \mathrm{e}^{-t+6}\, \mathrm{e}^{-\mathrm{j}\omega t}\, dt = \mathrm{e}^{6} \int\limits_{11}^{\infty} \mathrm{e}^{-(1+\mathrm{j}\omega)t}\, dt = \frac{\mathrm{e}^{6}}{1+\mathrm{j}\omega} \mathrm{e}^{-(1+\mathrm{j}\omega)t} \Big|_{11}^{\infty} = \frac{\mathrm{e}^{-5}}{1+\mathrm{j}\omega} \mathrm{e}^{-\mathrm{j}\omega 11}$$

Damit kann nun die Gesamtlösung berechnet werden und wir erhalten mit ein paar Umformungen das Ergebnis:

$$\frac{1}{4}\,F(\omega) = \frac{1}{1-j\omega}\left[\mathrm{e}^{-j\omega6} - \mathrm{e}^{-5-j\omega}\right] + \frac{1}{1+j\omega}\left[\mathrm{e}^{-j\omega6} - \mathrm{e}^{-5-j\omega11}\right]$$

$$= \mathrm{e}^{-j\omega6}\left[\frac{1}{1-j\omega} + \frac{1}{1+j\omega}\right] - \mathrm{e}^{-5-j\omega}\left[\frac{1}{1-j\omega} + \frac{\mathrm{e}^{-j\omega10}}{1+j\omega}\right]$$

$$= \frac{1}{1+\omega^2}\left[2\,\mathrm{e}^{-j\omega6} - (1+j\omega)\mathrm{e}^{-5-j\omega} - (1-j\omega)\mathrm{e}^{-5-j\omega11}\right]$$

$$= \frac{\mathrm{e}^{-5-j\omega6}}{1+\omega^2}\left[2\mathrm{e}^5 \underbrace{-(1+j\omega)\mathrm{e}^{j\omega5} - (1-j\omega)\mathrm{e}^{-j\omega5}}_{-(z+z^*)=-2Re(z)\ \text{mit}\ z:=(1+j\omega)\mathrm{e}^{j\omega5}}\right]$$

$$= \frac{2\mathrm{e}^{-5}\,\mathrm{e}^{-j\omega6}}{1+\omega^2}\left[\mathrm{e}^5 - (\cos(5\omega) - \omega\sin(5\omega)\right]$$

Und damit erhält nach Anwenden der Euler-Relation wiederum das gleiche Ergebnis wie vorher:

$$F(\omega) = \frac{8\,e^{-5}}{1+\omega^2}\left[\omega\sin(5\omega) - \cos(5\omega) + e^5\right](\cos(6\omega) - j\,\sin(6\omega))$$

Offenbar ist es durchaus hilfreich, wenn man sich des Verschiebungssatzes und ggf. vorhandener Symmetrien erinnert.

Kapitel 9

Aufgabe 9.1

Bei der Zeitfunktion $f(t) = \sigma(t)\,(t^3 - 3t + 5)$ handelt es sich um ein einfaches Polynom 3. Ordnung. Gemäß der Überlegungen von Seite 201 wird die Bildfunktion einen 4-fachen Pol im Ursprung aufweisen. Da es sich um eine echt gebrochenrationale Funktion handelt, muss der Zähler ein Polynom vom Grad 3 oder kleiner sein. Die Bildfunktion hat damit die Struktur

$$F(s) = \frac{as^3 + bs^2 + cs + d}{s^4}$$

Die Laplacetransformierte ergibt sich als Linearkombination aus

$$F(s) = \int\limits_0^\infty (t^3 - 3t + 5)e^{-st}\,dt = \underbrace{\int\limits_0^\infty t^3 e^{-st}\,dt}_{=:I_1} + \underbrace{\int\limits_0^\infty -3t e^{-st}\,dt}_{=:I_2} + \underbrace{\int\limits_0^\infty 5 e^{-st}\,dt}_{=:I_3}$$

Während I_3 direkt anzugeben ist, können I_2 und I_1 über (mehrfache) partielle Integration, oder über Formelsammlung (z. B. [Pap17, #313-315]) gelöst werden:

$$I_3 = 5 \cdot \left(\frac{-1}{s}\right) e^{-st}\bigg|_0^\infty = \frac{5}{s}$$

$$I_2 \overset{\#313}{=} -3\left(\frac{-st-1}{s^2}\right) e^{-st}\bigg|_0^\infty = -\frac{3}{s^2}$$

$$I_1 \overset{\#315}{=} \frac{t^3 e^{-st}}{-s}\bigg|_0^\infty + \frac{3}{s}\int\limits_0^\infty t^2 e^{-st}\,dt \overset{\#314}{=} \frac{t^3 e^{-st}}{-s}\bigg|_0^\infty + \frac{3}{s}\left(\frac{s^2 t^2 + 2st + 2}{-s^3}\right) e^{-st}\bigg|_0^\infty$$

$$= -\left(\frac{t^3}{s} + \frac{3s^2 t^2 + 6st + 6}{s^4}\right) e^{-st}\bigg|_0^\infty = -\left(\frac{t^3 s^3 + 3s^2 t^2 + 6st + 6}{s^4}\right) e^{-st}\bigg|_0^\infty$$

$$= 0 - \left(-\frac{6}{s^4}\right) = \frac{6}{s^4}$$

Damit folgt

$$F(s) = \frac{6}{s^4} - \frac{3}{s^2} + \frac{5}{s} = \frac{5s^3 - 3s^2 + 6}{s^4}$$

Damit lautet die gesuchte Korrespondenz:

$$\sigma(t)\,(t^3 - 3t + 5) \;\circ\!\!-\!\!\bullet\; \frac{5s^3 - 3s^2 + 6}{s^4}$$

Mit Hilfe der Korrespondenztabelle zur Laplacetransformation im Anhang erhalten wir:

$$\sigma(t)\, t^k \circ\!\!-\!\!\bullet \frac{k!}{s^{k+1}}$$

und damit

$$F(s) = \frac{3!}{s^4} - 3\frac{1!}{s^2} + 5\frac{0!}{s^1} = \frac{5s^3 - 3s^2 + 6}{s^4}$$

und somit das gleiche Ergebnis.

Die Funktion $F(s)$ ist in der ganzen komplexen Ebene definiert und analytisch mit Ausnahme am 4-fachen Pol im Ursprung $s_0 = 0$.

Für die Konvergenz des Integrals der Laplacetransformierten ist es aber notwendig, dass $\sigma = Re(s = \sigma + \mathrm{j}\,\omega)$ größer Null und positiv ist. Deshalb kann als Konvergenzabzisse jeder Wert für $\sigma > 0$ gewählt werden.

(Hinweis: In der Grenzwertbestimmung der uneigentlichen Integrale wurde diese Eigenschaft explizit angewendet, mit der Wirkung dass die Ausdrücke für $\lim\limits_{t\to\infty} e^{-st} = 0$ ergeben.)

Das auf verschiedenen Wegen erzielte Ergebnis stimmt damit exakt mit den Erwartungen überein, welche eingangs aus der Betrachtung der Struktur und dem Polstellenplan gefolgert wurden.

Aufgabe 9.2

$$F(s) = \int\limits_0^\infty e^{a\,t}\, e^{-st}\, dt = \int\limits_0^\infty e^{(a-s)\,t}\, dt = \lim_{t\to\infty} \frac{1}{a-s} e^{(a-s)\,t} - \frac{1}{a-s}$$

Damit der Grenzwert existiert, ist es notwendig, dass $Re(a) > Re(s)$, weil nur dann gilt:

$$\lim_{t\to\infty} e^{Re(a-s)t}\, e^{\mathrm{j}\,Im(a-s)t} = \lim_{t\to\infty} e^{-\lambda t}\, e^{\mathrm{j}\,Im(a-s)t} = 0 \quad \text{wegen} \quad \lambda > 0$$

Die Konvergenzabzisse ist damit die Gerade bei $s = Re(a)$ parallel zur imaginären Achsen. Damit muss ein Wert von $\sigma = Re(s) > Re(a)$ gewählt werden, damit $F(s)$ die Laplacetransformierte von $f(t) = e^{a\,t}$ ist.

Aufgabe 9.3

Mit der bekannten Korrespondenz $e^{at} \circ\!\!-\!\!\bullet \dfrac{1}{s-a}$ folgt:

$$\mathcal{L}\{\cosh(at)\} = \mathcal{L}\left\{ \frac{1}{2}\left(e^{at} + e^{-at} \right) \right\} = \frac{1}{2}\frac{2s}{(s-a)(s+a)} = \frac{s}{s^2 - a^2}$$

Das analoge Ergebnis erhält man über die Korrespondenz der Kosinusfunktion

$$\cos(at) \circ\!\!-\!\!\bullet \frac{s}{s^2 + a^2}$$

$$\mathcal{L}\{\cosh(at)\} = \mathcal{L}\{\cos(\mathrm{j}at)\} = \frac{s}{s^2 + (\mathrm{j}a)^2} = \frac{s}{s^2 - a^2}$$

Gleiches gilt für den Sinushyperbolikus:

$$\mathcal{L}\{\sinh(at)\} = \mathcal{L}\left\{\frac{1}{2}\left(e^{at} - e^{-at}\right)\right\} = \frac{1}{2}\frac{2a}{(s-a)(s+a)} = \frac{s}{s^2 - a^2}$$

bzw. mit der Korrespondenz $\sin(at) \,\circ\!\!-\!\!\bullet\, \dfrac{a}{s^2 + a^2}$

$$\mathcal{L}\{\sinh(at)\} = \mathcal{L}\left\{-j\,\sin(jat)\right\} = -j\,\frac{ja}{s^2 + (ja)^2} = \frac{a}{s^2 - a^2}$$

Für beide Fälle gilt: $s = a$ ist ein Pol auf der positiven Achse und damit muss die Konvergenzabzisse mit $a < \beta$ gewählt werden.

Aufgabe 9.4

$$F(s) = \frac{5s^2 + 22s + 60}{(s+2)(s^2 + 4s + 13)}$$

Die Polstellen können direkt abgelesen werden bzw. ergeben sich aus der p,q-Formel: $s_1 = -2$ ist ein einfacher Pol auf der negativen Achse und $s_{2,3} = -2 \pm 3\,j$ ein Paar einfacher, konjugiert komplexer Nullstellen in der linken Halbebene.

Gemäß der Polstellenstruktur enthält die gesuchte Zeitfunktion einen exponentiell abklingenden Anteil $f_1(t) - Ae^{-2t}$ aus der einfachen Polstelle und einen gedämpften Schwinganteil $f_2(t) = e^{-2t}\left[C_1\cos(3t) + \dfrac{2C_1 + C_0}{3}\sin(3t)\right]$ aus dem Polstellenpaar.

Damit folgt für die Struktur des gesuchten Signals:

$$f(t) = e^{-2t}\left[A + C_1\cos(3t) + \frac{2C_1 + C_0}{b}\sin(3t))\right]$$

Der Ansatz für die Partialbruchzerlegung zur Bestimmung der Zählerkoeffizienten lautet:

$$F(s) = \frac{A}{s+2} + \frac{C_1\,s + C_0}{s^2 + 4s + 13}$$

Die Bestimmung der Zählerkonstanten kann auf zwei Wegen erfolgen:

<u>Weg 1 - Einsetzungsmethode (empfohlen):</u>

$$5s^2 + 22s + 60 = A\left(s^2 + 4s + 13\right) + (C_1\,s + C_0)(s+2)$$

$$s_1 = -2 \quad \Rightarrow \quad 36 = 9A \quad \Rightarrow \quad A = 4$$
$$s = 0 \quad \Rightarrow \quad 60 = 13A + 2C_0 = 52 + 2C_0 \quad \Rightarrow \quad C_0 = 4$$
$$s = 1 \quad \Rightarrow \quad 87 = 18A + 3C_1 + 3C_0 = 72 + 3C_1 + 12 \quad \Rightarrow \quad C_1 = 1$$

oder Weg 2 - Residuensatz (bei konj. kompl. Polen nicht unbedingt empfohlen):

$$A = \left[\frac{5s^2 + 22s + 60}{s^2 + 4s + 13}\right]_{s_1=-2} = \frac{36}{9} = 4$$

$$A_1 = \left[\frac{5s^2 + 22s + 60}{(s+2)(s+2+3\mathrm{j})}\right]_{s_2=-2+3\mathrm{j}}$$

$$= \frac{5(-2+3\mathrm{j})^2 + 22(-2+3\mathrm{j}) + 60}{3\mathrm{j} \cdot 6\mathrm{j}} = \frac{-9 + 6\mathrm{j}}{-18} = \frac{1}{2} - \frac{1}{3}\mathrm{j}$$

$$\Rightarrow \quad C_1 = 2\,Re(A_1) = 1 \quad \text{und} \quad C_0 = -2[-2\,Re(A_1) + 3\,Im(A_1)] = -2(-1-1) = 4$$

Das Ergebnis der Partialbruchzerlegung ist damit:

$$F(s) = \frac{4}{s+2} + \frac{s+4}{s^2+4s+13} = \frac{4}{s+2} + \frac{s+2+2}{(s+2)^2+3^2}$$

$$= \frac{4}{s+2} + \frac{s+2}{(s+2)^2+3^2} + \frac{2}{3}\frac{3}{(s+2)^2+3^2}$$

Additions- und Verschiebungssatz ergeben die gesuchte, kausale Zeitfunktion:

$$f(t) = 4\,e^{-2t} + e^{-2t}\cos(3t) + \frac{2}{3}e^{-2t}\sin(3t)$$

$$= e^{-2t}\left(4 + \cos(3t) + \frac{2}{3}\sin(3t)\right)$$

bzw. mit expliziter Angabe der Kausalität $\hat{f} = \sigma(t)\,f(t)$.

Die grafische Darstellung der Zeitfunktion und ihrer beiden Anteile

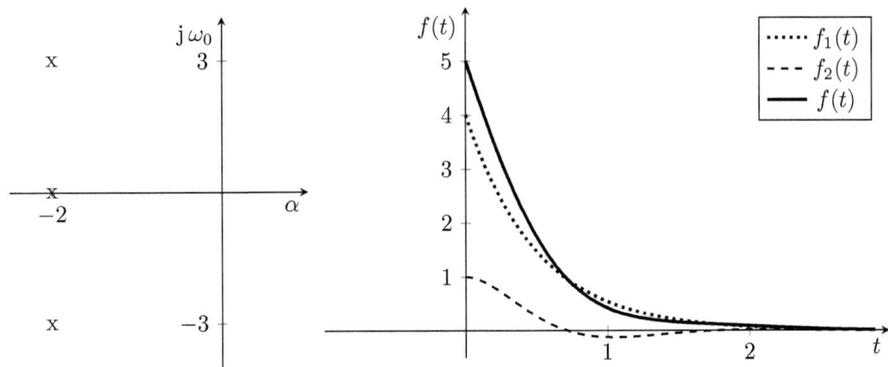

zeigt zunächst die beiden erwarteten Anteile: eine fallende Exponentialfunktion und einen exponentiell gedämpften Schwinganteil.

Im Signal $f(t)$ ist der Schwinganteil aufgrund seiner geringen Amplitude und kleinen Frequenz nicht mehr erkennbar und kann deshalb auch nicht mehr aus dem Signalverlauf abgelesen werden. Dafür ist die Zerlegung des Signals in seine Bestandteile notwendig[4].

Aufgabe 9.5

Die Funktion besteht aus zwei Teilen, die wir nach dem Additionssatz einzeln rücktransformieren können:

$$F(s) = \underbrace{\frac{1}{s^2 + 2s + 2}}_{=:F_1(s)} + \underbrace{\frac{1}{s(s^2 + 2s + 1)}e^{-2s}}_{=:F_2(s)}$$

Der quadratische Term führt zu der 1.Binomischen Formel von $(s+1)^2$. Damit ergibt sich für den ersten Term über den Dämpfungssatz und der bekannten Korrespondenz für $\sin(t)$

$$\mathcal{L}^{-1}\{F_1(s)\} = \mathcal{L}^{-1}\left\{\frac{1}{(s+1)^2 + 1}\right\} = e^{-t}\sin(t)$$

Der zweite Term kann mit Hilfe des Verschiebungssatzes vereinfacht werden:

$$F_2(s) = \frac{1}{s(s^2 + 2s + 1)}e^{-2s} \;\bullet\!\!-\!\!\circ\; f_2(t-2)\,\sigma(t-2)$$

so dass wir nur noch die unverschobene Funktion $f_2(t)$ bestimmen müssen:

$$\mathcal{L}^{-1}\left\{\frac{1}{s(s^2 + 2s + 1)}\right\} =: f_2(t) = ?$$

Hier verwenden wir den Residuensatz für die Laplacetransformation 9.1.1 von Seite 179. Es gibt zwei Pole: einen einfachen Pol bei $s_1 = 0$ und eine doppelte Polstelle bei $s_2 = -1$.

Für den einfachen Pol ergibt sich das Residuum zu

$$Res_{s=0}\left\{\frac{e^{st}}{s(s+1)^2}\right\} = \frac{e^0}{(0+1)^2} = 1$$

Für den zweifachen Pol berechnet sich das Residuum über die erste Ableitung:

$$Res_{s=-1}\left\{\frac{e^{st}}{s(s+1)^2}\right\} = \frac{1}{(2-1)!}\left[\frac{d}{ds}(s+1)^2\frac{e^{st}}{s(s+1)^2}\right]_{s=-1}$$

$$= \frac{d}{ds}\frac{e^{st}}{s}\bigg|_{s=-1} = \frac{(ts-1)e^{st}}{s^2}\bigg|_{s=-1} = -(1+t)e^{-t}$$

---

[4]unter anderen Bedingung kann ein Schwinganteil aber durchaus im Signal erkennbar sein.

Damit ergibt sich für den Gesamtausdruck $f_2(t) = 1 - (t+1)\,\mathrm{e}^{-t}$. Mit der Verschiebung folgt daraus

$$f_2(t-2)\,\sigma(t-2) = 1 - [(t-2)+1]\mathrm{e}^{-(t-2)}\,\sigma(t-2)$$
$$= 1 - (t-1)\mathrm{e}^{-t+2}\,\sigma(t-2)$$

und die Gesamtlösung ergibt sich zu

$$\mathcal{L}^{-1}\{F(s)\} = \mathcal{L}^{-1}\{F_1(s) + F_2(s)\} = \mathrm{e}^{-t}\,\sin(t) + \left[1 - (t-1)\mathrm{e}^{-t+2}\right]\,\sigma(t-2)$$
$$= \mathrm{e}^{-t}\left[\sin(t) + \sigma(t-2)\left(\mathrm{e}^{t} - (t-1)\,\mathrm{e}^{2}\right)\right]$$

Aus der Rechnung können wir noch eine allgemein nützliche Korrespondenz für unsere Tabelle im Anhang entnehmen:

$$1 - (1+t)\,\mathrm{e}^{-t} \ \circ\!\!-\!\!\bullet\ \frac{1}{s(s+1)^2}$$

oder verallgemeinert, indem man die Rechnung für $1 \to a$ nachvollzieht:

$$\frac{1}{a^2}\left(1 - (at+1)\,\mathrm{e}^{-at}\right) \ \circ\!\!-\!\!\bullet\ \frac{1}{s(s+a)^2}$$

Aufgabe 9.6

Die Funktion

$$F(s) = \frac{2s^2 - 4s + 13}{(s-4)(s^2 - 2s + 3)}$$

hat drei Polstellen: $s_1 = 4$ als einfacher Pol und $s_{2,3} = 1 \pm \sqrt{2}\,\mathrm{j}$ ist ein Paar konjugiert komplexer Nullstellen.

Damit lautet der Ansatz für die Partialbruchzerlegung:

$$F(s) = \frac{A}{s-4} + \frac{C_1\,s + C_0}{s^2 - 2s + 3}$$

Einsetzungsmethode (empfohlen):

$$2s^2 - 4s + 13 = A\,(s^2 - 2s + 3) + (C_1\,s + C_0)(s - 4)$$

$$s_1 = 4 \quad \Rightarrow \quad 32 - 16 + 13 = 29 = A(16 - 8 + 3) \quad \Rightarrow \quad A = \frac{29}{11}$$

$$s = 0 \quad \Rightarrow \quad 13 = 3A + (-4)C_0 = \frac{87}{11} - 4C_0 \quad \Rightarrow \quad C_0 = -\frac{143 - 87}{4 \cdot 11} = -\frac{14}{11}$$

$$s = 1 \quad \Rightarrow \quad 11 = \frac{58}{11} + -3C_1 + 3 \cdot \frac{14}{11} = -\frac{121 - 58 - 42}{3 \cdot 11} \quad \Rightarrow \quad C_1 = -\frac{7}{11}$$

Das Ergebnis der Partialbruchzerlegung lautet damit:

$$F(s) = \frac{\frac{29}{11}}{s-4} - \frac{\frac{7s+14}{11}}{s^2-2s+3} = \frac{1}{11}\left[\frac{29}{s-4} - \frac{7s+14}{(s-1)^2+(\sqrt{2})^2}\right]$$

$$= \frac{1}{11}\left[\frac{29}{s-4} - 7\cdot\frac{(s-1)}{(s-1)^2+(\sqrt{2})^2} - \frac{21}{\sqrt{2}}\frac{\sqrt{2}}{(s-1)^2+(\sqrt{2})^2}\right]$$

Und damit ergibt sich mit Additions- und Verschiebungssatz:

$$f(t) = \frac{1}{11}\left[29\,e^{4t} - 7\,e^t\cos(\sqrt{2}t) - \frac{21}{\sqrt{2}}\,e^t\sin(\sqrt{2}\,t)\right]$$

$$= \frac{1}{22}\,e^t\left[58\,e^{3t} - 14\cos(\sqrt{2}\,t) - 21\sqrt{2}\,\sin(\sqrt{2}\,t)\right]$$

Um die Kausalität sicherzustellen, schreiben wir die Lösung als $\hat{f}(t) := \sigma(t)\,f(t)$.

Aufgabe 9.7

$$F(s) = \frac{12s^2 + 8s + 76}{4s^3 + 16s^2 + 29s + 51}$$

hat mit dem Nennerpolynom 3. Ordnung drei Polstellen. Eine davon ist als $s_1 = -3$ gegeben. Polynomdivision ergibt: $(4s^3 + 16s^2 + 29s + 51) : (s-3) = 4s^2 + 4s + 17$. Mit der p,q-Formel erhält man ein Paar konjugiert komplexer Nullstellen: $s_{2,3} = -\frac{1}{2} \pm 2\mathrm{j}$.

Die Zeitfunktion hat damit die Struktur

$$f(t) = A\,\mathrm{e}^{-3t} + \mathrm{e}^{-\frac{1}{2}t}\left(B\,\cos(2t) + C\,\sin(2t)\right)$$

Sie besteht also aus einer schnell fallenden e-Funktion mit y-Achsenabschnitt A und einem "schwach" exponentiell gedämpften Schwinganteil mit der Frequenz 2. Die noch unbekannten Faktoren A,B,C bestimmen sich über die Partialbruchzerlegung:

$$F(s) = \frac{A}{s+3} + \frac{C_1\,s + C_0}{4s^2 + 4s + 17}$$

Den Faktor A erhalten wir einfach als das Residuum für $s = -3$:

$$A = \left.\frac{12s^2 + 8s + 76}{4s^2 + 4s + 17}\right|_{s=-3} = \frac{108 - 24 + 76}{36 - 12 + 17} = \frac{160}{41}$$

Die Faktoren der konjugiert komplexen Nullstellen bestimmt man einfacher mit der Einsetzungsmethode:

$$12s^2 + 8s + 76 = \frac{160}{41}(4s^2 + 4s + 17) + (C_1 s + C_0)(s + 3) =$$

$$s = 0 \quad \Rightarrow \quad 76 = \frac{160}{41}17 + 3C_0 \quad \Rightarrow \quad C_0 = \frac{132}{41}$$

$$s = 1 \quad \Rightarrow \quad 96 = \frac{160}{41}25 + \left(C_1 + \frac{132}{41}\right)4 \quad \Rightarrow \quad C_1 = \frac{-148}{41}$$

Damit ergibt sich

$$\frac{C_1 s + C_0}{4s^2 + 4s + 17} = \frac{-148s + 132}{41 \cdot 4(s^2 + s + \frac{17}{4})} = \frac{-37s + 33}{41(s^2 + s + \frac{17}{4})} = \frac{-37s + 33}{41((s + \frac{1}{2})^2 + 4)}$$

Nun kann man die beiden Brüche trennen und mit den bekannten Korrespondenzen für Sinus und Kosinus transformieren. Dabei muss man die Verschiebung um $\frac{1}{2}$ nach links beachten und erhält die Rechnung:

$$-\frac{37}{41}\frac{s}{(s + \frac{1}{2})^2 + 4} = -\frac{37}{41}\frac{s + \frac{1}{2}}{(s + \frac{1}{2})^2 + 4} + \frac{37}{41}\frac{\frac{1}{2}}{(s + \frac{1}{2})^2 + 4}$$

$$= \frac{37}{41}\left(-e^{-\frac{1}{2}t}\cos(2t) + \frac{1}{4}e^{-\frac{1}{2}t}\sin(2t)\right)$$

$$\frac{33}{41}\frac{1}{(s + \frac{1}{2})^2 + 4} = \frac{33}{41}\frac{1}{2}e^{-\frac{1}{2}t}\sin(2t)$$

Zusammengefasst ergibt das konjugiert komplexe Polstellenpaar den Ausdruck

$$\frac{C_1 s + C_0}{4s^2 + 4s + 17} = \frac{37}{41}e^{-\frac{1}{2}t}\left(-\cos(2t) + \frac{1}{4}\sin(2t)\right) + \frac{33}{81}e^{-\frac{1}{2}t}\sin(2t)$$

$$= e^{-\frac{1}{2}t}\left(\frac{103}{164}\sin(2t) - \frac{148}{164}\cos(2t)\right)$$

Die gesuchten Amplituden sind also: $A = \dfrac{160}{41}, B = \dfrac{37}{41}$ und $C = -\dfrac{103}{164}$. Die Zeitfunktion hat damit die Form

$$f(t) = \frac{160}{41}e^{-3t} + e^{-\frac{1}{2}t}\left(\frac{103}{164}\sin(2t) - \frac{37}{41}\cos(2t)\right)$$

Der Kurvenverlauf für die Zeitfunktion $f(t) = f_1(t) + f_2(t)$ und deren Anteile $f_1(t) = f_{s_1}(t)$ und $f_2(t) = f_{s_{2,3}}(t)$ bestätigt die Annahme aufgrund der Polstellen: Wegen der hohen Amplitude der Sinus-Schwingung und deren schwacher Dämpfung schlägt der Schwinganteil hier ins Signal durch und wird auch dort sichtbar.

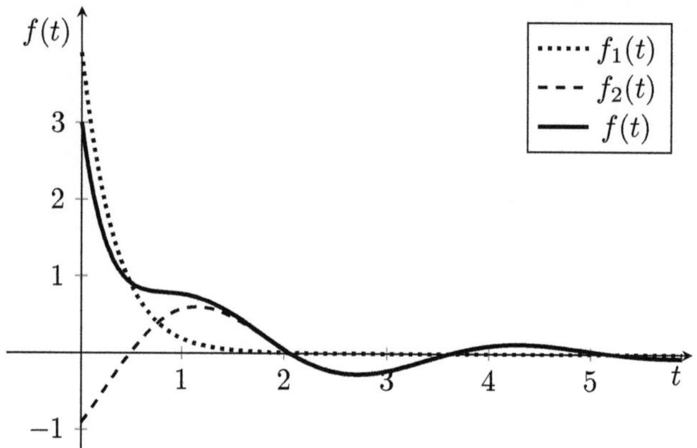

Aufgabe 9.8

Wir betrachten von der Funktion

$$f(t) = \sum_{k=0}^{\infty} \left[\sigma(t-k) - \sigma(t-k-1)\right](t-k)$$

zunächst nur den Term für $k = 0$:

$$\hat{f}(t) = \left[\sigma(t) - \sigma(t-1)\right] t$$

deren Laplacetransformierte sich dann nach dem Additionssatz ergibt:

$$\mathcal{L}\left\{\hat{f}(t)\right\} = \mathcal{L}\left\{t\,\sigma(t)\right\} - \mathcal{L}\left\{t\,\sigma(t-1)\right\}$$

Mit der bekannten Korrespondenz $\sigma(t)\; \circ\!\!-\!\!\bullet\; \dfrac{1}{s}$ und dem Multiplikationssatz folgt für den ersten Teil:

$$\mathcal{L}\left\{t\,\sigma(t)\right\} = (-1)\cdot\frac{d}{ds}\frac{1}{s} = \frac{1}{s^2}$$

Analog ergibt sich nach Anwendung des Verschiebungssatzes für den zweiten Teil

$$\mathcal{L}\left\{t\,\sigma(t-1)\right\} = (-1)\cdot\frac{d}{ds}\frac{\mathrm{e}^{-s}}{s} = \left(\frac{1}{s^2} + \frac{1}{s}\right)\mathrm{e}^{-s}$$

Die Laplacetransformierte für das erste Intervall lautet damit

$$\mathcal{L}\left\{\left[\sigma(t) - \sigma(t-1)\right] t\right\} = \frac{1 - (1+s)\,\mathrm{e}^{-s}}{s^2}$$

Mit der Formel für eine periodische fortgesetzte Funktion von Seite 183 ergibt sich dann die gesuchte Korrespondenz:

$$\sum_{k=0}^{\infty} \left[\sigma(t-k) - \sigma(t-k-1)\right](t-k) \; \circ\!\!-\!\!\bullet\; \frac{1 - (1+s)\,\mathrm{e}^{-s}}{s^2\left(1 - \mathrm{e}^{-s}\right)}$$

Aufgabe 9.9

Die kausale Funktion $f(t)$ hat nur in einem kleinen Fenster der Breite τ einen von Null verschiedenen Wert. Damit kann man die Funktion auch wie folgt formulieren:

$$f(T) = \begin{cases} \dfrac{A}{\tau}\,t & \text{für } 0 \leq t \leq \tau \\ 0 & \text{sonst} \end{cases} = \frac{A}{\tau}\,t\,[\sigma(t) - \sigma(t - \tau)]$$

Mit der auf Seite 270 hergeleiteten Korrespondenz $t\,\sigma(t) \circ\!\!-\!\!\bullet\, s^{-2}$ und dem Verschiebungssatz lässt sich die Laplacetransformierte nun recht einfach bestimmen:

$$\mathcal{L}\{f(t)\} = \mathcal{L}\left\{\frac{A}{\tau}\,t\,[\sigma(t) - \sigma(t-\tau)]\right\} = \underbrace{\mathcal{L}\left\{\frac{A}{\tau}\,t\,\sigma(t)\right\}}_{=\frac{A}{\tau}\,\frac{1}{s^2}} - \mathcal{L}\left\{\frac{A}{\tau}\,t\,\sigma(t-\tau)\right\}$$

Der zweite Teil kann noch nicht mit dem Verschiebungssatz verarbeitet werden, da in der Zeitfunktion der Term $-\tau$ fehlt. Fügt man diesen hinzu und zieht ihn direkt wieder ab, kann auch die Transformierte des zweitens Teil leicht bestimmt werden:

$$\mathcal{L}\left\{\frac{A}{\tau}\,t\,\sigma(t-\tau)\right\} = \underbrace{\mathcal{L}\left\{\frac{A}{\tau}\,(t-\tau)\,\sigma(t-\tau)\right\}}_{=\frac{A}{\tau}\,\frac{1}{s^2}\,\mathrm{e}^{-s\tau}} + \underbrace{\mathcal{L}\left\{\frac{A}{\tau}\,\tau\,\sigma(t-\tau)\right\}}_{=\frac{A}{s}\,\mathrm{e}^{-s\tau}}$$

Das Ergebnis lautet damit:

$$\mathcal{L}\{f(t)\} = \frac{A}{\tau\,s^2}\left[1 - \mathrm{e}^{-s\tau}\right] - \frac{A}{s}\,\mathrm{e}^{-s\tau} = \frac{A}{\tau\,s^2}\left[1 - (1 + s\tau)\,\mathrm{e}^{-s\tau}\right]$$

Aufgabe 9.10

Zunächst wird die Klammer ausmultipliziert:

$$f(t) = (1 + t\,\mathrm{e}^{-t})^2 = 1 + 2t\,\mathrm{e}^{-t} + t^2\,\mathrm{e}^{-2t}$$

Die Laplacetransformierte der Konstanten ist gleich der Transformierten der Einheitssprungfunktion: $1 \circ\!\!-\!\!\bullet\, s^{-1}$.

Die Transformierte des zweiten Terms wurde auf Seite 185 mit dem Multiplikationssatz hergeleitet: $t\,\mathrm{e}^{-t} \circ\!\!-\!\!\bullet\, (s + 1)^2$.

Für den dritten Term wenden wir nochmals den Multiplikationssatz an:

$$\mathcal{L}\{t^2\,\mathrm{e}^{-2t}\} = \mathcal{L}\{t\,(t\,\mathrm{e}^{-2t})\} = (-1)\,\frac{d}{ds}\frac{1}{(s+2)^2} = 2\,\frac{1}{(s+2)^3}$$

Damit lautet die gesuchte Bildfunktion:

$$\mathcal{L}\{f(t)\} = \mathcal{L}\{(1 + t\,\mathrm{e}^{-t})^2\} = \mathcal{L}\{1 + 2t\,\mathrm{e}^{-t} + t^2\,\mathrm{e}^{-2t}\} = \frac{1}{s} + \frac{2}{(s+1)^2} + \frac{2}{(s+2)^3}$$

Aufgabe 9.11

Der Multiplikationssatz beschreibt die Korrespondenz einer n-ten Ableitung der Bildfunktion und der zugehörigen Zeitfunktion, welche sich als Produkt einer n-ten Potenz der Zeit t mit einer Funktion $f(t)$ schreiben lässt. Zusätzlich ist ein Vorzeichen $(-1)^n$ zu beachten, welches auf einer der beiden Seiten der Korrespondenz steht.

Und in dieser "Richtung" liegt laut Tipp die Lösung...

Die erste Ableitung der Funktion $F(s)$ korrespondiert also mit $(-1)\,t\,f(t)$

$$\frac{d}{ds}\ln\left(1+\frac{1}{s^2}\right) = \frac{1}{1+\frac{1}{s^2}}\left(-\frac{2}{s^3}\right) = -\frac{2}{s(s^2+1)} \;\bullet\!\!-\!\!\circ\; -t\,f(t)$$

Die Vorzeichen auf den beiden Seiten der Korrespondenz heben sich gegenseitig auf.

Nun muss die inverse Laplacetransformierte von $\dfrac{2}{s(s^2+1)}$ bestimmt werden. Dies ist eine gebrochenrationale Funktion so dass wir die Partialbruchzerlegung nutzen. Die Funktion hat einen reellen Pol bei $s_1 = 0$ und ein Paar konjugiert komplexer Pole bei $s_{2,3} = \pm\mathrm{j}$ bzw. drei einfache Polstellen bei $s_1 = 0, s_2 = -\mathrm{j}$ und $s_2 = \mathrm{j}$. Damit ergibt sich die Zerlegung

$$\frac{2}{s(s^2+1)} = 2\left(\frac{A}{s} + \frac{B}{s+\mathrm{j}} + \frac{C}{s-\mathrm{j}}\right)$$

und die drei Unbekannten A, B und C können als Residuen mit Hilfe der Ableitungsformel (vgl. Satz 3.2.5) bestimmt werden:

$$A = \left.\frac{1}{3s^2+1}\right|_{s=0} = 1 \;\;,\;\; B = \left.\frac{1}{3s^2+1}\right|_{s=-\mathrm{j}} = -\frac{1}{2} \;\;,\;\; C = \left.\frac{1}{3s^2+1}\right|_{s=\mathrm{j}} = -\frac{1}{2}$$

Die Partialbruchzerlegung lautet damit

$$\frac{2}{s(s^2+1)} = 2\left(\frac{1}{s} - \frac{1}{2}\left(\frac{1}{s+\mathrm{j}} + \frac{1}{s-\mathrm{j}}\right)\right) = 2\left(\frac{1}{s} - \frac{s}{s^2+1}\right)$$

Mit inzwischen bekannten Korrespondenzen[5] erhalten wir

$$\frac{2}{s(s^2+1)} = 2\left(\frac{1}{s} - \frac{s}{s^2+1}\right) \;\bullet\!\!-\!\!\circ\; 2\left(1 - \cos(t)\right) = t\,f(t)$$

und für die gesuchte Zeitfunktion erhalten wir das Endergebnis

$$\ln\left(1+\frac{1}{s^2}\right) \;\bullet\!\!-\!\!\circ\; \frac{2 - 2\cos(t)}{t}$$

---

[5]deshalb ist es gut, einige grundlegende Korrespondenzen auswendig zu wissen

Aufgabe 9.12

Nachdem man rechte Klammer ausmultipliziert hat, erkennt man sofort, dass es sich um eine Funktion handelt, die ein Mal unverändert und dann um den Wert 1 nach rechts verschoben ist.

Damit ergibt sich die Rechnung:

$$f(t) = \mathcal{L}^{-1}\left\{\left(\frac{1}{s} - \frac{1}{s+2}\right)(1 - e^{-s})\right\}$$

$$= \left(1 - e^{-2t}\right) - \left(1 - e^{-2(t-1)}\right)\sigma(t-1)$$

$$= \begin{cases} 1 - e^{-2t} & \text{für } 0 \le t \le 1 \\ e^{-2t}\left(e^2 - 1\right) & \text{für } 1 \le t \end{cases}$$

Die Kausalität der Zeitfunktion wurde hier natürlich automatisch vorausgesetzt und findet sich indirekt in der unteren Grenze der Bedingung von Fall 1 wieder.

Der Verlauf der Zeitfunktion ist hier dargestellt:

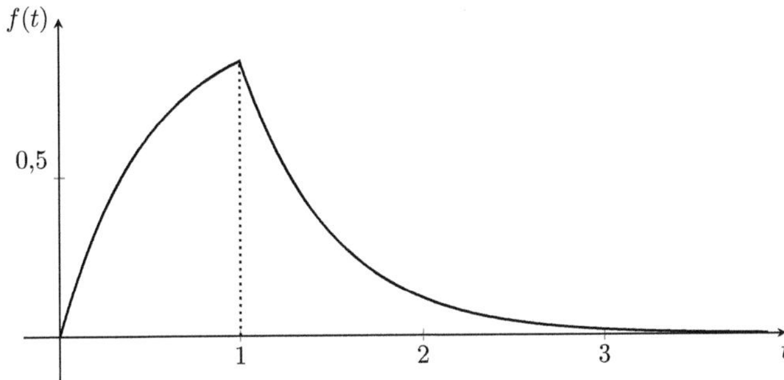

Aufgabe 9.13

Durch eine kleine Umformung sieht man, dass es sich bei der Funktion $F(s)$ um das Quadrat der Bildfunktion des Kosinus handelt: $F(s) = \left(\dfrac{s}{s^2 + 1}\right)^2$. Gemäß Faltungssatz kann die Originalfunktion über das entsprechende Faltungsintegral der Kosinusfunktion berechnet werden. Es gilt also:

$$f(t) = \mathcal{L}^{-1}\left\{\left(\frac{s}{s^2 + 1}\right)^2\right\} = \cos(t) * \cos(t)$$

Mit dem Additionstheorem für den Kosinus $\cos(t - \tau) = \cos(t)\cos(\tau) + \sin(t)\sin(\tau)$ und unter Beachtung der Definition des Faltungsintegrals für periodische Funktionen (siehe Def. 6.3.1) ergibt sich:

$$\int\limits_0^t \cos(\tau)\,\cos(t-\tau)\,d\tau = \int\limits_0^t \cos(\tau)\,[\cos(t)\cos(\tau)+\sin(t)\sin(\tau)]\,d\tau$$

$$= \cos(t)\int\limits_0^t \cos^2(\tau)\,d\tau + \sin(t)\int\limits_0^t \cos(\tau)\,\sin(\tau)\,d\tau$$

$$= \cos(t)\left[\frac{1}{2}\left[\tau+\sin(\tau)\cos(\tau)\right]\right]_0^t + \sin(t)\left[-\frac{1}{2}\cos^2(\tau)\right]_0^t$$

$$= \frac{1}{2}\left[t\,\cos(t)+\sin(t)\cos^2(t)\right] - \frac{1}{2}\left[\sin(t)\cos^2(t)-\sin(t)\right]$$

$$= \frac{1}{2}\left[t\,\cos(t)+\sin(t)\right]$$

Damit lautet die berechnete Korrespondenz:

$$\frac{1}{2}\left[t\,\cos(t)+\sin(t)\right] \;\circ\!\!-\!\!\bullet\; \frac{s^2}{(s^2+1)^2}$$

Aufgabe 9.14

Die Kurven $f_1(t)$ und $f_2(t)$ sind jeweils fallende e-Funktionen. Dies bedeutet, sie haben ihre Ursache jeweils in einer einfachen Polstelle auf der negativen t-Achse. Für beide ist der Wert zum Zeitpunkt $t=0$ gleich, aber $f_2(t)$ fällt deutlich schneller ab, was bedeutet, dass der Betrag der zugehörigen Polstelle deutlich größer sein muss als der Wert bei $f_1(t)$, die Polstelle liegt also weiter links auf der Achse.

Die Kurve $f_3(t)$ stellt eine exponentiell gedämpfte Schwingung dar, hat also ihre Ursache in einem Paar einfacher konjugierter Polstellen in der linken Halbebene. Die Einhüllende fällt etwas schneller als bei $f_1(t)$, aber deutlich schneller als $f_2(t)$ ab. Das bedeutet der Realteil der Polstellen liegt nur etwas links von der für $f_1(t)$ verantwortlichen Polstelle.

An der t-Achse kann man die Frequenz der Schwingung ablesen. Beim Wert von $t=2\pi$ sind rund drei vollständige Schwingungen absolviert, so dass der Imaginärteil der konjugiert komplexen Polstellen ca. 3 beträgt.

Dies wird in der folgenden Tabelle der korrekten Werte bestätigt:

Pol s_n	$f_1(t)$	$f_2(t)$	$f_3(t)$
$s_1 = -0{,}7 + 0\,\mathrm{j}$	x		
$s_2 = -0{,}9 + 3{,}4\,\mathrm{j}$			x
$s_3 = -2{,}7 + 0\,\mathrm{j}$		x	
$s_4 = -0{,}9 - 3{,}4\,\mathrm{j}$			x
$s_5 = 2{,}7 - 0\,\mathrm{j}$			

Aufgabe 9.15

Die einfachen Polstellen sind rein reell und liegen auf der negativen s-Achse. Sie führen zu fallenden e-Funktionen, die umso schneller abfallen, je negativer der Realteil ist.

Die doppelte, rein reelle Polstelle bei $s = -0{,}5$ erzeugt einen Kurvenverlauf mit einem Maximum dicht an der y-Achse, der dann sehr schnell auf Null abfällt.

Über die Schnittpunkte mit der y-Achse, also den Werten bei $t = 0$, kann man allein aus den Polstellen keine Aussagen treffen. Anders als bei der Aufgabe 9.14, bei welcher der Kurvenverlauf angegeben war, so dass man den Wert für $t = 0$ hätte ablesen können, sofern eine Achsenskalierung vorgelegen hätte.

Mit den Werten für $t = 0$ von $A = 4{,}3$ bzw. für $f_3(t)$ von $B = 2{,}1$ sieht das Ergebnis wie folgt aus:

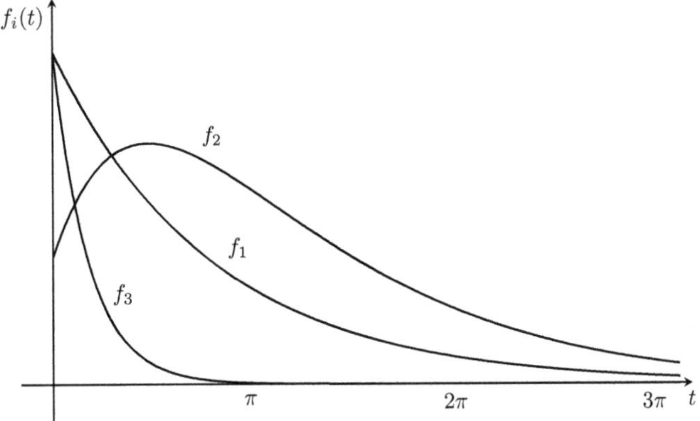

Die geforderte Skizze sollte die charakteristischen Kurvenverläufe grundsätzlich wiedergeben, ggf. mit anderen y-Achsenabschnitten. Insbesondere sollte der unterschiedlich schnelle Abfall von f_1 und f_3 deutlich werden.

Aufgabe 9.16

Die Kurve f_1 führt in der Bildfunktion $F(s)$ zu einer doppelten, rein reellen Polstelle in der linken Halbebene. Die Kurve f_2 ergibt sich aus einer einfachen, rein reellen Polstelle der Bildfunktion auf der negativen s-Achse.

Die beiden Vorfaktoren (diese entsprechen den Zählern der entsprechenden Partialbrüche von $F(s)$) sind unterschiedlich mit $A_1 < A_2$.

Die Schwingung ist das Ergebnis eines Paares konjugiert komplexer, einfacher Polstellen auf der imaginären Achse der s-Ebene. Aus der Grafik kann die Frequenz der Schwingung abgelesen werden: bei 2π sind vier volle Zyklen durchlaufen. Dies entspricht dem Imaginärteil der Polstellen, so dass diese den Wert $s_{3,4} = \pm 4\mathrm{j}$ haben.

Da es sich um eine reine Sinusschwingung handeln soll, ist entweder der Vorfaktor (wiederum gleich dem Zähler des entsprechenden Partialbruchs) negativ, oder es liegt eine Phasenverschiebung um π vor. Da die mathematisch Form der Zeitfunktion zu diesen Polstellen keine Phasenverschiebung enthält, ist folglich der Vorfaktor negativ.

B Anhang

Es wird davon ausgegangen, dass die hier dargestellten Zusammenhänge grundsätzlich bekannt sind, vielleicht nur hier und da eine kleine Auffrischung brauchen, oder an dieser Stelle kurz rekapituliert werden sollen.

Treten dabei größere Verständnisprobleme auf, sei auf die einschlägige Literatur der Grundlagenveranstaltungen zur Ingenieur-Mathematik der Algebra und der komplexen Zahlen verwiesen, z. B. [Pap14, Kap.III].

B.1 Darstellung komplexer Zahlen

Komplexen Zahlen sind quasi die Erweiterung der reellen Zahlen auf die zweite Dimension. Während reelle Zahlen über eine Gerade, die x-Achse, vollständig dargestellt werden können, benötigt man deshalb nun eine zweite Dimension. Man wählt eine Achse, die senkrecht auf der x-Achse steht, die *imaginäre Achse*, deren Einheit mit $j := \sqrt{-1}$ festgelegt ist. Damit repräsentiert jeder Punkt dieser sogenannten *Gaußschen Zahlenebene* eine komplexe Zahl $z := x + jy$, deren *Realteil* $Re(z) = x$ und deren *Imaginärteil* $Im(z) = y$ ist.

Die Menge der reellen Zahlen $\mathbb{R}$ ist damit nur eine echte Teilmenge der komplexen Zahlen: $\mathbb{R} \subset \mathbb{C} := \{z \mid z = x + jy, \text{mit } x,y \in \mathbb{R}\}$.

Damit ist die erste nahe liegende Darstellung einer komplexen Zahl ihre Darstellung über ihre **kartesischen Koordinaten**: $z = x + jy$.

Jeder Punkt der Ebene kann ebenso gut durch Angabe seines Abstands vom Ursprung und den Winkel seines Ortsvektors zur positiven x-Achse eindeutig angegeben werden[1], womit wir die **Polarkoordinaten-** oder **trigonometrische Darstellung** von z hätten: $z = r(\cos(\varphi) + j\sin(\varphi))$.

Mit dem Satz von Euler ($e^{j\varphi} = \cos(\varphi) + j\sin(\varphi)$) erhält man daraus direkt die **Euler-** oder **Exponential-Darstellung**: $z = r\,e^{j\varphi}$.

Zusammengefasst gilt also:

$$\boxed{z = x + jy = r\,e^{j\varphi} = r\left(\cos(\varphi) + j\sin(\varphi)\right)} \tag{B.1}$$

Ein Wort zur **Eindeutigkeit** der Darstellung komplexer Zahlen:
Die Angabe von Real- und Imaginärteil legt eine komplexe Zahl ebenso eindeutig fest, wie die Angabe von Betrag und Phasenwinkel, d. h. der Punkt in der Gaußschen Ebene wird damit eindeutig bestimmt. Für den umgedrehten Weg stimmt

---

[1]Den Vektor vom Ursprung zur Zahl z nennt man auch ihren **Zeiger**.

© Der/die Herausgeber bzw. der/die Autor(en), exklusiv lizenziert an
Springer-Verlag GmbH, DE, ein Teil von Springer Nature 2026
H. Kohlhoff, *Integraltransformationen in der System- und Signaltheorie*,
https://doi.org/10.1007/978-3-662-73152-9

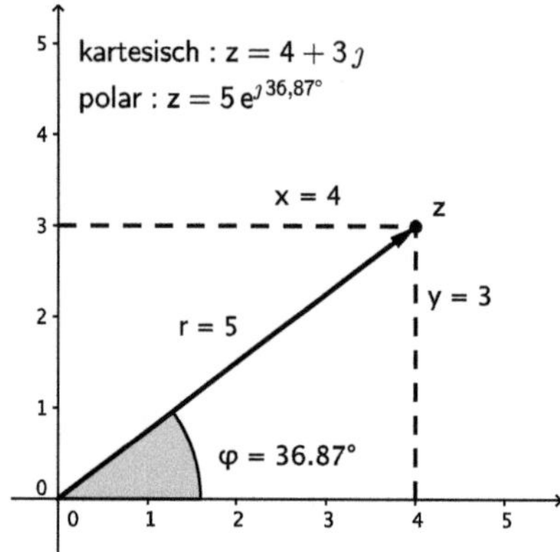

Abb. B.1: Darstellung von $z = 4 + 3\,\mathrm{j}$ mit ihren kartesischen- und Polarkoordinaten in der Gaußschen Ebene.

dies aber nur bedingt: Real- und Imaginärteil können ebenso wie der Betrag (als Abstand des Punktes vom Ursprung) zu jedem Punkt in der Ebene eindeutig bestimmt werden. Der Winkel ist jedoch mehrdeutig, da die Addition von Vielfachen eines vollständigen Umlaufs rechnerisch zum gleichen Punkt in der Ebene führt. Mit anderen Worten: der Winkel ist nur bis auf ganze Vielfache von 2π bestimmt: $\varphi = \varphi + n\,2\pi$, $n \in \mathbb{N}_0$. Diese Mehrdeutigkeit führt bekanntlich zu den mehrfachen komplexen Wurzeln und Logarithmen (s. B.2.5 und B.2.6)[2].

B.1.1 Umrechnungen

Rechnungen mit komplexen Zahlen werden meist in der Euler-Darstellung durchgeführt, für die Addition und Subtraktion muss man jedoch die kartesische Darstellung verwenden.

Damit wird es in Berechnungen öfter notwendig sein, die Darstellung zu wechseln, weshalb es hier noch einige Hinweise geben soll.

Wie in Abbildung B.1 leicht abzulesen, erhält man den Übergang von Polar- zu kartesischen Koordinaten leicht über die Winkelfunktionen:

$$\boxed{z = r\,\mathrm{e}^{\mathrm{j}\varphi} \quad \Rightarrow \quad z = x + \mathrm{j}\,y \quad : \quad x = r\,\cos(\varphi)\,,\, y = r\,\sin(\varphi)} \qquad \text{(B.2)}$$

Der umgekehrte Weg von kartesischen- zu Polarkoordinaten ist mit dem Satz von Pythagoras unproblematisch für den Betrag: $r = \sqrt{x^2 + y^2}$ jedoch ist der Winkel aufgrund der beschränkten Wertebereiche der Arkus-Funktionen nicht so einfach

---

[2]Es gilt sogar $\varphi = \varphi + n\,2\pi$, $n \in \mathbb{Z}$, d. h. die Winkel $\varphi_1 = 30°, \varphi_2 = 390°$ und $\varphi_3 = -330°$ führen faktisch bei gegebenem Betrag jeweils zum gleichen Punkt z in der Gaußschen Zahlenebene. Mathematisch ist das einwandfrei. In technischen Anwendungen spielt der Drehsinn des Winkels aber u.U. eine Rolle, so dass wir hier bei den rein positiven Werten bleiben, auch wenn damit die Mehrdeutigkeit nicht aufgehoben werden kann.

zu bestimmen.

In den meisten Büchern und Formelsammlungen wird dazu der Arkustangens benutzt: $\varphi = \arctan\left(\frac{y}{x}\right)$. Da der Arkustangens nur Werte im Bereich $\left(-\frac{\pi}{2}; \frac{\pi}{2}\right)$ liefert, muss man ggf. entsprechend der Vorzeichen von x und y den Wert von π addieren (2.Quadrant) bzw. subtrahieren (3.Quadrant). Einfacher erscheint daher die Berechnung über den Arkuskosinus mit: $\varphi = \operatorname{sgn}(y)\arccos\left(\frac{x}{r}\right)$, da der Arkuskosinus Werte im Bereich $[-\pi; \pi]$ liefert[3].

Damit ergibt sich für den Übergang von kartesischen zu Polarkoordinaten:

$$r = \sqrt{x^2 + y^2}, \quad \varphi = \begin{cases} \arctan\frac{y}{x} & \text{für } x > 0 \quad \text{und alle } y \\ \arctan\frac{y}{x} + \pi & \text{für } x < 0 \quad \text{und } y \geq 0 \\ \arctan\frac{y}{x} - \pi & \qquad\qquad \text{und } y < 0 \\ \frac{\pi}{2} & \text{für } x = 0 \quad \text{und } y > 0 \\ -\frac{\pi}{2} & \qquad\qquad \text{und } y < 0 \\ 0 & \qquad\qquad \text{und } y = 0 \end{cases} \tag{B.3}$$

oder

$$\boxed{r = \sqrt{x^2 + y^2}, \quad \varphi = \operatorname{sgn}(y) \cdot \arccos\left(\frac{x}{r}\right)} \tag{B.4}$$

Will oder muss man ausschließlich mit positiven Winkeln arbeiten, muss zu negativen Winkeln jeweils der Wert 2π addiert werden.

B.1.2 Konjugiert komplexe Zahl

Zu jeder komplexen Zahl z gibt es eine sogenannte *konjugiert konplexe* Zahl z^*:

$$\boxed{z = x + \mathrm{j}\,y \quad \Rightarrow \quad z^* := x - \mathrm{j}\,y} \tag{B.5}$$

Sie entspricht der Spiegelung der Zahl z an der reellen Achse.

Damit entspricht dann $-z^*$ der Spiegelung an der imaginären Achse.

Ein hilfreicher Zusammenhang ergibt sich aus: $z \cdot z^* = x^2 + y^2 = |z|^2$. Dies dient z. B. bei Brüchen komplexer Zahlen dazu, durch Erweiterung mit dem konjugiert komplexen Nenner eine Trennung von Real- und Imaginärteil möglich zu machen, in dem der neue Nenner damit rein reell wird (s. B.2.3).

Nützlich sind auch die beiden Zusammenhänge:

$$Re(z) = \frac{1}{2}(z + z^*) \qquad \text{und} \qquad Im(z) = -\frac{\mathrm{j}}{2}(z - z^*)$$

---

[3]beachten Sie die Definition der Signumfunktion und die zugehörige Fußnote auf Seite 147.

B.2 Die Grundrechenarten in $\mathbb{C}$

Bei der Arbeit mit komplexen Zahlen sollten einige einfache Grundregeln beachtet werden, die sich als pragmatisch hilfreich erwiesen haben:

- Addition und Subtraktion immer in kartesischen Koordinaten.
- Alle anderen Rechenoperationen in der Euler-Form.
- Winkel im Bogenmaß angeben, ggf. als Vielfache von π.
  Insbesondere darauf achten, dass Winkel, die verrechnet werden, die gleiche Einheit haben (Grad- oder Bogenmaß).
- Brüche und Wurzel solange wie möglich stehen lassen, um rundungsbedingte Ungenauigkeiten zu vermeiden.
- Darstellungswechsel (kartesisch $\leftrightarrow$ polar) möglichst vermeiden.
  Dazu kann es sinnvoll sein, die Reihenfolge der Berechnungsschritte zu ändern.

Für die folgenden Rechnungen seien die beiden komplexen Zahlen z_1 und z_2 wie folgt definiert:

$$\boxed{z_1 := x_1 + \mathrm{j}\,y_1 = r_1\,\mathrm{e}^{\mathrm{j}\,\varphi_1} \quad \text{und} \quad z_2 := x_2 + \mathrm{j}\,y_2 = r_2\,\mathrm{e}^{\mathrm{j}\,\varphi_2}}$$

B.2.1 Addition und Subtraktion

Addition und Subtraktion komplexer Zahlen kann man nur in kartesischen Koordinaten durchführen, dort wiederum ist es sehr einfach:

$$\boxed{z_1 \pm z_2 = (x_1 \pm x_2) + \mathrm{j}\,(y_1 \pm y_2)} \tag{B.6}$$

In der Euler-Darstellung lässt sich diese Rechnung nicht ausführen:

$$z_1 \pm z_2 = r_1\,\mathrm{e}^{\mathrm{j}\,\varphi_1} \pm r_2\,\mathrm{e}^{\mathrm{j}\,\varphi_2}$$

Denn sollten nicht gerade die Beträge oder die Winkel gleich sein, lässt sich dieser Ausdruck nicht weiter zusammenfassen. Insbesondere können Real- und Imaginärteil nicht angeben werden (s.B.2.7).

B.2.2 Multiplikation

Die Multiplikation komplexer Zahlen kann sowohl in kartesischer wie auch in Euler-Darstellung ausgeführt werden.

$$\boxed{z_1 \cdot z_2 = (x_1 x_2 - y_1 y_2) + \mathrm{j}\,(x_1 y_2 + x_2 y_1)} \tag{B.7}$$

bzw.

$$\boxed{z_1 \cdot z_2 = r_1\,r_2\,\mathrm{e}^{\mathrm{j}\,(\varphi_1 + \varphi_2)}} \tag{B.8}$$

In der Euler-Darstellung wird die Wirkung auf die Zeiger in der Gaußschen Ebene deutlich: wird z_1 mit z_2 multipliziert, wird der Zeiger von z_1 in der Länge um den Faktor r_2, also den Betrag von z_2, gestreckt (oder gestaucht, wenn $r_2 < 1$) und um den Winkel φ_2 weiter gedreht. Deshalb spricht man auch von einer *Dreh-Streckung*.

Weiterhin kann man leicht ablesen, dass die Multiplikation einer komplexen Zahl z_1 mit einer rein reellen Zahl z_2 (d. h. $\varphi_2 = 0°$ oder $180°$) nur zu einer Streckung/Stauchung um den Betrag der reellen Zahl führt, ggf. mit einem Vorzeichenwechsel, der seinerseits der Änderung des Winkels um $180°$ bedeutet.

Wird z_1 hingegen mit $\pm\mathrm{j}$ multipliziert, wird der Zeiger lediglich um plus oder minus 90 Grad verdreht.

B.2.3 Division

Auch die Division zweier komplexer Zahlen ist grundsätzlich sowohl in kartesischer wie auch Euer-Darstellung möglich. Auch wenn die Division in der Euler-Darstellung wesentlich leichter ist und damit weniger Gelegenheit für Rechenfehler bietet, kann es zur Vermeidung zusätzlicher Wechsel des Koordinatensystems manchmal sinnvoll sein, die Rechnung in kartesischer Schreibweise auszuführen.

In kartesischer Darstellung wird der Bruch zunächst mit dem konjugiert komplexen Nenner erweitert. Dadurch wird der Nenner rein reell und Real- und Imaginärteil können nach Ausmultiplizieren des Zählers bestimmt werden:

$$\frac{z_1}{z_2} = \frac{x_1 + \mathrm{j}\,y_1}{x_2 + \mathrm{j}\,y_2} = \frac{x_1 + \mathrm{j}\,y_1}{x_2 + \mathrm{j}\,y_2} \cdot \frac{x_2 - \mathrm{j}\,y_2}{x_2 - \mathrm{j}\,y_2} = \frac{x_1 x_2 + y_1 y_2}{x_2^2 + y_2^2} + \mathrm{j}\,\frac{x_2 y_1 - x_1 y_2}{x_2^2 + y_2^2}$$

$$\boxed{\frac{z_1}{z_2} = \frac{x_1 x_2 + y_1 y_2}{x_2^2 + y_2^2} + \mathrm{j}\,\frac{x_2 y_1 - x_1 y_2}{x_2^2 + y_2^2}} \tag{B.9}$$

bzw. in Euler-Darstellung

$$\boxed{\frac{z_1}{z_2} = \frac{r_1}{r_2}\,\mathrm{e}^{\mathrm{j}\,(\varphi_1 - \varphi_2)}} \tag{B.10}$$

Die Division entspricht also wiederum einer Stauchung ($r_2 > 1$) bzw. Streckung ($r_2 < 1$) des Zeigers von z_1 verbunden mit einer Drehung im ($\varphi_2 > 0$) oder gegen ($\varphi_2 < 0$) den Uhrzeigersinn.

Die Division mit $\pm\mathrm{j}$ entspricht ja der Multiplikation mit $\mp\mathrm{j}$ und bewirkt folglich nur eine Drehung des Zeigers von z_1 um $\mp 90°$.

Für die *Inverse einer komplexen Zahl* ergibt sich damit:

$$z^{-1} = \frac{1}{z} = \frac{x - \mathrm{j}\,y}{x^2 + y^2} = \frac{x}{x^2 + y^2} - \mathrm{j}\,\frac{y}{x^2 + y^2}$$

und

$$\mathrm{j}^{-1} = \frac{1}{\mathrm{j}} = \frac{1}{\mathrm{e}^{\mathrm{j}\,90°}} = \mathrm{e}^{\mathrm{j}\,(-90°)} = -\mathrm{j} = \mathrm{j}^*$$

B.2.4 Potenzen

Auch wenn die Berechnung der Potenz einer komplexen Zahl kartesisch mit Hilfe des Binomischen Lehrsatzes grundsätzlich möglich ist:

$$z^n = (x + \mathrm{j}\, y)^n = \sum_{k=0}^{n} \binom{n}{k} x^n\, (\mathrm{j}\, y)^{n-k}$$

stellt dies keine wirklich praktikable Vorgehensweise dar.

Potenzen komplexer Zahlen werden deshalb üblicher Weise in der Euler-Darstellung berechnet:

$$\boxed{z^n = r^n\, \mathrm{e}^{\mathrm{j}\, n\varphi} \quad , n \in \mathbb{N}} \tag{B.11}$$

Als fortgesetzte Multiplikation der komplexen Zahl z mit sich selbst entspricht die Potenzierung also einer "massiven" Streckung (oder Stauchung) und Drehung ihres Zeigers in der Gaußschen Ebene.

B.2.5 Wurzeln

Sei $a := a_0\, \mathrm{e}^{\mathrm{j}\, \alpha}$ die komplexe Zahl, aus der die n-te Wurzel gezogen werden soll. Dann ergibt sich:

$$z^n = a \quad \Leftrightarrow \quad \left(r\, \mathrm{e}^{\mathrm{j}\, \varphi}\right)^n = a_0\, \mathrm{e}^{\mathrm{j}\, \alpha}$$

Zwei komplexe Zahlen sind gleich, wenn ihre Beträge übereinstimmen und ihre Winkel plus minus ganzzahliger Vielfacher von 2π gleich sind. Daraus ergibt sich:

$$r^n = a_0 \quad \text{und} \quad n\, \varphi_k = \alpha + 2\pi\, k \quad , k \in \mathbb{Z}$$

Für die n-te Wurzel folgt dann: $z = \sqrt[n]{a} = \sqrt[n]{a_0}\, \mathrm{e}^{\mathrm{j}\, \frac{\alpha + 2\pi k}{n}}$ mit $k \in \mathbb{Z}$.

Nimmt k nun die Werte $0,1,\dots,n-1,n,n+1$ an, erhält man mit $k = n$ für den Winkel $\varphi_n = \frac{\alpha + 2\pi n}{n} = \frac{\alpha}{n} + 2\pi$ und damit den gleichen Wert wie für $k = 0$ (beachte B.1, den Hinweis zur Eindeutigkeit der Euler-Darstellung). Für $k = n + 1$ folgt der Wert für $k = 1$ usw. Im Fall negativer Werte von k gilt entsprechendes. Man erhält also insgesamt nur n verschiedene komplexe Wurzeln:

$$\boxed{\left\{ z = \sqrt[n]{a} \right\} = \left\{ r\, \mathrm{e}^{\mathrm{j}\, \varphi_k} \;\middle|\; r = \sqrt[n]{a_0}\, , \; \varphi_k = \frac{\alpha + 2\pi \cdot k}{n} \, , \; k = 0,1,\dots n-1 \right\}} \tag{B.12}$$

Aus der Tatsache, dass es <u>immer</u> n verschiedene komplexe n-te Wurzeln einer Zahl z gibt, folgt die anfangs vielleicht irritierende Tatsache, dass es in der komplexen Ebene z. B. 6 Lösungen der Gleichung $z^6 = 1$ gibt:

$$\left\{ z = \sqrt[6]{1} \right\} = \left\{ \mathrm{e}^{\mathrm{j}\, \varphi_k} \;\middle|\; \varphi_{k=0,1,\dots,5} = 0°, 60°, 120°, 180°, 240°, 300° \right\}$$

Die Wurzel für $k = 0$ nennt man den **_Hauptwert der Wurzel_**[4].

---

[4]Diesen Wert geben Taschenrechner i.A. als einzige Wurzel einer komplexen Zahl aus.

Aus der Formel B.12 kann die geometrische Deutung der Wurzeln abgelesen werden:

- Der Betrag aller Wurzeln ist gleich, d. h. ihre Zeigerspitzem liegen alle auf einem Kreis mit dem Radius $\sqrt[n]{a_0}$.
- Der Winkel zwischen benachbarten Zeigern beträgt immer $\Delta\varphi = \frac{2\pi}{n}$.

Zeichnet man die Zeiger einer komplexen n-ten Wurzel in der Gaußschen Ebene ein, ergibt sich damit immer ein *regelmäßiges n-Eck*:

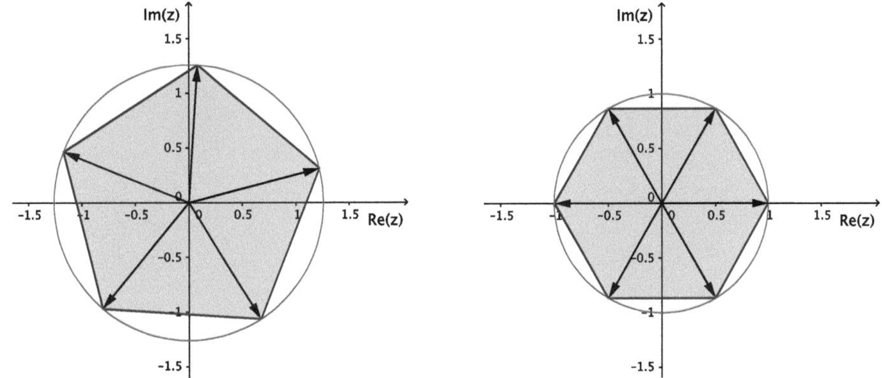

Abb. B.2: Zeigerdarstellung komplexer Wurzeln.
Links sind $z = \sqrt[5]{1+3\,\mathrm{j}}$ dargestellt und rechts $z = \sqrt[6]{1}$.
Im Fall der geraden Wurzel aus der reellen Zahl 1 erkennt man die Symmetrien zur reellen- und imaginären Achse.

Daraus folgt ein weiterer leicht nachvollziehbarer Zusammenhang, der es oftmals erlaubt, den Rechenaufwand zu verringern:

Wird die **Wurzel einer rein reellen Zahl** gezogen, liegt der Hauptwert auf der reellen Achse und alle Wurzeln mit einem Imaginärteil ungleich Null treten immer als konjugiert komplexe Paare auf. Es gibt also eine Symmetrie zur x-Achse.

Handelt es sich zusätzlich um eine gerade Wurzel, gibt es zusätzlich eine Symmetrie zur y-Achse, so dass es in diesem Fall ausreicht, die Wurzeln im 1.Quadranten zu bestimmen und die restlichen durch Spiegelung an den Achsen zu ergänzen.

Zum Schluss sei noch auf den **Fundamentalsatz der Algebra** hingewiesen:

In der Menge der komplexen Zahlen hat jedes Polynom n-ten Grades genau n Wurzeln, d. h. jedes Polynom n-ten Grades lässt sich immer vollständig in seine n Linearfaktoren (ggf. mit den entsprechenden Vielfachheiten) zerlegen.

Sind alle Koeffizienten rein reell, treten die Wurzeln immer als konjugiert komplexe Paare auf. Auch hier kann man also wieder entsprechend Rechenaufwand sparen.

B.2.6 Logarithmus

Anders als im Reellen ist der Logarithmus im Komplexen auch für negative Zahlen definiert: es ist die Lösung der Gleichung $e^z = a$ mit $a = a_0\,e^{j\,\alpha} \in \mathbb{C}$. Analog zur Herleitung der komplexen Wurzeln ist auch der natürliche Logarithmus im Komplexen nicht eindeutig und es gilt:

$$\boxed{\ln(z) = \ln a_0 + j\,(\alpha + 2\pi\,k)\ ,\ k = 0,1,\dots} \tag{B.13}$$

Im Gegensatz zu den Wurzeln ist der Logarithmus in Polarkoordinaten unendlich vieldeutig, d. h. die Werte wiederholen sich nicht, jedoch erhält man kartesisch immer den gleichen Wert.

Für $k = 0$ spricht man vom ***Hauptwert des Logarithmus*** $\mathrm{Ln}\,(z) = \ln(a_0) + j\,\alpha$. Dies ist der Wert, den Taschenrechner für komplexe Logarithmen typischerweise ausgeben[5].

B.2.7 Hinweise und hilfreiche Zusammenhänge

Grundsätzlicher Hinweis: Rechnet man mit komplexen Zahlen ist es immer eine gute Idee, das Endergebnis in "reiner Form" darzustellen, also kartesisch mit eindeutigem Real- und Imaginärteil, bzw. in der Eulerform mit einem Betrag und Winkel.

"Merkregel": in kartesischer Darstellung sollte die imaginäre Einheit "j" nur noch ein Mal auftreten, sonst hat man die Ausdrücke noch nicht ausreichend zusammengefaßt.

Hilfreiche Ausdrücke

Es gibt einige Ausdrücke, die häufig in Rechnungen mit komplexen Zahlen auftreten, sich aber leicht vereinfachen lassen. Auch wenn die Umwandlungen simpel sind, seien hier doch die wichtigsten genannt:

---

[5]man beachte das groß geschriebene "Ln" im Gegensatz zum "normalen" Logarithmus "ln".

Ausdruck	ist gleich	Herleitung
$Re(z)$	$\frac{1}{2}(z + z^*)$	$\frac{1}{2}(x + \mathrm{j}\,y + x - \mathrm{j}\,y) = \frac{1}{2}(2x) = x$
$Im(z)$	$\frac{1}{2\mathrm{j}}(z - z^*)$	$\frac{1}{2\mathrm{j}}(x + \mathrm{j}\,y - x + \mathrm{j}\,y) = \frac{1}{2\mathrm{j}}(\mathrm{j}\,2y) = y$
j^k	$\mathrm{j}, -1, -\mathrm{j}, 1, \dots$	für $k = 1,2,3,4,\dots$
$\frac{1}{\mathrm{j}} = \mathrm{j}^{-1}$	$-\mathrm{j}$	$\frac{1}{\mathrm{j}} \cdot \frac{\mathrm{j}}{\mathrm{j}} = \frac{\mathrm{j}}{\mathrm{j}^2}$
$\mathrm{e}^{\mathrm{j}\frac{\pi}{2}}$	j	$\mathrm{e}^{\mathrm{j}\frac{\pi}{2}} = \underbrace{\cos\left(\frac{\pi}{2}\right)}_{=0} + \mathrm{j}\,\underbrace{\sin\left(\frac{\pi}{2}\right)}_{=1}$
$\mathrm{e}^{\mathrm{j}\frac{\pi}{2}k}$	j^k	$\mathrm{e}^{\mathrm{j}\frac{\pi}{2}k} = \left(\mathrm{e}^{\mathrm{j}\frac{\pi}{2}}\right)^k = (\mathrm{j})^k \quad \forall\, k \in \mathbb{N}_0$
$\mathrm{e}^{\mathrm{j}\pi}$	-1	$\mathrm{e}^{\mathrm{j}\pi} = \underbrace{\cos\left(\pi\right)}_{=-1} + \mathrm{j}\,\underbrace{\sin\left(\pi\right)}_{=0}$
$\mathrm{e}^{\mathrm{j}\frac{3\pi}{2}}$	$-\mathrm{j}$	$\mathrm{e}^{\mathrm{j}\frac{3\pi}{2}} = \mathrm{e}^{\mathrm{j}\left(\pi + \frac{\pi}{2}\right)} = \mathrm{e}^{\mathrm{j}\pi} \cdot \mathrm{e}^{\mathrm{j}\frac{\pi}{2}} = -1 \cdot \mathrm{j}$
$\mathrm{e}^{\mathrm{j}\frac{3\pi}{2}k}$	$(-\mathrm{j})^k$	$\mathrm{e}^{\mathrm{j}\frac{3\pi}{2}k} = \left(\mathrm{e}^{\mathrm{j}\frac{3\pi}{2}}\right)^k = (-\mathrm{j})^k \quad \forall\, k \in \mathbb{N}_0$
$\mathrm{e}^{\mathrm{j}2\pi}$	1	$\mathrm{e}^{\mathrm{j}2\pi} = \left(\mathrm{e}^{\mathrm{j}\pi}\right)^2 = (-1)^2$
$\mathrm{e}^{\mathrm{j}2\pi k}$	1	$\mathrm{e}^{\mathrm{j}2\pi k} = \left(\mathrm{e}^{\mathrm{j}2\pi}\right)^k = (1)^k \quad \forall\, k \in \mathbb{N}_0$
$\mathrm{e}^{-\mathrm{j}\pi k}$	$(-1)^k$	$\mathrm{e}^{-\mathrm{j}\pi k} = \left(\mathrm{e}^{-\mathrm{j}\pi}\right)^k = (-1)^k \quad \forall\, k \in \mathbb{N}_0$

Tabelle B.1: Hilfreiche Ausdrücke komplexer Zahlen

B.3 Integration über Partialbruchzerlegung

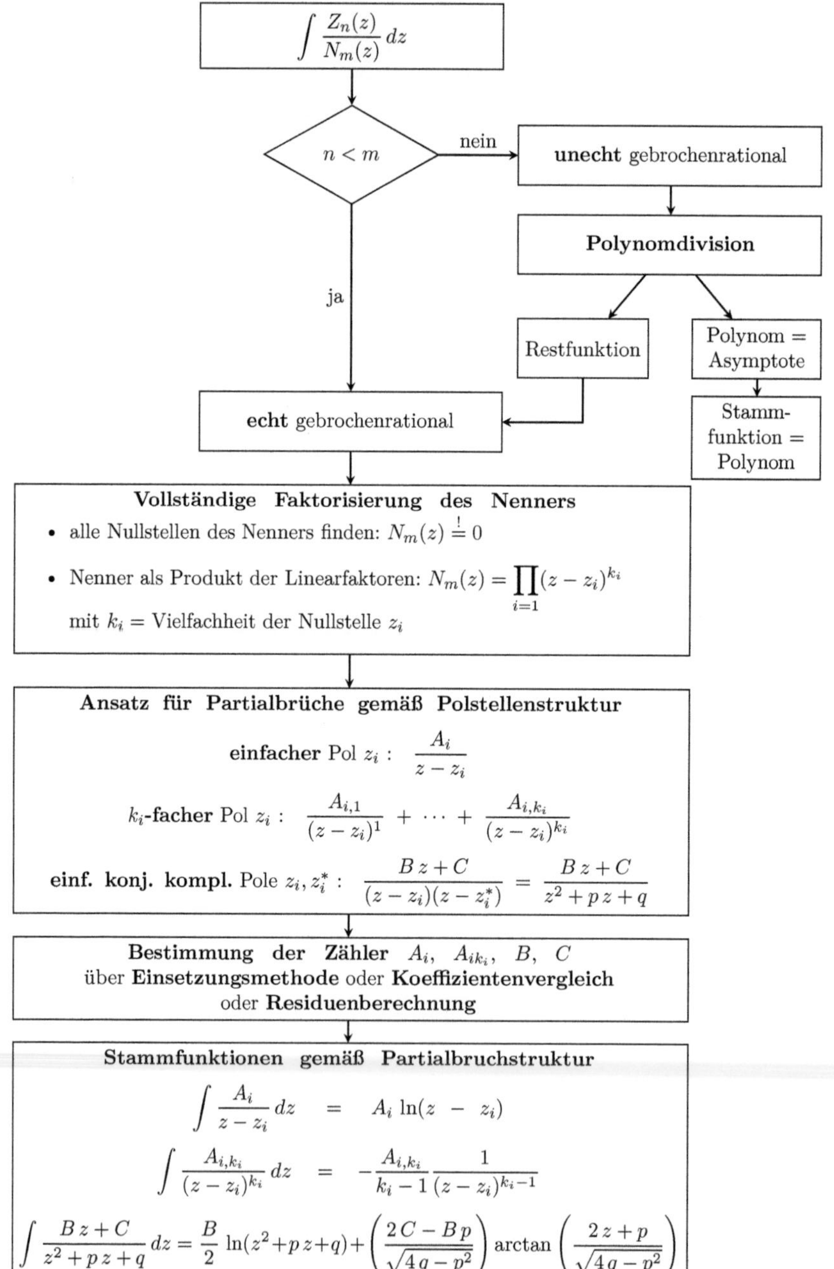

Abb. B.3: Integration gebrochenrationaler Funktionen über Partialbruchzerlegung

B.4 Residuen - Berechnung und Anwendung

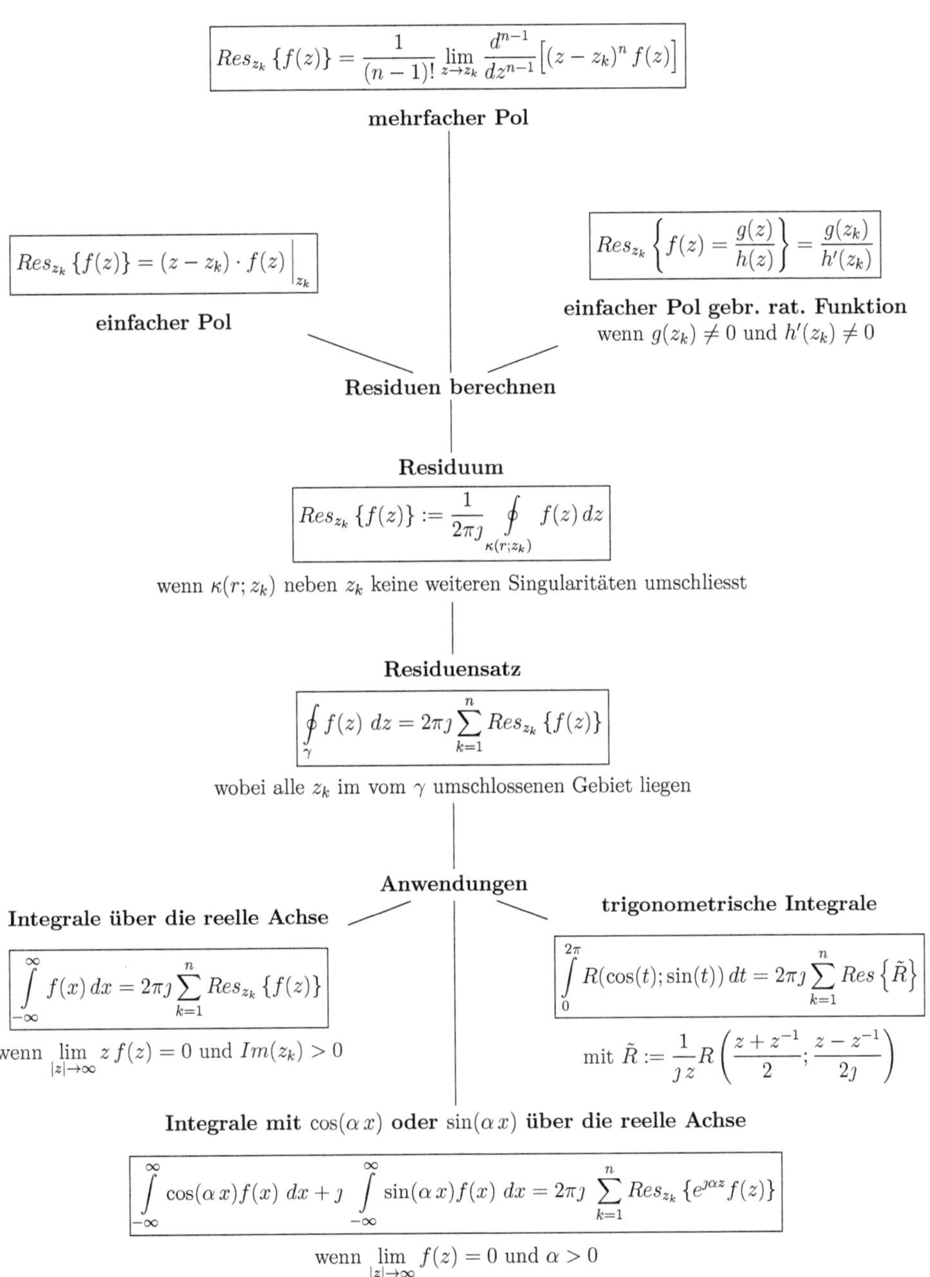

Abb. B.4: Residuen - Berechnung und Anwendung

B.5 Fourierintegral und Symmetrie

	Spektralfunktion = komplexe Amplitudendichte $F(\omega)$	Zeitfunktion = Fourierintegral $f(t)$
Komplexes Fourierintegral	$F(\omega) = \displaystyle\int_{-\infty}^{\infty} f(t)\,\mathrm{e}^{-\mathrm{j}\omega t}\,dt$	$f(t) = \dfrac{1}{2\pi}\displaystyle\int_{-\infty}^{\infty} F(\omega)\,\mathrm{e}^{\mathrm{j}\omega t}\,d\omega$
Reelles Fourierintegral $f(t) \in \mathbb{R}\,\forall\, t$	$F(\omega) = Re(F(\omega)) + \mathrm{j}Im(F(\omega))$ $Re(F(\omega)) = \displaystyle\int_{-\infty}^{\infty} f(t)\cos(\omega t)\,dt$ $Im(F(\omega)) = -\displaystyle\int_{-\infty}^{\infty} f(t)\sin(\omega t)\,dt$	$f(t) = \dfrac{1}{\pi}\displaystyle\int_{0}^{\infty} [Re(F(\omega))\cos(\omega t) - Im(F(\omega))\sin(\omega t)]\,d\omega$
gerade Zeitfunktion: $f(t) = f(-t)$	$F(\omega) = 2\displaystyle\int_{0}^{\infty} f(t)\cos(\omega t)\,dt$	$f(t) = \dfrac{1}{\pi}\displaystyle\int_{0}^{\infty} Re(F(\omega))\cos(\omega t)\,d\omega$
ungerade Zeitfunktion: $f(t) = -f(-t)$	$F(\omega) = -2\mathrm{j}\displaystyle\int_{0}^{\infty} f(t)\sin(\omega t)\,dt$	$f(t) = -\dfrac{1}{\pi}\displaystyle\int_{0}^{\infty} Im(F(\omega))\sin(\omega t)\,d\omega$

- Ist $f(t)$ eine reellwertige Zeitfunktion, so ist der Realteil der zugehörigen Spektralfunktion $F(\omega)$ eine gerade, der Imaginärteil eine ungerade Funktion der Kreisfrequenz ω.

- Ist die reellwertige Zeitfunktion gerade, ist der Imaginärteil der Spektralfunktion gleich Null $Im(F(\omega)) = 0$.

- Ist die reellwertige Zeitfunktion ungerade, ist der Realteil der Spektralfunktion gleich Null $Re(F(\omega)) = 0$.

Abb. B.5: Fourierintegral und Symmetrie.

B.6 Fouriertransformation und Symmetrie

Fouriertransformierte $=$ Spektralfunktion	Inverse Fouriertransformierte $=$ Zeitfunktion
$F(\omega) = \mathcal{F}\{f(t)\}$	$f(t) = \mathcal{F}^{-1}\{F(\omega)\}$
$F(\omega) = \displaystyle\int_{-\infty}^{\infty} f(t)\, \mathrm{e}^{-\mathrm{j}\omega t}\, dt$	$f(t) = \dfrac{1}{2\pi} \displaystyle\int_{-\infty}^{\infty} F(\omega)\, \mathrm{e}^{\mathrm{j}\omega t}\, d\omega$
$F(\omega) = \underbrace{\displaystyle\int_{-\infty}^{\infty} f(t)\cos(\omega t)\, dt}_{\text{Kosinustransformierte}} - \mathrm{j} \underbrace{\displaystyle\int_{-\infty}^{\infty} f(t)\sin(\omega t)\, dt}_{\text{Sinustransformierte}}$	$f(t) = \dfrac{1}{2\pi} \displaystyle\int_{-\infty}^{\infty} \left[Re(F(\omega))\cos(\omega t) - Im(F(\omega))\sin(\omega t) \right] d\omega$
$\underbrace{Re\,(F(\omega)) = Re\,(F(-\omega))}_{Re(F(\omega))\ \text{ist gerade}} \wedge \underbrace{Im\,(F(\omega)) = -Im\,(F(-\omega))}_{Im(F(\omega))\ \text{ist ungerade}}$	$f(t) \in \mathbb{R}\ \forall\, t$
$Re(F(\omega)) \neq 0 \wedge Im(F(\omega)) \neq 0 \Rightarrow F(\omega) \in \mathbb{C}$	$f(t) \in \mathbb{R}\ \forall\, t\,,\ \underbrace{f(t) \neq \pm f(-t)}_{\text{unsymmetrisch}}$
$Im(F(\omega)) = 0 \Rightarrow F(\omega) = \text{Kosinustransformierte}$ $F(\omega) = 2 \displaystyle\int_{0}^{\infty} f(t)\cos(\omega t)\, dt \Rightarrow F(\omega) \in \mathbb{R}$	$f(t) \in \mathbb{R}\ \forall\, t\,,\ \underbrace{f(t) = f(-t)}_{\text{gerade}}$ $f(t) = \dfrac{1}{\pi} \displaystyle\int_{0}^{\infty} Re(F(\omega))\cos(\omega t)\, d\omega$
$Re(F(\omega)) = 0 \Rightarrow F(\omega) = \text{Sinustransformierte}$ $F(\omega) = -2\mathrm{j} \displaystyle\int_{0}^{\infty} f(t)\sin(\omega t)\, dt \Rightarrow F(\omega) \in \mathbb{R}$	$f(t) \in \mathbb{R}\ \forall\, t\,,\ \underbrace{f(t) = -f(-t)}_{\text{ungerade}}$ $f(t) = -\dfrac{1}{\pi} \displaystyle\int_{0}^{\infty} Im(F(\omega))\sin(\omega t)\, d\omega$

Abb. B.6: Fouriertransformation und Symmetrie.

B.7 Hilfssätze

B.7.1 Hilfssätze der Fouriertransformation

Bezeichnung	Signalfkt. $f(t)$	Bildfkt. $F(\omega)$	Bed.
Additionssatz Linearkombination	$\alpha\,f(t) + \beta\,g(t)$	$\alpha\,F(\omega) + \beta\,G(\omega)$	
Verschiebungssatz Zeitverschiebung	$f(t - t_0)$	$\mathrm{e}^{-\mathrm{j}\omega t_0}\,F(\omega)$	$a \in \mathbb{R}$
Ähnlichkeitssatz Zeitskalierung	$f(a\,t)$	$\dfrac{1}{\lvert a\rvert}\,F\left(\dfrac{\omega}{a}\right)$	$a \in \mathbb{R}^+$
Zeitumkehrsatz	$f(-t)$	$F(-\omega)$	
Frequenzverschiebungssatz	$f(t)\,\mathrm{e}^{\mathrm{j}\omega_0 t}$	$F(\omega - \omega_0)$	$\omega_0 \in \mathbb{R}$
Differentiationssatz Ableitg. Zeitfunktion	$f^{(n)}(t)$	$(\mathrm{j}\omega)^n\,F(\omega)$	
Multiplikationssatz Ableitg. Bildfunktion	$t^n\,f(t)$	$\mathrm{j}^n\,F^{(n)}(\omega)$	
Dualitätssatz Symmetrie	$F(t)$	$2\pi\,f(-\omega)$	
Multiplikation von Signalfunktionen	$f_1(t) \cdot f_2(t)$	$\dfrac{1}{2\pi}[F_1(\omega) * F_2(\omega)]$	
Faltungssatz	$f_1(t) * f_2(t)$	$F_1(\omega) \cdot F_2(\omega)$	
Modulationssatz Amplitudenmodulation	$\cos(\omega_0 t)\,f(t)$ $\sin(\omega_0 t)\,f(t)$	$\frac{1}{2}\,[F(\omega - \omega_0) + F(\omega + \omega_0)]$ $\frac{1}{2\mathrm{j}}\,[F(\omega - \omega_0) - F(\omega + \omega_0)]$	

B.7.2 Hilfssätze der Laplacetransformation

Bezeichnung	Signalfkt. $f(t)$	Bildfkt. $F(s)$	Bed.
Additionssatz Linearkombination	$\alpha\, f(t) + \beta\, g(t)$	$\alpha\, F(s) + \beta\, G(s)$	
Verschiebungssatz Zeitverschiebung	$f(t - t_0)\,\sigma(t - t_0)$	$\mathrm{e}^{-s\,t_0}\,F(s)$	$0 < t_0$
Ähnlichkeitssatz Zeitskalierung	$f(a\,t)$	$\dfrac{1}{a}\,F\left(\dfrac{s}{a}\right)$	$0 < a$
Multiplikationssatz Ableitg. Bildfunktion	$t^n\,f(t)$	$(-1)^n\,F^{(n)}(s)$	$n \in \mathbb{N}$
Differentiationssatz Ableitg. Zeitfunktion	$f^{(n)}(t)$	$s^n\,F(s) - \displaystyle\sum_{k=0}^{n-1} s^{n-1-k}\,f_0^{(k)}$ $f_0^{(k)}\ldots$ rechtss. Grenzw.	
Dämpfungssatz 2.Verschiebungssatz	$\mathrm{e}^{-a\,t}\,f(t)$	$F(s + a)$	$a \in \mathbb{C}$
Multiplikation von Zeitfunktionen	$f(t)\cdot g(t)$	$F(s) * G(s)$	
Faltungssatz	$f(t) * g(t)$	$F(s)\cdot G(s)$	

B.8 Korrespondenztabellen

B.8.1 Fouriertransformierte

$$F(\omega) := \int\limits_{-\infty}^{\infty} f(t)\, \mathrm{e}^{-\mathrm{j}\omega t}\, dt \qquad \text{und} \qquad f(t) = \frac{1}{2\pi} \int\limits_{-\infty}^{\infty} F(\omega)\, \mathrm{e}^{\mathrm{j}\omega t}\, d\omega$$

Originalfunktion $f(t)$ = Zeitfunktion	Bildfunktion $F(\omega)$ = Spektralfunktion	Referenz
$\delta(t)$	1	Kap. 8.1.4
1	$2\pi\,\delta(\omega)$	Kap. 8.1.4
$\delta(t+t_0) + \delta(t-t_0)$	$2\cos(\omega t_0)$	Bspl. 8.4.1
$\sigma(t)$	$\dfrac{1}{\mathrm{j}\,\omega} + \pi\,\delta(\omega)$	Kap. 8.1.4
$\mathrm{sgn}\,(t)$	$\dfrac{2}{\mathrm{j}\,\omega}$	Kap. 8.1.4
$e^{-at}\,\sigma(t)\,,\ a \in \mathbb{R}^+$	$\dfrac{1}{a+\mathrm{j}\,\omega}$	Kap. 8.1.1 Abb. 7.4
$t\,e^{-at}\,\sigma(t)\,,\ a \in \mathbb{R}^+$	$\dfrac{1}{(a+\mathrm{j}\,\omega)^2}$	Bspl. 8.4.3
$e^{-at^2}\,\sigma(t)\,,\ a \in \mathbb{R}^+$	$\sqrt{\dfrac{\pi}{a}}\exp\left(-\dfrac{\omega^2}{4a}\right)$	Übg. 8.4
$e^{at}\,\sigma(-t)\,,\ a \in \mathbb{R}^+$	$\dfrac{1}{a-\mathrm{j}\,\omega}$	Kap. 8.1.4
$\mathrm{e}^{-a\,|t|}\,,\ a > 0$	$\dfrac{2a}{a^2+\omega^2}$	Übg. 8.7
$\mathrm{e}^{\mathrm{j}\omega_0 t}$	$2\pi\,\delta(\omega-\omega_0)$	Übg. 8.6

Originalfunktion $f(t)$ = Zeitfunktion	**Bildfunktion** $F(\omega)$ = Spektralfunktion	Referenz
$\sin(\omega_0 t)$	$\mathrm{j}\,\pi\,[\delta(\omega + \omega_0) - \delta(\omega - \omega_0)]$	Bspl. 8.4.4
$\cos(\omega_0 t)$	$\pi\,[\delta(\omega + \omega_0) + \delta(\omega - \omega_0)]$	Übg. 8.10
Rechteckimpuls $\mathrm{rect}\left(\dfrac{t}{2T}\right) = \mathrm{rect}_{2T}(t)$	$2\,T\,\mathrm{si}\,(\omega T) = 2\,\dfrac{\sin(\omega T)}{\omega}$	Kap. 8.1.2 Abb. 8.2
Tri- oder Dreiecksfunktion $\Lambda\left(\dfrac{\lvert t\rvert}{T}\right) = \begin{cases} 1 + \dfrac{t}{T} & \text{für } t \in [-T;0) \\ 1 - \dfrac{t}{T} & \text{für } t \in [0;T] \\ 0 & \text{sonst} \end{cases}$	$T\,\mathrm{si}^{2}\left(\dfrac{\omega T}{2}\right) = \dfrac{4}{\omega^{2}T}\sin^{2}\left(\dfrac{\omega}{2}T\right)$	Übg. 8.3
Normierte Gaußfunktion $\dfrac{1}{\sigma\sqrt{2\pi}}\exp\left(-\dfrac{1}{2}\left(\dfrac{t}{\sigma}\right)^{2}\right)$	$\exp\left(-\dfrac{1}{2}(\omega\sigma)^{2}\right)$	Kap. 8.1.3 Abb. 8.3
$\dfrac{1}{a + \mathrm{j}\,t}\,,\ a > 0$	$2\pi\,\mathrm{e}^{a\,\omega}\,\sigma(-\omega)$	Kap. 8.4.6
Impuls mit Stärke 1 $\dfrac{1}{T}\,[\sigma(t) - \sigma(t - T)]$ $= \dfrac{1}{T}\,\mathrm{rect}\left(\dfrac{t}{T} - \dfrac{T}{2}\right)$	$\dfrac{1}{\mathrm{j}\,\omega T}\,[1 - \mathrm{e}^{-\mathrm{j}\,\omega T}]$	Übg. 8.12

B.8.2 Laplacetransformierte

$$F(s) := \int\limits_{0}^{\infty} f(t)\,\mathrm{e}^{-st}\,dt \qquad \text{und} \qquad f(t) = \frac{1}{2\pi\mathrm{j}} \int\limits_{\sigma-\mathrm{j}\infty}^{\sigma+\mathrm{j}\infty} F(s)\,\mathrm{e}^{st}\,ds$$

(Hinweis: die Multiplikation mit der Einheitssprungfunktion $\sigma(t)$ zur Sicherstellung der Kausalität der Zeitfunktion wird zur besseren Lesbarkeit bei den Originalfunktionen im Allgemeinen weggelassen, es sei denn, es handelt sich um eine Verschiebung mit $\sigma(t - t_0)$.)

Originalfunktion $f(t)$ = kausale Zeitfunktion $f(t) = 0 \ \forall\, t \le 0$	**Bildfunktion** $F(s)$ = Laplacetransf. $s := \sigma + \mathrm{j}\omega$	Bed.	Referenz
$\delta(t)$	1	$0 < \sigma$	analog FT
$\sigma(t)$ bzw. 1	$\dfrac{1}{s}$	$0 < \sigma$	Seite 187
t	$\dfrac{1}{s^2}$	$0 < \sigma$	Seite 176 Seite 179
$t\,\sigma(t - t_0)$	$\dfrac{(1 + s\,t_0)\,\mathrm{e}^{-s\,t_0}}{s^2}$	$0 < \sigma$	Seite 270
$\dfrac{t^{n-1}}{(n-1)!}$	$\dfrac{1}{s^n}$	$0 < \sigma$	Seite 191
e^{at}	$\dfrac{1}{s - a}$	$a < \sigma$	Seite 179
$-1 + \mathrm{e}^{t}$	$\dfrac{1}{s(s - 1)}$	$1 < \sigma$	Seite 190
$1 - \mathrm{e}^{-t} + 2\mathrm{e}^{t}$	$\dfrac{2s^2 + 3s - 1}{s^3 - s}$	$1 < \sigma$	Seite 190
$t\,\mathrm{e}^{-at}$	$\dfrac{1}{(s + a)^2}$	$a < \sigma$	Seite 185
$\dfrac{1}{a^2}\left[1 - (at + 1)\,\mathrm{e}^{-at}\right]$	$\dfrac{1}{s(s + a)^2}$	$a < \sigma$	Übg. 9.5 Seite 205

Originalfunktion $f(t)$ = kausale Zeitfunktion $f(t) = 0 \; \forall \; t \le 0$	**Bildfunktion** $F(s)$ = Laplacetransf. $s := \sigma + \mathrm{j}\omega$	Bed.	Referenz
$\sin(t)$	$\dfrac{1}{s^2 + 1}$	$0 < \sigma$	Seite 180
$\sin(t - t_0)$	$\dfrac{\mathrm{e}^{-s\,t_0}}{s^2 + 1}$	$0 < \sigma$	Seite 182
$\sin(at)$	$\dfrac{a}{s^2 + a^2}$	$0 < \sigma$	Seite 184
$\sinh(at)$	$\dfrac{a}{s^2 - a^2}$	$a < \sigma$	Übg. 9.3 Seite 263
$\dfrac{1}{2}\, t \, \sin(at)$	$\dfrac{as}{(s^2 + a^2)^2}$	$0 < \sigma$	Seite 197
$\cos(t)$	$\dfrac{s}{s^2 + 1}$	$0 < \sigma$	Seite 180
$\cos(at)$	$\dfrac{s}{s^2 + a^2}$	$0 < \sigma$	Seite 184
$\cosh(at)$	$\dfrac{s}{s^2 - a^2}$	$a < \sigma$	Übg. 9.3 Seite 263
$\alpha \cos(a\,t) + \beta \sin(a\,t)$	$\dfrac{\alpha\, s + \beta\, a}{s^2 + a^2}$	$0 < \sigma$	Seite 184
$\mathrm{e}^{at}\left[C_1 \cos(bt) + \dfrac{aC_1 + C_0}{b}\sin(bt)\right]$	$\dfrac{C_1 s + C_0}{(s - a)^2 + b^2}$	$\lvert a \rvert < \sigma$	Satz 194
$\displaystyle\sum_{k=0}^{\infty} [\sigma(t - k) - \sigma(t - k - 1)]\,(t - k)$	$\dfrac{1 - (1 + s)\,\mathrm{e}^{-s}}{s^2\,(1 - \mathrm{e}^{-s})}$	$0 < \sigma$	Seite 270

Literatur

[FB08]   Thomas Frey und Martin Bossert. *Signal- und Systemtheorie*. Bd. 2. Auflage. Vieweg+Teubner, 2008.

[FL13]   Wolfgang Fischer und Ingo Lieb. *Funktionentheorie*. Wiesbaden: Springer-Verlag, 2013.

[Föl11]   Otto Föllinger. *Laplace-, Fourier- und z-Transformation*. 10.Auflage. Vde Verlag, 2011.

[Gog14]   Alexander O Gogolin. *Komplexe Integration: Angewandte Funktionentheorie für Naturwissenschaftler, Hrg. E. G. Tsitsishvili & A. Komnik (German Edition)*. Hrsg. von Andreas Komnik. 2014. Aufl. Springer Spektrum, Apr. 2014.

[GR18]   S. Goebbels und S. Ritter. *Mathematik verstehen und anwenden*. Springer Spektrum, 2018.

[Pap14]   Lothar Papula. *Mathematik für Ingenieure und Naturwissenschaftler Bd. 1: Ein Lehr- und Arbeitsbuch für das Grundstudium*. 14.Auflage. Springer-Vieweg, 2014.

[Pap17]   Lothar Papula. *Mathematische Formelsammlung: Für Ingenieure und Naturwissenschaftler*. 12.Auflage. Springer-Vieweg, 2017.

[Pre09]   Wolfgang Preuß. *Funktionaltransformationen. Fourier-, Laplace- und Z-Transformationen. Mathematik Studienhilfen*. 2. Aufl. Carl Hanser Verlag GmbH & Co. KG, Mai 2009.

[WU11]   Hubert Weber und Helmut Ulrich. *Laplace-, Fourier- und z-Transformation: Grundlagen und Anwendungen für Ingenieure und Naturwissenschaftler (German Edition)*. 9. Aufl. Vieweg+Teubner Verlag, 2011.

Stichwortverzeichnis

© Der/die Herausgeber bzw. der/die Autor(en), exklusiv lizenziert an
Springer-Verlag GmbH, DE, ein Teil von Springer Nature 2026
H. Kohlhoff, *Integraltransformationen in der System- und Signaltheorie*,
https://doi.org/10.1007/978-3-662-73152-9

If you have any concerns about our products,
you can contact us on
ProductSafety@springernature.com

In case Publisher is established outside the EU,
the EU authorized representative is:
**Springer Nature Customer Service Center GmbH
Europaplatz 3, 69115 Heidelberg, Germany**

Printed by Libri Plureos GmbH
in Hamburg, Germany